防空导弹测试原理与技术

何广军　著

西北工業大學出版社

西　安

【内容简介】 本书总结国内外已经列装于世界各国军队的不同型号的防空导弹测试的方法、原理和技术，系统论述防空导弹测试的概念、分类、过程及发展趋势，防空导弹测试中经常涉及的电参量和电路基本元器件，防空导弹测试中的导弹模拟器、目标模拟器和指令模拟器等的构建原理和方法，导弹导引系统、控制系统、引战系统和能源系统的测试原理和技术，防空导弹遥测技术和防空导弹测试系统的干扰和抗干扰措施，以及近年来采用总线技术和虚拟仪器技术构成的导弹测试系统及其相关技术。

本书可供从事防空导弹测试系统集成开发和研究的科技人员使用，也可作为高等院校相关专业的高年级本科生和研究生的教材。

图书在版编目(CIP)数据

防空导弹测试原理与技术/何广军著．—西安：西北工业大学出版社，2019.3
ISBN 978-7-5612-6460-7

Ⅰ.①防… Ⅱ.①何… Ⅲ.①防空导弹-测试技术 Ⅳ.①TJ761.1

中国版本图书馆CIP数据核字(2019)第018143号

FANGKONG DAODAN CESHI YUANLI YU JISHU

防 空 导 弹 测 试 原 理 与 技 术

责任编辑：张　友　　**策划编辑**：华一瑾
责任校对：孙　倩　　**装帧设计**：李　飞
出版发行：西北工业大学出版社
通信地址：西安市友谊西路127号　　邮编：710072
电　　话：(029)88491757，88493844
网　　址：www.nwpup.com
印 刷 者：陕西向阳印务有限公司
开　　本：787 mm×1 092 mm　　1/16
印　　张：17.875
字　　数：469千字
版　　次：2019年3月第1版　　2019年3月第1次印刷
定　　价：48.00元

如有印装问题请与出版社联系调换

前　　言

防空导弹测试是导弹研制、生产和使用阶段的重要工作之一，用于检查、验证导弹系统的主要技术性能，进行故障定位，必要时调整不合适参数、更换有故障的部件，以保证设计和生产的导弹的技术性能符合要求，保证列装于部队的导弹处于良好的战备状态。

防空导弹测试技术随着防空导弹的产生而逐步发展，已经有60多年的历史。在此期间，随着测试技术和导弹技术的不断发展，世界各国研制了不同类型的防空导弹测试系统，但是，由于被测对象——导弹的制导体制、控制方式、引战系统体制等有较大差别，加之导弹作为一个复杂的机电系统，各种不同型号的导弹需要测试的参数类别相差较大，因此至今还没有一本全面总结和论述防空导弹测试技术方面的专门论著。

以往相关的专著和教材，大多针对单一导弹型号进行论述，且往往是内部资料，另一部分属于设计部门设计师们论证导弹测试系统研制的专著，偏重导弹研制和生产阶段对防空导弹测试系统的论述。本书作为防空导弹测试技术方面的论著，重点论述部队使用过程中防空导弹的测试技术，是笔者研究了30多年各类型号防空导弹测试技术方面的成果结晶。本书总结了国内外已经列装于部队的不同型号的防空导弹测试的方法、原理和技术，系统论述防空导弹测试的概念、分类、测试需求、测试过程以及部队完成导弹测试的组织形式和防空导弹测试发展趋势，防空导弹测试中经常涉及的电压、电流、功率和频率等物理量的测量，所涉及的电路基本元器件的测量、数据域测量和微波测量，防空导弹测试中的导弹模拟器、目标模拟器和指令模拟器等的构建原理和方法，导弹导引系统、控制系统、引战系统和能源系统的测试原理和技术，防空导弹在研制试验和打靶过程中的遥测系统和遥测技术，防空导弹测试系统的干扰和抗干扰措施，以及近年来采用总线技术和虚拟仪器技术构成的导弹自动测试系统及其相关技术。

在编写本书的过程中，得到了众多单位的支持和帮助，也参阅了相关文献资料，吴建峰、白云对书稿提出了宝贵意见和建议，在此一并表示感谢。

由于国内外防空导弹测试设备型号众多，本书涉及的知识面宽广，加之水平有限，书中难免有不妥之处，恳请广大读者批评指正。

著　者

2018年12月

目　　录

第1章 绪　　论

1.1 概　　述

1.1.1 防空导弹测试的概念

防空导弹是指从地面或者舰艇上发射，用来攻击各种空中飞行目标的导弹，也称为地对空导弹。它主要由导弹动力系统、弹体系统、制导控制系统、引战系统和能源系统等部分组成。制导控制系统由导引系统和飞行控制系统组成；引战系统由引信、安全执行装置和战斗部组成。防空导弹所对付的目标主要是各类作战飞机，有些防空导弹武器系统还能够攻击巡航导弹、空地导弹和战术弹道导弹等导弹类目标和空漂气球等非空气动力目标。

防空导弹测试是指利用设备检查导弹及其部件的性能参数，评估导弹的技术状态的过程。广义上的防空导弹测试包括了导弹在研制、生产和部队使用各个阶段的测试。测试的目的在于检查、验证导弹的功能和技术性能，发现并定位故障，调整不合格的参数或更换有故障的部件，以保证工厂生产的导弹技术性能符合要求及部队使用的导弹处于良好的战备状态。

从测试的目的和作用来看，防空导弹在研制阶段、生产阶段及部队使用期间的测试的性质有所不同。

在研制阶段，防空导弹测试的目的是对防空导弹及其各组成部分的方案和战术技术指标的合理性进行论证和验证，以便完成技术设计、原理样机试制等。在该阶段，导弹的技术状态尚未最后“冻结”，导弹测试文件和方法也未定型，可称为试验性测试。在研制阶段的测试分为试验室测试和靶场测试两部分。靶场测试的三大测量勤务（光测、雷测和遥测）是导弹研制和定型中非常重要的测量手段，这些对飞行中导弹性能的监测，广义上也可叫导弹测试。

在生产阶段，要进行原材料、元器件的进料检验和筛选，印制板的在线检测，部件和组件的装配测试，最终完成导弹的出厂检验。在该阶段，导弹测试属于产品出厂检验内容，可称作检验性测试。

防空导弹装备到部队后，为了有效遂行防空作战任务，充分发挥导弹的战术技术性能，使导弹保持良好的技术状态，随时保持导弹的战斗状态，需要对防空导弹进行定期和不定期的测试检查。在使用部队，导弹测试是导弹维护的重要内容，可称为维护性测试。在使用部队，对防空导弹进行维护性测试的目的在于检查、验证导弹的功能和技术性能是否符合要求，发现并定位故障，调整不合格的参数或更换有故障的部件，以保证导弹技术性能符合要求，处于良好的战备状态。它是部队最重要的技术保障工作之一。

上述三个阶段的防空导弹测试构成了广义的防空导弹测试内容。

本书涉及的防空导弹测试主要是指在防空导弹交付部队后，在部队技术阵地和作战阵地对防空导弹的维护性测试，其中也有部分内容涉及防空导弹在研制和生产阶段的测试。

1.1.2 防空导弹测试的分类

防空导弹测试的分类方法很多，在防空导弹的全寿命周期中，按照防空导弹研制、生产和部队使用三个阶段，可以分为试验性测试、检验性测试和维护测试等。

按照是对导弹各部分还是整体测试的不同，可分为单元测试和综合测试；按照测试的目的可以分为预防性测试和维修性测试；按照维修体制可分为一级维护测试、二级维护测试和三级维护测试等等；按照导弹测试时机可分为平时测试和发射前测试；按照导弹的状态可分为筒弹测试、裸弹测试、分解弹测试以及导弹备件测试。这些分类之间又具有交叉从属关系，如图1-1所示。

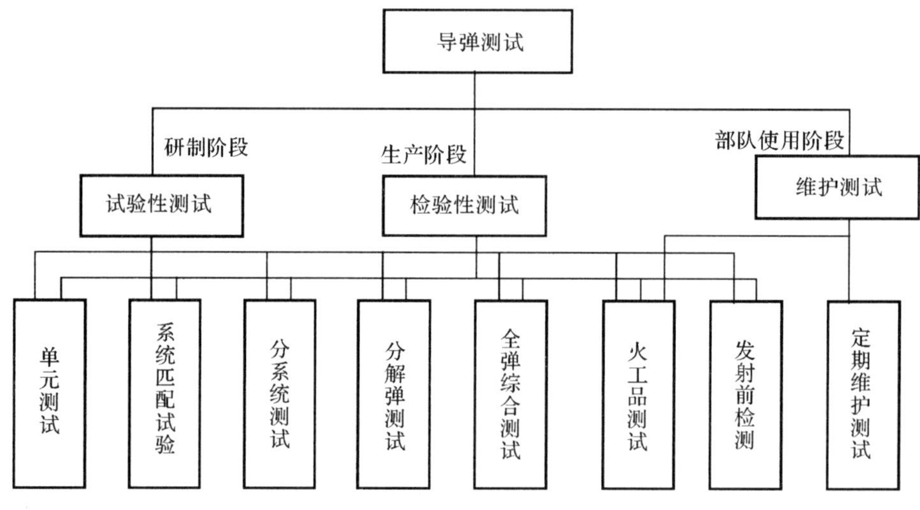

图1-1 导弹测试分类

1. 单元测试与综合测试

(1)单元测试。根据弹上各设备的技术条件，分别对弹上各分系统、各功能组件设备或者各舱段的技术性能进行的检查测试称为单元测试。导弹上的设备按照功能分系统划分，可以构成制导控制系统、电气系统、能源系统、动力系统和引信与战斗部系统等，对这些功能分系统的测试就属于单元测试。某些导弹是按照导引头、惯性测量组合、自动驾驶仪、引信等功能组件划分的，对这些功能组件的测试也称为单元测试。在导弹生产过程中，又是按照舱段进行组装完成的，例如防空导弹可分为制导舱、控制舱、发动机舱和战斗部舱等，因此，某些导弹是按照舱段进行测试的，对导弹各个不同舱段的测试也属于单元测试。

另外，当一个分系统由在空间和结构上相互分离的多个设备组成时(如导弹控制系统通常包括数个陀螺仪、加速度计和一些功能组合，在测试时，又有导弹能源系统的参与而构成某种分系统)，需要把这些分离设备通过电缆连接，完成分系统测试。这种测试比单元测试要复杂，测试过程中可调节的参数也较多，是一种小的系统测试。这种测试通常在工厂中完成，属于一种特殊的单元测试。

单元测试所用的测试设备多是专用的。通过测试，可以判断导弹某个分系统、某个功能组件、某个舱段或者某个器件是否有故障。在测试过程中如果发现故障就需要维修更换或者上报，当发现导弹某些参数出现超差时，允许对少数预先规定的参数进行调整。

单元测试设备一般配属在旅团的装备修理单位或者营技术保障连。这些测试设备通常装载于导弹测试车上。

(2)综合测试。综合测试是对全弹的功能和技术性能、导弹工作时序、协同动作、各种激励响应的综合性的测试。综合测试是对全弹的测试，因此也称为全弹综合测试。综合测试的主要目的在于检验导弹各分系统或者各舱段协调一致的工作情况。测试的指导思想是通过模拟导弹整个飞行过程来测试导弹工作的工作良好性和协调性。因此，测试设备上有模拟导弹整个飞行过程的模拟仿真设备及相应的软件。

单独的综合测试设备在导弹生产厂家、修理厂和部队均有配属。在部队主要配属在营的技术保障连、旅团的技术保障或修理单位。

在导弹生产工厂，导弹综合测试是检验性质的测试，通过测试合格的导弹可验收出厂。在修理厂，导弹综合测试用于对入厂的故障弹或者到大修周期送厂大修的导弹进行性能评估，用于维修后出厂导弹的性能检验。在部队，导弹综合测试用于检测导弹的技术性能。在发现导弹有故障或者参数超差后，隔离故障、调整参数或者送到上级维修单位(维修工厂)。在部队服役的导弹通过定期的维护测试后，在规定的时间内可处于战备状态，即可随时发射。

某些导弹进行综合测试时，将分解的导弹各部段用工艺电缆连接起来，可引出更多的被测参数，故障可定位到更深层次，这是导弹综合测试的方案之一。

许多防空导弹的测试设备既可以完成导弹的单元测试，也可以完成导弹的综合测试，一般构成整体装载于导弹测试车上。个别的防空导弹单元测试和综合测试设备是不同的，配属于不同的车辆。

相对来讲，导弹单元测试的测试参数和项目比导弹综合测试的测试参数和项目要多。随着导弹维护保障理论及技术的发展，在基层部队对导弹维护保障工作的复杂性有减小的趋势。因此，近年来世界各国的防空导弹往往不再进行导弹单元测试而只做导弹综合测试。测试手段逐步实现自动化，需要的测试人员、测试参数和项目也逐步减少。

在导弹研制过程中，还有另一类对导弹的综合测试，称为导弹系统匹配试验。它是对导弹系统各设备、电气系统、遥测系统和发控系统的联合试验。匹配试验的目的是验证弹上各分系统功能的协调性，检查分系统之间信号传输与时序、供电系统、阻抗匹配、电磁兼容性及安全与火工电路工作特性等。弹上系统匹配试验是导弹研制过程中的重要工作，在试验中发现的问题允许进行参数调整直至改进设计，最后达到系统协调工作。匹配试验是一种原理性试验，试验中存在许多不确定因素，故允许对系统参数进行修改。匹配试验是用来验证和修改完善导弹电气系统设计的，它是导弹电气系统设计的重要内容。

导弹匹配试验完成后，导弹未知的与不确定的因素逐渐减少。导弹的技术状态“冻结”后就可以制定一种测试方案，选择一组表征系统工作特性的参数，只要这些参数在规定的范围内，系统就能正常工作。按一定的技术文件对这些参数进行检测，就是导弹的综合测试。可见，防空导弹的每一研制阶段，对每一技术状态的导弹，都有一个由匹配试验到综合测试的演变过程。

近年来，随着对武器系统机动性要求的提高，减少车辆成为一种趋势，配属于营的测试系统也不再单独配置导弹测试车,或者整个旅团才配备一辆导弹测试车。

2. 预防性测试和维修性测试

(1)预防性测试。预防性测试是指对在库房储存或者在技术阵地存放的导弹定期进行的检查和测试,目的是发现可能出现的故障征兆以防止发生故障,使导弹保持在规定的技术状态。具体内容包括外观检查、部件润滑、参数调整及必要的修理等。预防性测试的重点在于对于那些一旦失效或者性能减退可能会危及导弹完成作战任务的功能和性能的检查,对容易磨损、变质的组成部分进行定期更换和保养。

在基层部队按照导弹使用维护细则,一般要完成日维护、周维护、月维护、半年维护和年维护等定期维护测试。在上述进行的周期性维护测试过程中,对导弹的测试一般都是预防性的。另外,在导弹转移阵地、长距离运输、气象条件发生显著变化等导弹工作环境发生变化后,对长期贮存的导弹,都需要进行测试维护,这类测试也属于预防性测试。预防性测试一般主要具有周期性的特点。

(2)维修性测试。维修性测试也称为修复性测试,是指在导弹发生故障后,通过测试确认是否确实有故障、了解故障的程度、隔离故障部位所进行的测试活动。它是非计划性的测试活动,具有随机性和要求紧迫性的特点。

维修性测试一般通过技术分析和经验判断,通过综合测试、单元测试活动,逐步测试与分析故障,直到找出故障部位的最小可更换单元。

通过维修性测试,一般应该把故障定位和隔离到最小可更换单元上。最小可更换单元是在武器系统设计时,通过维修方案确定的,它通常是指在相应维修级别上需要隔离故障的最小单元。例如,对于基层级的维修,一般需要把故障定位和隔离到舱段级、组合级或者电路板级,那么相应的舱段、组合或者电路板就属于最小可更换单元。一般通过导弹测试和故障分析需要把故障定位和隔离到唯一的最小可更换单元上。

3. 不同维护级别的测试

一般导弹的维护可分为三级或者四级维护,因此对于防空导弹测试也就可分为一级维护测试、二级维护测试、三级维护测试和四级维护测试等。最后一级维护测试在修理厂进行。目前绝大部分导弹采用的是三级维护体制。防空导弹维护流程如图 1-2 所示。

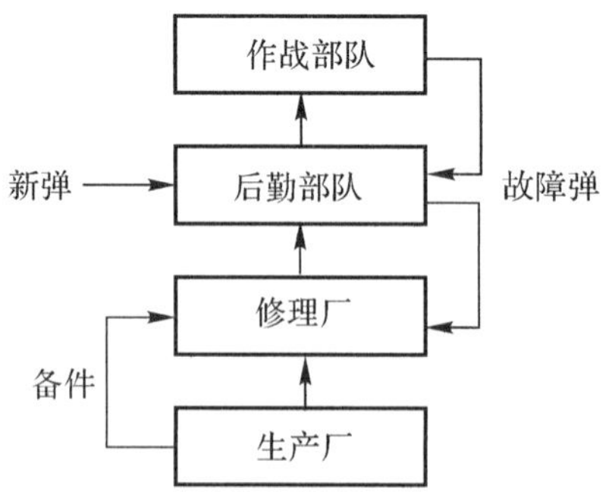

图 1-2 防空导弹维护流程

(1)一级维护测试。一级维护测试是指导弹测试人员在技术阵地,通过目视外观检查或者利用简单的测试仪器仪表对导弹进行的检查测试。这种检查测试通常需要每日进行,是日维护的重要内容。例如,检查导弹的表面是否有碰伤和划痕,弹体连接件是否连接牢靠等。

(2)二级维护测试。二级维护测试是指导弹测试人员在技术阵地，通过导弹测试车上配备的专用测试设备对导弹进行的综合测试和单元测试。某些导弹的二级维护测试对导弹只做综合测试，也有些导弹需要做单元测试和综合测试。通过检查测试，判断导弹是否有故障，可以进一步把故障部位定位在舱段级或者分系统。

通常是导弹营技术保障连的测试技师或者工程师与测试号手配合组成测试班完成对导弹的测试。

(3)三级维护测试。三级维护测试是指导弹测试人员在旅团修理所，利用导弹测试车上配备的专用测试设备、配备于旅团修理所的其他测试仪器对导弹进行的综合测试和单元测试。通过检查测试，判断导弹是否有故障，可以进一步把故障定位在舱段级或者分系统。

测试人员是旅团修理所的工程师和高级工程师。为了减小测试维修级别，现在大部分导弹已经把二级和三级维护测试合并。当在导弹技术阵地无法判断和定位故障时，由旅团的技术保障部门派员到技术阵地进行测试维护。

(4)四级维护测试。四级维护测试在修理厂进行，不属于部队维护测试的内容，所用的测试设备是修理厂研制的或者是导弹设计与生产厂家研制的专用测试设备。通过测试可以把故障定位到电路板级或者元器件级，最终完成对导弹的大修。

上述各级维护测试中，除了对导弹的维护测试外，还包括对测试设备的维护测试。

4.平时测试和发射前测试

上述各类在部队的测试均为平时测试，一般是在技术阵地或者旅团修理所进行的，主要采用的设备是导弹测试车。还有一类测试是在发射阵地进行的，这时导弹已经位于发射架上，处于等待发射状态。测试设备位于导弹发射车上，通过发射车给导弹输送导弹工作时的模拟信号，完成对导弹主要工作的最后一次发射前检查测试。这种发射阵地的测试只对重要参数进行检测。

发射前的检查测试是通过自动测试系统自动完成的，通常只需要数十秒到一分钟的时间，它通常是发射程序(可逆程序)的一部分，属于发射程序中的可逆程序部分。发射前的导弹测试只对重要参数进行检测。由于防空导弹是被动防御武器，反应时间要短，对发射前测试具有快速性的要求，故发射前的测试应快速、连续、自动。在导弹发射前的可逆程序完成后，便进入发射前的不可逆程序。

5.筒弹测试和备件测试

近年来研制的防空导弹大多装在储运发射筒(箱)内，处于筒(箱)弹状态。储运发射筒平时用于导弹的包装筒(箱)，在导弹发射时作为发射筒(箱)。有些发射筒(箱)是密封的，内部充有氮气或者其他惰性气体，使导弹处于良好的环境中，在部队使用维护过程中不允许拆装，例如俄罗斯生产的“S-300”导弹，法国生产的“响尾蛇”导弹等；而有些发射筒(箱)是非密封状态，允许在部队技术阵地把导弹从筒(箱)内取出，例如意大利生产的“阿斯派德”导弹等。

对于密封性的导弹筒弹的测试，是通过筒弹上的电缆插座引出测试信号进行测试的。这种电缆插座也用来完成导弹发射前的测试、参数装订和指令信号传输等。由于一个插座引出的信号有限，因此对于处于密封筒弹状态的导弹的测试测试参数相对较少，测试性指标(故障检测率、故障隔离率等)相对较低，一般只能完成综合测试，有些测试，如射频信号的测试无法完成。

对于非密封性的导弹筒弹的测试，需要在技术阵地把导弹从储运发射筒(箱)取出，使导弹成为裸弹状态。对于裸弹状态的导弹测试，可以把导弹分解，完成单元测试和综合测试，相对来讲，能够测试的参数也较多。

另外，还有一种导弹备件测试。老式防空导弹的备件测试通常在基层级维护中进行，新型的防空导弹，要么没有备件测试项目，要么放在中继级测试中进行。所谓备件测试是指在对导弹中已经判明故障的部组件进行更换前，对已经存储在库房中的部组件进行的测试，以保证更换的部组件性能是良好的。备件测试也称为备份件测试。这些备件可能是导弹电源（电池）、引信、自动驾驶仪、惯测组合、制导系统或者火工品等。

例如，早期的苏制“萨姆-2”导弹就需要在部队基层级完成对备份引信、备份导弹电池、备份无线电控制探测仪和备份自动驾驶仪的测试。

备件测试的基本原理与单元测试的原理相同。

1.1.3 防空导弹免测试与免维修

导弹测试的目的是为了评估导弹的技术性能，发现故障，对故障部位进行维修。如果导弹的可靠性足够高，那么，也可以在一定时期内不需要对导弹进行测试，也就不需要维修。

随着导弹设计、制造技术水平的日益提高，导弹的可靠性也在不断提高，出现了简化、减少甚至取消对导弹进行测试与维修的趋势。例如，美国的霍克导弹改型，除了提高其作战性能和抗干扰能力外，还增加了机内检测能力，部队库存的导弹每年检测一次，测试合格后加封，导弹随时可以发射。爱国者导弹在部队也只进行简单的检查——通过机内自检程序检查导弹功能，发现问题时返回生产厂，部队不进行维修。

随着导弹技术的发展，特别是到了第三代防空导弹武器系统，部分导弹采用了免测试与免维修。免测试与免维修是指防空导弹在其规定的寿命周期内，平时在部队对导弹不用测试与维修，接到作战任务后，直接上架发射。

具有免测试与免维修的导弹只是指在基层部队不配备导弹测试车，不进行专门的测试与维护，但并不是完全不测试，还需要在导弹发射前，在发射车上完成发射前的检查测试，以确定导弹性能是否良好。另外，需要在导弹贮存寿命到期前，进行基地级（维修工厂）测试和性能校准。例如，俄罗斯的“S-300”导弹就采用了免测试和免维修。

免测试与免维修的导弹是由导弹的设计、加工生产、部组件以及全弹的可靠性、导弹贮存运输环境、导弹性能演化和寿命演化规律来保证的。它简化了部队使用维护设备、车辆和人员，降低了装备采购费用，提高了装备快速反应能力和机动性，是防空导弹武器系统及其维护保障的发展趋势。

防空导弹全寿命周期内，贮存时间要远远大于工作时间。当今的防空导弹一般要求贮存寿命指标为8～10年，有的甚至要求15年。防空导弹免测试与免维修，主要取决于导弹的贮存可靠性。

自从有了防空导弹就开始了导弹贮存寿命的研究。在国外，从20世纪80年代开始，导弹贮存可靠性的研究才逐步成熟。研究的方法主要是采用加速寿命试验和统计分析相结合的方法。

统计分析方法是采用对导弹设备上的各组成部分按照设备的构造分类，按照分类建立贮存可靠性数据库，以这些数据为基础，分析设备贮存可靠性，对影响可靠性的器件、设计、加工工艺等提出改进意见，以此来提高导弹贮存可靠性。如美国陆军导弹司令部将导弹设备分为

5类：电子及电器设备、机电设备、液压及启动设备、军械设备和光及光电子设备，提供了这5类导弹设备真实及加速贮存试验的数据，同时给出了这些数据的分析结果以及相关建议。

俄罗斯在“加速贮存试验”和“加速运输试验”等技术的应用方面取得了卓著成效，是目前整机产品加速贮存寿命试验技术最成熟的国家。俄罗斯“火炬”设计局的自然环境实验室对8 000多发导弹及弹上设备的失效情况进行了统计分析，对影响导弹产品的贮存寿命薄弱环节进行了仔细识别，对其失效机理进行了判断，然后对薄弱环节进行了改进，并在实验室条件下进行了加速试验验证。在失效机理不变的基础上，总结出一套加速因子，开发出导弹系统及整弹加速贮存试验方法，可以通过6个月的实验室加速试验模拟导弹10年的贮存寿命。以此试验为基础，分析试验数据，提出改进导弹系统贮存可靠性的意见和措施。

我国在导弹贮存期寿命分析方面也开展了一系列工作，各类导弹从20世纪60年代开始进行现场贮存试验，获得了大量的贮存性能与贮存寿命的数据，为现役导弹的可靠使用及后续导弹设计积累了大量信息。

导弹贮存期的可靠性用贮存可靠度来描述，它定义为“在规定的贮存条件下，在规定的贮存时间内，产品保持固定功能的概率”。导弹的免维护时间用免维修期来表示。免维修期对免测试和免维修导弹来讲，可以认为是导弹第一次送厂大修的时间。例如，对于贮存寿命为10年的导弹，可以按照每5年一个周期，即在导弹寿命期内只需要送厂维修(大修)一次，到了10年，即报废。对贮存寿命为15年的导弹，可以按照每5年或者7.5年为一个周期，即在导弹寿命期内只需要送厂维修(大修)2次或者1次，到了15年，即报废。

导弹的免维修期与导弹贮存寿命、使用寿命的关系如图1-3所示。

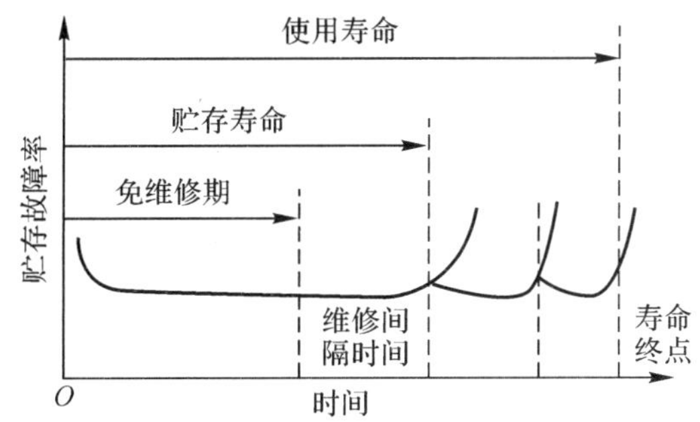

图1-3　导弹免维修期与导弹贮存寿命、使用寿命的关系

1.2　防空导弹测试系统

防空导弹测试系统一般由导弹测试车(只完成导弹综合测试的测试车也称为导弹综合测试车)和其他辅助设备组成。导弹测试车是防空导弹测试系统的主体。

在部队，为了便于整个武器系统的机动，防空导弹测试系统均装在一辆越野车上，该车称为导弹测试车。它是防空导弹武器系统的重要组成部分，是一种能在技术阵地、野战阵地或者旅团修理所对防空导弹进行测试、检查和维护的地空导弹武器系统的直接支援装备。

除了导弹测试车外，在导弹测试时，通常还需要用于测试时供电的电源车，用于测试时放置导弹的工艺拖车或者测试架车，用于检查和维护其他特殊部组件如火工品、液压油等的辅助测试维护设备和车辆。

1.2.1 导弹测试车

一般的导弹测试车由车辆底盘、保温车厢、车载测试设备、通信设备、备件箱、资料柜、工兵工具、照明设备和空调等设备组成。

导弹测试车的车内按照区域划分，有些分为操作间和休息间，也有些分为操作间和维修间。维修间用于导弹测试或者导弹有故障时的简单维修。

车辆底盘一般采用越野式底盘，具有一定的越野、爬坡和涉水能力。

车载测试设备是导弹测试车的主体部分，也是导弹测试系统的主要组成部分，通常制作成若干机柜，每个机柜又由若干组合构成。

车载测试设备按照功能一般可以分为供电配电设备机柜、测试机柜等。一般在测试车靠近车门部位装有中央配电盘，用于显示和测量由测试车外送到测试车上的电源的电压、电流、相序等。中央配电盘的面板上有开关、按钮、仪表和信号灯等。另外车内还有控制配电盘，用于控制、显示、测量经过中央配电盘变换送来的，提供给各测试设备组合的电源的状态。

测试机柜一般按照对导弹测试部位的不同而设置，如自动驾驶仪测试机柜、无线电引信测试机柜等等。采用自动测试系统的测试设备也是按照模块化设计要求，按照测试设备组成或者功能要求组成一定组合，如主控计算机组合、VXI组合、显示器组合和打印机组合等等。

通信设备主要用于行军时导弹测试车与武器系统其他车辆的通信以及导弹测试时车上人员与车下人员的通信联络。导弹测试车一般采用无线电台加密通信方式；在导弹测试时，车上测试人员与车下号手的通信采用耳机通话方式。

备件箱用于放置导弹测试时的各种连接电缆、修理导弹测试车和导弹的各种备份件、供电电缆、测试时的各种辅助件、通用的仪器仪表和工具等。

在车辆的保温车厢的侧壁上一般开有若干窗口。在导弹测试中，通过这些窗口，利用电缆把车载测试设备和导弹连接起来，用于传输各种测试信号、控制信号。另外车壁窗口上还有用于连接供电设备、车上与车下的通话设备及接地的电缆插座。

导弹测试车按照用途不同可以分为基层级导弹测试车和基地级导弹测试车。通常的基层级导弹测试车主要用于导弹综合测试，它配属于基层单位；而基地级导弹测试车通常可完成导弹的单元测试和综合测试，通常配属于旅团级。有些武器系统中的导弹测试车只有基地级导弹测试车或者只有基层级导弹测试车。

1.2.2 测试设备

防空导弹测试设备是防空导弹测试系统的核心和主体。它的功用是与防空导弹测试系统的其他部分相配合完成导弹的测试。

防空导弹测试设备种类很多，通常按照使用方法和测试原理、使用地点、多用性及显示方式等进行分类。

1.按照使用方法和测试原理分类

按照车载测试系统的测试原理可分为手动测试系统、半自动测试系统和自动测试系统。

（1）手动测试系统。早期的防空导弹车载测试设备大都是手动测试系统，如苏联的“SAM－2”导弹的车载测试设备。手动测试设备的基本组成如图1－4所示。手动测试系统通常属于专用测试设备。而有些手动测试系统就是把通用的仪器仪表通过逻辑控制电路简单连接起来,如测试电压就用通用的电压表,测试频率就用通用的频率计,测试信号波形就用通用的示波器,等等,只是再通过操作控制台上的选择按钮来具体选择当时要操作的物理量,然后通过逻辑控制选择加到相应的仪器仪表上。例如,法国生产的“响尾蛇”地空导弹的测试设备就属于这种形式。

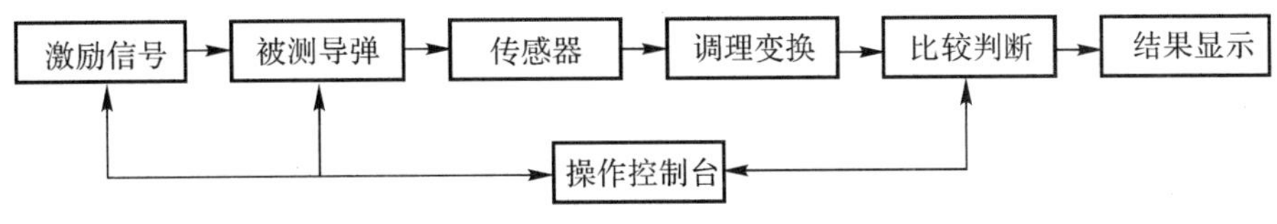

图1-4　手动测试设备组成原理图

手动测试系统由操作控制台、激励信号产生装置、传感器、调理变换装置、结果显示装置、电源和被测导弹等部分组成。

操作控制台用于按照一定的操作流程和程序选择被测导弹上的被测部件及其物理量,被测物理量通过传感器变换成相应的电信号,再经放大、滤波、整理等调理变换,最后比较判断,显示测试的参数或者参数的状态。

导弹测试设备对测试结果的显示通常采用具体参数显示和状态显示两种显示方式。具体参数显示方式是显示具体测量值,一般通过数值或者曲线显示;状态显示方式则是通过信号灯亮灭(如红灯亮表示参数超差,绿灯亮表示参数合格)、蜂鸣器报警和信号灯闪烁报警等显示。

操作控制台由测试技师(车上操作号手)来完成。对一发导弹的测试需要数名测试技师配合完成。在测试导弹时,还需要车下操作号手的配合。车下号手通常配合车上的测试技师完成电缆转接、导弹状态转换(如倾斜、旋转导弹)等工作。车上测试技师和车下号手共同组成测试班,通常需要指定一名测试技师担任班长,测试班所有成员按照测试班长的统一口令完成操作程序。

采用手动测试系统对导弹进行测试,一般需要测试人员较多(常由4～7人组成),测试时间较长,对测试人员的水平和技能要求高,需要测试班人员密切协作完成,测试结果需要人工记录和分析。

(2)半自动测试系统。防空导弹半自动测试系统是在导弹测试过程中,测试人员按照操作规程顺序发出测试操作指令,由测试设备自动完成测试的防空导弹测试系统。如意大利的“阿斯派德”地空导弹的测试系统就属于半自动测试系统。苏联“SAM-2”导弹的自动驾驶仪就有手动和半自动测试系统各一套。

目前大部分导弹半自动测试设备的测试属于对导弹参数的功能性测试,即只给出指标是否符合要求,采用红色信号灯和绿色信号灯显示或者采用“通过”“不通过”的信号灯显示,而不给出具体的测试参数。

采用半自动测试系统对导弹进行测试,需要的测试人员一般比采用手动测试设备的人员少,需要测试人员熟悉和牢记操作程序。

(3)自动测试系统。防空导弹自动测试系统是指测试设备的核心由计算机构成,利用计算机执行测试程序并进行数据处理和分析的测试系统。这类测试系统通常是在标准的测控系统或测控总线的基础上组建而成的。

目前的自动测试系统采用的测控总线主要有VXI总线、PXI总线、PCI总线和GPIB总线等。利用自动测试设备进行导弹测试具有高速度、高精度、多功能、多参数和宽测量范围等众多优点。

防空导弹自动测试系统由三大部分组成，即自动测试设备(Automatic Test Equipment，ATE)、测试程序集(Test Program Set，TPS)和TPS开发工具。

ATE是指测试系统硬件及其操作系统软件。ATE的核心是计算机，它用来控制各测试组件(如数字电压表、示波器、信号源和开关组件等)。ATE在测试程序的控制下运行，以提供被测对象(导弹及其组件)所要求的激励信号，然后测量在不同引脚、端口或者连接点的响应，从而确定该被测对象是否满足预定的功能和技术性能要求。ATE通过自身带的操作系统管理内部事务(自检、自校准)，完成测试流程控制、测试过程排序，存储并显示结果。

TPS由测试程序软件、测试接口适配器、测试所需要的软件等三大部分构成。测试程序软件是在ATE中运行的，它控制ATE中的激励设备、测量仪器、电源及开关组件，选取合适的测试点测量被测对象，然后通过测试软件分析测量结果。有些TPS中，通过测试程序可以提供被测对象的故障部位。测试接口适配器(Interface Test Adapter，ITA)是连接被测对象到ATE的接口设备，通过它为ATE提供相应的I/O引脚及其信号路径。

TPS开发工具是指TPS开发的软件环境，包括ATE和被测件(Unit Under Test，UUT)仿真器、ATE和UUT描述语言、编程工具(如各种编译器)等。

新型的防空导弹大多采用了以计算机总线为主要构成设备的自动测试系统。自动测试也是未来防空导弹测试发展的方向。

2.按照使用地点分类

按照使用地点，防空导弹的测试设备可分为基层级测试设备、中继级测试设备和基地级测试设备，也可称为一级测试设备、二级测试设备和三级测试设备。

基层级测试设备主要完成导弹综合测试，某些测试设备也完成单元测试的测试内容。同时，在基层级测试系统中还配备了大量的备份件，以便于在导弹部组件或者测试设备出现故障后能够迅速更换。

中继级测试设备是用于部队旅团技术保障部门维护测试导弹的测试设备，通常包括了可以完成单元测试和综合测试的测试设备。中继级测试设备的功能更加强大，一般涵盖了故障诊断性的测试功能及其他专用的、在基层级维护测试设备中不能完成的测试功能。

基地级测试设备是用于维修工厂和维修基地对导弹的测试设备，包括校准调试和试验测试设备、各种专用和通用的测试设备。在基地级维修测试中，需要对导弹及其中继级和基层级的测试设备发生故障的组合、分系统、电路板甚至元器件进行维修，还负责对中继级和基层级的测试设备的仪器仪表进行校准，因此基地级的维修测试设备功能更强大，测试参数更多，也更加复杂。基地级的维修测试设备通常是武器系统的研制厂家同维修工厂共同研制的。

3.按照测试设备的多用性分类

(1)专用测试设备。导弹专用测试设备是指用于测试某一特定型号的导弹及其组合的系统。由于专用性，一般被测系统和为它设计的专用测试设备之间具有较好的联系，因而测试效果好、测试效率高，测试设备更有针对性。国际上，大部分导弹测试设备仍然属于专用测试设备，只是在部分项目检查中采用了通用的仪器仪表。

(2)通用测试设备。通用测试设备是适用于多种被测系统和对象的测试设备。由于研制专用的导弹测试设备复杂，研制周期较长，因而采用通用测试设备节省了生产和研制经费，且可以用于多个被测对象的测试，它是未来导弹测试设备的发展方向。

4.按照测试设备的测试结果的显示方式分类

(1)功能性测试设备。功能性测试设备是指防空导弹测试时，测试结果不给出具体的测试数值，只给出“通过”和“不通过”两种状态。“通过”状态表示测试结果达到了该性能指标的要求，“不通过”状态则表示该测试参数描述的性能可能有故障。

采用这种导弹测试的过程，通常称为导弹功能测试。

一般“通过”状态采用绿色信号灯显示，“不通过”状态采用红色信号灯显示。某些测量结果的显示，也通过信号灯亮或者不亮来显示。也有的用显示指针在绿色区域表示该测试参数符合性能指标的要求，在其他区域则表示不符合性能指标的要求。

(2)参数性测试设备。参数性测试设备是指防空导弹测试时，测试结果显示的是具体的测试数值。测试结果可通过波形显示器、数码管、模拟仪表的指针、数字化仪表的显示器、计算机显示器和笔录仪等显示出来。

某些参数性测试设备给出的数值并非实际测量结果，而是经过归一化无量纲的参数值。

采用这种导弹测试的过程，通常称为导弹参数测试，或者简称导弹测试。

大部分的测试设备对参数的显示，既有功能性显示方式，也有具体参数性显示方式。其中有些是以前一种显示为主，而有些是以后一种显示为主。

1.2.3 对测试设备的主要要求

防空导弹测试设备的作用是保障导弹在使用时能可靠工作，检测导弹的主要功能和性能是否符合要求，确定在导弹寿命期内能否作战使用，并判断故障，将故障定位到最小可更换单元。为了满足部队行军作战机动性要求，测试设备应该尽可能具有通用化、系列化、模块化、多功能及扩展性。测试设备包括了检测设备及其相应的工具。

对测试设备的主要技术要求包括以下几点。

(1)测试设备从接通电源、气源、液压源开始到做好准备工作(导弹与测试车的展开)的时间，一般正常情况下不超过30min，在低温、湿热等环境下一般不超过45min。实际上，特别是早期的防空导弹，导弹与测试车的展开需要几十分钟，甚至达到1h以上。

(2)测试设备完成一枚导弹综合测试的时间一般应该在20min内。若需要完成单元测试，则时间不应超过45min。

(3)测试设备连续累计工作时间应该不少于8h。

(4)一般要求测试设备对故障的正确检测概率≥95%，虚警率(误检率)≤5%。

(5)一般要求检测覆盖率≥95%。

(6)一般应该把故障定位到电路板级(对测试车)、舱段级或者组合级(对导弹)。

(7)设备应该具有良好的自检和自诊断功能。自检覆盖率≥95%。

(8)测试设备的各组成模块、插件、组件都具有良好的互换性；测试设备中故障率要低，易损的元器件和零部件互换率要高，设备易于拆装和操作。

(9)当测试设备管路的气压、液压和电路中的电压、电流超过最大规定值时，应具有过载保护措施和装置。当重要元器件或组件发生故障时，应能够隔离保护、自动报警。

(10)应能够模拟目标具有代表性的特征，模拟导弹与目标具有代表性的相对运动。

(11)测试设备的电源一般有工频电源，为三相交流电(380±38)V或者(220±22)V，

50Hz,消耗功率不大于25kW;有中频电源,相电压(115±11.5)V,频率(400±20)Hz,消耗功率不大于15kV·A。

(12)气源应根据弹上设备的要求确定,一般要求氮气压力为21MPa;露点≤-65℃(在一个大气压状态);杂质颗粒≤5μm×5μm。空气压力为15MPa,流量为150L/min;露点≤-55℃(在一个大气压状态);杂质颗粒≤10μm×10μm。

(13)测试设备能够在-40~+50℃下正常工作;最大工作海拔高度为3km;若无其他规定,在风速20m/s情况下,应能够正常工作。

(14)测试设备可装在方舱内,以便于运输。

(15)测试设备的使用应尽量降低对维修操作人员技术水平的要求;应严格控制噪声、温度、湿度、辐射、霉菌和盐雾等,确保操作人员和设备的安全;打印输出的检测结果,判读应简易、直观、不需要换算,并应该符合法定计量单位的规定。

(16)在操作测试设备时,可能接触超过36V电压的部位,应采取防护措施;对地电压在100~500V的所有触点,端子应有防护措施;机柜、面板、外露金属件和屏蔽层都要良好接地;在使用中可能触摸到的操作件上的固定螺钉,应与电路绝缘;在更换元器件时,应防止高压电路中电容放电对人体的伤害。

(17)测试设备设计的标准校准周期一般为1年,有些为2年。在校准周期内,测试设备的仪器仪表的测量误差应在公差要求范围内,超过校准周期的测试设备应该送维修工厂校修或者送国家法定计量单位校准。

1.2.4 防空导弹测试过程

在防空导弹测试过程中,导弹或者其部组件是被测对象,需要把测试设备(导弹测试车)与被测对象(导弹)连接成为一个整体的测试系统,从而进一步完成测试操作。不同型号的导弹测试过程有所差异,大部分的防空导弹的整个测试及其测试准备过程大体可分为导弹与测试车的定位、测试车展开、导弹展开、连接地线和电源线、测试设备自检、测试车与导弹连接、导弹测试、导弹和测试车撤收等几个步骤。

1. 导弹与测试车的定位

导弹和测试车的定位是指选择符合要求的便于导弹进行测试的场地,停放好导弹测试车,把导弹放置于导弹支架或者架车上的过程。导弹测试车驻车后,需要使用阻挡车轮的挡板防止车辆滑动,通过千斤顶支撑车体,调整千斤顶,保持测试车基本水平和轮胎处于不受力状态,使测试车处于稳定的驻车状态,使导弹处于水平状态。测试车定位后,需要仔细检查车辆本身有无损坏和车内设备在装运过程中有无损伤和紧固螺钉松动现象。

2. 测试车展开

测试车的展开是指把导弹测试车分解,使其处于导弹测试状态的过程。

在测试车展开前使测试车呈驻车状态。把需要与导弹连接的信号电缆、高频电缆及油管、气管等连接件与测试设备相应的接口相连。依次打开测试车车壁的舱门盖,通过测试车的舱口把上述连接件挂在电缆支架上,待导弹展开后与弹上设备相连。

3. 导弹展开

导弹展开是指把全弹或者导弹的部组件从包装箱内取出,完成包装箱的检查,分解导弹使其处于测试状态的全过程。导弹全弹展开到测试状态时,往往需要对导弹吊装,取出后的导弹还需要进行外观检查，主要是检查导弹或者筒弹外表面是否有划伤、碰伤、凹坑，导弹向外的接口是否有损伤、有异物等。从包装箱内取出导弹后，还需要检查导弹包装箱内的其他附件、配件是否完整，包装箱内的防潮砂是否过期等。

有些处于筒弹状态的导弹则不需要完成上述过程，只需要把筒弹放置成测试状态即可。

另外，不同的测试内容，展开导弹的过程及操作程序是不同的。

4. 连接地线和电源线

在测试车和导弹展开后，需要使导弹和测试车良好接地。一般采用接地线或者接地辫，在野外条件下，将接地锥钻入地下2/3，在地桩接地位置应灌注适量的盐(工业用盐和食盐均可)和清水。若没有盐，可只灌注清水以保证有良好的接地性能。地桩接地后，须测量接地电阻，一般接地电阻应不大于4Ω。从测试车上取出地线，将地线的一端与测试车或者导弹的接地螺栓连接，另一端与接地锥(或厂房接地线)连接。

在野外条件下，给测试车供电一般是通过专用的电源车。需要把电源车上的交直流电通过相应的电缆与测试车舱口的电源插座相连。完成连接，检查无误后，需要通电检查。通常导弹测试车上配备有配电箱，可通过配电箱对输送给导弹测试车的交直流电的电压、电流、功率，交流电的相位进行检查，应确保无误。

在技术阵地的测试库房，给测试车供电可以采用武器系统配备的电源车，也可以采用市电供电。

5. 测试设备自检

在对导弹测试前，为了确保测试设备的测量值在所要求的范围内，测试设备是完好的，需要对测试设备进行自检。测试设备自检也称为测试设备的功能检查。主要检查过程包括目视检查和通电检查两部分。目视检查主要包括观察测试设备的开关、按钮等是否在起始位置，仪器面板、连接电缆等是否有破损，仪表是否需要机械调零等内容。通电检查主要包括对仪表的电气调零，检查供给测试设备的电源是否在要求的范围内，仪器仪表是否能够正常完成相应功能，测试参数的误差是否符合要求，自动测试设备的初始化等内容。

自动测试设备的自检通常是按照一定的程序自动完成，手动测试设备的自检需要按照自检程序人工完成。如果自检不能通过则不能进行下一步的导弹测试，需要进一步检查测试设备，排除故障后，方可进行导弹测试。图1-5所示为一种自动测试设备在自检过程中，初始化未成功，仪器自检失败提示信息框。

图1-5 一种自检时仪器自检失败提示信息框

一般导弹测试设备的自检不需要另外设备，有些导弹测试车上也配有专门用于检测测试设备性能的自检装置，这种装置通常称为自检盒。

导弹测试设备的功能检查或者称为自检，通常是导弹和测试车日维护和周维护的主要内容之一，也是导弹在完成单元测试和综合测试前的重要内容。

6. 测试车与导弹连接

测试车与导弹连接过程是把测试用到的信号电缆、高频电缆及油管、气管等连接件与测试设备和导弹相应的接口相连的过程。

连接过程需要全体参与测试的人员共同完成，连接完成后，应对连接情况进行检查，确保连接没有错误。

7. 导弹测试

导弹测试过程需要严格按照操作教令，按照测试人员的不同分工，有序开展对导弹的测试操作。导弹测试按照操作教令，有可能只需要完成综合测试，也可能既要完成单元测试也要完成综合测试。

导弹测试教令中已经明确了测试各类项目的顺序、步骤、方法及各操作手的动作，一般不容许调整，除非操作教令中已经明确可以进行相应的调整。

在导弹测试过程中，由于导弹上的某些部件，例如速调管、磁控管等器件的工作寿命是有限的，因此，导弹一次加电时间不允许超过某一时间(例如，15～30min，这一时间对不同的导弹有不同的要求)。对导弹的累计通电时间也有要求，一般为几十小时到上百小时不等。

8. 导弹和测试车撤收

导弹和测试车撤收按照导弹和测试车展开的逆向程序进行。撤收的内容包括外接电缆撤收、仪器设备的撤收、导弹的组装和导弹的装箱等。导弹及测试车型号不同，撤收的内容、程序也不同。

导弹测试中有严格的环境要求，一般情况下均能满足要求。但是在某些特殊的环境条件下，如严寒、高温、潮湿、风沙和高原等极端条件下，可能无法满足测试的环境条件，那么，就需要按照操作教令的要求做出相应的处理。例如，假设某型导弹的正常的测试环境温度要求为0～30℃，那么低于0℃则属于严寒环境，高于30℃则属于高温环境。在这种情况下测试时，则可能需要把导弹置于装有空调的车厢内，达到测试环境温度时才能测试。在潮湿条件或者风沙条件下，则需要在测试时关闭测试车的门窗，尽量少开或不开门窗，以免风沙或者湿气进入车内，注意及时清除测试车内的沙粒和灰尘，采用防潮砂或者空调除湿等措施。

1.2.5 防空导弹测试的特点

防空导弹是一个复杂的机电系统，防空导弹的测试既要考虑能够满足对防空导弹技术性能的评价分析，便于利用测试设备发现检测和隔离导弹故障，又要考虑防空导弹测试系统及其设备属于整个武器系统技术保障系统的一部分，要满足武器系统快速性和机动性的要求，因此，它有其自身的特点。

1. 防空导弹测试的参数种类差异性大

由于各种防空导弹的制导方式、控制方式、能源形式、弹上具体设备的实现方式、维护体制以及测试技术和方法不同，因而其具体测试的参数种类和数量差异较大。既有电参数的测试，也可能有气动参数、液压参数及其他物理量(如舵偏角等)的测试。具体需要测试哪些物理量以及测试哪些物理量的哪些参数，受到导弹测试性设计要求，武器系统研制总要求以及导弹的可靠性、维修性等要求的限制。因此，本书只能对大部分防空导弹的主要参数的测试原理和方法进行论述。

2.防空导弹测试的参数大部分为电参数的测试

导弹测试包括对全弹及各分系统的测试。虽然被测对象包括各种装置，测试的参数种类多，除少数时间参数、相位和微波功率参数外，其他均为电压、电流等电工量测量，也就是说，从测试的具体参数来看，它们大多为电参数。电子测试技术仍然是导弹测试技术基础，电子测量是导弹测试的重要组成部分，测试中要使用大量的通用电子测量仪器。掌握电子测量技术、电子仪器的工作原理与使用方法，是顺利进行导弹测试的必要条件。

电子测量技术作为电子技术的一个分支，近年来获得了很大的发展。电子测量仪器也经历了由分离元件到集成电路的变化，由模拟式仪器向数字式仪器的变化，由传统仪器向自动化、智能化仪器方向发展。近几十年来，总线技术和虚拟仪器广泛应用到了导弹测试领域，使得导弹测试更加向自动化和智能化方向发展。随着智能故障诊断技术融入到导弹测试领域，导弹测试设备也加入了智能故障诊断的功能，使其功能进一步扩展。

导弹测试与普通的电子测试有很大不同，用多个通用电子仪器的简单组合是完不成导弹测试的。因此，导弹测试中需要接入诸多的专用测试设备，它们直接与被测对象连接，将被测信号采集下来，经转换分配后传送到测量仪器，将对导弹的激励和控制信号传入导弹的有关部位或用以创造适当的工作环境和测试条件，以便得到规范化的测试数据。

随着电子技术、计算机技术的不断发展，采用通用测试也逐步成为导弹测试的一大发展方向。

3.需要配备专用的动态激励装置

除电子测试系统的信号源以外，导弹测试需要各种类型的动态激励装置，这是导弹测试技术的重要特点之一。

对于指令制导导弹，采用对导弹(或部分舱段)进行动态激励的摇摆台或对弹上惯性器件进行动态激励的转台；对于寻的制导导弹，需要模拟目标与导弹相对运动的专用装置；对于旋转导弹，应有专用设备使被测导弹处于旋转状态。

4.需要配置多种导弹测试模拟器或目标模拟器

在导弹测试中，为了创造尽可能逼真的实际导弹飞行环境，除了动态激励外，还要有模拟目标某些特性的目标模拟器和代替地面制导指令的指令模拟器。为了测试系统自检和测试某些参数，也配备有导弹模拟器。

5.对测试的快速性有较高的要求

由于防空导弹的作战对快速性要求高，因而导弹测试的快速性特别重要，尤其对处于发射架上的导弹射前检测，测试参数须精选，操作要连续、自动、快速。

对防空导弹的测试虽然对其测试快速性提出了要求，但由于一般需要测试的参数较多，导弹和测试设备的各种连接也较多，测试过程中往往需要模拟导弹的飞行过程等因素，因此要完成一个全弹的测试，往往也需要 1～2h，同时需要多个测试人员熟记测试流程和操作方法，需要操作人员密切协同配合。

6.对测试系统有小型化的要求

防空导弹可配置在陆地上，也可配于舰上，可为固定阵地，也可机动发射。为了便于装备和部队的机动化，测试设备大多采用车载方案。随着电子技术和自动测试技术的发展，为了满足武器系统小型化的要求，测试系统也在逐步小型化，一般由两到三个小型机柜组成，也不再有专用车辆。例如，某些防空导弹的测试系统就是由电源机柜和测试机柜这两个机柜组成的。

1.3 防空导弹测试系统的发展

防空导弹测试系统是随着防空导弹的发展而逐步发展的，其经历了从手动型、半自动型到自动型的发展历程，并将逐步过渡到网络型；在通用性上，逐步从专用测试系统和设备向通用型过渡。到目前为止，已经发展了三代，逐步向第四代过渡。

1. 第一代——手动型导弹测试系统

自从20世纪50年代出现第一代防空导弹以来，就出现了防空导弹测试系统。早期防空导弹的测试设备主要由分离的电子元器件组成，最早的是电子管式的，后来逐步过渡到晶体管。第一代防空导弹大多采用无线电指令制导体制，弹上被测对象可分为三大系统：自动驾驶仪、遥控应答机（无线电控制探测仪）和无线电引信，因此导弹测试设备通常由用于单元测试的自动驾驶仪测试设备、遥控应答机（无线电控制探测仪）测试设备、无线电引信测试设备，以及用于测试导弹能源系统及其他辅助设备的电气综合测试台组成。为了测量弹上敏感元件的动态性能，通常还配备了导弹摇摆台。除了这些测试设备外，还有各种供电、配电、供气等设备。主要的测试设备通常装载于一辆或者两辆可机动的越野车上构成车载测试系统。测试系统的仪表指示器采用指针式表头。

第一代导弹测试系统针对被测对象设置了专用设备和专用操作流程，测试程序复杂，由于测试参数多，通常要完成一发导弹的单元测试和综合测试需要近2h。

2. 第二代——半自动导弹测试系统

从20世纪70年代后期发展起来的第二代防空导弹测试系统逐步采用了半自动测试系统。测试设备内部由晶体管和集成芯片组成。具体测试可自动完成，但操作程序由人工控制完成。

3. 第三代——自动导弹测试系统

最早的自动测试技术概念的提出，可以追溯到20世纪50年代中期美国提出的SETE计划的研究项目。该项目采用高速计算机参与武器装备测试，大大降低了测试对人工的要求。在国内，真正对导弹的测试采用自动测试开始于20世纪80年代末期到90年代初。通过几十年的发展，导弹测试系统又经历了专用型、积木式、模块化和网络型自动测试系统四个阶段。

早期的自动测试系统是针对某一具体测试任务而设计的，主要用于测试工作量大的重复测试，通常采用的是如图1-6所示的数据采集型测试系统。它能完成对多点、多种物理量随时间变化的数据的快速采集、实时测量，通过信号处理和滤波，完成信号分析，完成测试。

在第二个阶段，发展了积木式自动测试系统。它是在标准接口总线（如GPIB总线）上以搭积木方式组建的自动测试系统。系统中的各个设备（计算机、各种程控仪器、程控开关等）均配备有标准的总线接口，组成系统时，通过标准接口总线把各个设备连成统一的整体，构成系统，如图1-7所示。

这种自动测试系统组建方便，更改外挂设备和测试流程容易。系统中的外挂仪器既可以用于自动测试系统，也可拆卸后作为独立仪器使用。

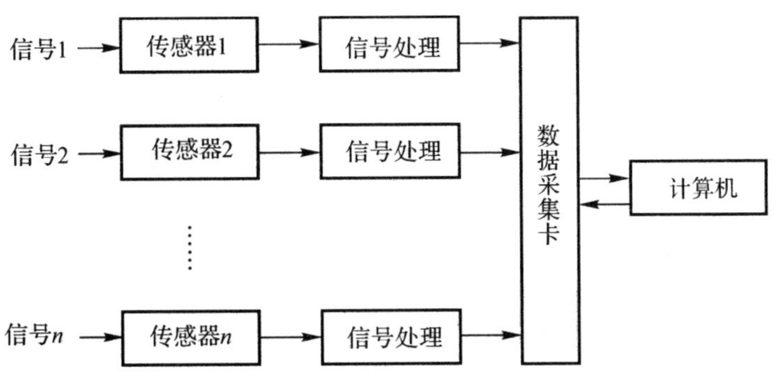

图 1-6 数据采集型自动测试系统

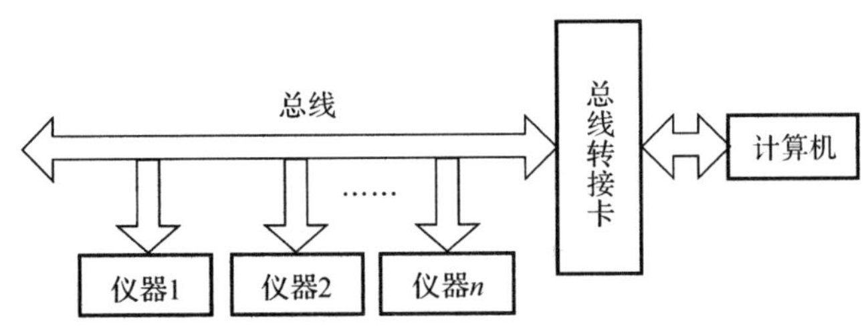

图 1-7 积木式自动测试系统

在第三阶段发展了模块化自动测试系统。这一阶段的自动测试系统普遍采用了 VXI 总线和 PXI 总线。在总线机箱中，仪器、设备等均以总线模块（如信号源模块、示波器模块、开关矩阵模块等）形式出现，总线插槽中的一个模块就相当于一台仪器或者特定的功能器件。通过 VXI 总线标准和 PXI 总线标准使得各模块实现了即插即用。同时，VXI 总线标准充分考虑了军用环境下的电磁兼容、多电源要求、高速传输和可靠性需求。它的高速率、模块化使得组建的测试系统紧凑、小巧轻便、可靠。

在第四阶段发展了网络型自动导弹测试系统。网络型自动测试系统组成如图 1-8 所示。网络型测试系统主要由两大部分组成：一部分是基本功能单元，它本身可以构成测试子系统，包括了网络化传感器、网络化测试仪器和网络化测试模块等；另一部分是连接各个基本功能单元的通信模块。通常网络型测试系统担负着测试、控制和信息交换的任务。如果以信息共享为主要目的，则一般采用 Internet。

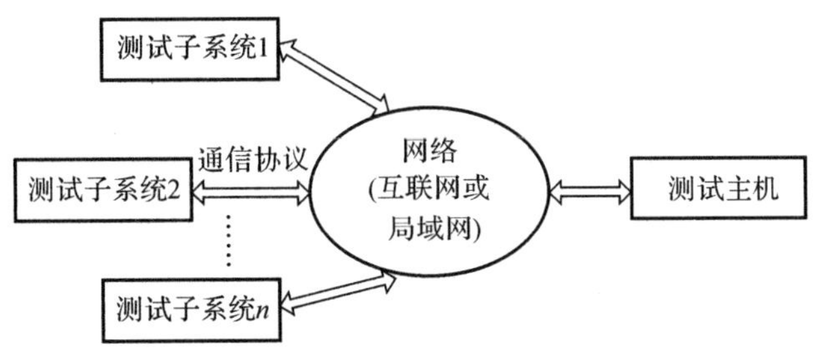

图 1-8 网络型自动测试系统

上述提到的 GPIB，VXI 和 PXI 总线是测试领域的专用接口总线，现代许多测试仪器仪表同时配备了 RS232 接口总线，可以通过 RS232 接口总线直接与互联网相连接实现异地远程测试，将网络技术与仪器仪表技术结合就构成了网络型自动测试系统。

网络型自动测试系统通常采用了 LXI 总线系统，该总线系统是继机架堆栈式 GPIB，VXI 和 PXI 总线系统后发展起来的新一代基于以太网 LAN 的自动测试系统模块化平台标准，它充分吸收了 GPIB，VXI 和 PXI 总线的优点，同时兼容扩展性好、成本低廉、互操作性强，可以很方便地将现有厂商生产的仪器仪表移植到 LXI 系统平台上。

4. 第四代——通用自动测试系统

现在的导弹自动测试系统均是针对某一导弹型号进行研制生产的，导弹型号不同，测试系统就不同。通用型自动测试系统能够满足不同的测试需求，不但可以跨导弹型号使用，而且可以跨武器平台、跨兵种和跨军种使用。它可以构成一个综合保障通用测试系统。

20 世纪 90 年代中期美国休斯公司研制了能够测试 20 多种制导武器(导弹、鱼雷)的自动测试系统。在研的“灵巧可重构全球战斗支援系统”(Agile Reconfigurable Global Combat Support，ARGCS)测试对象涉及空军“F－15”战斗机、海军陆战队轻型装甲车、陆军的“M－1”主战坦克、“阿帕奇”直升机、“帕拉丁”火炮、海军的“F/A－18”和“E－2C”飞机等，形成多军种、跨武器平台的测试系统。另外，ARGCS 通过全球数据访问专家支持构成的封闭数据链路，整合来自武器装备使用部门、保障部门和工业部门的综合测试、训练、维修辅助过程中的故障诊断和维修信息，可清晰地隔离所有故障，提高综合武器保障能力。

5. 防空导弹测试的未来展望

未来防空导弹测试具有如下发展趋势：

(1)导弹测试维护成为武器系统最初论证和设计内容的一部分。导弹测试是部队进行导弹维护和平时技术勤务工作的重要内容，也是导弹维修性设计的主要内容之一，它与导弹的可靠性和测试性紧密相关，与导弹战术技术指标的设计和论证同等重要，从武器系统的最初论证开始就应予以高度重视，这一点已逐渐被人们所认识，并列入导弹研制任务书中。

(2)简化防空导弹测试已经成为共识。在导弹可靠性日益提高的情况下，出现了简化、减少甚至取消使用部队导弹测试的趋势。例如，美国的霍克导弹改型，除了提高其作战性能和抗干扰能力外，还增加了机内检测能力，部队库存的导弹每年检测一次，测试合格后加封，导弹随时可以发射。“爱国者”导弹在部队也只进行简单的维护——通过机内自检程序检查导弹功能，发现问题时返回生产厂，部队不进行维修。

从保管维护和操作使用的角度看，防空导弹越来越像普通高射炮弹。制定这一导弹维护思想的根据是加强导弹生产过程的品质控制，使出厂产品品质大大提高，故障出现概率下降，部队使用中测试和维修的重要性日益下降。国外研究表明，产品生产过程中随着工序的增加，检测和排除故障所付出的代价以 10 倍递增。

此外，最终检测是用户使用过程。用户使用中出现故障，承制商所付代价除经济损失外，还有信誉，这是国外厂商的经营哲学。据此，不断地加强导弹生产过程中的品质控制，加强从原材料、元器件进料检查开始的全过程品质控制，使得产品品质不断提高，最终实现简化和减少使用部队导弹测试的目的。目前，国内正在大力推行军工产品品质管理条例，加强研制和生产过程的品质控制，这必将大大提高国产导弹的品质和可靠性。因此，简化作战部队的导弹维护测试也是必然的趋势。

(3)测试的集成化、智能化、信息化和网络化程度越来越高。随着电子技术、人工智能技术和仪器仪表技术的迅速发展，导弹测试的集成化、智能化、信息化和网络化程度越来越高。专家系统技术、分布式总线测试技术、网络化测试技术以及免测试、免维护的广泛应用，使得以检查、验证导弹系统的主要技术性能，进行故障定位，必要时调整不合格参数、更换有故障的部件为目的的导弹测试，逐步向导弹故障自诊断、远程诊断、自修复、故障智能提示方向发展。

(4)测试时间越来越短。早期的防空导弹在部队的测试，从导弹和测试车的展开、完成导弹测试全过程到导弹和测试车撤收，往往需要1～2h，甚至更长时间。随着自动测试技术和智能化信息处理技术的发展，测试时间越来越短，达到几分钟甚至更短时间，大大提高了导弹的生存能力和快速反应能力。

(5)测试系统的环境适应能力越来越强。为应对战场的恶劣环境，导弹测试系统普遍采用耐高温、耐高压和抗强电磁辐射等耐环境设计和可靠性设计保障措施，使得测试系统的环境适应能力越来越强。

第2章　电参量测量

在导弹上，许多技术性能指标是通过电压、电流、功率、频率和信号波形等电参量的形式表现出来的，在导弹测试中，常常需要对上述基本的电参量进行测量。另外，这些电参量的测量技术也是其他各类测试技术的基础。这些电参量测量可能存在于导弹各个分系统、各个舱段的测试中，因此，本章主要讲述导弹测试设备对最常用的电参量的基本测量方法和测量原理。

2.1　电压测量

2.1.1　电压测量仪表

在电子测量中，电压和电流是被测量的两个基本量，而功率则是二者的乘积，掌握这三个参量的一般测量方法对于描述常见被测对象的性能具有重大意义。三个参数中尤其以电压测量最为重要，也是测量其他参量的基础。因为在标准电阻的两端若测出电压值，那么通过间接的计算就可以得到其他两个参数。对于电压、电流和功率的测量，在20世纪50年代以前，均采用模拟式，以后，数字电压表问世。数字电压测试技术飞速发展，也带动了其他参量的数字化测量方法的发展。

从测量角度考虑，一般根据被测电压的数值可以将电压分为高、中、低三个范围。对于直流电压，一般认为，10^2～10^6V为高电压，10^{-4}～10^2V为中电压，10^{-9}～10^{-4}V为低电压。对于交流电压，一般认为，10^3～10^5V为高电压，10^{-3}～10^3V为中电压，10^{-7}～10^{-3}V为低电压。

由于高压放电的分散性比较大，一般对测量准确度的要求不高，按现行国际标准，无论是有效值或峰值都只要求误差不超过±3%。

测量高电压最常用的方法有以下几种。

(1)利用气体放电测量交流电压及脉动直流电压的最大值。这种测量方法的测量精度可达±3%，具有结构简单、不易损坏的优点，但测量手段麻烦、费时较多且设备笨重。

(2)用静电电压表测交、直流高电压。这种测量方法的量程可达200～500kV，准确度达1.5%～2.5%，可测交流电压频率达1MHz。

对低电压及微小电压(10^{-6}V以下)的测量常采用检流计与各类测量放大器相结合的方法来实现。

测量电压所用仪器、仪表的测量范围及误差见表2-1。

直流电压的测量，相对地说要简单些，它所要解决的是放大、衰减、阻抗匹配以及隔离等问题。

在一般电气技术范围内常遇到的多是中等范围的直流电压与低频正弦交流电压(常有一定非线性失真),也是导弹测试中经常遇到的电压测量范围,也是本节主要讨论的内容。

表 2-1　测量电压用仪器仪表的测量范围与误差

仪器、仪表名称	测量范围/V	误差范围/(%)
指示仪器	直流 10^{-3}～10^{5}	2.5～0.1
	交流 10^{-3}～10^{5}	2.5～0.1
电位差计	直流 10^{-4}～10^{2}	0.1～0.001
	交流 10^{-4}～10^{2}	0.5～0.1
数字电压表	直流 10^{-4}～10^{3}	0.1～0.002
	交流 10^{-4}～10^{3}	0.1～0.05
检流计	直流 10^{-9}～10^{-7}	
附加电阻	直流 10～10^{3}	0.5～0.01
	交流 10～10^{3}	0.5～0.01
分压器	直流 10～10^{3}	0.2～0.001
	交流 10～10^{3}	0.2～0.001
电压互感器	交流 10^{2}～10^{5}	0.5～0.005
放大器	交流 10^{-7}～10^{-2}	0.5～0.1

2.1.2　直流电压的测量

直流电压的测量主要解决的是放大、衰减、阻抗匹配以及隔离等问题。直流电压的测量原理图如图 2-1 所示。

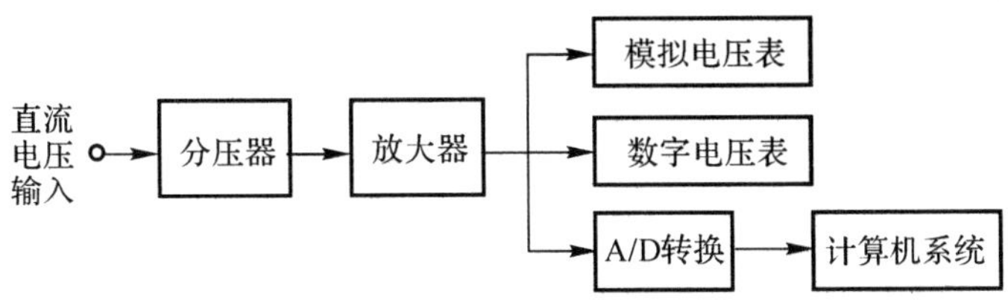

图 2-1　直流电压的测量原理图

直流电压通过分压器、放大器变换之后,送入模拟电压表或数字电压表测量,或是经 A/D 转换之后送入计算机系统测量。

1. 分压器

分压器的主要作用是进行电压衰减,借以确定和扩展电压量程。它还具有阻抗变换,使分压器前后级之间匹配连接的作用。

分压器按照电路形式可以分为电阻分压器、电容分压器和阻容分压器。其电路组成形式如图 2-2 所示。

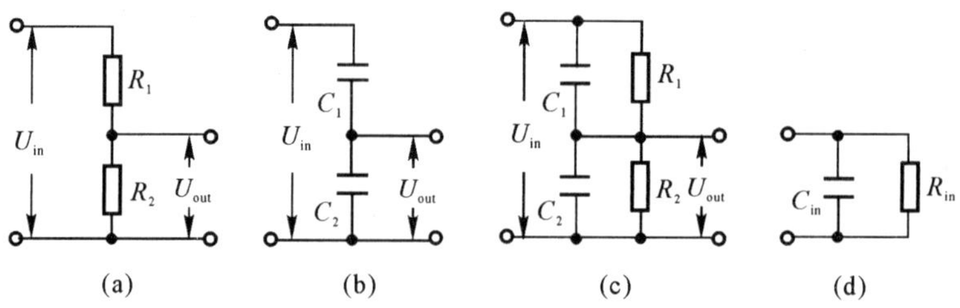

图 2-2 分压器电路组成形式

(a)电阻分压器;(b)电容分压器;(c)阻容分压器;(d)分压器后一级

设分压器后一级(见图 2-2(d))的输入电阻为 R_{in}，输入电容为 C_{in}，分压器的分压系数用 k 来表示。那么,图 2-2(a)中,当 R_2 远小于 R_{in} 与输入电容 C_{in} 的容抗$\left(\frac{1}{\omega C_{in}}\right)$的并联值时,其分压系数为

$$k_R = \frac{R_2}{R_1 + R_2} \tag{2.1}$$

图 2-2(b)中,当 C_2 的容抗远小于 R_{in} 与输入电容 C_{in} 的容抗$\left(\frac{1}{\omega C_{in}}\right)$的并联值时,其分压系数为

$$k_C = \frac{C_1}{C_1 + C_2} \tag{2.2}$$

图 2-2(c)中,当 R_2 与 C_2 的容抗的并联值远小于 R_{in} 与输入电容 C_{in} 的容抗$\left(\frac{1}{\omega C_{in}}\right)$的并联值时,其分压系数为

$$k_{RC} = \frac{R_2}{R_1 + R_2} \tag{2.3}$$

通常,在低频范围内使用电阻分压器,在高频范围内使用电容分压器,在中频范围内使用阻容分压器。

依据分压器阻值的大小,还可以分为高阻分压器和低阻分压器。高阻分压器常安置在输入级,以提高电压表的输入阻抗。低阻分压器常安置在级联放大器之间,其目的在于避免信号幅度过大超过后级的正常工作范围。当电压表的量程范围很宽时,需要分压系数很小,往往需要多个分压器,其总的分压系数等于各个分压系数的乘积。

2. 放大器

比较常见的放大器有同相放大器、反相放大器、线性可调差动放大器、可编程放大器等。

(1)同相放大器。同相放大器的原理图如图 2-3(a)所示,输入信号 U_i 与输出信号 U_o 的关系为

$$U_o = \left(1 + \frac{R_F}{R_1}\right)U_i \tag{2.4}$$

通过改变 R_F 与 R_1 的值来调节放大倍数。当 $R_F = 0$ 时,就有 $U_o = U_i$，就成为同相跟随器。同相放大器和同相跟随器的输入阻抗极高,常用作信号变换电路的前置输入部分。

(2)反相放大器。反相放大器的输入信号 U_i 与输出信号 U_o 的极性相反,如图 2-3 (b)所示,其关系为

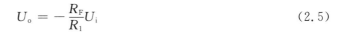

$$U_o = -\frac{R_F}{R_1}U_i \tag{2.5}$$

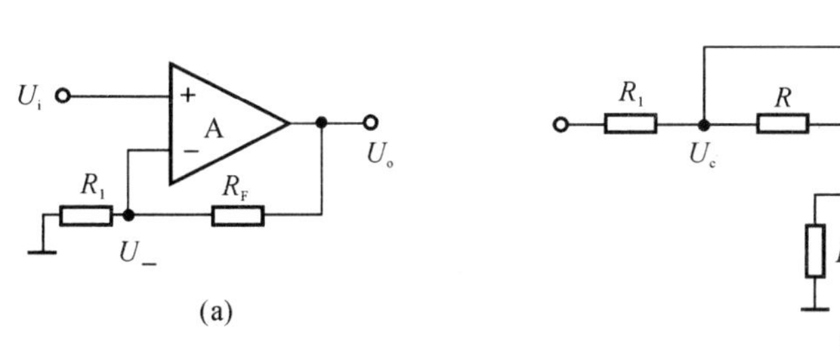

图 2－3　放大器原理图

通过改变 R_F 与 R_1 的值来调节放大倍数。当 $R_F = R_1$ 时，就有 $U_o = -U_i$，就成为反相跟随器。反相放大器和反相跟随器的优点是输出阻抗非常小。

(3)线性可调差动放大器。图 2－4 所示是一种线性可调差动放大器电路。它由同相放大器作差动输入，因此输入阻抗极高，以保证不影响采样信号值。用反相跟随器作输出极，输出阻抗极低，可保证输出准确度。输出信号 U_o 与输入信号 U_i 的关系为

$$U_o = (1 + \frac{2R_1}{R_2})(U_{i2} - U_{i1}) \tag{2.6}$$

调节 R_2 可改变放大倍数，以满足不同需要。

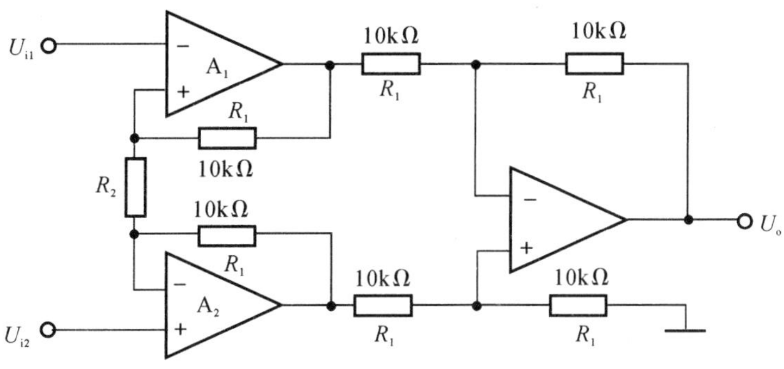

图 2－4　线性可调差动放大器原理图

(4)可编程放大器。增益可以根据程序设定而改变的线性放大器称为可编程放大器。由于有时所测信号电压变化范围不同，有的是几伏，有的是数毫伏，有的甚至是微伏级，因此在这种情况下要求共用的放大器必须具有随所采信号通道的转换而迅速调整其增益的功能，只有在计算机的程序控制下才能准确地实现放大器增益的转换调整。图 2－5 所示是可编程放大器的原理图。

图 2－5 中由主计算机发出控制信号来驱动开关电路，增益选择开关 S 和 S′ 成对同时切换，用以改变 A_1 和 A_2 的反馈系数，从而实现增益 K 的调整。

3.数字电压表

近几十年来数字电压表(DVM)得到了飞速的发展，不管其形式如何千差万别，它们的基本原理都是将模拟量转换成数字量，通过计数器计数并通过数字显示设备显示出来。其基本

测量原理如图 2－6 所示。

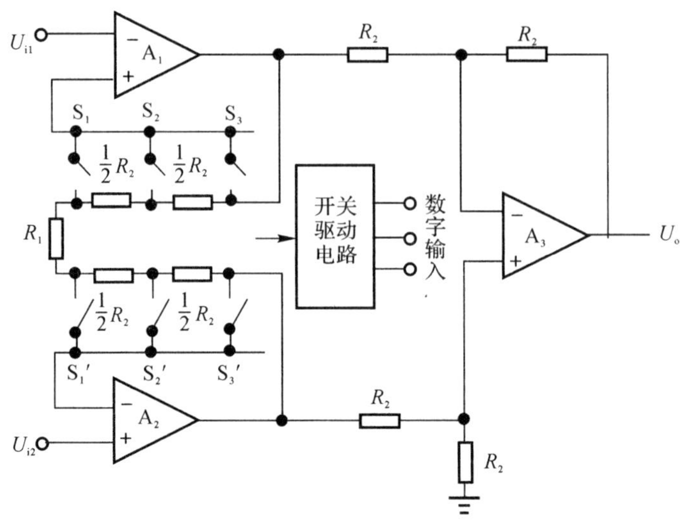

图 2－5　可编程放大器原理图

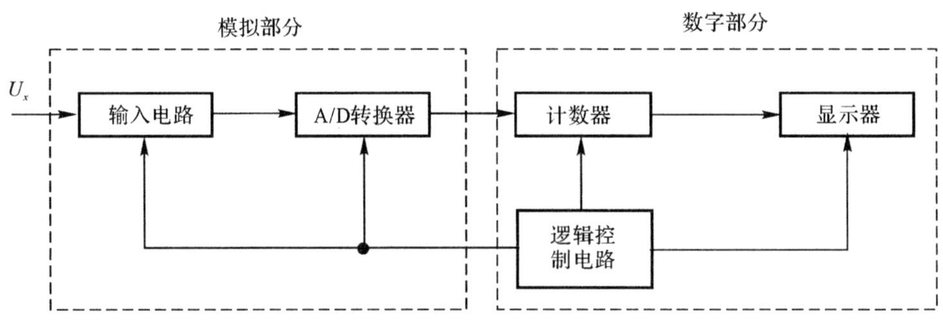

图 2－6　数字电压表的基本原理框图

由图 2－6 可以看出，数字电压表主要由输入电路、A/D 转换器、逻辑控制电路、计数器、显示器以及电源(图中未画出)等六部分组成。输入电路和 A/D 转换器统称为模拟电路部分，而计数器、显示器和逻辑控制电路统称为数字电路部分。因此一部典型的数字电压表，除电源外，主要由模拟和数字两大部分构成。通过该两大部分，将输入电压 U_x 转换成数字量，并将测量结果显示出来。

对于一个具体的数字电压表来说，其工作性能的优劣，主要由测量范围、分辨力、测量误差和测量速率等来衡量。

(1)测量范围。数字电压表的测量范围与模拟电压表不同，对于模拟电压表，利用量程就可以表征它的测量范围，但对数字电压表来说，还要用显示位数、超量程能力才能较全面地反映它的测量范围。

1)量程。数字电压表的量程，是以基本量程(即 A/D 转换器的电压范围)为基础，借助于步进分压器和前置放大器向上下两端扩展，下限可低至毫伏级，上限可达 1kV。数字电压表的基本量程多半为 1V 或 10V，也有 2V 或 5V 等。量程转换除手动外，一般要求自动，或者两者兼有之。

2)显示位数。数字电压表的显示位数,一般都指完整显示位,即能够显示 0～9 十个数码的那些位。在数字电压表的量程术语中,经常可以看到如 $3\frac{1}{2}$ 位、$4\frac{1}{2}$ 位、$6\frac{1}{2}$ 位等表示方法。所谓 $\frac{1}{2}$ 位,它有两种含义。其一,若数字电压表(DVM)的基本量程为 1V 或 10V,那么带有 $\frac{1}{2}$ 位的 DVM,表示具有超量程能力。例如,在 10.000V 量程上,计数器最大显示为 9.999V,很明显这是一台 4 位 DVM,无超量程能力,即计数大于 9.999 就会溢出。另一台 DVM,在10.000V量程上,最大显示 10.000V,即首位只能显示 1 或 0,这一位不应该与完整位混淆,它反映有超量程能力,故形式上虽有 5 位,但是首位不是完整显示位,故对这种首位不是完整显示位的量程叫作 $4\frac{1}{2}$ 位。其二,是基本量程不为 1V 或 10V 的 DVM,其首位肯定不是完整显示位,所以不能算一位。例如,一台基本量程为 2V 的 DVM,在基本量程上的最大显示为1.999 9V,这是一台 $4\frac{1}{2}$ 位 DVM,无超量程能力。

3)超量程能力。超量程能力是 DVM 的一个重要指标。比如用一台四位 DVM 测量一个电位值为 10.001V 的电压,若采用满量程为 10V 的挡,最大显示为 9.999V,若无超量程能力,测量 10.001V 的直流电压必须采用 100V 的挡,而 100V 挡只能显示 10.00V,可见被测电压的最后一位被丢掉,即对 0.001V 无分辨力。若采用具有超量程能力的 DVM,最后一位不被丢失,在 10V 挡上能显示 10.001V,这样读取的测量结果就不会降低测量精度和分辨力。

(2)分辨力。分辨力是 DVM 能够显示的被测电压的最小值,也就是使显示器末位跳一个字所需要的输入电压值。显然在不同的量程上,DVM 的分辨力是不同的。在最小量程上 DVM 具有最高的分辨力。常把最高分辨力作为 DVM 的分辨力指标。例如,DS-14型 DVM 的最小量程挡为 0.5V,末位跳一个字,所需要的平均电压为 10μV,故其分辨力为 10μV。

分辨力也常用相对值表示,设最大显示位数为 N_{max},最小能分辨一个字,则分辨力为 $1/N_{max}$。例如 DS-14 型 DVM 的 N_{max}=50 000(不计超量程部分),故称其分辨力为1/50 000 或 0.002%。

(3)测量误差。DVM 的固有误差用绝对误差 ΔV 表示为

$$\Delta V = \pm(\alpha\% V_x + \beta\% V_m) \tag{2.7}$$

式中,V_x 为被测电压读数;V_m 为所读量程的满度值;α 为误差的相对项系数;β 为误差的固定项系数。

式(2.7)中等号右边第一项 $\alpha\% V_x$ 与读数成正比,称为“读数误差”;第二项 $\beta\% V_m$ 为不随读数而变的固定误差,称为“满度误差”。

读数误差包括转换系数(刻度系数)、非线性等产生的误差。从形式上看 DVM 似乎没有模拟电压表那样的表头刻度,但实质上有刻度的概念,那就是每个字所代表的电压值。

非线性误差也是 DVM 误差的一个重要因素,主要来源是 DVM 中的积分器以及放大器的非线性。尽管在设计放大器时要尽可能减少非线性,但是非线性总是不可避免的。

满度误差包括量化、偏移和内部噪声等因素产生的误差。

量化误差和零点漂移误差,对测量结果带来的误差与被测电压的大小无关,而只取决于不同量程的满度值 V_m,故有时也可用 $\pm n$ 个字来表示,即测量误差的另一种表示方法为

$$\Delta V = \pm \alpha\% V_x \pm n \text{字}$$

目前,国内外的 DVM,上述两种测量误差的表示方法都有采用。满度误差 $\beta\% V_m$ 和 n 个字误差实质是一样的,因为产生这项误差的根源相同,只是表示形式不同,所以两种表示方法都可以采用。

(4)测量速率。测量速率是单位时间内对被测电压的测量次数,它主要取决于 DVM 中 A/D 转换器的转换速度。A/D 转换器可以在内部或外部的启动信号触发下工作。DVM 内部有一个触发振荡器,以提供内触发信号,改变触发振荡器的输出频率,则可改变测量速率。采用积分式 A/D 转换器原理制成 DVM,虽然精度较高,但是由于 A/D 转换的速率较低,故很难得到较高的测量速率。为了得到较高的测量速率,可以采用逐次比较法 A/D 转换器制成的 DVM,它的测量速率可高达 10^5 次/s 以上。

除以上讨论的主要特性外,DVM 还有抗干扰能力、输入输出阻抗和响应时间等性能指标。以上指标不是独立的,它们相互关联、相互作用,决定着 DVM 的整体性能。

2.1.3 交流电压的测量

交流电压的测量,在多数情况下都需要测量其有效值。在实际实施过程中交流电压的常用测量方案主要有两种:①交直流变换器测量法。通过交直流变换器将交流电压转换为相应的直流电压进行测量,一般常用平均值、有效值和峰值等表征交流电压。对于一个已知的波形,这三个参数之间具有一定的关系,因此,出现了平均值变换器、有效值变换器和峰值变换器三种交流变换器。②计算机采样测量法。对交流电压信号采用计算机采样的数字化测量技术进行测试。

1. 平均值变换器(检波器)

平均值变换器的作用就是通过它的变换使输出电压信号是输入电压信号有效值的平均值。通常是将交流电压半周内的平均值或全周内绝对值的平均值转换成直流电压。这种变换方法也称为整流或检波。经过变换后,用直流电压表测量出该直流电压的大小,就可以间接地测量出交流电压的大小。

平均值变换器的构成形式多样,在此给出常用的三种平均值变换器的形式。

(1)简单平均值变换器。最简单的平均值变换器有如图 2-7 所示的两种形式。对于正弦波交流电压 u_x,平均值变换器的输出电压表达式为

$$\overline{U} = K_1 K_2 U \tag{2.8}$$

式中,K_1 为整流系数;K_2 为滤波系数;U 为输入电压有效值。对于单相正弦波整流电路,$K_1 = 0.9$,半波整流电路 $K_1 = 0.45$,而 K_2 取决于滤波电路的形式与元件参数。需要注意的是,对于不同的交流电压波形,K_1 和 K_2 是各不相同的值。

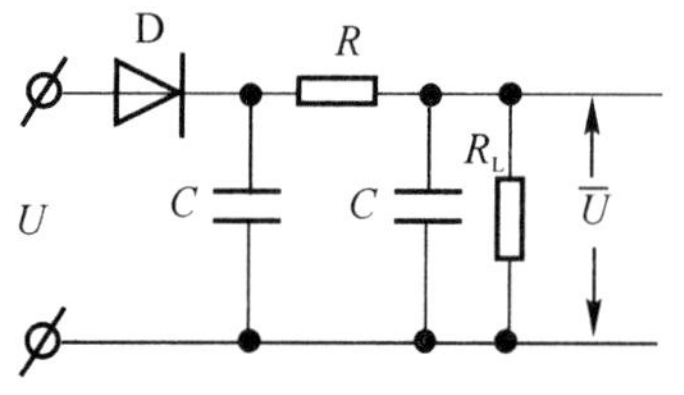

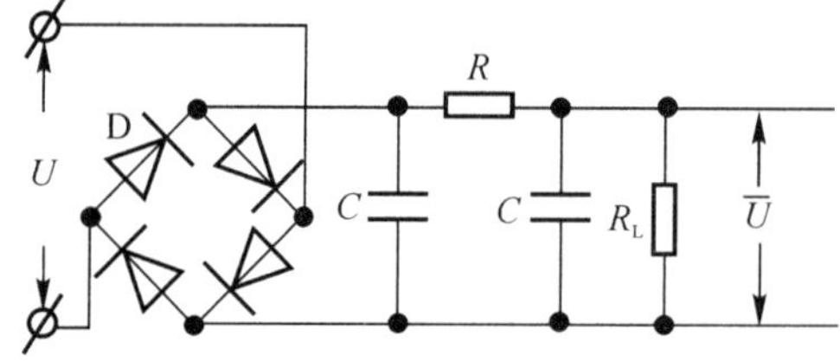

图 2-7 平均值变换器

在测量准确度要求不太高、被测电压比较高而又基本不变或变化范围不大的情况下，采用类似图 2－7 所示的平均值变换电路具有简单、可靠的优点，因而这种电路经常被采用。

但是，在图 2－7 所示的电路中有两个缺点：一是式(2.8)中的 K_1 随电压波形的失真而变化，K_2 也会随电压的频率而变化，K_1 和 K_2 的这两种变化均会造成测量误差；二是电路中二极管的非线性特性也会引起测量的误差，这一点在电压电平很低时尤为严重，它的存在会使准确度大为降低。

上述电路，常将二极管接成桥式整流或全波、半波整流电路，就可以实现交流电压转换为直流电压，电路较为简单。但是，二极管由于伏安特性的严重非线性而不能应用于测试设备，所以常采用运算放大器和二极管组成线性检波器使用。

(2)半波精密整流电路。这是采用运算放大器和二极管组成线性检波器的一种精密整流电路，如图 2－8 所示。该电路的基本原理是利用负反馈对输出信号进行线性补偿。在图 2－8 所示电路中，未接入二极管 D 之前

$$u_o = \frac{A}{1+AF} u_x \tag{2.9}$$

式中，A 为运算放大器开环放大倍数；F 为反馈系数，

$$F = R_2/(R_1 + R_2) \tag{2.10}$$

当 A 很大时，AF 远大于 1，因此有

$$u_o \approx u_x/F \tag{2.11}$$

式(2.11)表明输入、输出呈线性关系，在电路接入二极管 D 以后，引起的非线性效应可看作是 D 的输出系数 K_d 发生变化，即

$$u_o = \frac{AK_d}{1+AK_dF} u_x \tag{2.12}$$

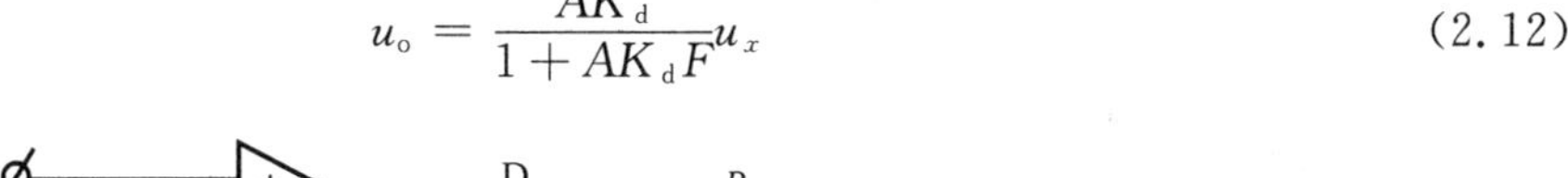

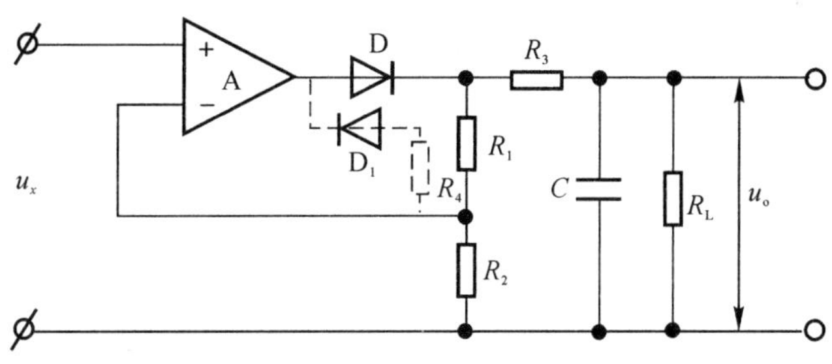

图 2－8　半波精密整流电路

对照式(2.12)和式(2.9)发现，如果此时仍能保证 $AK_d \gg 1$，则依然仍可满足关系式(2.11)，达到线性补偿的目的。如果在图 2－8 所示电路中按虚线接入另一个二极管 D_1 与电阻 $R_4(R_4 = R_1)$，即可实现正负半周对称。工业用 FS－13 型电压变换器就是属于这种带有精密整流电路的平均值变换器(具体线路略有不同)。

另一种半波线性检波器的原理电路图和波形图如图 2－9 所示。

当输入的交流电压 $u_x > 0$ 时，二极管 D_2 导通，电路闭环。由于相加点 Σ 处是虚地点，其电压 $u_\Sigma \approx 0$，因此二极管 D_1 反偏而截止，检波器的输出电压 $u_o \approx u_\Sigma = 0$。反之，在 $u_x < 0$ 的半周，D_2 截止，D_1 导通，检波器的输出电压为

$$u_o = - i_1 R_F = - i R_F = - \frac{R_F}{R_1} u_x \tag{2.13}$$

式(2.13)说明，u_o 正比于 u_x，实现了线性检波。在输出端接滤波器，可以把交流半波脉动电压变成与其平均值相等的直流电压 u_o。

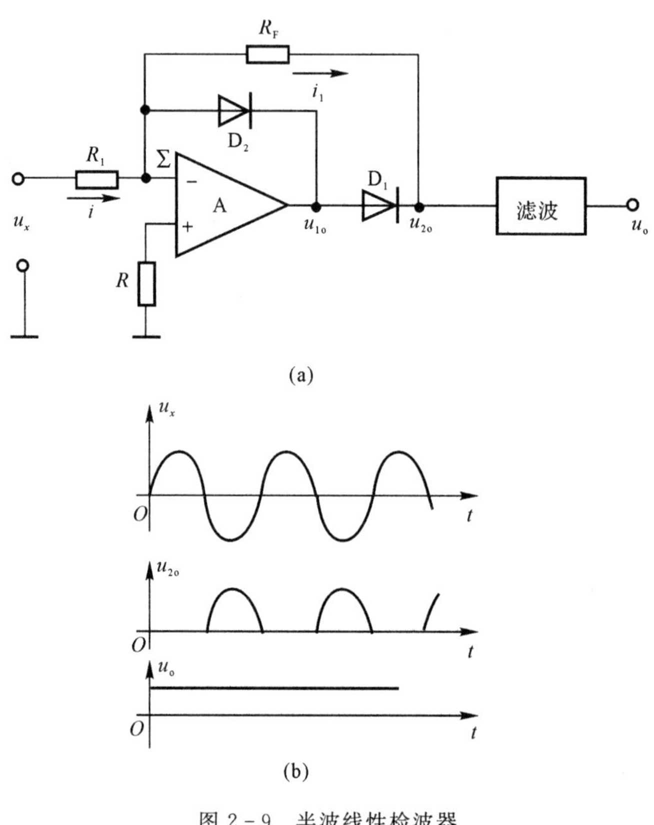

图 2-9 半波线性检波器

(a)原理图；(b)波形图

(3)全波线性检波器。全波线性检波电路的原理电路图和波形图如图 2-10 所示。

图 2-10(a)中，运算放大器 A_2 除了充当加法器完成全波线性检波外，在反馈支路中并联有大电容 C 而构成滤波器，使输出电压与输入电压的全波平均值成正比。全波检波电路的波形如图 2-10(b)所示。

2. 有效值变换器

能直接测试出任意波形有效值的变换器称为有效值变换器。常见的有效值测试有热电偶式、模拟运算式两种测量方法。

热电偶有效值变换器是利用材料的热电偶效应工作的。热电偶效应是指材料两端存在温差时，在材料上会感应出与温差成正比的电动势的现象。热电偶有效值变换器的基本原理是流过材料的电流与材料的热端与冷端的温差成正比；而材料两端的交流功率与电压有效值的二次方成正比，即 $I \propto V^2$。

热电偶式变换器是有效值变换器的一种，不存在原理误差，不受波形、频率的影响，简单可靠。但由于热电偶内阻低(从被测量信号吸收功率大)、响应速度慢、受环境影响大和刻度非线性等，热电偶式变换器目前在工程上很少应用。

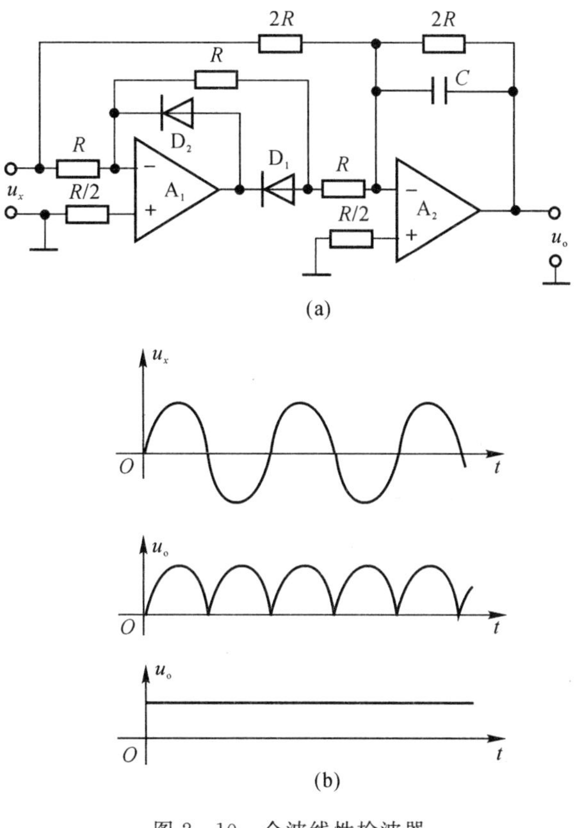

图 2 - 10　全波线性检波器

(a)原理图；(b)波形图

现在常用的是一种模拟计算电路构成的有效值变换器，原理如图 2 - 11 所示。这种电路已经制作成集成电路，准确度可达 0.1%。

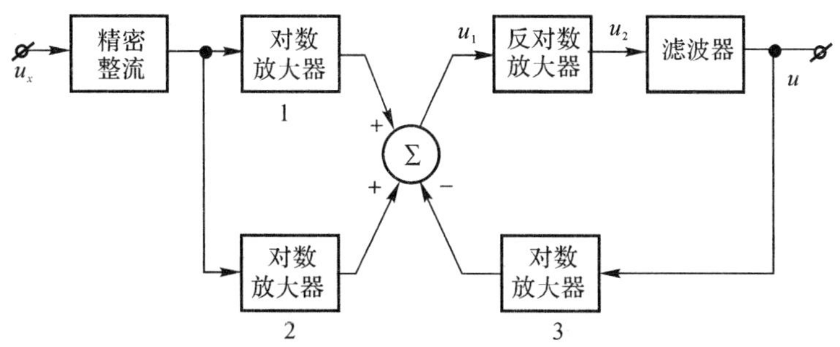

图 2 - 11　一种模拟式有效值变换器

电路由三个完全相同的对数放大器、一个反对数放大器、一个加法器和一个滤波器组成。被测交流电压 u_x 首先经过精密整流电路变成直流脉动电压(不滤波)，然后分别接到两个对数放大器 1 和 2，变压器输出电压 u 反馈接到另一个对数放大器 3。这三个对数放大器的输出通过加法器后变为 u_1，然后接到反对数放大器上，其输出变为 u_2，然后经过滤波器取平均即为

所需要的输出 u，$u = u_{rms}$。

这种变换器量程宽、过载能力强和响应快，可用于波峰系数为 7 以下电压有效值的变换，应用广泛。

3.峰值变换器

峰值变换器的应用条件是输入电压的波峰系数为一定值，在这种情况下该变换器的输出直流电压与输入被测电压峰值成正比。峰值变换器用于检测交流电峰值，除了在交流测量电路中应用外，在导弹上的其他电路也有广泛应用。

常见的电路有简单的二极管串联式、二极管并联式和采用运算放大器等三种形式。

采用二极管串联式和并联式峰值变换器电路如图 2-12 所示。

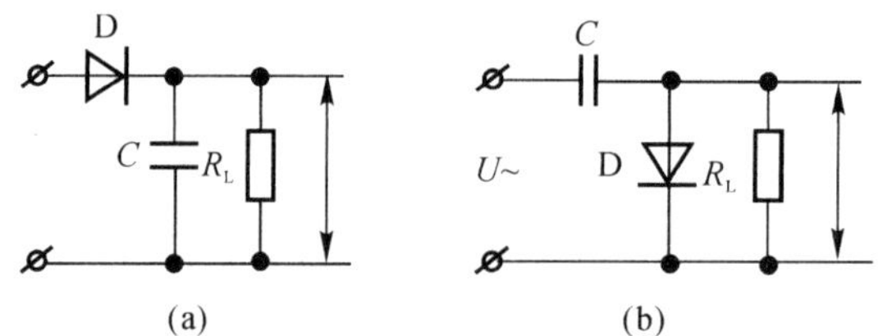

图 2-12　采用二极管的峰值变换器电路

(a)串联式；(b)并联式

并联式峰值变换器的输出中包含有交变分量，需用滤波器滤波。但两种形式的变换器都是建立在 RC 电路充放电的基础上，为实现充电快、放电慢，使输出值尽量接近峰值，图 2-12 中电路多数需要满足以下条件：

$$R_L C \gg T_{max}, \quad r C \ll T_{min} \tag{2.14}$$

式中，T_{max} 为被测交流电压的最大周期；T_{min} 为被测交流电压的最小周期；r 为信号源内阻与二极管正向电阻之和。

显然，这种变换器适用于测量频率比较高的测量对象。因为在 RC 电路充放电过程中，不管线路参数如何选择，都不可能完全充电到峰值，并且常在未达到峰值之前就又开始放电衰减。这种变换器的转换误差随着频率的降低逐渐增大。另外，波形的畸变(例如，由于谐波引起的平顶或尖顶)也会引起较大的误差。所以峰值变换器准确度低，只适于一定条件下一般测量中应用。

采用运算放大器的峰值变换器的电路如图 2-13 所示。图中 C 为记忆电容，R_F 为反馈电阻。当 u_i 为正半周时，A_1 输出使 D_1 导通，电容 C 很快被充电，u_i 的峰值 $U_i \approx U_o$，输出电压 U_o 反馈到 A_1 的反相端，u_i 增大，U_o 亦增大。当 u_i 增大到峰值 U_i 时开始下降，A_1 同相端电压小于反向端电压，D_1 截止，D_2 导通，电容 C 处于记忆状态，U_o 保持在 u_i 的峰值 U_i。只要 A_2 输入阻抗足够高，D_1 反向漏电足够小，A_1 和 A_2 开环增益足够大，就可保证 U_o 足够接近于 U_i。

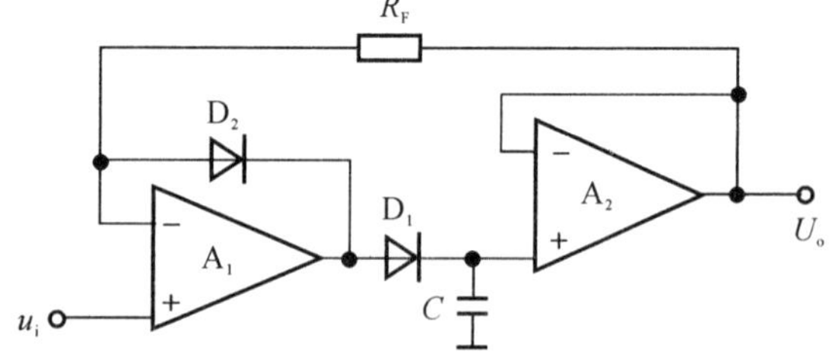

图 2-13　采用运算放大器的峰值变换器电路

峰值变换器的实质是当后续电压大于前面电压信号幅度时，C 不断充电，输出电压 U_o 就是输入电压的瞬时峰值。当 u_i 减小时，输出电压保持在该瞬时前的最大电压。若把二极管 D_1 和 D_2 的正负端各自倒接，则可构成负峰值检测电路。由负峰值和正峰值检测电路合起来就构成峰-峰值检测电路。

4. 计算机采样测量法

现代电子技术、信息处理技术以及微型计算机技术的发展推动了等间隔多点采样计算法的工程应用，同时也促进了计算机采样计算法在电压测量中的应用。该方法不但能简化测量系统的硬件结构，提高电压测量的准确度，而且也能为功率测量、波形分析等提供一定的条件。当前这种方法在智能化仪表中得到了较广泛的应用。

计算机采样测量法测量交流电压是建立在计算机或者微处理器所具有的控制、判断、信息存储和数值计算等功能基础上的一种方法，其理论基础是采样定理。

图 2－14 为这种方法的原理及波形图。首先对输入电压信号进行调理变换，然后计算机通过采样保持器、A/D 转换器和通道开关 MC 获得被测电压波形的离散点数值（瞬时值）u_0，u_1，u_2，…，u_{n-1}，u_n，最后采用近似计算中的梯形法求定积分的公式求得交流电压的有效值和平均值，通过搜索内存法得到波形的正负峰值。由此还可以求出电压波形的波峰系数。

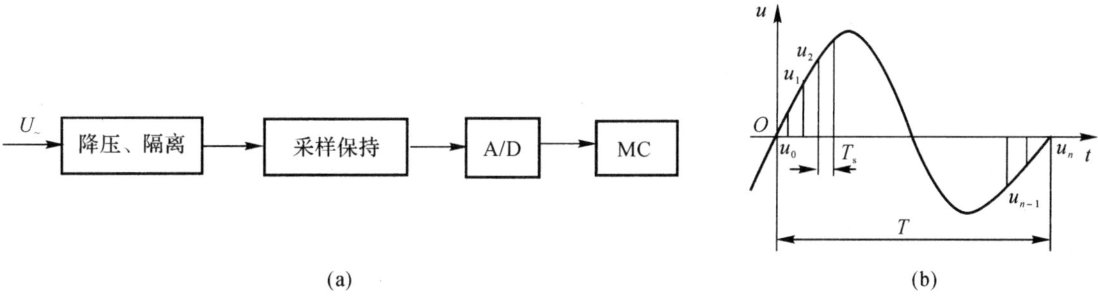

图 2－14　计算机采样测量法原理及波形图

(a)原理图；(b)波形图

设电压波形的周期为 T，每个周期采样点数为 $n+1$，采样周期为 T_s，则交流电压有效值为

$$V_x=\sqrt{\frac{T_s}{T}\left[\frac{1}{2}(u_0^2+u_n^2)+u_1^2+u_2^2+\cdots+u_{n+1}^2\right]} \tag{2.15}$$

交流电压平均值为

$$V=\frac{T_s}{T}\left[\frac{1}{2}(u_0+u_n)+u_1+u_2+\cdots+u_{n+1}\right] \tag{2.16}$$

这里有两个因素影响测试准确度，值得注意。

(1)采样频率。根据采样定理，如果对一个具有有限频谱（$-\omega_{max}<\omega<\omega_{max}$）的连续信号进行采样，当采样频率 $\omega_s\geqslant 2\omega_{max}$，即采样频率大于信号所包含的最高频率的两倍时，离散采样信号能无失真地复现原来的连续信号。

而实际上，为了保证一定的测量准确度，较准确地描绘被测波形，往往使采样频率为信号最高频率的 3～4 倍，甚至 10 倍。但采样频率高，则采样点增多，会占用过多的机器内存和增加数据处理时间。因此，应适当选取采样频率。

(2)被测信号的频率。被测信号的频率有可能是变化的，这时如果不相应改变采样频率就不能保证测试准确度。所以必须监测频率的变化，相应地自适应调整采样频率。

5. 电压互感器

在电路中，有时电压的大小相差悬殊，高的到几万伏甚至几十万伏，低的到几伏。要直接测量这些低压和高压就要有相应的低压和高压电压表及相应的转换继电器。特别是对高压，如果直接测量有时甚至相当困难，这时常采用电压互感器。它可以将高压信号变换成低压信号，同时可以起到电隔离的作用。

电压互感器的基本原理如图 2-15 所示。其基本组成与变压器相同，由铁芯、原绕组（一次绕组）、副绕组（二次绕组）和绝缘组成。两个绕组以及绕组与铁芯之间都有绝缘。使用时，将原绕组接到被测系统上，副绕组接测量仪表。这样，即使被测电压很高，经过变换后，二次电压就为低压。电压互感器本身的阻抗很小，一旦副边发生短路，电流将急剧增长而烧毁线圈，为此，在电压互感器的原边接有熔断器，副边可靠接地，以免原、副边绝缘损毁时副边出现对地高电位而造成对人身和设备的事故。

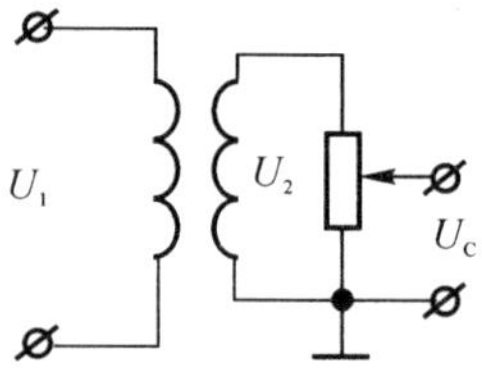

图 2-15 电压互感器原理图

电压互感器应用的是电磁感应原理。一旦在原绕组上产生电压 U_1，在铁芯中便产生磁通量，根据电磁感应定律，那么在副绕组中产生二次电压 U_2。其中 U_1 和 U_2 的比值取决于原绕组和副绕组的匝数比，因此可根据需要组成不同比例变换电压的电压互感器。

电压互感器与功率变压器的不同之处主要在于功率变压器是传递能量的，主要考虑的是效率，而电压互感器是用来进行电压测量的，对它的要求主要是转换的准确度高，线性度好。变压器的容量一般很大，可达到千伏或者兆伏；而电压互感器目的在于测量电压，容量常用伏来描述。从互感器的等效电路看，为了实现高准确度，就必须减小空载电流，因而电压互感器铁芯采用高导磁材料制成，并从工艺上降低漏磁。

实际工作中为了得到较好的线性度，互感器要工作在低磁通密度状态下（从准确度考虑，也不容许工作在磁饱和状态）。

2.1.4 尖峰电压的测试

在供电网络上，电感性负载的突然切除，有可能使电网上产生一个幅度很大、持续时间极短的尖峰电压，其峰值往往会远远超过电源电压的峰值，如图 2-16 所示。这样高的电压很有可能会对用电设备，特别是电子设备造成破坏。因此，要进行尖峰电压测试，确定尖峰电压产生的可能性及大小，然后采取相应的措施来消除或减弱尖峰电压。

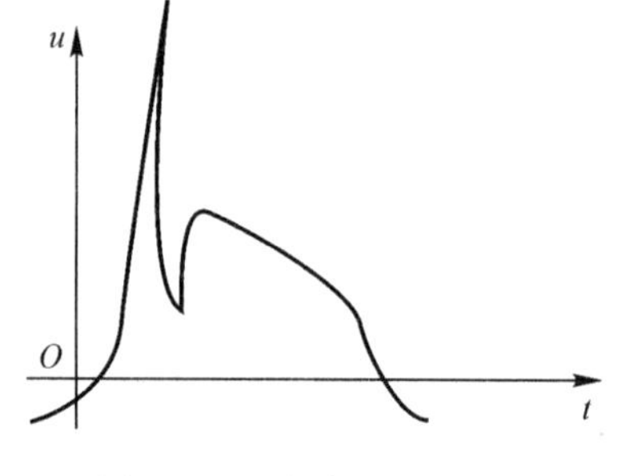

图 2-16 尖峰电压波形图

对于持续时间只是微秒级，幅值很高的尖峰电压测试，首要是发现与捕获，至于测试准确度则要从技术、经济指标诸方面综合考虑。目前常用的国产微机化瞬态记录仪的采样频率最高可达 100MHz，其 A/D 转换器是 8 位。

由于尖峰电压的出现具有随机性，而测试设备的存储器 RAM 的容量是有限的，为了保证对尖峰电压波形的完整记录，常采用预设电平触发工作方式，在尖峰电压出现前，测试设备所记录的数据只在存储器中暂存而且依次被周期性地刷新，一旦尖峰电压出现并达到预设电平后，存储器即将所记录的数据保留并将触发前一段时间所记录的数据也保留下来，这样即可保证对尖峰电压波形的完整记录。

2.2 电流测量

电流的测量一般按电流的强弱分为大、中、小三个范围。直流电流：$10^2 \sim 10^5$ A 为大电流，$10^{-6} \sim 10^2$ A 为中等电流，$10^{-7} \sim 10^{-6}$ A 为小电流。交流电流：$10^3 \sim 10^5$ A 为大电流，$10^{-3} \sim 10^3$ A 为中等电流，$10^{-7} \sim 10^{-3}$ A 为小电流。

1. 直流电流的测量

直流大电流的测量常用以下几种方法。

(1)分流器法。分流器常用于 10kA 以下电流的测量，具有结构简单、牢固可靠、抗干扰能力强等特点。现已有准确度为 0.1%～0.5%，测量范围达 100kA 的分流器，但分流器与被测电路有电的联系，所以安装使用不便，且体积庞大、笨重。

分流器可用来扩展电流表量程，分流器两端的电压降则产生流往电流表的电流；分流器还可与电位差计配合，通过测量分流器上的电压降来测量电流。

图 2-17 是电阻为 R 的通用分流器线路图。开关在触点 a，检流计电流为

$$I_g = \frac{\frac{R}{1\,000}}{R + R_g} \cdot I$$

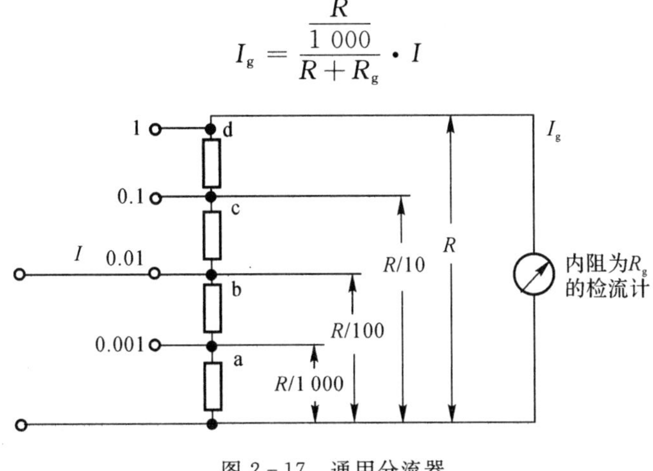

图 2-17　通用分流器

如果 $R \gg R_g$，则

$$I_g = \frac{I}{1\,000}$$

同样，开关在触点 b，检流计电流为

$$I_g = \frac{I}{100}$$

开关在触点 c,检流计电流为

$$I_g = \frac{I}{10}$$

开关在触点 d,检流计电流为

$$I_g = I$$

早期的许多导弹测试仪器仪表,如苏联“萨姆-2”导弹测试仪器上的电流表分流器就采用这种方式。

(2)电流互感器法。电流互感器又称为仪用变流器,它是一种将高电压大电流变换成低电压小电流的仪器。它由闭合的铁芯和绕组组成。它的原边(一次)绕组串联在被测电路中,匝数很少;副边(二次)绕组匝数很多,串联接电流表、继电器电流线圈等低阻抗负载,近似短路。副边回路要求始终为闭合,不可开路。它依据的是电磁感应原理,其工作原理和变压器相似,利用的是变压器在短路状态下电流与匝数成反比。原边电流(被测电流)和副边电流取决于被测电路的负载,而与电流互感器的副边负载无关。由于副边接近于短路,所以原边和副边电压都很小。

电流互感器测量电流的原理如图 2-18 所示,其一次线圈与主电路串联,且通过被测电流 i_1,它在铁芯内产生交变磁通,使二次线圈感应出相应的二次电流 i_2。如将励磁损耗忽略不计,则 $i_1 N_1 = i_2 N_2$,其中 N_1 和 N_2 分别为一、二次线圈的匝数。电流互感器的变流比为

$$k = \frac{i_1}{i_2} = \frac{N_2}{N_1} \tag{2.17}$$

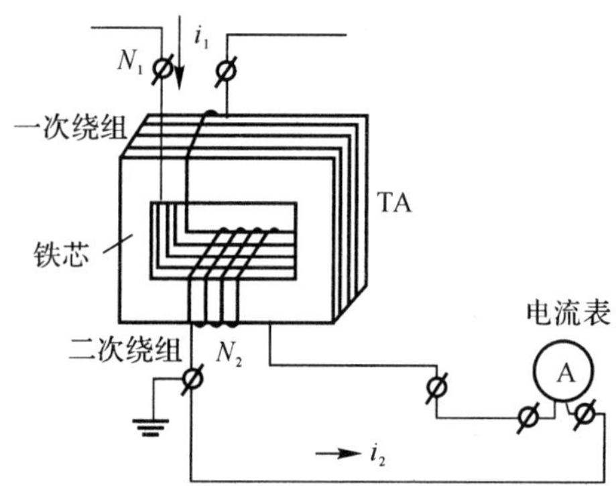

图 2-18　电流互感器测量电流原理图

(3)霍尔效应法。霍尔效应是导电材料中电流与磁场相互作用而产生电动势的物理效应。如图 2-19 所示,载流体置于磁场中静止,若电流方向与磁场方向不相同,则在载流体的平行于电流与磁场方向所组成的两个侧面将产生电动势。

图 2-19 中,l 为霍尔片的长;w 为霍尔片的宽;d 为霍尔片的高;I_c 为霍尔片内通过的电流;B 为磁场强度;U_H 为霍尔电压。

那么霍尔电压就为

$$U_H = K_H I_H B\cos\theta \tag{2.18}$$

式中,K_H 为霍尔灵敏度;θ 为磁感应强度 B 的方向与器件平面法线 n 的夹角;I_H 为图 2-19 电极③和④上流过的电流,称为霍尔电流。

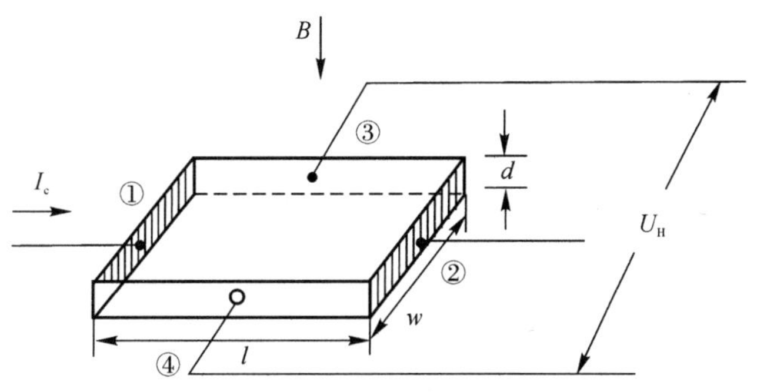

图 2-19　霍尔效应原理图

通过式(2.18),在已知 K_H,B 和 θ 后,通过测量霍尔电压 U_H 就可获得电流 I_H。

霍尔效应法可以测量大电流,最高可达 200kA,准确度可达 0.2%,且抗干扰能力强。

(4)其他方法。测量电流的方法很多,除了上述提到的方法外还有直流比较仪法、磁位计法和核磁共振法等。

直流比较仪法测量范围可达 20kA,测量准确度高达 10^{-7},但要求被测电流稳定,且对仪器中所用磁芯的要求较高,所以一般用于校验仪器。

磁位计是一种较轻巧的测量装置,用该装置测量时被测电流范围几乎不受限制,另外,它的抗外界磁场干扰能力强,测量准确度可达 0.5%。

采用核磁共振法测量时,首先把被测电流转换成磁感应强度,然后再转换为核磁共振频率,测量装置直接用数字频率表对核磁共振频率进行读数。这种方法属于绝对测量的范畴,是测量技术发展的方向,目前已有准确度可达 0.05%,可测 35kA 的装置。

2. 交流电流的测量

对于交流大电流的测量常用以下三种方法。

(1)互感器法。在工频范围内测量交流大电流时多采用互感器,近年来新研制出的零磁通补偿型电流互感器准确度达到 0.01%,测量最大值接近 10kA。

(2)磁位计法。磁位计法测量时首先使被测电流的变化在磁位计里产生感应电势,再由积分、放大、存贮等环节组成电子测量设备进行测量。它可测稳态及暂态大电流,测量范围由几百安至几十千安,准确度可达 0.5%。

(3)磁光效应法。磁光效应法测量是利用线性偏振光穿过在磁场作用下的介质时,其偏振方向会发生旋转,而且旋转角正比于磁场沿光向路径的线积分的原理来确定被测电流大小的。这种方法的频率响应好,适于测高压大电流。另外,由于只需将磁光物质置于被测电流附近,其他装置均可远离测量点,所以这种方法还具有安全、方便的优点。这种测量方法也可用于高频大电流的测量,但准确度不高,一般仅为 1%～5%。

对微电流(10^{-9}A 以下)的测量也采用类似微小电压测量所用的方法,本书主要讨论中等量值范围电流的测量方法。测量电流使用仪器、仪表的范围和误差情况见表 2-2。

表 2-2　测量电流使用仪器、仪表的范围与误差

仪器、仪表名称	测量范围/A	误差范围/(%)
指示仪表	直流 $10^{-7}\sim10^{2}$	2.5～0.1
	交流 $10^{-4}\sim10^{2}$	2.5～0.1
电位差计	直流 $10^{-7}\sim10^{4}$	0.1～0.005
霍尔效应大电流仪	直流 $10^{3}\sim10^{5}$	2～0.2
磁位计	直流 10^{2} 以上	0.1
检流计	直流 $10^{-11}\sim10^{-6}$	
分流计	直流 $10\sim10^{4}$	0.5～0.02
互感器	直流 $10^{3}\sim10^{5}$	2～0.2
	交流 $10^{-4}\sim10^{-1}$	0.2～0.005
电子测量放大器	直流 $10^{-12}\sim10^{-4}$	2～0.1
	交流 $10^{-10}\sim10^{-4}$	0.5～0.1
电容放大器	直流 $10^{-15}\sim10^{-5}$	5～2

2.3 功率测量

功率的定义为

$$P=\frac{1}{T}\int_{0}^{T}u(t)i(t)\mathrm{d}t=UI\cos\varphi$$

从功率关系看，除了测出电压、电流后计算出功率外，还可以采用模拟功率变换器与计算机采样计算两种办法来实现功率的测量。

1. 模拟功率变换器

图 2-20 是一种功率变换器的原理框图，$u(t)$ 与 $i(t)$ 分别接到模拟乘法器的两个输入端，乘法器的输出电压 $e(t)$ 经过滤波输出一个正比于平均功率的直流电压信号。

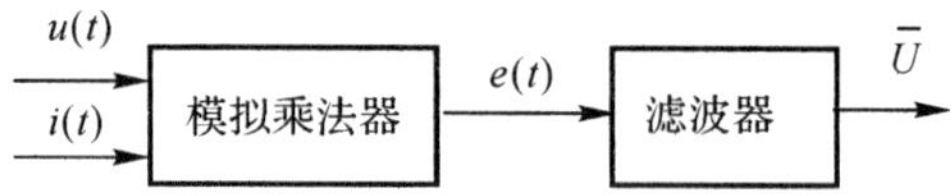

图 2-20　一种模拟式功率变换器原理框图

$$\begin{aligned}e(t)&=Ku(t)i(t)\\&=KU_{\mathrm{m}}I_{\mathrm{m}}\sin\omega t\sin(\omega t+\varphi)\\&=K'UI[\cos\varphi-\cos(2\omega t+\varphi)]\end{aligned}\tag{2.19}$$

经过滤波器后

$$\left.\begin{aligned}&\cos(2\omega t+\varphi)=0\\&\overline{U}=e(\bar{t})=K'UI\cos\varphi\infty P\end{aligned}\right\}\tag{2.20}$$

这种变换器的准确度取决于乘法器的准确度。

2. 计算机采样计算法

图 2 - 21 为计算机采样计算法功率测量原理框图。计算机通过多路开关对电压、电流两个波形交替采样，得到电压、电流的离散数据，分别为 $u_0, u_1, \cdots, u_n$；$i_0, i_1, \cdots, i_n$。然后用插值法分别求出与电压 $u(t)$ 同时刻的电流值 $i'_1, i'_2, \cdots, i'_n$，可计算出瞬时功率 $P_i = u_i i'_i (i = 1, 2, 3, 4, \cdots, n)$，再由梯形法求定积分就可得到平均功率为

$$P = \frac{T_s}{T}\left[\frac{1}{2}(P_0 + P_n) + P_1 + P_2 + \cdots + P_{n-1}\right] \tag{2.21}$$

式中，T_s 为采样周期；T 为测量周期。

用这种方法测量功率与前述对电压的测量一样，当电压、电流的波形或频率发生变化时会影响功率测量的准确度，需要作相应修正。

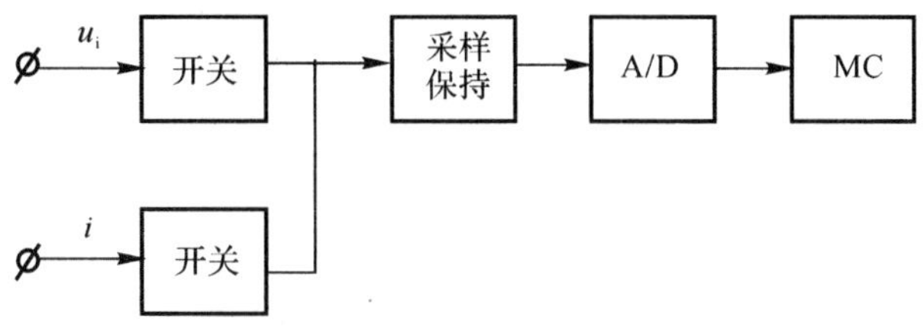

图 2 - 21　计算机采样计算法功率测量原理框图

2.4　频率和时间测量

现代电子技术的发展和标准频率源的建立，使得频率的测量方法、测量范围和测量准确度获得了迅速的提高和发展。目前利用标准频率和被测频率进行比较来测量频率是一种被广泛采用的方法，计数法测频则是这种方法的代表。在计数法测频的具体电路中一般都是通过数字式频率计来完成对不同频率的测量，同时数字式频率计还可以完成周期、时间间隔等参数的测量任务。本节首先对时间和频率的基本概念作一阐述，然后具体介绍计数法测频的实现过程和原理。

2.4.1　时间、频率的基本概念

1. 时间的定义与标准

时间是国际单位制中七个基本物理量之一，它的基本单位是秒，用 s 表示。在年历计时中，因为秒的单位太小，常用日、星期、月、年等作为单位来计量。在电子测量中有时又嫌秒的单位太大，常用毫秒（ms，10^{-3} s）、微秒（μs，10^{-6} s）、纳秒（ns，10^{-9} s）、皮秒（ps，10^{-12} s）等作为单位来计量。“时间”，在一般概念中有两种含义。一是指“时刻”，用来回答某事件或现象何时发生，例如图 2 - 22 中的矩形脉冲信号在 t_1时刻开始出现，在 t_2时刻消失；二是指“间隔”，即两个时刻之间的间隔，用来回答某现象或事件持续多久，例如图 2 - 22 中，表示 t_1，t_2这两时刻之间的间隔，即矩形脉冲持续的时间长度。由于其定义不同，因此“时刻”与“间隔”二者的测量方法也是不同的。

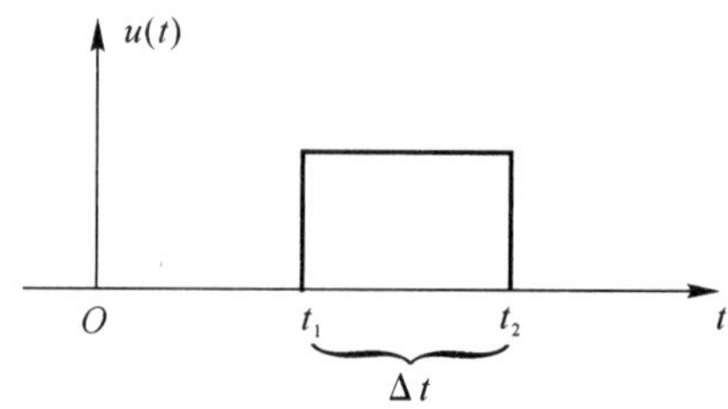

图 2-22　时刻、时间间隔示意图

2. 频率的定义与标准

生活中的“周期”现象人们早已熟悉，如地球自转的日出日落现象是确定的周期现象，重力摆或钟摆的摆动、电子学中的电磁振荡也都是确定的周期现象。自然界中类似上述的周而复始重复出现的事物或事件还可以举出很多，这里不一一列举。周期过程重复出现一次所需要的时间称为它的周期，记为 T。在数学中，把这类具有周期性的现象概括为一种函数关系描述，即

$$F(t)=F(t+mT) \tag{2.22}$$

式中，m 为整实数，即 $m=0,\pm1,\cdots$；t 为描述周期过程的时间变量；T 为周期过程的周期。

频率是单位时间内周期性过程重复、循环或振动的次数，记为 f。联系周期与频率的定义，不难看出 f 与 T 之间有下述重要关系，即

$$f=\frac{1}{T} \tag{2.23}$$

若周期 T 的单位是 s，那么由式(2.23)可知频率的单位就是 s^{-1}，即赫兹(Hz)。对于简谐振动、电磁振荡这类周期现象，可用更加明确的三角函数关系描述。设函数为电压函数，则可写为

$$u(t)=U_m\sin(\omega t+\varphi) \tag{2.24}$$

式中，U_m 为电压的振幅；ω 为角频率；φ 为初相位。

整个电磁频谱有各种各样的划分方式，表 2-3 给出了国际无线电咨询委员会规定的频率划分范围。

表 2-3　国际无线电咨询委员会规定的频率划分范围

频率名	频率范围	波长	波名
甚低频(VLF)	(3～30)kHz	$(10^5\sim10^4)$m	超长波
低频(LF)	(30～300)kHz	$(10^4\sim10^3)$m	长波
中频(MF)	(300～3 000)kHz	$(10^3\sim10^2)$m	中波
高频(HF)	(3～30)MHz	$(10^2\sim10^1)$m	短波
甚高频(VHF)	(30～300)MHz	(10～1)m	米波
超高频(UHF)	(300～3 000)MHz	(1～0.1)m	分米波

3. 标准时频的传递

在当代实际生活、工作和科学研究中，人们越来越感觉到统一的时间频率标准(简称时频标准)的重要性。一个群体或一个系统的各部件的同步运作或确定运作的先后次序，都迫切需要一个统一的时频标准。标准时频信号在防空反导领域还是导弹飞行时序控制、各类联合作战过程中各类装备统一时间的重要标准，特别是在防空反导作战中，对时频统一问题尤其要求严格，往往是以微秒为单位计时的。在民用领域，例如铁路、航空和航海运行时刻表等，我国是由"北京时间"，采用铯原子时频标准来制定的。我国各省、各地区乃至每个单位、家庭、个人的"时频"都应统一在这一时频标准上。如何统一呢？通常，时频标准采用本地比较法或发送-接收标准电磁波法提供给用户使用。

所谓本地比较法，就是用户把自己要校准的装置搬到拥有标准源的地方，或者由有标准源的主控室通过电缆把标准信号送到需要的地方，然后通过中间测试设备进行比对。而发送-接收标准电磁波法，拥有标准源的地方通过发射设备将上述标准电磁波发送出去，用户用相应的接收设备将标准电磁波接收下来，便可得到标准时频信号，并与自己的装置进行比对测量。这里所说的标准电磁波，是指其时间频率受标准源控制的电磁波，或含有标准时频信息的电磁波。

使用本地比较法时，由于环境条件可控制得很好，外界干扰可减至最小，标准的性能得以最充分利用。但是其缺点是作用距离有限，远距离用户要将自己的装置搬来搬去，会带来许多问题和麻烦。

使用发送-接收标准电磁波法时，由于采用标准电磁波来发射时频信号，因此极大地扩大了时频精确测量的范围，大大提高了远距离时频的精确测量水平。然而标准电磁波传送标准时频，对发射装置要求较高。

4. 频率测量方法概述

对于频率测量所提出的要求，取决于所测量的频率范围和测量任务。例如，在实验室中研究频率对谐振回路、电阻值、电容的损耗角或其他被研究电参量的影响时，能将频率测到$\pm1\times10^{-2}$量级的精确度或稍高一点就足够了；对于广播发射机的频率测量，其精确度应达到$\pm1\times10^{-5}$量级；对于单边带通信机则应优于$\pm1\times10^{-7}$量级；而对于各种等级的频率标准，则应在$\pm1\times10^{-8}\sim\pm1\times10^{-13}$量级之间。由此可见，对频率测量来讲，不同的测量对象与任务，对其测量精确度的要求十分悬殊。因此，测试方法是否可以简单，所使用的仪器的选择是否可以低廉，完全取决于系统对测量精确度的要求。

根据测量方法的原理，对测量频率的方法大体上可作如下分类：

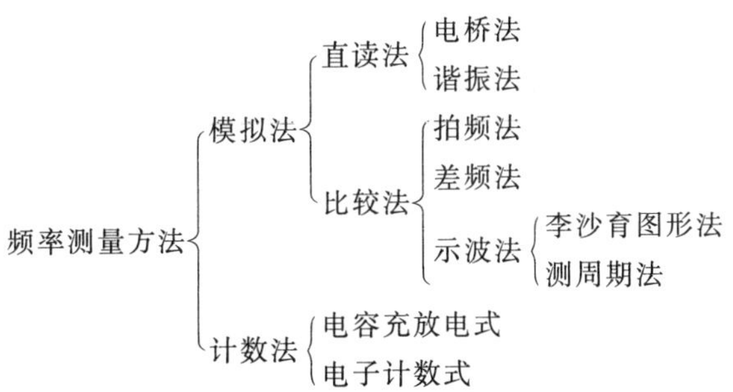

直读法也称为利用无源网络频率特性测频法，它包含电桥法和谐振法。比较法是将被测频率信号与已知频率信号相比较，通过观、听比较结果，获得被测信号的频率。属于比较法的

有拍频法、差频法、示波法等。

2.4.2　计数法测量频率

频率是单位时间内被测信号重复出现的次数。

$$f=\frac{N}{t} \tag{2.25}$$

计数法测频实际上就是完全按此定义设计的测量方案，其原理框图如图 2-23 所示。在图中被测信号接输入端后，经过放大整形，变成脉冲信号后送往闸门。而控制闸门开启与关闭的标准时间间隔(时基)，则由振荡器将被测信号整形放大再分频后产生，分频的宽度是可调的。这样，在闸门开启时间内通过输入端的脉冲数与开启时间之比即为频率。为简单起见，只要使开启时间 t 均为 10^ns(n 为任意整数)，即可从显示器上直接读出被测频率的大小。

根据式(2.25)，由计数法测频时，频率测量的误差为

$$\Delta f_x=\frac{\Delta N}{N}-\frac{1}{t^2}\Delta t \tag{2.26}$$

总相对误差一般可采用分项误差绝对值合成，即

$$\frac{\Delta f_x}{f_x}=\left|\frac{\Delta N}{N}\right|+\left|\frac{\Delta t}{t}\right|$$

在式(2.26)中等号后的第一项($\Delta N/N$)常称为量化误差，而第二项($1/t^2\cdot\Delta t$)常称为闸门开启时间误差，这两项误差共同影响着测量的准确度。

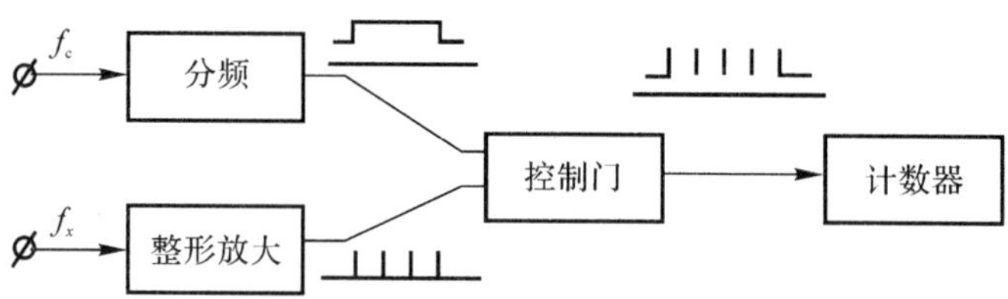

图 2-23　计数法测频原理框图

1. 量化误差

根据数字技术原理，由于信号的出现和时间闸门的开启之间是完全随机的，因此，计数电路在计数过程中很可能出现计数误差，这一点在被测信号频率和标准时频频率成整数倍关系时尤为显著，在这种情况下计数误差会取到最大值±1(多计 1 个或少计 1 个)。实际中把计数电路可能存在±1 个脉冲误差称为量化误差，也是理论误差，即 $\Delta N=\pm1$ 是不可避免的。延长计数时间(控制闸门的时基增大)，或者将 f_x 倍频，使 N 增大，可使相对误差减小，但由于受计数器位数的限制，N 不可能太大。

2. 闸门开启时间误差

式(2.26)中 Δt 为闸门开启时间误差，即时基误差，主要取决于晶体振荡器频率 f_c 的稳定度和准确度，此外也会受分频电路等开关速度及其稳定性的影响。所以

$$\frac{\Delta t}{t}=\frac{\Delta f_c}{f_c} \tag{2.27}$$

因此，式(2.27)就可写成

$$\frac{\Delta f_x}{f_x}=\frac{1}{N}+\frac{\Delta f_c}{f_c} \tag{2.28}$$

一般情况下，由于晶体振荡器的频率稳定度很高，可使 $\Delta f_c/f_c \ll 1/N$，所以频率测量误差主要是量化误差。频率越低，相对误差就越明显。

2.4.3　计数法测量周期

计数法一般是用来测量信号的频率的，但是用一个频率计通过对其转换开关稍作变动也可以用来测信号周期，图 2－24 为计数法测周期原理框图。被测信号 T_x 由 B 端输入，经由整形放大电路分频（m 倍）后控制闸门的开与关，而计数脉冲由石英晶体振荡器经放大整形分频（时标 T_0）后提供。

这时被测信号周期为

$$T_x = NT_0 \tag{2.29}$$

测周期误差，由式(2.29)可得

$$\Delta T_x = \Delta N T_0 + \Delta T_0 N$$

总相对误差取分项绝对值合成，得

$$\frac{\Delta T_x}{T_x}=\left|\frac{\Delta N}{N}\right|+\left|\frac{\Delta T_0}{T_0}\right| \tag{2.30}$$

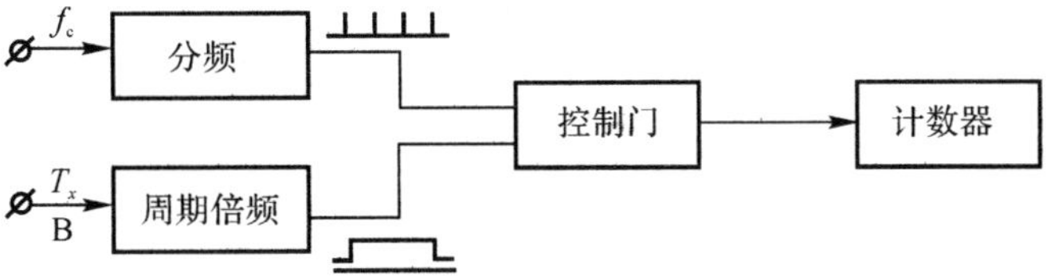

f_c
分频
控制门
计数器
T_x
B
周期倍频

图 2－24　计数法测周期原理框图

1. 量化误差

与测量频率法一样，计数法测周期同样存在±1 个脉冲的原理误差，即 $\Delta N=\pm 1$。为了减小相对误差。可以采用周期倍乘的方法，即将被测信号 f_x 分频 m 倍。计量 m 个周期内的脉冲数，然后取 m 个周期内的平均值 $T_x = NT_0/m$。通常取 m 为 10 的 n(n 为正整数)次幂。

2. 触发误差

测量周期时一般是将 B 端输入被测信号 f_x 进行过零触发来控制闸门的，而实际使用中均存在不同程度的干扰噪声叠加在被测信号上，这样会使触发提前或推迟，如图 2－25 所示。

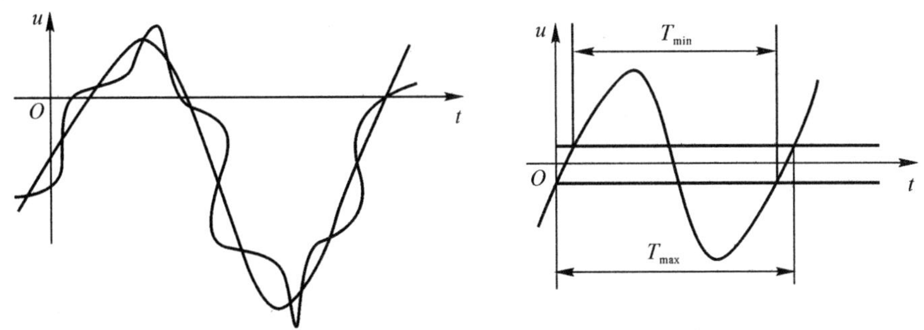

图 2－25　触发误差

为了减小触发误差，使用中要注意适当提高信号电平，增大信噪比。另外，晶体振荡器的稳定度如果不好，也会使标准频率脉冲产生计数误差。这种情况也值得注意，不过一般这种情况很少会发生。

2.4.4 计数法测量时间间隔

1. 时间间隔测量原理

图 2-26 为测量时间间隔的原理框图。它有两个独立的输入通道，即 A 通道与 B 通道，一个通道产生打开时间闸门的触发脉冲，而另一个通道产生关闭时间闸门的触发脉冲。因此，只要对两个通道的斜率开关和触发电平作不同的选择和调节，就可测量一个波形中任意两点间的时间间隔。实际电路中每个通道都有一个倍乘器或衰减器，以及触发电平调节和触发斜率选择的门电路。图中开关 S 用于选择两个通道输入信号的种类。S 在“1”位置时，两个通道输入相同的信号，测量同一波形中两点间的时间间隔；S 在“2”位置时，输入不同的波形，测量两个信号间的时间间隔。在开门期间，对频率为 f_c 或 nf_c 的时标脉冲计数，这与测周期时计数的情况相似，框图中衰减器将大信号减低到触发电平允许的范围内。A 和 B 两个通道的触发斜率可任意选择为正或负，触发电平可分别调节，触发电路用来将输入信号和触发电平进行比较，以产生启动和停止脉冲。

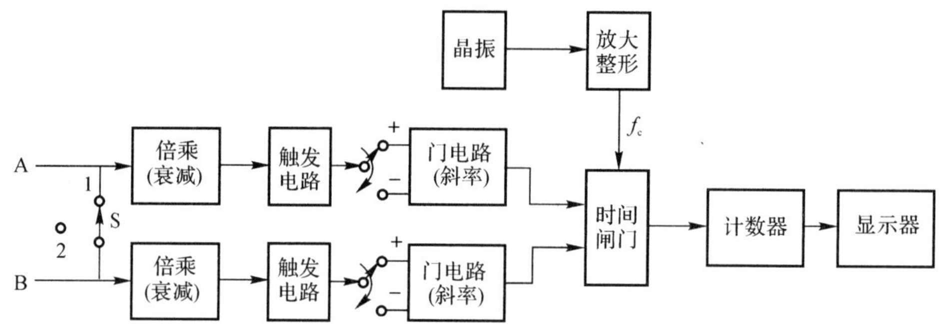

图 2-26 测量时间间隔原理框图

如需要测量两个输入信号 u_1 和 u_2 之间的时间间隔，可使 S 置“2”，两个通道的触发斜率都选为“+”，当分别用 u_1 和 u_2 完成开门和关门来对时标脉冲计数，便能测出 u_2 相对于 u_1 的时间延迟 t_g，如图 2-27 所示，即完成了两输入信号 u_1 和 u_2 之间的时间间隔的测量。

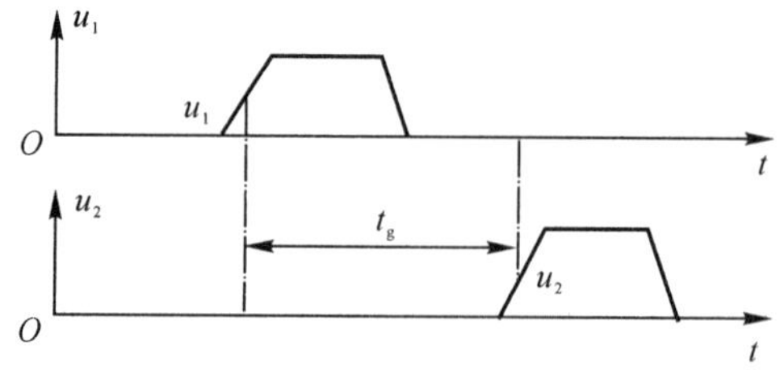

图 2-27 测量两信号间的时间间隔

若需要测量某一个输入信号上任意两点之间的时间间隔，则把 S 置“1”位，如图 2-28(a)(b)所示。图(a)情况，两通道的触发斜率都选“+”，u_1，u_2 分别为开门和关门电平。图(b)情况，开门通道的触发斜率选"＋"，关门通道的触发斜率选"－"。同样，u_1，u_2分别为开门和关门电平。

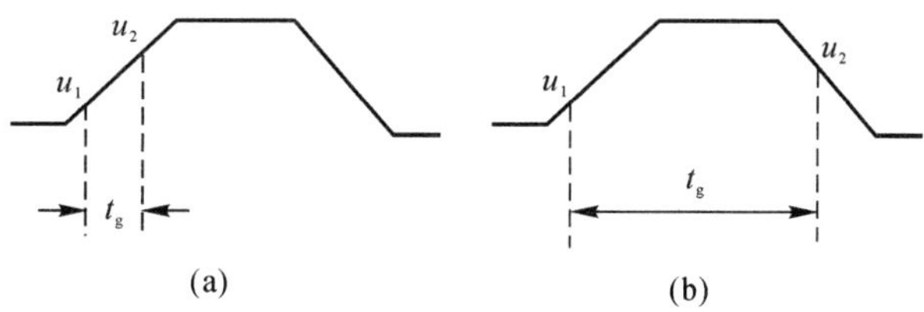

图 2－28　测量同一信号波形上的任意两点间的时间间隔

2. 误差分析

电子计数器测量时间间隔的误差与测周期时类似，它主要由量化误差、触发误差和标准频率误差三部分构成。从图 2－24 可以看出，测时间间隔时不能像测量周期那样可以把被测时间 T_x 扩大 k 倍来减小量化误差，所以，测量时间间隔的误差一般来说要比测周期时大，下面作具体分析。

设测量时间间隔的真值即闸门时间为 ΔT_x，偏差为 $\Delta T'_x$，并考虑被测信号为正弦信号时的触发误差，类似测量周期时的推导过程，可得测量时间间隔时误差表示式为

$$\frac{\Delta T'_x}{T'_x}=\pm\left(\frac{1}{T'_x f_c}+\left|\frac{\Delta f_c}{f_c}\right|+\frac{1}{\sqrt{2}\pi}\frac{U_n}{U_m}\right) \tag{2.31}$$

式中，U_m 和 U_n 分别为被测信号和噪声的幅值。

为了减小测量误差，通常尽可能地采取一些技术措施。例如，选用频率稳定度好的标准频率源以减小标准频率误差，提高信噪比以减小触发误差，适当提高标准频率 f_c 以减小量化误差。但是实际中，f_c 不能无限制地提高，它要受计数器计数速度的限制。

下面用两个例子来说明上述误差分析理论的应用。

例 2－1　某计数器最高标准频率 $f_{cmax}=10\text{MHz}$，若忽略标准频率误差与触发误差，当被测时间间隔 $T'_x=50\mu\text{s}$ 时，其测量误差为

$$\frac{\Delta T'_x}{T'_x}=\pm\left(\frac{1}{\Delta T'_x f_c}+\left|\frac{\Delta f_c}{f_c}\right|+\frac{1}{\sqrt{2}\pi}\frac{U_n}{U_m}\right)=\pm\left(\frac{1}{T'_x f_c}+0+0\right)$$

$$=\pm\frac{1}{50\times10^{-6}\times10\times10^{6}}=\pm0.2\%$$

当被测时间间隔 $T'_x=5\mu\text{s}$ 时，其测量误差为

$$\frac{\Delta T'_x}{T'_x}=\pm\frac{1}{T'_x f_c}=\pm\frac{1}{50\times10^{-6}\times10\times10^{6}}=\pm2\%$$

若最高标准频率 f_{cmax} 一定，且给定最大相对误差 r_{max} 时，则仅考虑量化误差所决定的最小可测量时间间隔 T'_{xmin} 可由下式给出：

$$T'_{xmin}=\frac{1}{f_{cmin}\mid r_{max}\mid} \tag{2.32}$$

例 2－2　若设某计数器最高标准频率 $f_{cmax}=10\text{MHz}$，要求最大相对误差 $r_{max}=\pm1\%$，若仅考虑量化误差，试确定用该计数器测量的最小时间间隔 T'_{xmin}。

将已知条件代入式(2.32)，得

$$T'_{x\min} = \frac{1}{f_{c\min} \mid r_{\max} \mid} = \frac{1}{10 \times 10^6 \times 0.01}\mu s = 10\mu s$$

在实际中还可以用改进电路来提高测量时间间隔的精确度，当然这对提高测周期和测频率的精确度同样是有效的。通常提高测量精确度的方法有以下三种：

(1)采用数字技术的游标法。

(2)采用模拟技术的内插法。

(3)采用平均测量技术。

前两种方法都是设法测出整周期数以外的尾数，减小±1误差，来达到提高测量精确度的目的，而后一种方法则是通过平均值原理来减少测量误差的。

2.5 电路基本元器件参数测量

2.5.1 电阻的测量

电阻的主要物理特性是对电流呈现阻力，消耗电能，但由于构造上有线绕或刻槽而使得电阻存在引线电感和分布电容，其等效电路如图2-29所示。

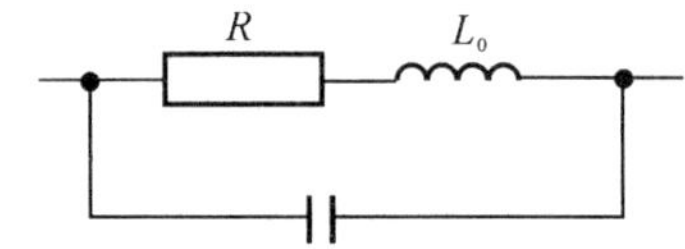

图2-29 电阻的等效电路

当电阻工作于低频时其电阻分量起主要作用，电抗部分频率升高时，电抗分量就不能忽略不计了。此外，工作于交流电路的电阻的阻值，由于集肤效应、涡流损耗、绝缘损耗等原因，其等效电阻随频率的不同而不同。实验证明，当频率在1Hz以下时，电阻的交流阻值与直流阻值相差不超过$1\times10^{-4}\Omega$，随着频率的升高，它们之间的差值将会增大。

1.固定电阻的测量

(1)万用表测量电阻。模拟式和数字式万用表都有电阻测量挡，都可以用来测量电阻。测量时先选择好万用表电阻挡的倍率或量程范围，将两个输入端(称表笔)短路调零，再将万用表并接在被测电阻的两端，即可直接读出被测电阻的电阻值。

(2)电桥法测量电阻。实际中如果对电阻值的测量精度要求很高时，可用电桥法进行测量。如图2-30所示R_1，R_2是固定电阻，称为比率臂，比例系数$K=R_1/R_2$可通过量程开关进行调节；R_n为标准电阻，称为标准臂；R_x为被测电阻；G为检流计。测量时接上被测电阻，接通电源，通过调节K和R_n，使电桥平衡即检流计指示为零，读出K和R_n的值，即可求得R_n，即

$$R_x = \frac{R_1}{R_2}R_n = KR_n \tag{2.33}$$

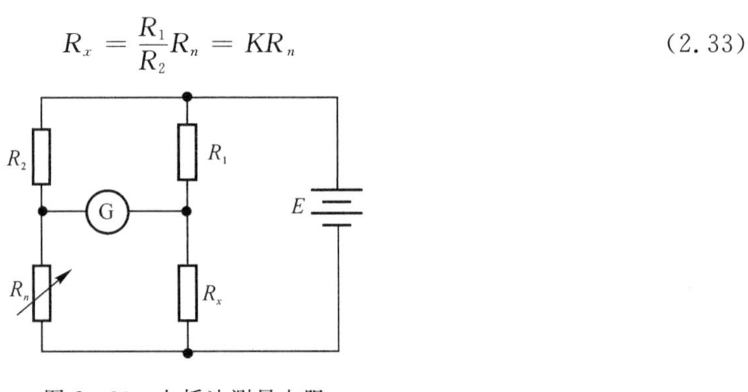

图2-30 电桥法测量电阻

(3)伏安法测量电阻。伏安法是一种间接测量法，理论依据是欧姆定律 $R=U/I$。测量中首先给被测电阻施加一定的电压(所加电压应不超出被测电阻的承受能力)，然后用电压表和电流表分别测出被测电阻两端的电压和流过它的电流，再通过计算即可得到被测电阻的阻值。

图 2-31 所示是两种用伏安法测量电阻的电路。

图 2-31(a)所示电路称为电压表前接法。由图可见，电压表测得的电压为被测电阻 R_x 两端的电压与电流表内阻 R_A 压降之和。因此，根据欧姆定律求得的测量值 $R_{测}=U/I_x=(U_A+U_x)/I_x=R_x+R_A>R_x$。

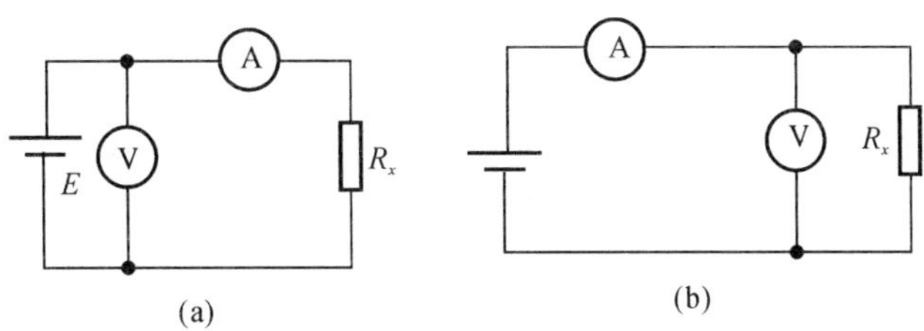

图 2-31　伏安法测量电阻

图 2-31(b)所示电路称为电压表后接法。由图可见，电流表测得的电流为流过被测电阻 R_x 的电流与流过电压表内阻 R_V 的电流之和，因此，根据欧姆定律求得的测量值 $R_{测}=U/I_x=U_x/(I_V+I_x)=R_x//R_V<R_x$。

在使用伏安法时，应首先根据被测电阻估计值的大小，选择合适的测量电路。如果预先无法估计被测电阻的大小，可以两个电路都试一下，看两种电路电压表和电流表的读数的差别情况。若两种电路电压表的读数差别比电流表的读数差别小，则可选择电压表前接法，即图 2-31(a)所示电路；反之，则可选择电压表后接法，即图 2-31(b)所示电路。

2. 电位器的测量

(1)用万用表测量电位器。用万用表测量电位器的方法与测量固定电阻的方法相同。测量电位器两固定端之间的总电阻，然后测量滑动端与任意一端之间的电阻值，并不断改变滑动端的位置，观看电阻值的变化情况，直到滑动端调到另一端为止。

在缓慢调节滑动端时，正常情况下应滑动灵活，松紧适度，听不到咝咝的噪声，阻值指示的变化平稳，没有跳变现象。否则说明滑动端接触不良，或滑动端的引出机构内部存在故障。

(2)用示波器测量电位器的噪声。如图 2-32 所示，给电位器两端加一适当的直流电源 E。E 的大小应不致造成电位器超功耗，最好用电池(因为电池没有纹波电压和噪声)。让一个恒定电流流过电位器，缓慢调节电位器的滑动端，在示波器的荧光屏上显示出一条光滑的水平亮线。随着电位器滑动端的调节，水平亮线在垂直方向移动，观察水平亮线，如果水平亮线上有不规则的毛刺现象出现，则表示有滑动噪声或静态噪声存在。

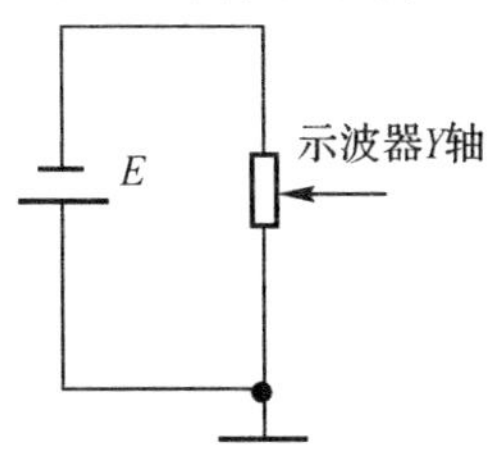

图 2-32　用示波器测量电位器的噪声

3. 非线性电阻的测量

非线性电阻如热敏电阻、二极管的内阻等，它们的阻值与工作环境以及外加电压和电流的大小有关，一般采用专用设备测量其特性。当无专用设备时，可采用前面介绍的伏安法。测量一定直流电压下的直流电流值，然后改变电压的大小，逐点测量相应的电流，最后作出伏安特性曲线。所得到的电阻值只表示一定电压或电流下的直流电阻值，当电阻值与环境温度有关时，还应考虑外界环境的影响。

2.5.2 电容的测量

电容的主要作用是贮存电能，它可以由两片金属中间夹绝缘介质构成。由于绝缘电阻(绝缘介质的损耗)和引线电感的存在，其实际等效电路如图 2-33(a)所示。在工作频率较低时，可以忽略 L_0 的影响，等效电路可简化为如图 2-33(b)所示。因此，电容的测量主要包括电容量值的测量与电容器损耗(通常用损耗因数 D 表示)的测量两部分内容。

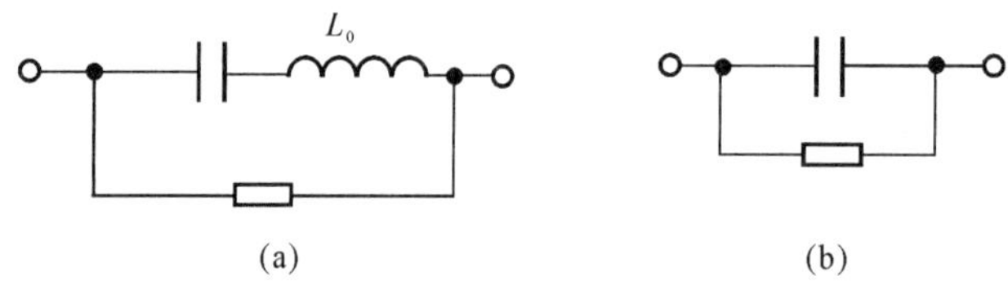

图 2-33 电容的等效电路

1. 谐振法测量电容量

将交流信号源、交流电压表、标准电感 L 和被测电容 C_x 连成如图 2-34 所示的并联电路，其中 C_0 为标准电感的分布电容。

测量时，调节信号源的频率，使并联电路谐振，即交流电压表读数达到最大值。反复调节几次，确定电压表读数最大时所对应的信号源的频率 f，则被测电容值 C_x 为

$$C_x = \frac{1}{(2\pi f)^2 L} - C_0 \tag{2.34}$$

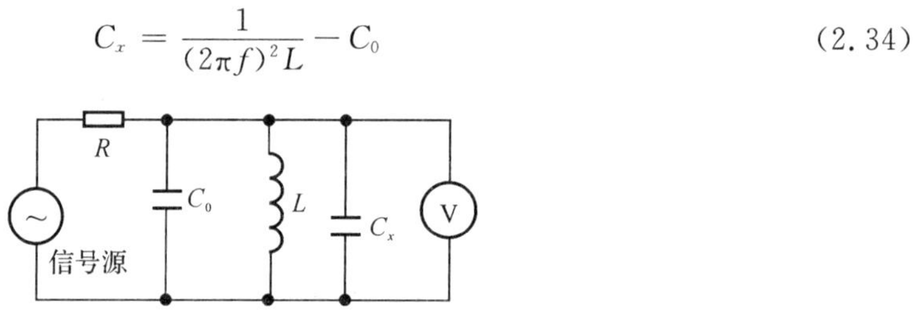

图 2-34 并联谐振法测量电容量

2. 交流电桥法测量电容量和损耗因数

测量电容的交流电桥有如图 2-35(a)(b)所示的串联和并联两种形式。对于如图 2-35(a)所示的串联电桥，C_x 为被测电容，R_x 为其等效串联损耗电阻，由电桥的平衡条件可得

$$C_x = \frac{R_4}{R_3}C_n, \quad R_x = \frac{R_3}{R_4}R_n$$

$$D_x = \frac{1}{Q} = \tan\sigma = 2\pi f R_n C_n \tag{2.35}$$

测量时，先根据被测电阻的范围，通过改变 R_x 来选取一定的量程，然后反复调节 R_4 和 R_n 使电桥平衡，即检流计读数最小，从 R_4，R_n 刻度读出 C_x 和 D_x 的值。这种电桥适用于测量损耗小的电容器。

对于如图 2-35(b)所示的并联电桥，C_x 为被测电容，R_x 为其等效并联损耗电阻。测量时，调节 R_n 和 C_x 使电桥平衡，此时

$$C_x = \frac{R_4}{R_3} C_n$$

$$R_x = \frac{R_3}{R_4} R_n$$

$$D_x = \tan\sigma = \frac{1}{2\pi f R_n C_n} \tag{2.36}$$

这种电桥适用于测量损耗较大的电容器。

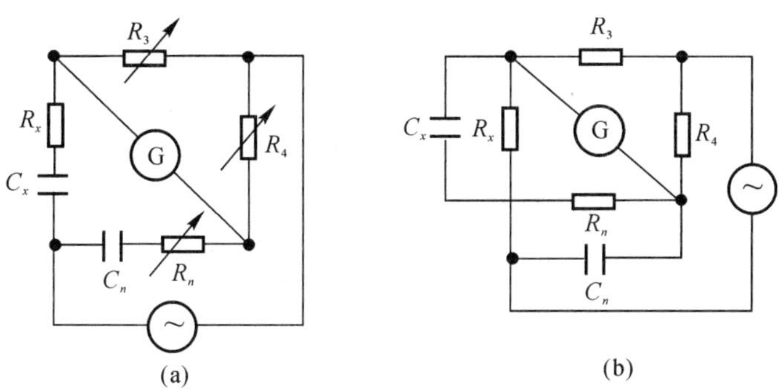

图 2-35　测量电容的交流电桥

(a) 串联电桥；(b) 并联电桥

3. 用万用表估测电容

用模拟式万用表的电阻挡测量电容器，不能测出其容量和漏电阻的确切数值，更不能测出电容器所能承受的耐压，但对电容器的好坏程度能粗略判别，在实际工作中经常使用。

(1) 估测电容量。将万用表设置在电阻挡，表笔并接在被测电容的两端，在器件与表笔相接的瞬间，表针摆动幅度越大，表示电容量越大，这种方法一般用来估测 0.01μF 以上的电容器。

(2) 电容器漏电阻的估测。除铝电解电容外，普通电容的绝缘电阻应大于 10MΩ，用万用表测量电容器漏电阻时，万用表置×1k 或×10k 倍率挡，在表笔与被测电容并接的瞬间，表针会偏转很大的角度，然后逐渐回转，经过一定时间，表针退回到∞Ω 处，说明被测电容的漏电阻极大，若表针回不到∞Ω 处，则示值即为被测电容的漏电阻值。铝电解电容的漏电阻应超过 200kΩ 才能使用，若表针偏转一定角度后，无逐渐回转现象，则说明被测电容已被击穿，不能使用了。

4. 电容的数字化测量方法

一般采用电容-电压转换器实现电容的数字化测量，该转换器电路如图 2-36 所示。被测电容等效为 R_x 与 C_x 的并联形式，R_1 为已知标准电阻，利用虚部实部分离电路，将输出 U_o 分离出实部 U_r 和虚部 U_x，则

$$U_r = \frac{R_1}{R_2} U_s$$

$$U_x = 2\pi f R_1 C_x U_s$$

$$D_x = \tan\sigma = \frac{1}{2\pi f R_x C_x} = \frac{U_r}{U_x} \tag{2.37}$$

由 U_r，U_x 的值和上述公式可求出 C_x，R_x 和 D_x 值，再由显示电路将测量结果用数字显示

出来。这是常见的 RLC 测试仪测量电容的基本原理。

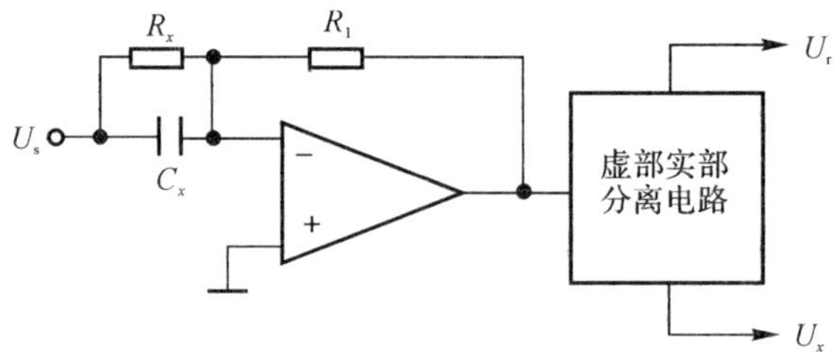

图 2-36　电容-电压转换器电路

也可以采用电容-周期和电容-频率转换器测量电容。电容-周期转换器的测量原理是把被测电容转换成与电容量成正比的脉冲宽度值，以该信号为门控信号，在开门时间内，对已知时标的周期信号计数，计数值的大小即代表所测的电容值。

2.5.3　电感的测量

电感的主要特性是储存磁场能。但由于它一般是用金属导线绕制而成的，所以有绕线电阻 R（对于磁心电感还应包括磁性材料插入的损耗电阻）和线圈匝与匝之间的分布电容，故其等效电路如图 2-37(a)所示。采用一些特殊的制作工艺，可减小分布电容 C_0，当 C_0 较小，工作频率也较低时，C_0 可忽略不计，等效电路可简化为如图 2-37(b)所示。因此，电感的测量主要包括电感量的测量和损耗（通常用品质因数 Q 表示）的测量两部分内容。

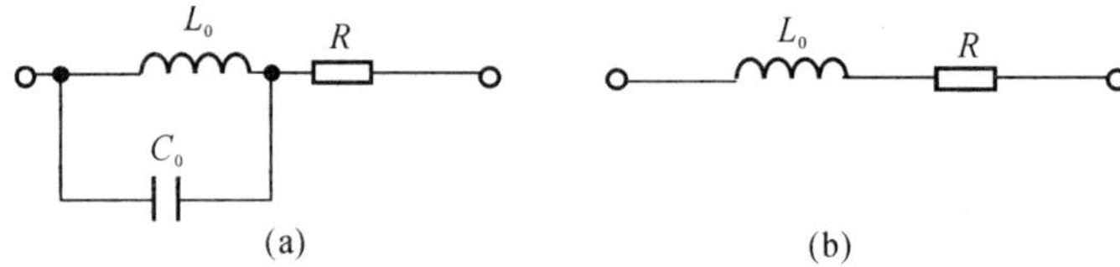

图 2-37　电感的等效电路

1. 谐振法测量电感

如图 2-38 所示为并联谐振法测电感的电路，其中 C 为标准电容，L 为被测电感，C_0 为被测电感的分布电容。测量时，调节信号源频率，使电路谐振，即电压表指示最大，记下此时的信号源频率 f，则

$$L=\frac{1}{(2\pi f)^2(C//C_0)} \tag{2.38}$$

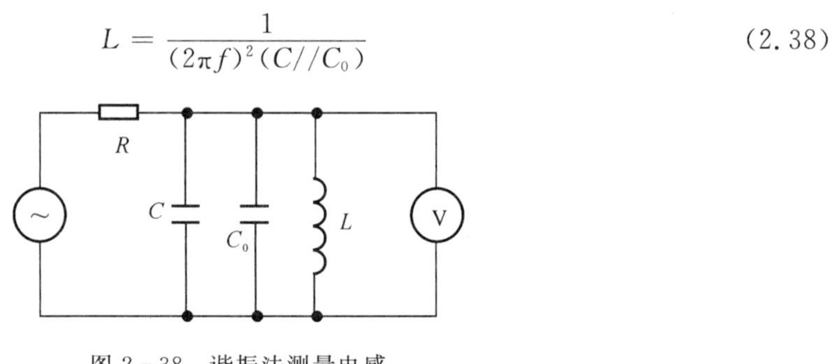

图 2-38　谐振法测量电感

式(2.38)中，$C//C_0$ 表示两个电容的并联值。由此可见，还需要测出分布电容 C_0，测量电路还是图 2－38，只是不接标准电容 C，调节信号源的频率，使电路自然谐振，设此频率为 f_1，则

$$C_0 = \frac{f^2}{{f_1}^2 - f^2}C \tag{2.39}$$

由式(2.38)和式(2.39)可得

$$L = \frac{1}{(2\pi f_1)^2 C_0} \tag{2.40}$$

将 C_0 代入 L 的表达式，即可得到被测电感的感量。

2. 交流电桥法测量电感

测量电感的交流电桥有如图 3－39(a)(b)所示的马氏电桥和海氏电桥两种形式，分别适用于测量不同品质因数范围的电感。

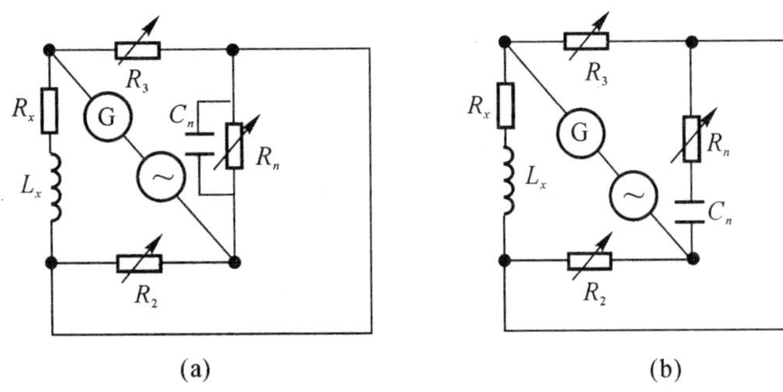

图 2－39　交流电桥法测量电感

如图 2－39(a)所示的马式电桥适用于测量 $Q<10$ 的电感，图中 L_x 为被测电感，R_x 为被测电感的损耗电阻，由电桥平衡条件可得

$$L_x = \frac{R_2 R_3 C_n}{1 + \frac{1}{{Q_n}^2}} \tag{2.41}$$

$$R_x = \frac{R_2 R_3}{R_n}\frac{1}{1 + {Q_n}^2} \tag{2.42}$$

$$Q_x = \frac{1}{\omega R_n C_n} = Q_n$$

一般马氏电桥中，R_3 用开关换接作为量程选择，R_2 和 R_n 为可调元件，由 R_2 的刻度值可直读 L_x 值，由 R_n 的刻度值可直读 Q 值。

如图 2－39(b)所示的海式电桥适用于测量 $Q>10$ 的电感，图中 L_x 为被测电感，R_x 为被测电感的损耗电阻，由电桥平衡条件可得

$$L_x = \frac{R_2 R_3 C_n}{1 + \frac{1}{{Q_n}^2}} \tag{2.43}$$

$$R_x = \frac{R_2 R_3}{R_n}\frac{1}{1 + {Q_n}^2} \tag{2.44}$$

$$Q_x = Q_n = \frac{1}{\omega R_n C_n}$$

用电桥测量电感时，首先应估计被测电感的Q值以确定电桥的类型，再根据被测电感量的范围选择量程(R_3)，然后反复调节R_2和R_n，使检流计G的读数最小，这时即可从R_2和R_n的刻度读出被测电感的L_x值和Q_x值。

电桥法测量电感一般适用于低频运用的电感，尤其适用于有铁芯的大电感。

3. 通用仪器测量电感

通用仪器测量电感的理论依据是复数欧姆定律$X_L = 2\pi fL = U/I$。电路原理如图2-40所示。图中U_s为交流信号源，R_1为限流电阻，一般取几百欧，R_2为电流取样电阻，一般小于10Ω，并且一定要接在信号源的接地端。用交流电压表分别测出电感两端的电压U_1和电阻R_2两端的电压U_2，即可求出电感量。

$$X_L = \frac{U}{I} = \frac{U_1}{\frac{U_2}{R_2}} = 2\pi fL \tag{2.45}$$

$$L = \frac{R_2 U_1}{2\pi f U_2} \tag{2.46}$$

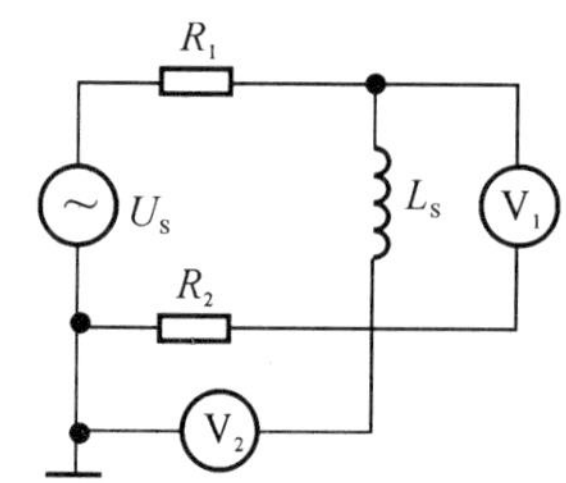

图2-40　复数欧姆定律测量电感

4. 电感的数字化测量方法

电感的数字化测量通常是通过电感-电压转换器实现的。如图2-41所示为电感-电压转换的一种方案，图中将被测电感等效为串联电路，R为标准电阻，利用虚部实部分离电路，将输出U_o分离出实部U_r和虚部U_x，则

$$U_r = \frac{R_x}{R}U_s\text{，}\quad U_x = -\frac{\omega L_x}{R}U_s\text{，}\quad Q_x = -\frac{\omega L_x}{R_x} = \frac{U_x}{U_r} \tag{2.47}$$

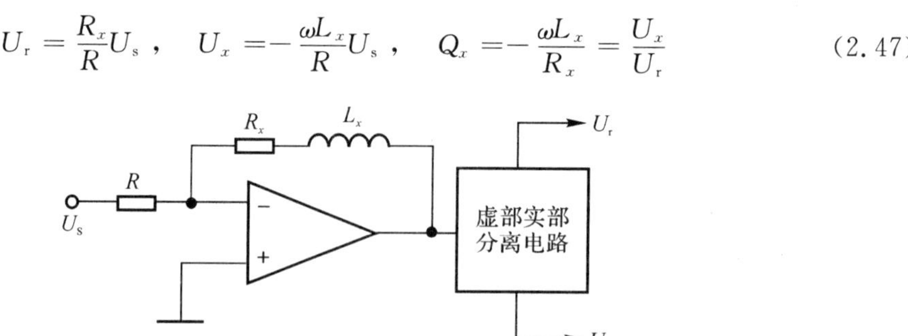

图2-41　电感-电压转换器

由U_r，U_x的值和上述公式可求出C_x，R_x和Q_x值，再通过显示电路直接将测量结果用数字显示出来。这是常见的LCR测试仪(指用来测试电感、电容和电阻的测试仪器)测量电感的基本原理，此外，也可以采用电感-周期转换器和电感-频率转换器测量电感。

2.5.4　半导体二极管的测量

二极管在防空导弹及其测试设备上用途广泛，其性能好坏直接影响导弹及其测试设备的正常工作。二极管的品种很多，但都由一个 PN 结构成，PN 结的单向导电性是判别二极管好坏的基本依据。

1. 用万用表测量二极管

(1)用模拟式万用表测量二极管。用模拟式万用表的电阻挡位测量二极管时，万用表的等效电路如图 2－42 所示。万用表面板上标有“＋”号的端子接红表笔，对应于万用表内部电池的负极，而面板上标有“－”号的端子连接黑表笔，对应于万用表内部电池的正极，这一点在用万用表判断二极管的极性时一定要记住。图 2－42 中的 R_0 是万用表电阻挡的等效内阻，大小与量程倍率有关。实际 R_0 值为表盘中心标度值乘以所选电阻挡的倍率，不同倍率挡 R_0 不同，所以，用不同倍率挡位测量同一个二极管的正向电阻值是略有不同的。

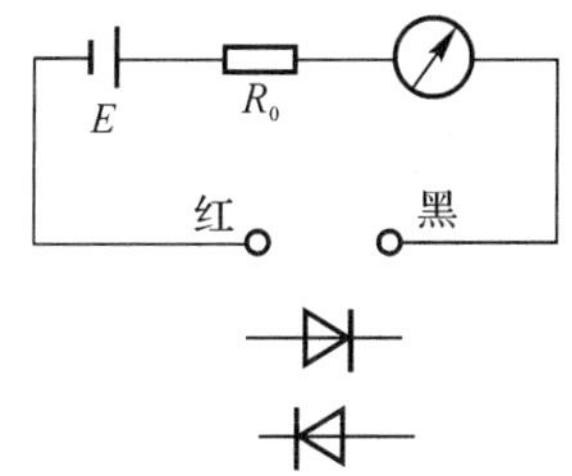

图 2－42　模拟万用表测量二极管的等效电路

测量小功率二极管时，万用表置×100 挡或×1k 挡，以防万用表的×1 挡输出电流过大，或×10k 挡输出电压过大而损坏被测二极管。对于面接触型大电流整流二极管，可用×1 或×10k 挡进行测量。

测量时，如图 2－42 所示，将二极管分别以两个方向与万用表的表笔相接。两种接法万用表指示的电阻必然是不相等的，其中万用表指示的较小的电阻值为二极管的正向电阻，一般为几百欧到几千欧左右，此时，黑表笔所接端为二极管的正极，红表笔所接端为二极管的负极。万用表指示的较大的电阻值为二极管的反向电阻，对于锗管，反向电阻应在 100kΩ 以上，硅管的反向电阻很大，几乎看不出表针的偏转。用这种方法可以判断二极管的好坏和极性。

(2)用数字式万用表测量二极管。一般数字式万用表上都有二极管测试挡，例如，DT9909C 型数字万用表，其测试原理与模拟式万用表测量电阻完全不一样，它测量二极管的等效电路如图 2－43 所示，实际上测量的是二极管的直流电压降。当二极管的正、负极分别与数字万用表的红、黑表笔相接时，二极管正向导通，万用表上显示出二极管的正向导通电压 U_D。当二极管的正、负极分别与数字万用表的黑、红表笔相接时，二极管反向偏置，表上显示一个固定电压，约为 2.8V。

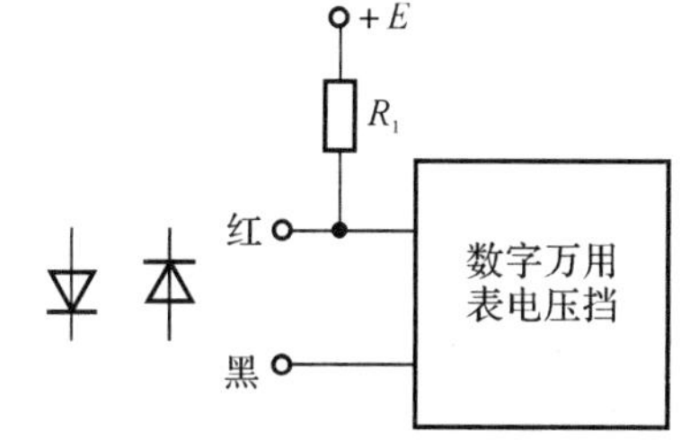

图 2－43　数字式万用表测量二极管的等效电路

2. 用晶体管图示仪测量二极管

用 JT－1 型晶体管图示仪可以显示二极管的伏安特性曲线。例如，测量二极管的正向伏安特性曲线，首先将图示仪荧光屏上的光点置于坐标左下角，峰值电压范围置 0～20V，集电极扫描电压极性置于“＋”，功耗电阻置 1kΩ，X 轴集电极电压置 0.1V/格，Y 轴集电极电流置 5mA/格，Y 轴倍率置×1，将二极管的正、负极分别接在面板上的 C 和 E 接线柱上，缓慢调节峰值电压旋扭，即可得到如图 2-44 所示的二极管正向伏安特性曲线，从图中可以看出，二极管的导通电压在 0.7V 左右。

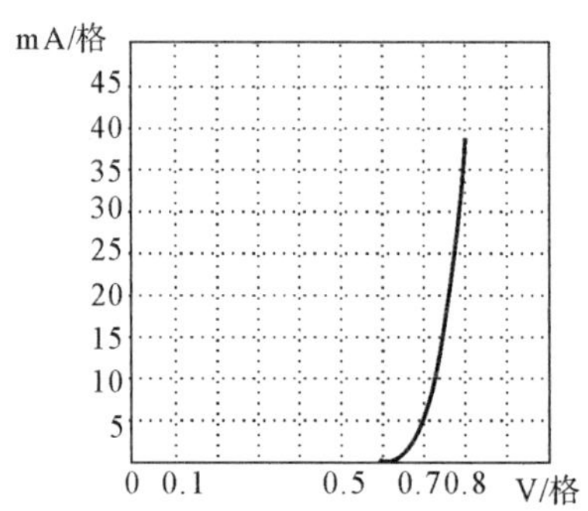

图 2-44　图示仪测量二极管的伏安特性曲线

3. 发光二极管的测量

发光二极管一般由磷砷化镓、磷化镓等材料制成，它的内部存在一个 PN 结，具有单向导电性，当它正向导通时就能发光。

(1)用模拟式万用表判断发光二极管。模拟式万用表判断发光二极管的极性的方法与判断普通二极管的方法是一样的，只不过一般发光二极管的正向导通电压可超过 1V，实际使用电流可达 100mA 以上。测量时可用量程较大的×1k 和×10k 挡测其正向和反向电阻，一般正向电阻小于 50kΩ，反向电阻大于 200kΩ 为正常。

(2)发光二极管工作电流的测量。发光二极管的工作电流是一个很重要的参数，工作时电流太小，发光二极管不亮；电流太大则易使管子的使用寿命缩短，甚至烧毁。可以用如图2-45所示的电路来测量发光二极管的工作电流。图中 R 为保护限流电阻，以防测量开始时，电位器 R_P 调在小阻值上引起电流过大而损坏发光二极管。测量时，慢慢调节电位器 R_P，使发光管工作正常(即发光既不太亮也不太暗)，此时毫安级电流表指示的数值即为发光二极管的工作电流值，若在此时用一个直流电压表并接在发光二极管两端，即可测得此发光二极管的正向压降 U_f 的值。

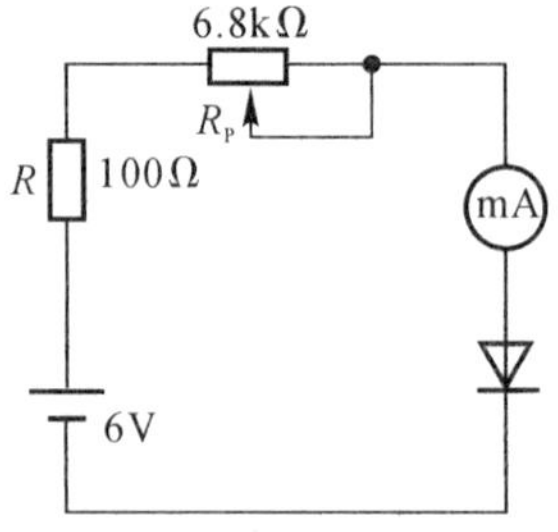

图 2-45　发光二极管的工作电流的测量电路

2.5.5　半导体三极管的测量

半导体三极管的种类和型号较多，从制造材料可以分为锗管和硅管，从导电类型可分为NPN管和PNP管，从功率大小可分为小功率、中功率和大功率管。表征晶体管性能的电参数也有几十个之多，但是在实际应用时，无须将全部参数测出，只须根据应用需要作一些基本的必要测量。

1. 用模拟万用表识别管脚

无论是NPN型还是PNP型三极管，其内部都存在两个PN结，即发射结(BE)和集电结(CB)，基极处于公共位置，利用PN结的单向导电性，用前面介绍的判别二极管的极性的方法，可以很容易地用模拟万用表找出三极管的基极，并判断其导电类型是NPN型还是PNP型。

(1)基极的判定。以NPN型三极管为例说明测试方法。用模拟式万用表的电阻挡，选择×1k或×100挡，将红表笔插入万用表的"+"端，黑表笔插入"−"端。首先选定被测三极管的一个引脚，假定它为基极，将万用表的黑表笔接在其上，红表笔分别接另两个引脚，得到的两个电阻值都较小，然后再将红表笔与该假设基极相接，用黑表笔分别接另两个引脚，得到的两个电阻值都较大，则假设正确，假设的基极确为基极，否则假设错误，重新另选一脚假设为基极后重复上述步骤，直到出现上述情况。

在基极判断出来后，由测试得到的电阻值的大小还可知道该三极管的导电类型。当黑表笔接基极时测得的两个电阻值较小，红表笔接基极时测得的两个电阻值较大，则此三极管只能是NPN型三极管。反之则为PNP型三极管。

对于一些大功率三极管，其允许的工作电流很大，可达安培数量级，发射结面积大，杂质浓度较高，造成基极-发射极的反向电阻不是很大，但还是能与正向电阻区分开来。可选用万用表的×1或×10挡进行测试。

(2)发射极和集电极的判别。判别发射极和集电极的依据是发射区的杂质浓度比集电区的杂质浓度高，因而三极管正常运用时的β值比倒置运用时要大得多。仍以NPN管为例说明测试方法，用模拟式万用表，将黑表笔接假设的集电极，红表笔接假设的发射极，在假设集电极(黑表笔)与基极之间接一个100kΩ左右的电阻，看万用表指示的电阻值，如图2-46(a)所示，然后将红、黑表笔对调，仍在黑表笔与基极之间接一个100kΩ左右的电阻，观察万用表指示的电阻值，如图2-46(b)所示，其中万用表指示电阻值小表示流过三极管的电流大，即三极管处于正常运用的放大状态，则此时黑表笔所接为集电极，红表笔所接为发射极。

一般数字式万用表(例如DT9909C型数字万用表)都有测量三极管的电路。在已知NPN和PNP型后，依据三极管正常运用处于放大状态时β值较大，可以判别发射极和集电极。

2. 三极管频率参数f_T的测试

电子电路中的三极管有时需要工作在几百千赫兹以上，甚至几百兆赫兹，三极管在高频使用时，必须知道其频率参数是否能适应电路的要求。三极管的频率参数有f_T，f_α，f_β，等等，其中以三极管特征频率f_T为重要指标。

三极管特征频率f_T的定义：在共射极电路中，输入开路、输出短路时，三极管小信号正向电流放大系数β随频率升高而下降为1时的频率值称为f_T，如图2-47所示。

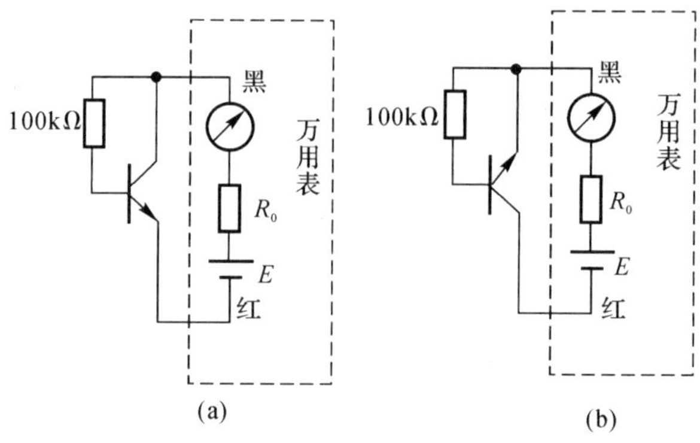

图 2-46　用万用表判断三极管的发射极和集电极

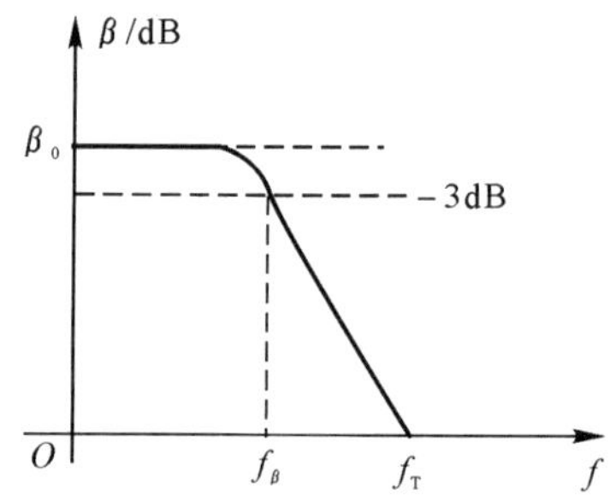

图 2-47　三极管特征频率 f_T 的定义

三极管参数 β 随频率变化的规律可用下式表示：

$$|\beta| = \frac{\beta_0}{\sqrt{1+\left(\frac{f}{f_\beta}\right)^2}} \tag{2.48}$$

式中，β_0 为三极管零频时的 β 值；f_β 为 -3dB 截止频率，即 $\beta = 0.707\beta_0$ 时的频率。

当 $f \gg f_\beta$ 时式(2.48)可简化为

$$|\beta| = \frac{f_\beta \beta_0}{f} \tag{2.49}$$

当 $f = f_T$ 时，$|\beta| = 1$，则

$$f_T = f_\beta \beta_0 = f|\beta| \tag{2.50}$$

可见在测试频率 $f \gg f_\beta$ 时，三极管的 β 值与测试频率的乘积等于特征频率 f_T。利用这一原理，可以在高于 f_β 若干倍的频率下测量 β，通过式(2.50)计算获得 f_T，而不必在 $\beta = 1$ 的频率下直接测量 f_T，以避免使用造价高的高频振荡器和减小工作频率过高所造成的测量误差。

国产 QG-16 型高频小功率晶体管 f_T 测试仪的构成框图如图 2-48 所示。图中振荡器分别产生 10MHz，30MHz，100MHz 三种频率的信号供测量时选用，可变衰减器可使送到测试回路的测试信号为全输入的或衰减 1/10 的，被测三极管的偏压、偏流由专用偏置电源供给，测试回路输出的信号经宽带放大器放大和检波后输出，由微安级电流表表头可以直接读取被测三极管的 f_T 值。

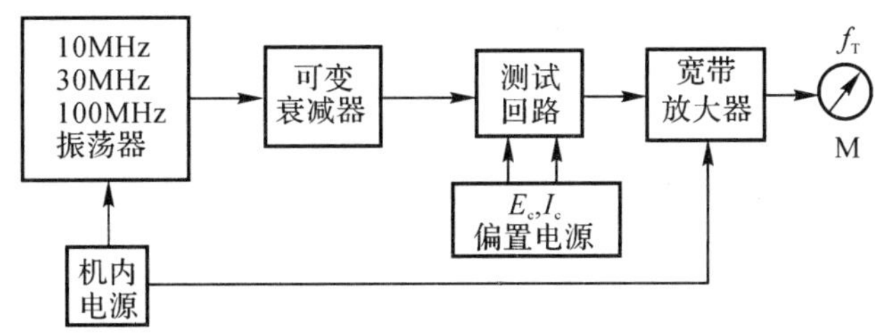

图 2-48　QG-16 型高频小功率晶体管 f_T 测试仪的构成框图

2.6　数据域测量

2.6.1　数据域测量及其特点

20 世纪 70 年代以来，计算机与微电子技术得到迅猛的发展，微处理器和其他 LSI，VLSI 电路得到了广泛的应用。这些元器件和设备使用的是数字逻辑电路，其可分为组合数字逻辑电路和时序数字逻辑电路。它们按照系统所要求的功能，按一定的逻辑关系连接组成数字系统的硬件，而实现各种算法的程序指令序列，则是数字系统的软件。数字电路和微处理器、大规模集成电路，其生产工艺极为复杂精细，如何检测这些器件的正确性？把它们组装成设备之后，又如何进行测试？发生故障如何迅速确定故障点，如何排除这些故障？这些都是数据域测量要解决的问题。

数据域测量面对的对象是数字逻辑电路，这类电路的特点是以二进制数字的方式来表示信息。由于晶体管“导通”和“截止”可以分别输出高电平或低电平，分别规定它们表示不同的“1”和“0”数字，由多位“0”“1”数字的不同组合表示具有一定意义的信息。在每一特定时刻，多位“0”“1”数字的组合称为一个数据字，数据字随时间的变化按一定的时序关系形成了数字系统的数据流。这说明，数字系统是以数据或字作为时间或时序的函数，而不是把电压作为时间或频率的函数。运行正常的数字系统或设备，其数据流是正确的，若系统的数据流发生错误，则说明该系统发生了故障。为此，检测输入与输出对应的数据流关系，就可分析系统功能是否正确，判断有无故障及故障范围，这就是所谓数据域测试问题，它包括数字系统或设备的故障检测、故障定位、故障诊断以及数据流的检测和显示。数字系统输入输出数据流如图 2-49 所示，这是一个简单的 4 位并行数据流输入转变为 1 路串行数据流输出的情况。图中的 CP 为时钟脉冲。在时钟控制下先输出输入端左边一列序列，后输出输入端右边一列序列。

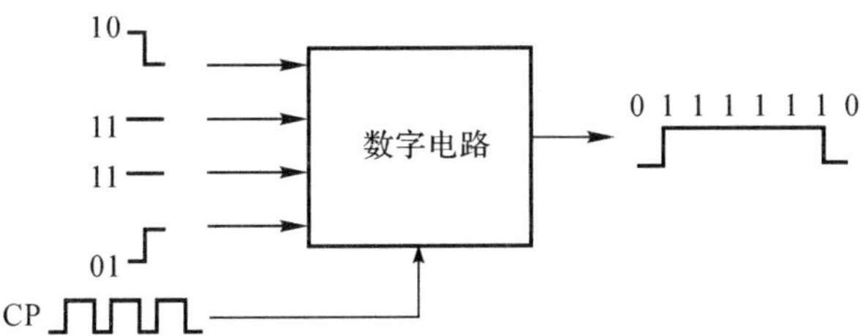

图 2-49　数字系统输入输出数据流

由图 2-49 也可看出，数据域测量是研究数据处理过程中数据流的关系，仅当发现数据流不对时，才需要了解产生这个数据字的电压情况，而数字电路输入输出引脚之多，内部控制电路之复杂，发生错误区域附近的信号节点数目之大，都使采用传统的示波器分析变得很复杂且难以胜任，传统的以频域或时域概念为基础的测试方法和仪器已难以完满地分析今天复杂的数字系统，故数据域测量工程需要一种新的测量仪器。这种新的测量仪器专门用来检测、处理和分析数据流，这种仪器称为数据域测量仪器。数据域测试设备目前主要有逻辑分析仪、特征分析和激励仪、微机及数字系统故障诊断仪、在线仿真器、数据图形产生器、微型计算机开发系统、印制电路板测试系统等。目前数字系统的测试费用占研制生产总费用的 30%～40%，随着数字系统复杂性的增加，这一比例还在提高。

随着数字电路越来越复杂化，若在电路设计中不考虑测试问题，则会使测试费用急剧增长，甚至采用当前最先进的测试系统也可能无法进行测试。为此，近几年迅速发展了数字电路的可测性设计和内在自测性设计技术，前者使数字电路的测试变得可能和容易，后者使电路具有自测试能力，从而较彻底地解决了数字电路的测试问题。

数据域测试技术的最新发展之一是无接触测试，即在测试器与被测板之间没有接触，省却了各种测试夹具及连接器。目前已被采用的有自动视觉测试(AVT)和热图像处理等技术。AVT 技术利用摄像机采集被测试板的图像信息，通过计算机处理来发现故障。热图像处理技术利用红外线扫描，获取并分析被测板的热图像信息，找出异常的冷点和热点以确定故障。不少系统还引入人工智能和专家系统，不仅可进行故障诊断，还可根据专家经验和规则提出一些改进意见和建议，如同开药方一样。本节只介绍数据域测量的最基本概念及逻辑分析仪。

2.6.2 数字信号的特点

数字信号具有以下特点：

(1)数字信号一般为多路。一个字符、一个数据、一组信息及一条指令由按一定编码规则的多位(bit)数据组成。因此，同时传递数字信息要有多根导线，这就形成了总线，多个器件都同样地“挂”在总线上，依靠一定的时序节拍脉冲同步工作。

(2)数字信号按时序传递。数字设备具有一定的逻辑功能，为使它正常运行，要求各个部分按照预先规定的逻辑程序进行工作。各信号之间有预定的时序关系，例如，程序的执行，必须在规定的控制信号作用下，首先取出指令代码，进行译码，发出完成该指令的控制信号。这些逻辑关系是在控制器的作用下完成的，系统中的信号是有序的信息流，它们之间有严格的时序关系。因此数字电路的测试最重要的是检查数字脉冲的先后次序和波形的时序关系是否符合设计要求。

(3)数字信号的传递方式。数字信号的传递方式可以有串行和并行两种。输入信号采用并行传递方式，输出信号采用串行传递方式。并行传递方式是以硬设备换取速度，串行传递方式实质上是以时间换取硬设备。实际使用中出于成本的考虑，在远距离数据传输时，一般采用串行传递方式。

(4)数字信号的非周期性。数字设备是按照时序工作的。在执行一个程序时，许多信号只出现一次，或者仅在关键的时候出现一次(例如中断事件)，某些信号可能重复出现，但并非时域上的周期信号，例如子程序例程的调用。因此，利用诸如示波器一类测量仪器，难以观测，也更难以发现故障。

(5)数字信号频率范围宽。数字系统中,中央处理机具有 ps(10^{-12} s)量级的时间分辨力,而低速的外部设备如电传机的输入键的选通脉冲却以 ms(10^{-3} s)计量,可见数字信号的频率范围很宽。

(6)数字信号为脉冲信号。数字信号是脉冲信号,各通道信号的前沿很陡,其频谱分量十分丰富,因此,数据域测量必须注意选择开关器件,并注意信号在电路中的建立和保持时间。

在拟定数据域测试方案或设计、制造数据域测试仪器时,都应考虑上述数字信号的特征。

2.6.3　数据域测量技术

本小节由简单逻辑电路的简易测试出发,叙述数字电路测试的基本方法——穷举测试法、伪穷举测试法和随机测试法。

1. 简单逻辑电路的简易测试

数字逻辑电路是以处理"0""1"组成的数字信号为目的的电路,它们由与门、或门、非门和各类触发器组成。因此,确认电路电平的高低是否符合逻辑值的规定,逻辑关系是否正确,当输入变化时,电路翻转是否正确,都是研究数字电路的基本任务。通常正逻辑规定,"1"相当于高电平,"0"相当于低电平,负逻辑时则相反。

对于较简单的数字电路,如分立元件、中小规模集成电路、简单的数字设备或复杂数字设备的部件,可以利用示波器、逻辑探头(也称逻辑笔)、逻辑比较器和逻辑脉冲发生器等简单而廉价的数据域测量仪器来进行测试。被测电平的高低,真值的"1""0",脉冲的有无等,可以利用小灯泡或发光二极管(LED)的亮暗或者小喇叭发声的强弱等状态信息来检测。

(1)基本逻辑部件的测试。对基本逻辑部件(与门、或门和非门)的测试可用发光二极管组成简单的电路来进行,各门的输入端由开关进行控制:接通开关,表示接低电平,输入"0"信号;不接通开关,表示输入端接高电平,输入"1"信号。当门输出为低电平时,发光二极管导通发亮;当门输出为高电平时,发光二极管截止不发亮。如果发光二极管亮灭的情况与该门的真值表中不同,则认为电路功能有错。

(2)逻辑笔的应用。简单的逻辑电路还可用逻辑笔来进行测试。逻辑笔主要用于指明某一端点的逻辑状态,其顶端有两只指示灯,红灯指示逻辑"1"(高电平),绿灯指示逻辑"0"(低电平)。对于被测点的逻辑状态,逻辑笔的响应见表 2-4。有了这样几种简易测试的响应,一般来说基本够用了,尤其是测试一般的门电路和触发器等的输入输出关系时较为方便。

表 2-4　逻辑笔测试响应

被测点逻辑状态	逻辑笔响应
稳定的逻辑"1"状态(+2.4～+5 V)	红灯稳定亮
稳定的逻辑"0"状态(0～+0.7 V)	绿灯稳定亮
在逻辑"1"与"0"中间状态(+0.8～+2.3 V)	两灯均不亮
单次正脉冲	绿　红　绿
单次负脉冲	红　绿　红
低频序列脉冲	红绿灯交替闪烁

逻辑笔还有记忆功能,当测试某点为高电平时,红灯点亮,此时,即使将逻辑笔离开测试

点，该灯仍继续亮，以便于测试者对被测状态进行记录。当不需要记录此状态时，可扳动逻辑笔上的存储开关使其复位。

逻辑笔还可以提供选通脉冲，在逻辑笔的腰部设有两个插孔(一个是正脉冲，一个是负脉冲)，取其中一个脉冲信号接至被测电路的某一选通点上，逻辑笔随着选通脉冲的加入而做出响应。被测点的逻辑状态由探针接入，经过电平检测器，使信号电平与基准电压进行比较，选择与该信号对应的“0”电平通道或“1”电平通道进行脉冲扩展，进入判“0”判“1”网络(门电路)，通过驱动电路使对应颜色的指示灯发亮，若输入为中间电平，则不进入任何一路，无灯亮。

(3)逻辑夹的应用。逻辑笔在同一时刻只能显示一个被测点的状态，而逻辑夹可以同时显示多个端点的逻辑状态。逻辑夹的每个端点信号均通过一个门判电路，门判电路的输出通过一个非门驱动一个发光二极管，当输入信号为高电平时，发光二极管发亮。

逻辑夹与逻辑脉冲发生器配合使用，能够比较迅速地寻找出电路的逻辑故障。当脉冲发生器的信号频率较低时，使用逻辑夹可以很清楚地反映门电路、触发器、计数器或加法器等全部输入端及输出端之间的逻辑关系。

2.穷举测试法和伪穷举测试法

(1)穷举测试法。在基本逻辑元件测试中，我们看到，数字电路测试的实质，就是对几个输入端加入 2^n 个可能的组合信号，然后观察输出是否正确。如果对所有的输入信号，输出信号的逻辑关系都正确，那么这个数字电路就是正确的，如果输出的逻辑关系不正确，那么这个数字电路就是错误的，这种测试方法就是穷举测试法。对于复杂的被测电路，以一个正确的电路作为参考电路，两电路加上同样的测试数据流，对它们的输出进行比较，如果两电路输出数据流始终相同，那么被测电路是正确的，否则被测电路是错误的，根据这个比较结果，给出“合格/失效”的指示。

穷举测试法的优点是能够测出100%的故障，也就是能够揭示复杂的数字系统的全部故障。穷举测试法的缺点是，测试时间随输入端数 n 的增加呈指数增加，例如，$n=4$ 时，$2^n=16$，即输入端数为4时，输入信号有16种可能的组合情况；$n=8$ 时，$2^n=256$；$n=16$ 时，$2^n=65\ 536$；以此类推。当 n 很大时，穷举测试所需的时间太长以致无法实际使用，因此，近年来又提出了伪穷举测试技术。

(2)伪穷举测试法。伪穷举测试的基本思想是，把一个大电路划分成数个子电路，对每个子电路进行穷举测试。总的来说，对数个子电路测试的输入组合数，远远低于对一个大电路进行穷举测试所需的输入组合数，因此，可大大节省测试时间。例如，当输入端数 $n=16$ 时，如果可将该电路划分成两个 $n=8$ 的数字电路，则测试输入组合信号数可由 $2^{16}=65\ 536$ 减少为 $2^8+2^8=256+256=512$，测试时间可降为原测试时间的1/128。

伪穷举测试法的子电路划分可以采用两种方法，一种是多路开关硬件划分法，一种是敏化划分法。多路开关硬件划分法是在硬件电路设计时，加入多路开关，从硬件上将一个复杂电路划分为若干个相关的子电路，多路开关的作用是便于在测试时，断开其他子电路，而将被测试的子电路与输入端和输出端相连接，再连到外边的测试电路中。用多路开关进行划分的缺点是增加了硬件，此外，插入多路开关在电路正常工作时增加了电路延迟，降低了工作速度。采用敏化划分技术可以克服这些缺点。敏化划分技术是采用通路敏化方法，对被测试的子电路进行分析，确定出在输入端的 2^n 个组合数据流中，选取 m 个组合，$m<2^n$，只输入这 m 种组合情况，即可完全测试子电路的性能，这 m 种组合称为“最小完全测试集”。例如，$n=2$ 时，输入

可能的组合是 00,01,10,11,如果经分析,只需 $m=(00,01,11)$种输入组合,就可完全测试子电路的性能,则 m 称为该子电路的最小完全测试集,也相当于从输入找到了一条到达子电路的敏化通路,这就是敏化划分法。

敏化划分测试与硬件划分测试结果是一样的,但敏化划分不需要插入多路开关,因而不增加硬件设备,也不降低电路速度,但敏化通路的最小完全测试集的确定,又成为一个较为困难的问题。

3. 随机测试法

随机测试法由一定电路随机地产生输入可能的 2^n 种组合数据的数据流,由它产生的随机或伪随机测试矢量序列(数据流序列)同时加到被测电路和已知功能完好的参考电路中,对它们的输出响应进行比较,根据比较结果,给出“合格/失效”的指示。

随机矢量产生器可以由软件产生,也可以由硬件产生。如由软件产生,一般首先确定一种算法,算法确定之后,产生的测试矢量序列通常具有重复性的特点,它称为伪随机序列。由硬件产生随机序列常用线性反馈移位寄存器,该寄存器产生的随机序列也是伪随机序列。为区别于真正的随机测试,对于施加伪随机序列所进行的测试称为伪随机测试。

穷举测试的故障覆盖率是 100%,而随机测试的一个重要问题,就是确定为达到给定的故障覆盖率,所要求输入测试随机矢量序列的长度。或者反过来说,对于给定的测试序列长度,计算出能得到多高的故障覆盖率。总之,随机测试一般达不到 100%的故障覆盖率,根据给定的测试矢量长度推算故障覆盖率的计算是困难的,但在一般不严格要求置信度的场合,随机测试仍是一种实用而有效的方法。

2.6.4　数字逻辑系统故障及其排除

根据以上对数据域测量技术的讨论,可以看到,简单逻辑电路功能简单,可以用较简易的方法来测试。对于大规模集成电路、复杂的印制电路板、微型计算机系统等较为复杂的数字逻辑系统的测试,涉及对故障类型的讨论、测试数据流的产生、故障测试方法及故障的定位等问题。

1. 故障类型

数字电路的故障类型一般可分为物理故障和逻辑故障。内部连线断开或短接、电路元件不良等,都可能造成物理故障。数字电路内部控制逻辑不正确,称为逻辑故障,比如,微处理器不能正确地控制存储器读写或程序流程不正确,特别是程序流程不正确,是最典型的逻辑故障。另外,不随时间改变的故障称为固定性故障或永久故障,时隐时现的故障称为间发故障或间歇故障。目前,数字电路的故障诊断研究的对象多限于固定性的逻辑故障。

为了搞清故障对电路的影响,必须建立故障模型。由于数字电路的许多故障是固定在高电平或固定在低电平,因此,表示故障的最普遍而有效的模型是固定逻辑故障模型。对于电路中某条线上电平固定为 0 的故障称为“恒 0”故障,某条线上电平固定为 1 的故障称为“恒 1”故障。对于正逻辑的规定而言,“恒 0”故障就意味着这条线上总是低电平,“恒 1”故障就意味着这条线上总是高电平。

为了表示某点或某线上的“恒 0”或“恒 1”故障,采用一种标准的符号——“p/d”代表“恒 0”故障或“恒 1”故障,其中,p 是引线符号,d 是“0”或“1”。如:“x2/1”表示 x2 线上是“恒 1”故障,引起“恒 1”故障的原因大致是引线与电源短路、输入引线断开等。“x3/0”表示 x3 线上产生了“恒 0”故障,造成“恒 0”故障的原因可能是该线与地短路或逻辑元件内管子击穿等。

2. 故障测试和故障定位

当一个数字逻辑电路实现的逻辑功能和无故障电路所实现的逻辑功能不同时，表示这个电路就是有故障的电路，依据这个原理，就可实现对逻辑电路的故障测试和检测。假如知道了电路中各种可能的故障和其输出模式之间的关系，就有可能识别出故障，并把它们划分到尽可能小的元件集中，实现对逻辑电路的故障定位测试。

故障测试大体可分为两种：一种是部件测试，即对单元电路进行测试；另一种是整机测试，即对整个逻辑系统的测试。

测试的基本方法分为两种。一种是“静态测试”，它是指不加输入信号或加固定电位输入信号时的测试，以判断电路各点电位是否正确，这种方法主要用于检测物理故障，根据有问题的电位点，可将故障定位于某个器件。另一种是数字电路的“动态测试”，在输入端接入各种可能的组合数据流，测试输出数据流的情况，以判断输出逻辑功能是否正确，这种方法主要用于检测复杂数字逻辑系统的逻辑故障。另外，物理故障也可以引起逻辑功能的不正确，为此，“动态测试”既可以检测系统的逻辑故障，亦可以检测系统的物理故障，并且缩小范围，将检测出的故障定位于一定的范围内，实现故障定位。

3. 测试产生问题

测试产生问题指的是如何得到能够检测电路全部“恒 0”“恒 1”故障的测试信号流的问题，这个数据流称为“最小完全故障检测测试集”，也就是前边提到的“最小完全测试集”。一般可由通路敏化法、D 算法、布尔差分法等方法确定出数字电路的“完全故障测试集”，然后，再将故障类型合并而得到“最小完全故障测试集”。穷举测试法和随机测试法中，没有考虑复杂的测试产生问题，使测试产生问题简化，但同时带来的问题是测试时间的加长。随机测试法中，测试矢量长度的确定在本质上也是一个测试产生问题。

4. 数字逻辑电路的测试性

一个大规模集成电路设计得再好，如果在设计时，没有考虑测试问题，那么这个电路由于无法检查验证其正确性，也不能投入实际使用。为此，在设计数字逻辑电路时，一定要同时考虑系统的测试问题。比如多留一些与外电路连接的开关或引线脚，有意识地将数字电路划分成若干个子电路等，使得数字电路的测试变得可能和容易。

数字电路的测试性有多种定义，其中之一是，若对一数字电路产生和施加一组输入信号，并在预定的测试时间和测试费用范围内达到预定的故障检测和故障定位的要求，则说明该电路是可测的。

数字电路的测试性同一般设备的测试性一样，包括可控性和可观性。可控性是指通过外部输入端信号设置电路内部的逻辑节点为逻辑“1”和逻辑“0”的控制能力，可观性是指通过输出端信号观察电路内部逻辑节点的响应能力。

描述测试性的性能参数包括故障检测率、故障隔离率和虚警率等指标。测试性设计包括测试点的选择和测试顺序等内容。

2.7 微波参数测量

微波参数测量主要是对微波功率、波长和频率、频谱与波形、驻波比、阻抗、衰减和 Q 值等测试，对微波系统的反射特性、传输特性、相位特性的测试，以及对无线电接收机的灵敏度的测试等。

在导弹测试中，被测对象为装在导弹中的高频微波设备的各类性能指标。由于导弹的制导体制、引信体制、对导弹测试性的要求及导弹可靠性的不同，测试的参数也不尽相同。其中主要包括了导引头发射机、弹上无线电遥控应答机、无线电引信发射机等的辐射功率、频率、灵敏度等参数，尤其以辐射功率和频率的测量最常见。

2.7.1　微波信号发生器

测试接收机灵敏度和调制特性时，要对被测设备激励，要求激励源能提供频率幅度可调，且能进行各种调制的微波信号。这种装置叫作微波信号发生器。

微波信号发生器由振荡器、调制器、电平控制和衰减器组成，并有相应的频率、调制度和参考电平指示器。

微波振荡器作为微波频率源的核心部分占据着相当重要的地位。20 世纪 60 年代以前，微波振荡器几乎都是由微波电真空器件如反射速调管、磁控管、返波管等构成，这类器件一般都存在工作电压高、供电种类繁多、功耗大、结构复杂、体积庞大和成本高等缺点，不能适应电子技术发展的需要。20 世纪 50 年代末期出现了以晶体振荡器为主振、变容管倍频的微波倍频源，但由于受倍频效率的限制，不易在高的频率下获得大的输出功率。体效应器件和雪崩管振荡器的问世，大大促进了微波半导体振荡器的研究和发展。微波振荡器是通过谐振电路与微波半导体器件的相互作用，把直流功率转换成射频功率的装置，其主要优点是工作电压低、效率高、寿命长、体积小、质量轻。

虽然在许多场合已大量使用频率合成器，但频率合成器本身也是由参考源和 VCO 两个振荡器构成。振荡器的核心部分是一个有源器件和一个谐振回路。小信号振荡器用于接收机的本振和测量系统，大信号振荡器用于发射机，功率再大就需要大功率放大器。

全固态化振荡器已经得到广泛的使用，在个别场合还用到大功率电真空器件。

由此看出，微波振荡器在微波信号发生器中占有很重要的位置，是微波信号发生器的关键器件。微波振荡器的结构框图如图 2－50 所示。

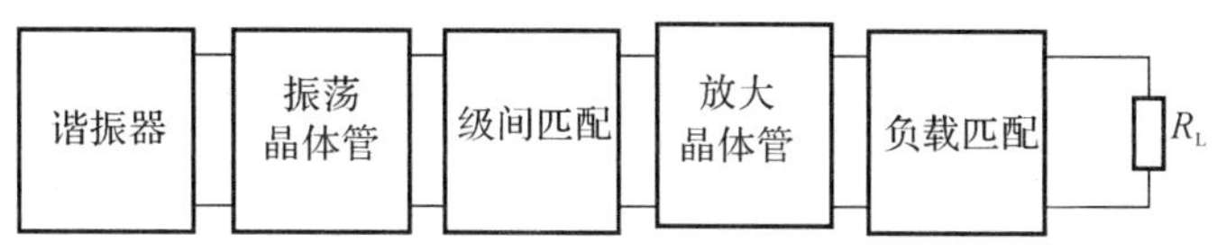

图 2－50　微波振荡器的结构框图

微波振荡器主要由谐振器、振荡晶体管、级间匹配、放大晶体管和负载匹配以及相应的负载等组成。用于微波振荡器的谐振器主要有 LC 谐振器、变容管谐振器、微带线谐振器、波导谐振器、蓝宝石谐振器等等。它们的谐振频带各不相同。微波振荡晶体管作为有源器件，常用的有双极结晶体管、场效应管和负阻二极管等。

2.7.2　微波功率测量

在低频电路中，信号的大小常用电压或电流表示，功率完全可由相应的电压和电流决定。在微波测试中，由于有驻波现象存在，沿线各点的电压常不相等，电压、电流都已经失去其唯一性，这时，只有功率才能表示信号的大小。

对于连续的等幅微波信号，功率一般是指其时间平均值；而对于由矩形脉冲调制的脉冲波，其脉冲功率定义为脉冲持续时间内的平均功率，而其平均功率定义为整个脉冲周期内的功率平均值。大多数的功率测量方法只能直接测量平均功率。

在矩形脉冲调制的情况下，脉冲功率 P_i 、可以测得的平均功率 $\bar{P}$ 和脉冲持续时间 τ 与脉冲调制的重复频率 f_τ 有以下关系式：

$$P_i = \frac{\bar{P}}{\tau f_\tau} \tag{2.51}$$

微波功率测量所用的仪器为微波功率计。从发射机功率到微波信号发生器，功率测量的范围很大，通常测量功率电平量程在 10W 以上者称为大功率计，量程在 10mW～10W 的称为中功率计，量程在 1μW～10mW 者称为小功率计，量程在 1μW 以下者称为超小功率计。

微波功率计按照测量原理大致可分为以下两种类型：

1. 吸收式微波功率计

吸收式微波功率计是利用接在波导或同轴线终端的匹配负载，如水负载、热电偶和热敏电阻等，将微波能量全部吸收转换为热能，然后想办法测量单位时间内产生的热量，根据热功当量即可算出功率。属于这类功率计的有热量计式功率计、热敏电阻式功率计、热电偶式功率计以及光度计式功率计等。它们的区别仅在于测量热的方式不同，热量计式直接测量热量，热敏电阻式和热电偶式利用由热所引起的电效应——电阻变化或热电动势间接测量热量，而光度计式则通过测量由细金属丝受热后的发光亮度间接测量热量。这类方法测量的是传输线终端匹配负载所吸收的微波功率。

2. 通过式微波功率计

通过式微波功率计不是直接测量终端负载吸收的功率，而是测量传输线中的通过功率。例如所谓“光压计式”功率计即属于这一类，它是通过测量高功率微波信号通过波导时，在其壁上施加辐射压力(也就是广义的光压)而间接推算出功率的。利用接入定向耦合器副线的吸收式功率计也可测出主线中的通过功率，采用此法时还可以扩大功率计的量程，即利用中、小功率计测量大功率。

按照微波功率计的校准方式可划分为：①绝对功率计，它可以直接给出微波功率的绝对值，无须另行校难；②相对功率计，它本身只能给出微波功率的相对值，需要利用绝对功率计进行校准；③功率指示器，它只是指示功率的相对值，一般不进行校准。

在导弹测试中，经常会用到使用晶体管检波器来测量功率。检波二极管常用的有点接触式和肖特基低势垒式两种，它们的检波效率和灵敏度都比较高，反应快，使用方便。图 2-51 给出了一个最简单的二极管检波器的构成形式，包括一个隔直电容、终接电阻、二极管和一个射频旁路电容，输入二极管的电流与加在负载电阻上的电压呈非线性关系。

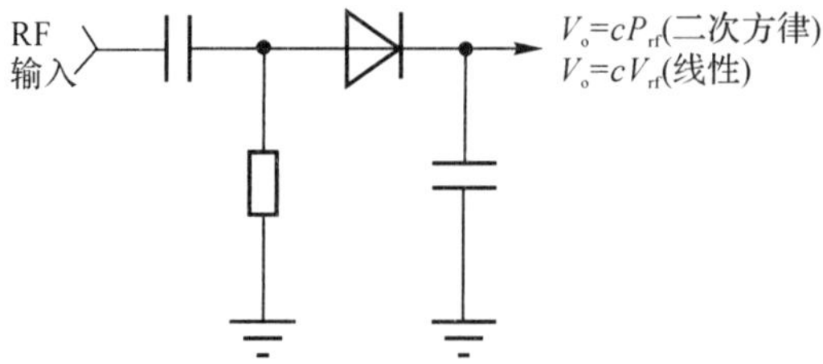

图 2-51　二极管功率传感器的检波器电路

为了确保二极管能正确响应信号功率，一些功率传感器的设计将测试范围严格控制在二极管二次方律区域。这些二极管能够测量低到 0.1nW(−70dB)的功率电平，而且它们可以完成精确的功率测量并与被测信号的波形无关。符合二次方律工作的动态范围大约为 50dB，因此二次方律二极管传感器常常可以使用与热电偶传感器相同的功率计配合完成功率测量。

将二极管传感器工作扩展到更高功率电平(10～100MW)的功率计可以提供更宽的动态测量范围，大约为 70dB 或更高。但在超过 1μW 以上范围的仪器读数可能仅仅适用于连续波(CW)正弦信号测量。因为在高功率电平输入时，二极管呈现为一个线性检波器。

如图 2－52 所示，在线性区域 10∶1的输入功率变化只会产生 10∶1的输出电压变化，因此必须对二极管传感器的输出作二次方运算才能用于功率测量指示。

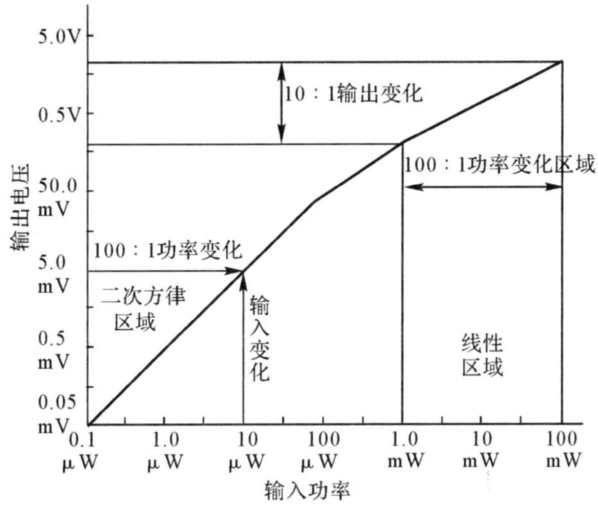

图 2－52　典型二极管传感器的功率-电压曲线

一个功率计如果使用工作于线性的二极管传感器，那么它必须包含一个对二极管输出作二次方运算的部件，以使读数结果符合 CW 正弦信号功率值。一个设计用于 CW 信号平均功率测量的功率计不能准确地测量带有幅度调制的信号功率。要解决该问题，只有减小输入信号的幅度，直到二极管工作于二次方律区域。只有在该区域，二极管才对所有信号功率作出正确的响应。

2.7.3　微波频率测量

频率(或波长)是微波测量的基本参量之一。因为自由空间波长 λ 和频率 f 之间的关系为 $\lambda = \frac{c}{f}$(其中 c 为光速)，所以波长测量与频率测量是等效的，但是两者的测量方法却完全不同。前者取决于长度的测量，后者取决于时间的测量。在稳态情况下，电磁波的频率不随媒质的性质而改变，而波长却与媒质、传输线尺寸和波形有关，因而频率测量具有普遍意义，显得更为重要。现在由于有了精确的光速测量值，对于工作频率和波长而言，在微波测量中统一为测量频率。但对于波导内传输电磁波的波导波长(相波长)，由于与传输的模式有关，所以需要用专门的测量线测定或进行换算。

频率是表征微波信号周期现象的一种参数，定义为微波电磁振荡每秒的周期数，单位是赫兹(Hz),它与周期 T(s)的关系为 $f=\dfrac{1}{T}$。测量微波频率的仪器称为微波频率计。微波频率计按其工作原理和技术方式可分为三类:第一类利用谐振腔的谐振选频特性进行测量,故称为谐振式频率计;第二类利用超外差原理,将微波信号直接与频率标准相比较进行测量,称为外差式频率计;第三类是采用数字技术构成的数字式频率计。

1. 谐振式频率计

谐振式频率计是根据谐振腔的谐振选频原理设计的频率计。由谐振选频原理可知,单模谐振腔的谐振频率取决于腔体尺寸,利用调谐机构(常用活塞)对谐振腔进行调谐,使之与待测微波信号发生谐振,就可以根据谐振时调谐机构的位置,判断腔内谐振的电磁波的频率。这就是谐振式频率计的基本原理。

谐振式频率计大多采用同轴腔和圆柱腔。在 10cm 或更长的波段通常采用同轴腔作为频率计。

2. 外差式频率计

外差法是无线电技术中常用的一种精确测量频率的方法。其基本原理是将待测信号与本机振荡信号通过“差拍”进行频率比较,因此提高测量精确度的关键是本机振荡的频率必须高度准确并且稳定,通常利用石英晶体稳频。

图 2-53 为外差式频率计原理图。外差式频率计由石英晶体稳频的本机振荡器、混频器、音频放大器与“零拍”指示器等组成。测量时将频率为 f_x 的待测信号与已校准的频率为 f_L(一般 $f_L \ll f_x$)的本机振荡信号同时送入混频器,利用其非线性特性进行混频,在混频器的输出中出现了组合频率,其中包含“差拍”频率:

$$f_n = f_x - nf_L \tag{2.52}$$

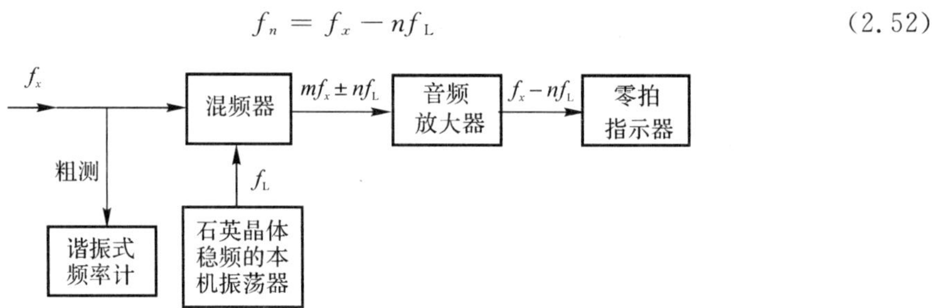

图 2-53 外差式频率计原理图

组合频率中包含很多分量,从低音频一直到微波频率都有,但输入到后级音频放大器以后,由于其低频滤波器特性,将组合频率中的所有高频分量均滤除,只允许差拍中的音频分量通过并放大,然后输入到“零拍”指示器。它如同是一副普通的耳机,这时从耳机中可以听到频率为 f_n 的音频信号。测量时连续改变本机振荡频率 f_L,差拍频率 f_n 相应改变,直到在耳机中听不到声音时,即为“零拍”,这时

$$f_n = f_x - nf_L = 0 \tag{2.53}$$

或者

$$f_x = nf_L \tag{2.54}$$

从经过校准的本机振荡器的频率刻度盘上就可以读出 f_L,再由式(2.54)确定 f_x 的数值。因此利用外差式频率计测量频率时,必须用谐振式频率计先进行粗测,以便大致确定被测频率

的范围，这样才能够知道 n 应取什么值，从而正确地选择标准频率振荡器的频率挡数。

3. 数字式频率计

除了外差式频率计外，微波数字式频率计的应用也越来越广泛。微波数字式频率计是一种测量微波频率并用数字显示的仪器。它具有直观、准确、使用方便等优点。

采样分频式微波数字频率计由两部分组成：主要部分是微波分频器，它把输入微波信号自动进行 m 次（$m=100$ 或 $m=1\ 000$）分频，从而输出一个频率较低的信号至计数器；另一部分是计数器，即普通的数字式频率计。

第3章　导弹测试信号源及测试用仿真模拟设备

在导弹测试中，被测物理量的特性只有在适当的激励信号作用下才能测量，由于导弹测试的特殊性，对导弹性能参数的检测不仅需要一般的通用信号源的激励，还需要各种非标专用设备或者装置，以便产生测试导弹所需的各种激励信号和提供所需的测试条件。

非标专用设备主要包括用于模拟导弹机动飞行的导弹飞行模拟器，用于模拟地面制导站发射指令信号的指令模拟器，用于模拟目标特性的目标模拟器等。非标模拟设备实际上属于模拟导弹拦截目标飞行过程的设备，模拟过程属于对导弹飞行过程的仿真。

3.1　信　号　源

信号源，又称信号发生器、激励信号源，它是为了进行测量提供的一种符合一定技术要求的电信号设备，是测量工作不可缺少的组成部分之一，也是电子测量中最基本、使用最广泛的电子测量仪器之一。在电子测量技术领域内，除了部分对设备运行实施监控的机内测试(BIT)不用信号激励装置外，几乎所有的电参数都需要或可以借助于信号发生器进行测试。在对导弹进行测试以及性能分析评估过程中，最常用的方法是采用激励-响应法，即在对导弹性能分析中，通常导弹的状态和性能是通过激励信号与对应的输出响应之间的关系进行评定的。因此，通用的激励信号源同样也是导弹测试中应掌握和熟练使用的重要设备。

3.1.1　信号源的分类及技术参数

信号源的种类按照不同参考点可以划分为很多不同的类型，常见的有以下几种划分方式。

(1)按信号源的用途划分。按信号源的用途划分，可以将信号源分成通用信号源和专用信号源两大类。其中专用信号源是为了特定的测试目的而专门设计的信号源，它只适用于特定的测试对象及测试条件。而通用信号源则有较强的通用性和较宽的使用范围，既可用来测量某些普通电子设备和系统的某些参数，也可用来测量导弹、雷达、飞机、计算机和电视机等一些特定设备的某些参数。因此，通用信号源或某种通用仪器，往往可作为某些特定设备测试系统的一个组成部分。本节就防空导弹测试中的通用信号源进行论述。

(2)按信号源的输出波形划分。按信号源的输出波形划分，可以将信号源分为正弦波信号发生器、脉冲信号发生器、函数信号发生器、噪声信号发生器和任意波形发生器等。正弦波信号发生器用来产生电压、电流和频率等不同电参数的正弦波信号源，是最常用的信号发生器，也是其他不同信号输出波形信号源的分析基础，是研究的重点。脉冲信号发生器用来产生脉宽和频率等不同电参数的脉冲波。函数信号发生器通常产生各种三角波、锯齿波和梯形波等信号。噪声信号发生器通常产生随机的噪声信号。任意波形发生器具有生成任意函数波形及其他特殊波形信号的产生与仿真功能，例如除了产生上述正弦波、三角波等波形外，还可产生各种尖峰脉冲、频率突变等信号波形。

(3)按信号源工作的频段划分。按信号源工作的频段划分，可以将信号源划分为以下几种类型。

1)超低频信号发生器，f=0.000 1～1.000Hz。

2)低频信号发生器，f=1Hz～10MHz。其中用得最多的是音频信号发生器，其频率范围为 20Hz～20kHz。

3)视频信号发生器，f=10～20MHz。

4)高频信号发生器，f=20～30MHz，即相当于长、中、短波段的范围。

5)甚高频信号发生器，f=30～300MHz，即相当于米波段。

6)超高频信号发生器，f>300MHz，即相当于分米波和厘米波段。

按照上述方法划分时，常将工作在厘米波及更短波长的信号发生器称为微波信号发生器。但是，这里需要强调的是，上述波段的划分，并非是严格不变的。一方面，目前有许多信号发生器都能工作在极宽的频率范围内，工作频率从数千赫兹到 1GHz 或更高。另一方面，频段还有不同的划分方法，例如我国就很少有甚高频信号发生器的称呼，而将工作在几十千赫兹到几百兆赫兹频段内的信号发生器统称为高频信号发生器。再则，对于一个具体的产品，它可能工作在某一频段的全部，也可能只工作在某频段的部分频率上，也可能占有多个频段。因此，这种按照信号源工作的频段划分的方法只是对信号源的工作频率提供一种大概的描述，实际使用中完全没有必要去深究它具体的归属。

(4)按信号源的性能优劣划分。按信号源的性能优劣划分，可以将信号源分为普通信号发生器和标准信号发生器两种类型。

1)普通信号发生器。它主要用来向电子设备提供高频能量，如向电桥、测量线和无线装置等供给能量，以便测试其性能。例如，测量天线方向图时，就使用这种信号发生器作为信号源。普通信号发生器一般具有较大的输出功率，而输出信号的频率和幅度可能有较大的误差，其波形可能有较大的失真，一般所说的功率信号发生器就属于这一类。

2)标准信号发生器。输出信号的频率、电压和调制系数能在一定范围内调节(有时调制系数可固定)，并能准确读数、屏蔽良好的信号发生器，称为标准信号发生器。标准信号发生器的输出电压一般不大，要求提供足够小而准确的电压，以测试接收机等高灵敏度的电子设备。因此，标准信号发生器中要有精密的衰减器和精细的屏蔽设施，以防止信号的泄漏。

(5)按信号源的调制类型划分。以正弦波信号发生器为例，按调制类型可将其分为调幅信号发生器、调频信号发生器、调相信号发生器、脉冲调制信号发生器以及组合调制信号发生器等。超低频和低频信号发生器一般是无调制的，高频信号发生器一般是有调制的，甚高频信号发生器常用调幅和调频，超高频信号发生器常用脉冲调制。雷达接收机灵敏度和导弹导引头的测试试验常使用脉冲调制信号发生器。

(6)按信号源的频率调节方式划分。按信号源的频率调节方式划分，可以将信号源分为手动调节和自动调节两种。普通信号发生器都是手动调节的，而扫频信号发生器、程控信号发生器和频率合成信号发生器采用自动或半自动调节方式。在自动测试系统中需要自动调节信号发生器。

(7)按信号源产生频率的方法划分。按信号源产生频率的方法划分,可以分为谐振法信号源与合成法信号源两种。一般的信号发生器多采用谐振法来合成所需要的频率(即用具有频率选择性的回路来产生正弦振荡而形成正弦波信号)。另外,也可以通过对基准频率的加、减、乘、除,从一个或多个基准频率,得到一系列所需的频率,这种产生频率的方法称为合成法。基于频率合成法原理制成的信号发生器,可以得到很高的频率稳定度和精确度,因此发展迅速,在雷达、导弹测试系统中,就采用了频率合成信号发生器,作为被测对象的频率源。

信号源产生的信号波形不同,描述其性能参数也有差异,这里主要对常用的正弦波信号源和脉冲信号源的性能参数作一简单介绍。

1. 正弦波信号源

正弦波信号发生器质量的优劣,对被测参数进行测量的精确度是有影响的。因此,对一个正弦波信号源应满足最基本的两个要求。其一是频率特性要好,能迅速而准确地把信号源的输出信号调到所需的频率上。其二是输出特性要好,即能够提供所需信号的电平。下面从这两个方面给以简要说明。

(1)频率特性。频率特性是正弦波信号的一个重要特性,它可以从以下几个方面来表征。

1)有效频率范围。有效频率范围指的是信号源的各项指标都能得到保证时的输出频率范围,一般要求该频率范围越宽越好。在有效频率范围内频率调节可以是连续的,也可以是离散的,当频率范围很宽时,常分为若干分波段。

2)频率准确度。信号源频率准确度可用频率的绝对偏离,即用绝对误差 $\Delta f = |f - f_0|$ 来表示,其中的 f_0 为信号源产生频率的中间值(期望值),f 为实际产生的频率值;也可用相对偏离,即相对误差 $\alpha = \Delta f / f_0$ 来表示。用刻度盘读数的信号源,其频率准确度约在±(1～10)%的范围内,标准信号发生器则优于1%。

3)频率稳定度。信号源频率稳定度是指信号源频率随时间和温度漂移的准确程度。

对于由RC振荡电路或桥式振荡电路组成的低频信号发生器,其频率稳定度只能够做到 10^{-4} /d以下。高频信号发生器一般由RC振荡器组成,其频率稳定度能做到 10^{-5} /d。由石英晶体谐振器组成的高稳定度信号发生器,其频率稳定度能达到 10^{-5} /d或 10^{-6} /d。近几十年来,利用锁相环路做成的合成信号发生器,其频率稳定度可以做到 10^{-10} /d以上。

利用频率合成技术将一个基准频率 f_r(f_r 一般用高稳定度的石英振荡器产生)通过加、减、乘、除基本代数运算,产生一系列所需的频率,其稳定度可达到与基准频率稳定度相同的量级。这样,可把信号源的频率稳定度提高2～3个数量级。目前,在信号源中广泛采用锁相技术来完成频率合成,生产高稳定度的自动测试信号源。频率合成技术将在后面详细论述。

近年来,由于大规模集成电路的发展,制造出了体积小、质量轻、耗电少(仅几十毫瓦)的集成电路计数器,这就用频率计数器代替了机械驱动的频率刻度,使连续可调信号的输出频率准确度达到一个新的水平。

(2)输出特性。一个正弦波信号源的输出特性主要包括下面五个部分。

1)输出电平范围。微波信号源一般用功率电平表示,高频和低频信号源一般用电压表示,也可用相对电平表示,总的说来,信号源的输出电平是不大的,而调节范围却可能很宽。一般标准高频信号发生器的输出电压为0.1μV～1V,而一般电平振荡器的输出电平则在10～60dB范围内可调。

2)输出电平的频率响应。输出电平的频率响应,也称输出电平的平坦度。它是指在有效频率范围内调节时输出电平的变化。对电平振荡器来说,其输出电平平坦度的要求较高,一般相对于中频段的输出电平,其平坦度优于±0.3dB。输出电平的平坦度与输出电平的稳定度不同,输出电平的稳定度反映的是输出电平随时间的变化情况。

为了提高输出电平的平坦度及稳定度,在现在的信号源中,往往加有自动电平控制电路(ALC),具有 ALC 的信号源的平坦度,一般在±1dB 以内。

3)输出电平的准确度。输出电平的准确度,一般在±(3～10)%范围以内,即大约与电压表的准确度相当。它是由 0dB 准确度 a_0、输出损耗衰减换挡误差 a_d、表头刻度误差 a_m 以及输出电平平坦度 a_r 等四项误差决定的。根据均方根误差来计算,输出电平的准确度为

$$a=\sqrt{a_0{}^2+a_d{}^2+a_m{}^2+a_r{}^2} \tag{3.1}$$

此外,输出电平还将随温度与供电电源的电压波动而变化。

4)输出阻抗。信号源的输出阻抗视不同的信号源的类型而异。在低频信号源中,一般用匹配变压器输出,因此,可能有几种不同的输出阻抗,如 50Ω,600Ω,5 000Ω 等,而高频信号源一般只有一种输出阻抗,如 50Ω 或 75Ω。

5)输出信号的频谱纯度。正弦信号发生器所提供的正弦波不可能是理想的,但要求正弦波信号发生器输出频谱纯净的正弦信号是很重要的。频谱不纯的主要因素有三个,即由非线性失真产生的高次谐波、混频器输出的组合波(对差频法而言)以及噪声。一般信号源的非线性失真应小于 1%,某些测量(例如高传真系统)则要求优于 0.1%。

除以上工作特性以外,还有调制特性,其中包括调制频率、调制系数或最大频偏以及调制线性等。

2. 脉冲信号源

在这里主要讨论矩形波信号的主要性能参数。

(1)脉冲幅度。脉冲幅度是指一个脉冲从底部到顶部的数值量的大小。实际产生的脉冲,可能不是非常规整的矩形波,经过对脉冲放大,其波形如图 3-1 所示,那么其脉冲幅度就是图 3-1 中的 E 值。

(2)脉冲宽度。脉冲宽度就是脉冲的持续时间,用 τ 来表示。理想的矩形脉冲的宽度就是脉冲上升到脉冲下降之间的时间间隔。由于通常的矩形脉冲并非理想的波形,所以脉冲宽度又有不同的定义方法,通常是指脉冲幅度的 50%处上升与下降之间的时间间隔。

(3)脉冲重复周期与重复频率。脉冲重复周期与重复频率是表征脉冲序列的两个参数。同正弦波一样,一个周期性的脉冲序列也有它的信号周期 T:两相邻脉冲之间的时间间隔,如图 3-2 所示。在许多场合,也用到脉冲的重复频率 f_0,它是指脉冲重复周期的倒数。

(4)脉冲上升时间和脉冲下降时间。从脉冲幅度的 10%处,即从 $0.1E$ 处开始上升到 $0.9E$处所经过的时间,是脉冲的上升时间,用 t_r 表示。对于正极性的脉冲,这个时间代表了脉冲的前沿。脉冲从顶部转入下降点开始,或者脉冲幅度从 $0.9E$ 处下降到 $0.1E$ 处所经历的时间,称为脉冲下降时间,用 t_f 表示。对于正极性的脉冲来说,下降时间就是脉冲后沿。脉冲前沿和脉冲后沿是描述脉冲中的两个非常重要的参数。在用矩形脉冲研究放大器的频率特性时,或者研究数字电路的反转时间等方面,这两个时间的大小直接影响着研究结果的精度。

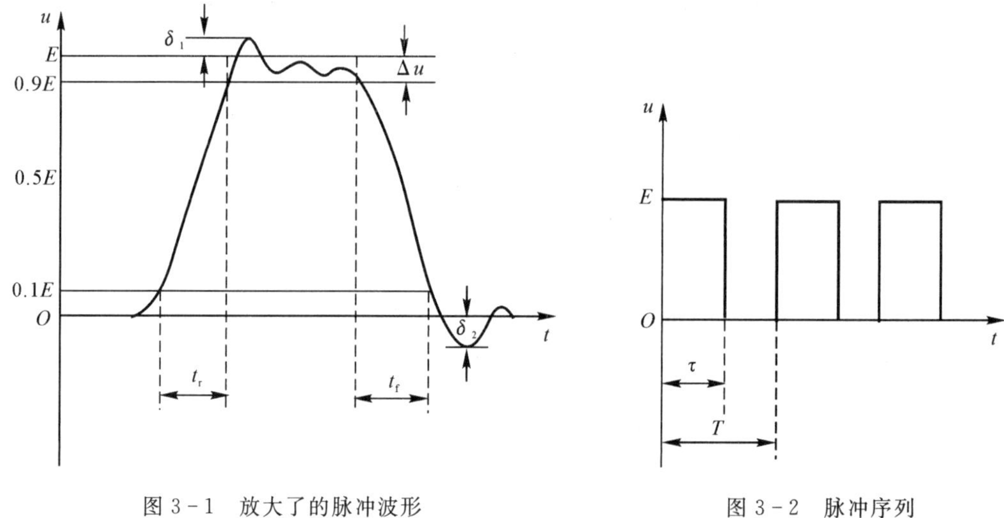

图 3-1　放大了的脉冲波形　　图 3-2　脉冲序列

(5)脉冲占空系数。脉冲的重复周期 T 与脉冲宽度 τ 之比称为脉冲的占空系数,用 Q 来表示,即

$$Q=\frac{T}{\tau} \tag{3.2}$$

占空系数越大,表示脉冲重复周期内的脉冲宽度所占的时间越短。把 Q 的倒数称为脉冲的工作比。

(6)脉冲过冲。脉冲过冲又分为正过冲和负过冲。正过冲是指脉冲上升沿超过幅度以上所呈现的凸出部分,如图 3-1 中的 δ_1;负过冲是指脉冲下降沿一直通过零值以下所呈现的向下凸出部分,如图 3-1 中的 δ_2。这两个数值是由于电路中的 LC 分布参数所引起的,如果该数值较大,会影响被作用电路的稳定性。

(7)平顶跌落。平顶跌落是表征脉冲顶部不能保持平直而呈现倾斜降落的数值,也常用其与脉冲幅度比值的百分数来表示,如图 3-1 中的 Δu 与 E 的比值百分数。该值越大,说明脉冲失真越厉害。

另外,对于锯齿波脉冲信号,主要的性能参数包括波形斜率、线性度、正回程时间和负回程时间等。

3.1.2　基本模拟信号源

基本模拟信号源是最早采用的一种信号源产生方式,它由振荡源、波形转换电路和功率输出电路几部分组成,如图 3-3 所示。

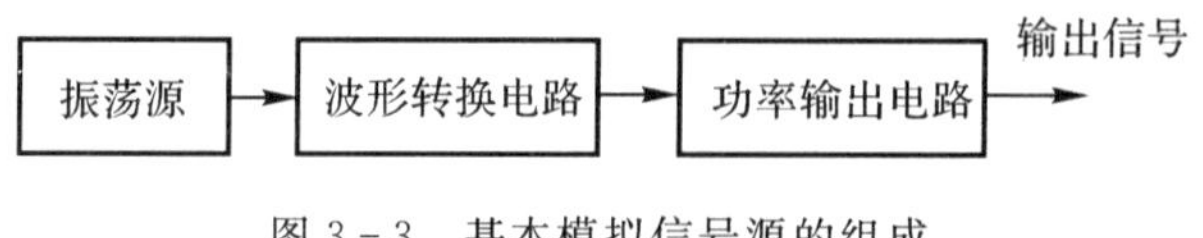

图 3-3　基本模拟信号源的组成

1. 振荡源

模拟式信号源都是基于模拟电子技术而设计的。其中的振荡源是核心,随着信号源输出

的频率和信号波形的不同，振荡源构成的形式也不同。振荡源按照频率不同可分为以下几种。

(1)超低频振荡源：是指振荡频率在 50Hz 以下的振荡源，通常采用 LC 反馈网络构成正弦振荡器。这里为了减小体积，电感 L 通常采用由运放和反馈电容网络构成方波振荡器，用分频方法很容易产生各种频率。如果采用微机系统，那么用编程方法也可以很容易实现。

(2)音频振荡源：是指振荡频率在 20kHz 以下的振荡源，通常采用 RC 反馈网络实现。用双 T 形反馈网络和文氏电桥可构成正弦波振荡器，但是为形成高稳定源，必须采用晶体管高稳定频率源，再通过 RC 滤波获得。

(3)高频信号振荡源：是指振荡频率在 20～30MHz 的振荡源，通常用 LC 振荡源实现较容易。为提高频率稳定性，可用晶体振荡分频、LC 选频得到正弦波。方波振荡源用分频的形式更容易得到。

(4)超高频信号振荡源：是指振荡频率在 30～300MHz 的信号源，通常用声表面滤波器作反馈网络构成正弦波振荡器。声表面滤波器(Surface Acoustic Wave Filter，SAWF)是利用石英、铌酸锂、钛酸钡晶体的压电效应性质制作的滤波器。这些晶体在受到电信号的作用下产生弹性形变而发出机械波(声波)，即可把电信号变成声信号，由于这种声波只在晶体表面传播，故称为声表面波。

(5)微波信号源：是指振荡频率在 300MHz～10GHz 的振荡源，通常采用谐振腔或者微带构成 LC 谐振回路。频率 1GHz 以上时，用介质振荡器。放大器使用场效应管或者高迁移率晶体管(High Electron Mobility Transistor，HEMT)器件。对毫米波只能用 HEMT 器件。

2. 波形转换电路

波形转换电路是采用积分器、微分器、比较器等实现各种波形之间的转换，或者对振荡产生的矩形波整形、锯齿波整形、三角波整形等得到矩形波、锯齿波、三角波等信号。例如，当积分电路输入阶跃信号(方波信号)的周期 T 小于积分电路的时间常数时，积分电路就实现了方波到三角波之间的转换。T 值越小于时间常数，三角波的线性越好。

3. 功率输出电路

功率输出电路是将波形转换电路输出的波形信号进行可调的放大或者衰减，通常采用功放管。在许多电子设备中，要求其输出级能够带动某种负载，例如驱动仪表使指针偏转，驱动扬声器使之发声，驱动控制系统的执行机构，这就要求有较大的负载能力。一般要求功率输出电路的输出功率大，要求功放管的电压和电流有足够大的输出幅度。要求效率高，效率是指负载得到的有用功率与电源供给的直流功率之比。要求非线性失真要小，对测试系统，非线性失真要求更高，否则影响测量精度。

模拟式信号源具有结构简单、频率范围宽等优点，但其频率稳定度和正确度都较差。

随着电子科学技术的发展，被测参数的指标及测试手段不断提高，对信号源频率的稳定性、准确性和可控性的要求也越来越高。一个信号源输出频率的准确度，在很大程度上是建立在主振器输出频率稳定度的基础上的，所以，如何在宽的频率范围内获得输出频率的高稳定度，是研制信号源的一个主要问题。

3.1.3 直接模拟频率合成技术的信号源

采用频率合成技术是解决如何在宽的频率范围内获得高稳定度输出频率，提高信号源性能的关键技术。频率合成技术是将一个高稳定度和高准确度的标准信号源，经过某种技术处理，产生同样高稳定度和高精确度的大量离散频率的技术。这里所说的技术处理方法，可以是用硬件实现频率加、减、乘、除基本运算的传统技术，可以是锁相技术，也可以是各种数字技术和计算技术。

在现代电子系统中，往往需要在一个频率范围内提供一系列高准确度和高稳定度的频率，而普通的晶振输出只能是单一的或者只能在一个极小的范围内微调，远远达不到要求，这就需要采用频率合成技术来完成这一任务。

频率合成器是从 20 世纪 50 年代开始发展起来的，起初是利用多个基准频率进行合成。这种方法虽然比较简单，但必须采用多个基准频率源，因此难以采用频率稳定度很高的频率源作为基准。另外，由于各基准频率是独立无关的，而合成后的频率与基准频率之间、各输出频率之间也都是不完全相关的，因此称这种合成方法为非相关合成法。在某些情况下，频率之间的这种不相关是不允许的。

现代的频率合成器，大多只用一个基准频率源，因此可以采用高稳定度晶体振荡器作基准源，它一般能获得优于 $1\times10^{-8}/\mathrm{d}$ 的频率稳定度。因为只有一个基准频率，所以各输出频率与基准频率之间、各输出频率之间都是完全相关的，故称这种合成方法为相关合成法。

频率合成技术主要有以下三种技术方法。

(1)直接模拟频率合成技术(DAS)，它是采用模拟硬件实现的一种频率合成技术，即可以采用硬件实现频率的加、减、乘、除基本运算的频率合成技术。

(2)锁相频率合成技术(PLL)，它是利用锁相环路跟踪输入信号的频率，实现频率和相位同步的频率合成技术。

(3)直接数字频率合成技术(DDS)，即采用数字电路和计算机技术，通过编程运算实现的频率合成技术。

从上述技术路线看，信号源的发展是随着电子技术和计算机技术的不断发展而发展的，基本上经历了模拟信号源、数字信号源到程控信号源的发展阶段。

直接模拟频率合成技术是通过一系列的混频器(加、减)、倍频器(乘)和分频器(除)等基本电路的组合，对一个(或几个)基准频率进行基本代数运算，以合成所需频率，然后再通过必要的放大和窄带滤波，以分离并选出所需频率信号的技术。其合成步骤一般是先由基准频率合成一系列为数不多的辅助参考频率，再由这些辅助参考频率合成所需的各个输出频率。

直接模拟频率合成技术有谐波法、漂移抵消法和连续混频法等不同的实施方法。

1. 谐波法

谐波法常用来产生辅助参考频率，其工作原理如图 3-4 所示。从基准源来的频率为 f_r 的信号加到谐波发生器，形成含有丰富谐波分量的窄脉冲，然后利用窄带滤波器选出所需的某次谐波分量，改变滤波器的中心频率，则可改变输出频率。显然，利用谐波法产生的输出频率 f_o 是基准频率 f_r 的整数倍，即 $f_o=mf_r$，且相邻两输出频率之间的间隔都是相等的，并等于 f_r。谐波法的缺点是在某一特定时刻只能输出一个频率。

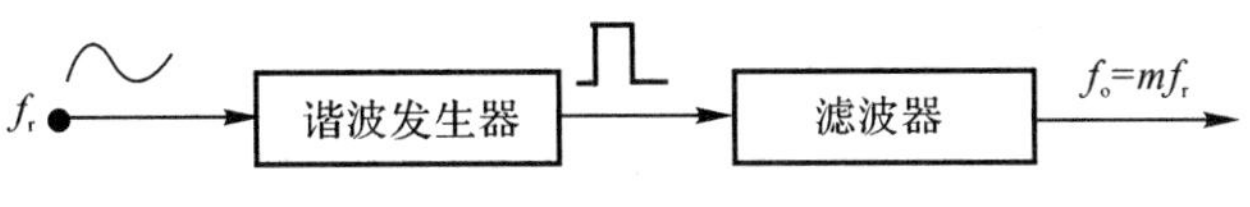

图 3-4　谐波法工作原理图

2. 漂移抵消法

V. F. 克罗帕在《频率合成理论、设计与应用》一书中指出，为了有效地抑制组合干扰，混频器的两个输入频率之间应满足如下关系，即

$$7 \leqslant q+1 \leqslant 19 \tag{3.3}$$

式中，q 为混频器两个输入频率的比值。

当式(3.3)不满足时，可采用漂移抵消法。它的基本工作原理如图 3-5 所示。由图可知，漂移抵消法用了双混频技术，在电路上形成环形，它引入了一个频率为 f_a 的可调振荡器作为本振，当频率 f_a 比输入频率低(即 $f_a < f_i$)时，可用图 3-5(a)所示的电路；而当频率 f_a 比输入频率高(即 $f_a > f_i$)时，则可用图 3-5(b)所示的电路。对图 3-5(a)所示的电路，可以得出：

$$f_{i1} = f_i - f_a$$

$$f_{i2} = f_{i1} \pm f_2 = f_i - f_a \pm f_2$$

而

$$f_o = f_{i2} + f_a$$

所以

$$f_o = f_i - f_a \pm f_2 + f_a = f_i \pm f_2 \tag{3.4}$$

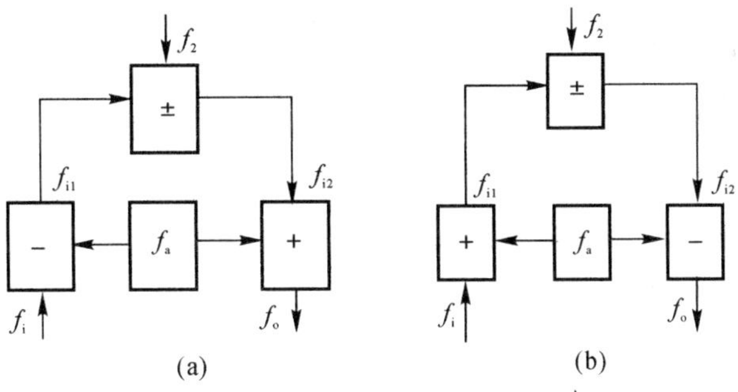

图 3-5　漂移抵消法原理图

(a) $f_a < f_i$；(b) $f_a > f_i$

对图 3-5(b)所示的电路，则可以得出：

$$f_{i1} = f_i + f_a$$

$$f_{i2} = f_{i1} \pm f_2 = f_i + f_a \pm f_2$$

而

$$f_o = f_{i2} - f_a$$

所以

$$f_o = f_i + f_a \pm f_2 - f_a = f_i \pm f_2 \tag{3.5}$$

由式(3.4)和式(3.5)可见，输出频率等于输入频率 f_i 与 f_2 的代数和，辅助频率并不出现在输出频率的表达式中，因此，可调振荡器的频率稳定及相位噪声被双混频技术所抵消。

3. 连续混频法

连续混频法可以用来合成覆盖频率较宽、频率间隔较密的大量频率。它的工作原理可以用图 3-6 所示的例子来说明。由图可见，该例由四个增量振荡器、三个混频器和三个滤波器以及放大器(图中未画出)等组成，能在 3～6.999MHz 的范围内产生 4 000 个频率，各振荡器都由基准频率控制，各振荡器和混频器顺序排列，以便进行连续混频。应特别指出的是，增量较小的振荡器必须放在前面，增量较大的振荡器必须放在后面，否则所需的滤波器将大量增加。

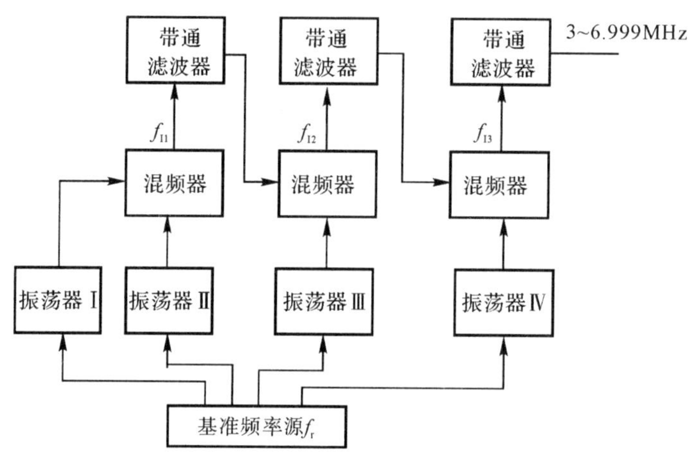

图 3-6　连续混频法实例框图

图 3-6 中，振荡器Ⅰ的工作频率：

$$f_{L1} = 395 \sim 404\text{kHz}, \quad \Delta f_1 = 1\text{kHz}$$

振荡器Ⅱ的工作频率：

$$f_{L2} = 3.555 \sim 3.645\text{MHz}, \quad \Delta f_2 = 10\text{kHz}$$

振荡器Ⅲ的工作频率：

$$f_{L3} = 35.05 \sim 35.95\text{MHz}, \quad \Delta f_3 = 100\text{kHz}$$

振荡器Ⅳ的工作频率：

$$f_{L4} = 33 \sim 36\text{MHz}, \quad \Delta f_4 = 100\text{kHz}$$

因此可以看出：

$$f_{I1} = f_{L1} + f_{L2} = 3.950 \sim 4.049\text{MHz}$$

$$f_{I2} = f_{L3} + f_{I1} = 39 \sim 39.999\text{MHz}$$

$$f_{I3} = f_0 = 3 \sim 6.999\text{MHz}$$

3.1.4　锁相频率合成技术的信号源

锁相频率合成技术是采用锁相环路(Phase-Locked Loop，PLL)技术实现频率合成的方法，也称为间接合成法。它是利用振荡器来产生所需要的基本频率，通过锁相环使振荡器的输出频率与基本频率保持严格的有理数关系的频率合成技术。因为被合成的输出频率最后取自受控的振荡器，而不像直接合成那样，把基准频率进行直接代数运算，故也称为“间接合成法”。

又因为间接合成法是通过锁相环来完成频率的加、减、乘、除代数运算的，所以也称为“锁相合成法”。

PLL 是一个能够跟踪输入信号相位的闭环自动控制系统。它的功能是使输出信号的瞬时相位跟踪输入信号瞬时相位的变化，从而实现相位的自动锁定。由于相位与频率的固定关系，锁相环路也可以称为能够跟踪输入信号频率的闭环自动控制系统，是一个频率和相位的同步控制系统。利用锁相环路可以实现频率合成、相干检测、跟踪滤波、低门限接收和数字信号同步等工程任务。锁相环路之所以能够得到如此广泛的应用，是由其优良的性能所决定的。它具有稳频特性，通过频率合成技术可以为各种电气电子系统提供高性能的频率源；也可进行高精度的相位与频率测量，实现高精度的测速测距。

而锁相环是实现间接合成法的基本电路，由于锁相环具有滤波作用，它的通带可以做得很窄，其中心频率又便于调节，而且可以自动跟踪输入频率，因此可以大量省去直接合成法中需要的滤波器，从而可以简化结构、降低成本，便于集成化，这些优点使得锁相合成在频率合成中得到广泛应用。

所谓锁相，就是自动实现相位同步。能完成两个电信号相位同步的启动控制系统，称为锁相环。基本锁相环的构成包括鉴相器(PD)、环路滤波器(LPF)和压控振荡器(VCO)三个基本部分，如图 3－7 所示。

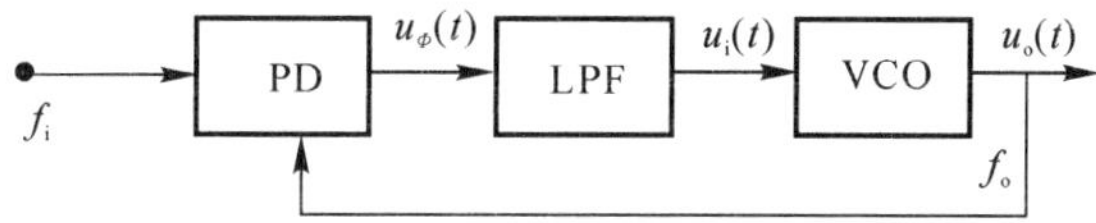

图 3－7　基本锁相环框图

鉴相器是相位比较装置，用来比较输入信号 $u_i(t)$ 和输出信号 $u_o(t)$ 的相位，它输出的是与这两个信号的相位差成比例的电压 $u_\Phi(t)$。由于 $u_\Phi(t)$ 与两信号的相位差成比例，故称为误差电压，而鉴相器由于是用来比较两信号的相位，故又称为比较器。环路滤波器实际上是一个低通滤波器，主要用于滤除误差电压 $u_\Phi(t)$ 中的高频分量和噪声，以保证环路所要求的性能和达到环路稳定工作的目的。压控振荡器，其输出电压受滤波器输出电压 $u_f(t)$ 的控制，使其输出频率向输入信号频率靠近，直至锁定，环路锁定后，VCO 的振荡频率等于输入信号频率；VCO 的相位与输入信号的相位相同或相差某一常数，因此当环路锁定时，鉴相器的输出电压为某一直流电压。锁相环路中的振荡器，一般都是利用变容管作为回路电容的振荡器。这样，当改变变容管的反向偏压时，其电容将随之改变，从而使振荡器的工作频率随反向偏压的改变而改变，由于振荡器的工作频率是受电压控制的，故称为“压控振荡器”。

由图 3－7 可以看出，在锁相合成法中，锁相环的基准频率 f_r 就是环路的输入频率 f_i。当锁相环开始工作时，VCO 的输出频率为开环时 VCO 的自由振荡频率 f_o，f_o 不会等于基准信号频率 f_r，即存在频率偏差 $\Delta f = f_o - f_r$，这样两信号电压 $u_i(t)$ 与 $u_o(t)$ 之间的相位差将随时间变化，由于环路闭合，鉴相器将这个相位差的变化鉴出，输出与相位差成比例的电压 $u_\Phi(t)$，通过 LPF 加到 VCO 上，VCO 受 $u_\Phi(t)$ 控制，其输出频率朝减小 f_o 与 f_r 之间固有频差的方向变化，使 f_o 趋向 f_r，称这种现象为“频率牵引”现象。在一定条件下，环路通过频率牵引，使 $f_o = f_r$ 达到锁定状态。环路从失锁状态到进入锁定状态的过程，称为锁相环的捕捉过程。锁相环处于锁定状态的一个基本特点，是输入信号 $u_i(t)$ 与输出信号 $u_o(t)$ 之间只存在一个稳定相位差，而不存在频率差。锁相合成法正是利用锁相环的这一重要特性把 VCO 的输出频率 f_o 稳定在基准频率 f_r 上的。

由此可知，所需的输出颇率 f_o，虽然间接取自 VCO，但是只要环路处于锁定状态，就有 $f_o=f_r$，这样 VCO 的输出频率 f_o 的稳定度，就可提高到基准频率的同一量级，这就是锁相合成法的基本原理。

当然，间接合成法克服了直接合成法的许多缺点，得到了广泛应用，下面分别讨论频率合成中常用锁相环的几种形式。

1. 倍频式锁相环

利用锁相环可以对输出信号频率进行乘积运算，这种锁相环称为倍频式锁相环，简称倍频环。两种常用的倍频环分别为脉冲控制环和数字环，如图 3－8(a)和图 3－8(b)所示。

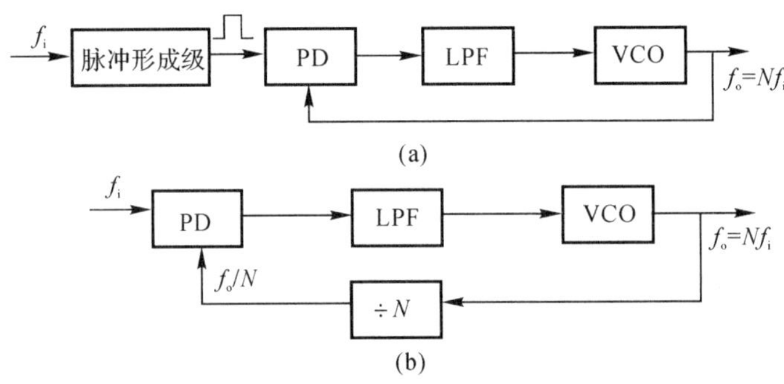

图 3－8　倍频式锁相环

(a)脉冲控制环；(b)数字环

(1)脉冲控制环。脉冲控制环，是先将输入信号频率为 f_i 的基准信号，形成含有丰富谐波分量的窄脉冲，然后让其中的第 N 次谐波与 VCO 输出信号在 PD 中进行相位比较。当环路锁定时，VCO 振荡频率 f_o与输入信号的第 N 次谐波频率相等，即 $f_o=Nf_r$，从而达到了倍频的目的。为了使 VCO 信号只与输入信号的第 N 次谐波比较，VCO 的自由振荡频率应预先调在 Nf_i附近，改变 VCO 的自由振荡频率，使 PD 中与 f_o比较的频率改变，从而改变了谐波分量，使倍频系数 N 得到改变。

(2)数字环。在基本锁相环的支路中，加入数字分频器，就可构成数字环，如图 3－8(b)所示。此时在鉴相器中进行比较的两个信号频率是 f_i和 f_o/N，因此当环路锁定时，有 $f_i=f_o/N$，即 $f_o=Nf_i$，从而达到倍频的目的。改变分频器的分频系数，也就是改变了数字环的倍频系数。由数字环组成的频率合成器，常称为数字合成器，它在专用频率合成器（如通信机中的频率源）中得到广泛应用。

2. 分频式锁相环

利用锁相环可以对输入频率进行除的运算，这种锁相环称为分频式锁相环，简称分频环。最简单的两个分频环电路框图如图 3－9 所示，它是由图 3－8 所示的倍频环演变而来的。

脉冲控制式分频锁相环，是输入频率 f_i 与输出频率 f_o 的 N 次谐波相比，当环路锁定时，输入频率 f_i 与 VCO 的 N 次谐波相等，而数字式分频环在 PD 中进行比较的两个频率是 f_i 和 Nf_o，因此，当环路锁定时 $f_i=Nf_r$，即 $f_o=f_i/N$，由此可见，分频式锁相环与倍频式锁相环正好相反。

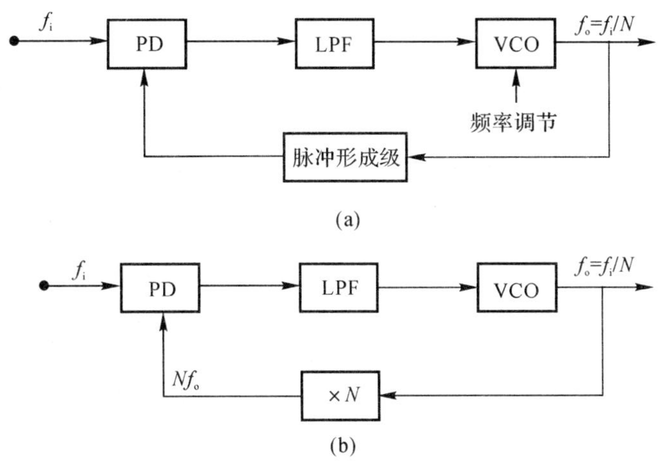

图 3－9　分频式锁相环

(a) 脉冲控制式分频锁相环；(b) 数字式分频锁相环

3. 混频式锁相环

由图 3－9 可以看出，锁相环的频率运算，总是反馈支路中的频率运算的反运算。

利用锁相环可以对输入频率进行加、减运算，这种锁相环称为混频式锁相环，简称混频环。图 3－10 所示为一种最简单的混频环，它是在基本锁相环的反馈支路中加混频器(M)和带通滤波器(BPF)构成的。由图可见，如果混频器是和频式的，在鉴相器中进行比较的两个频率是 f_{i1} 和 f_o+f_{i2}，当环路锁定时，$f_{i1}=f_o+f_{i2}$，则输出频率为两个输入频率之差 $f_o=f_{i1}-f_{i2}$；反之，如果混频器是差频式的，则输出频率 $f_o=f_{i1}+f_{i2}$，为两个输入频率之和。

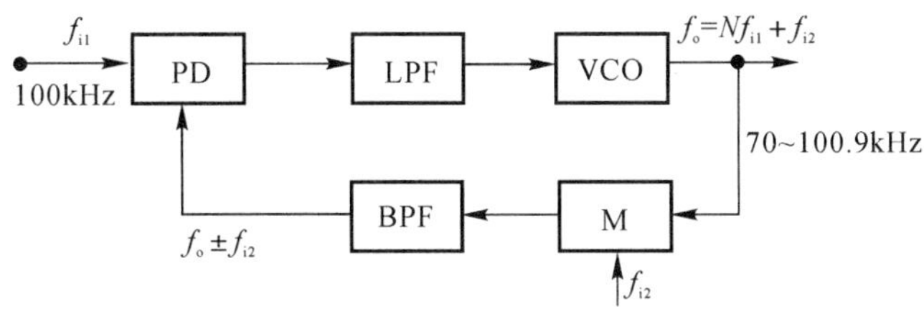

图 3－10　混频式锁相环

4. 组合式锁相环

上述几种锁相环常常组合起来使用，从而更方便灵活，这种锁相环称为组合式锁相环，简称组合环。图 3－11 所示为一种组合环实例，这已经是一个简单的频率合成器了，它能在 71～100.9MHz 的频率范围内产生 300 个输出颇率，其最小频率为 100kHz。

由图 3－11 可以看出，混频器的输出频率为 f_o-f_{i2}，输入到鉴相器的两个频率为 f_{i1} 和 $(f_o-f_{i2})/N$。当环路锁定时，输入 PD 的两个频率相等，即

$$f_{i1}=(f_o-f_{i2})N$$

所以可得

$$\begin{aligned}f_o&=Nf_{i1}+f_{i2}\\&=(310\sim609)\times100\text{kHz}+40\text{MHz}\\&=71\sim100.9\text{MHz}\end{aligned}$$

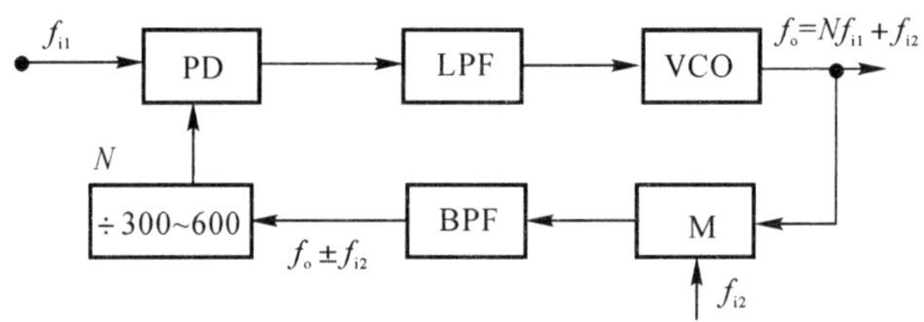

图 3-11　组合式锁相环

5. 多环频率合成器

单个锁相环难以覆盖很宽的频率范围，为了获得较宽的频率覆盖，把几个锁相环联合起来使用，组成多环频率合成器。图 3-12 为一个双环频率合成器的框图。

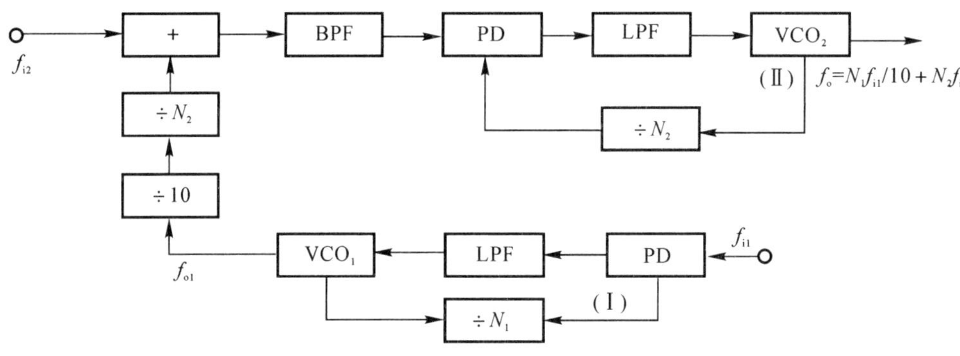

图 3-12　双环频率合成器框图

由图 3-12 可以看出，当第(Ⅰ)个环路处于锁定状态时，输入 PD 的两个频率 f_{i1} 与 f_{o1} 相等，即

$$f_{i1}=\frac{f_{o1}}{N_1}$$

所以

$$f_{o1}=N_1 f_{i1}$$

而当第(Ⅱ)个环路处于锁定状态时，则 $f_r=\dfrac{f_o}{N_2}$，而

$$f_r=\frac{f_{o1}}{10N_2}+f_{i2}$$

故

$$\frac{f_o}{N_2}=\frac{f_{o1}}{10N_2}+f_{i2}=N_1\frac{f_{i1}}{10N_2}+f_{i2}$$

输出频率 f_o 为

$$f_o=N_1\frac{f_{i1}}{10}+N_2 f_{i2} \tag{3.6}$$

式中，N_1 和 N_2 为可变分频器的分频比。其中 $N_1=10\ 000\sim 11\ 000$，$N_2=720\sim 1\ 000$。已知 $f_{i1}=1\text{kHz}$，$f_{i2}=100\text{kHz}$，代入数字可得 $f_o=73\sim 101.1\text{MHz}$。

该合成器只用了两个参考频率，就可通过改变 N_1，N_2 之值覆盖 73～101.10MHz 的频率范围，其最小频率间隔为 100Hz，但这里的两个"$\div N_2$"可变分频器应能同步工作。

3.1.5　直接数字频率合成技术的信号源

直接数字频率合成(Direct Digital frequency Synthesis，DDS)技术是指产生系列数字信号并经数/模转换器转换为模拟信号的技术。

直接数字频率合成技术是从相位的概念出发进行频率合成的。由于这种方案是采用数字计算技术，因此人们把这种频率合成法称为直接数字频率合成法。它的基本原理是建立在不同相位给出不同电压幅度的基础上的，在一个周期内就给出按一定电压幅度变化规律组成的波形。因为它不但可以给出不同频率、不同相位，而且可以给出不同波形，所以这种方法又称波形合成法。

1. 基本原理

采用直接数字频率合成技术的信号源，它通过对一个周期内的连续信号波形幅值进行采样，可以得到信号波形的幅值数据。将它存储在波形存储器当中，当需要输出该波形时，再将存储器中的幅值数据按相位顺序读出并转换成模拟信号即可。DDS 技术就是通过频率控制字来控制读取信号波形幅值时的相位增量，从而合成输出频率、相位可调节的信号波形。

图 3-13 是利用 DDS 技术合成信号波形功能结构图。其中主要有时钟输入、频率控制、数/模转换等几个主要功能模块。图中的所有功能模块在同一个系统时钟的输入下工作。在每个时钟脉冲的触发下，由微控制器输入频率控制字，电路通过频率控制字生成相应的相位增量，相位累加器负责将每次的相位增量相累加并将累加得到的相位信息作为新的地址码输入存储信号波形数据的波形存储器。相位存储器里存储着信号波形在一个周期内的各个相位上的采样幅值数据，根据新地址码读出的幅值数据被输出到 D/A 转换器，D/A 转换器再将离散的幅值采样数据转换成输出电平。这样，随着系统时钟的增加，查找相位随着时间的推进不断累加，系统也就会随着时间的推进不断输出信号波形。

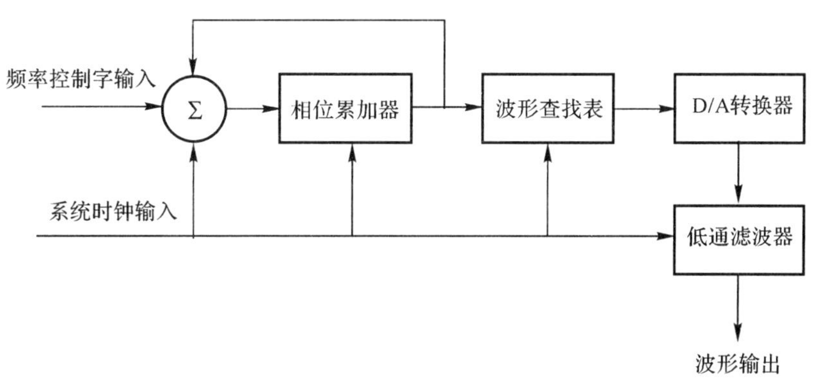

图 3-13　利用 DDS 技术合成信号波形功能结构图

由于波形存储器中的信号波形数据是由上位机软件生成的信号在一个周期内的幅值采样数据，因此配合 DDS 技术的频率控制技术，本系统可以产生多种波形的信号输出，具有很大的灵活性和易修改的优点。

2.采用数字调频技术设计的程控信号源

采用DDS技术的信号源可以与调频、调相和调幅等技术相结合产生各种不同信号波形。这里介绍一种DDS技术与数字调频技术结合设计的程控信号源。

该程控信号源采用了DDS技术,其产生波形的方法是先将正弦波的数据写入波形ROM中,然后定时地读出并输入到D/A变换器。其原理框图如图3-14所示。波形并非由CPU直接产生,而是由硬件产生,CPU仅用来进行调节控制。数字波形合成就是把波形的采样点存储在ROM中,然后通过计数器计数使波形点依次输出。其中倍频器的设计采用了数字调频原理。倍频电路由锁相环PLL和N进制计数器组成。使用晶体振荡器产生基准时钟,经过可编程倍频器倍频,就实现了对输出信号频率的高精度调节。该程控信号源的幅度控制是通过单片机控制幅度D/A转换器,改变D/A转换器的参考电压来实现的。

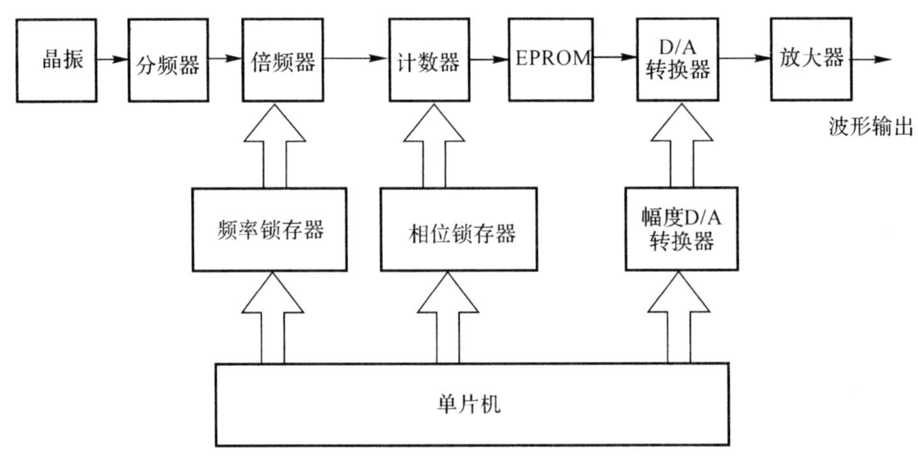

图3-14 采用数字调频技术的DDS程控信号源

该程控信号源是作为工频信号发生器来设计的,其频率调节细度为0.01Hz,频率调节范围为0.1~99.99Hz。该程控信号源采用了数字调频技术,从频率合成角度来看,采用的是锁相环频率合成技术。

3.采用直接数字频率合成技术的集成电路

由于DDS技术的信号源采用的是数字电路,易于集成,因此,已经有了大量的专用DDS集成电路。

目前国内主要使用美国Qualcomm(高通)公司的产品(如Q2220,Q32161,Q2334,Q2230C等)和Analog Devices(模拟器件)公司的产品(如AD7008,AD9850等)。

AD7008的内部硬件结构如图3-15所示。AD7008是Analog Devices公司生产的基于直接数字合成技术的高集成度DDS频率合成器,其内部包含可编程DDS系统、高性能10位DAC、与微机的串行和并行接口以及控制电路等,能实现全数字编程控制的频率合成和时钟发生器。如果接上精密时钟源,AD7008即可产生一个频率和相位都可编程控制模拟的正弦波输出。根据需要还可以对此信号进行调频、调相或调幅控制。此输出的信号可直接用作频率信号源或转换为方波以作时钟输出。AD7008接口控制简单,可以用8位或者16位并行口直接输入频率、相位以及调幅幅度等控制参数。

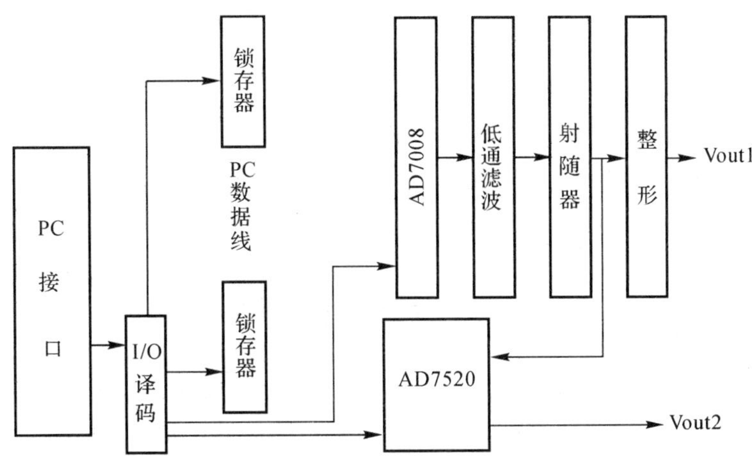

图 3-15　AD7008 的内部硬件结构

4. 直接数字频率合成的特点

采用 DDS 技术的信号源与传统信号源相比有许多优点：

(1)输出频率相对带宽较宽。输出频率带宽为 50%的时钟频率(理论值)。但考虑到低通滤波器的特性和设计难度以及对输出信号杂散的抑制，实际输出信号的带宽仍然能够达到 40%的时钟频率。

(2)频率转换时间短。DDS 是一个开环系统，无任何反馈环节，这种结构使得 DDS 的频率转换时间极短。事实上，在 DDS 的频率控制字改变后，需要经过一个周期之后按照新的相位增量累加，才能实现频率转换。因此，频率转换时间等于频率控制字的传输时间，也就是一个时钟周期时间。时钟频率越高，转换时间越短。DDS 频率转换时间可达纳秒数量级，比使用其他频率合成方法都要短数个数量级。

(3)频率分辨率高。如果时钟频率不变，DDS 的频率分辨率就是由相位累加器的位数 N 决定的。只要增加相位累加器的位数 N 即可获得任意小的频率分辨率。目前，大多数 DDS 构成的信号源的频率分辨率在 1Hz 数量级，有些达到 1mHz 甚至更小。

(4)相位连续变化。改变 DDS 输出信号频率，实际上是改变每一个时钟周期的相位增量，相位函数曲线是连续的，只是在改变频率的瞬间其频率发生了突变，因而保持了信号相位的连续性。

(5)输出波形灵活。只要在 DDS 内部加上相应控制，如调频 FM、调相 PM 和调幅 AM 控制，即可方便灵活地实现调频、调相和调幅功能，产生 FSK(Frequency - Shift - Keying，频移键控，也称数字频率调制)、PSK(Phase - Shift - Keying，相移键控)、ASK(Amplitude - Shift - Keying，幅移键控，也称振幅键控)和 MSK(Minimum - Shift - Keying，最小频移键控)等信号。另外，只要在 DDS 的波形存储器中存放不同波形数据，就可输出如三角波、锯齿波和矩形波甚至任意波形。

(6)其他优点。DDS 中几乎所有的器件都属于数字电路，易于集成，功耗低，体积小，重量轻，可靠性高，易于程控，使用相当灵活，性价比高。

DDS 技术构成的信号源也有其缺点：

(1)输出频带范围有限。DDS 内部 DAC 和波形存储器(ROM)的工作速度的限制，使得

DDS输出的最高频率有限。目前，市面上采用CMOS，TTL，ECL工艺生产的DDS信号源工作频率一般在几十兆赫兹至400MHz左右。采用GaAs工艺的DDS芯片的工作频率达到了2GHz。

(2)输出杂散大。由于DDS采用全数字结构，不可避免地引入了杂散。其来源主要有三方面：①相位累加器的相位舍位误差引起的杂散；②幅度量化误差(由存储器有限字长引起)引起的杂散；③DAC非理想特性造成的杂散。

3.2 导弹模拟器

对于导弹模拟器没有统一的概念，一般认为是为了研制导弹测试系统、测试导弹的动态参数、测试训练等目的，研制生产的能够模拟导弹部分功能参数、模拟导弹飞行和动态性能的装置。在导弹测试过程中，既要测试导弹的静态参数，也要测试导弹的动态参数。测试导弹的动态参数就是模拟导弹在不同飞行过程中的各种机动飞行及其飞行环境(如振动等)状态，用以测试导弹的性能，这时就需要有模拟的导弹即导弹模拟器。另外，在某些情况下，为了检验测试设备性能的好坏(测试设备的功能检查)，也需要对被测对象(导弹)进行模拟，需要有导弹模拟器。由于实装导弹价格昂贵，导弹的部分组件工作时间有限，而且实装导弹上有火工品，因此为了完成对导弹的多次测试训练，在经济性、安全性上考虑也需要导弹模拟器。

本节就导弹模拟器的分类、导弹部分组件模拟器、导弹模拟器的实现方法和用于模拟导弹机动飞行及飞行环境所用的主要设备(转台、负载模拟器、摇摆台和线加速度模拟台等)进行论述。

3.2.1 导弹模拟器的分类

导弹模拟器按照模拟内容可分为全弹模拟器和分组件模拟器。全弹模拟器是一种把导弹的主要功能组件封装在一起，以模拟导弹主要部件性能的模拟器；分组件模拟器只是模拟导弹上的部分功能组件的技术性能，如导引头模拟器、引信模拟器等。

按照导弹的状态可以把导弹模拟器分为裸弹模拟器和筒弹模拟器。前者是对导弹技术性能进行的模拟，后者则除了对导弹的技术性能模拟外，还可以模拟导弹与装运发射筒之间的电气连接、装运发射筒的内部环境以及导弹发射前参数装订的技术性能等。

按照导弹模拟器使用阶段和使用目的可以分为测试系统研制阶段中的导弹模拟器和部队使用阶段的导弹模拟器。在导弹列装到部队的使用阶段，导弹模拟器按照使用目的可以分为自检用导弹模拟器、测试用导弹模拟器和训练用导弹模拟器，如图3-16所示。

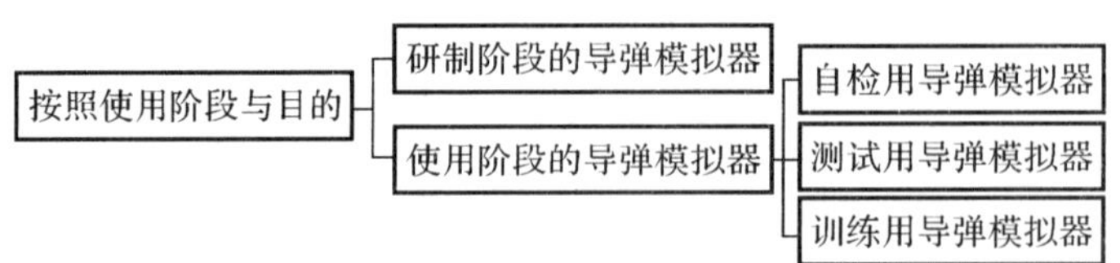

图3-16　按照使用阶段与目的的导弹模拟器分类

1.研制阶段的导弹模拟器

在导弹测试系统研制阶段，导弹测试系统的调试依赖于导弹，但导弹复杂度高，研制周期长，直接影响导弹测试设备的调试、验收、交付的时间周期；而且通常导弹无法提供故障数据，测试设备的测试性和其技术性能难以评估，故障诊断能力得不到验证，因此，在导弹与测试设备对接匹配之前，采用导弹模拟器可以对弹上功能单元或整弹进行模拟仿真，模拟导弹基本的电气功能和技术指标，验证研制的导弹测试系统的各项功能和性能参数是否满足要求。

在导弹研制过程中的导弹模拟器的另一个作用是分析和验证导弹制导控制系统、导弹气动舵机、燃气舵机、导引头、自动驾驶仪、惯测组合、惯性系统及其元件等的动态性能。

惯测组合是惯性测量组合的简称，目前并没有统一的定义，一般认为是利用惯性器件（加速度计、陀螺仪）敏感导弹飞行状态，并经过处理，输出导弹飞行状态信息的装置。它包括了弹上敏感器件及其匹配和处理电路。有时，也只把弹上敏感器件输出的信号进行处理的装置称为惯测组合。

为了模拟导弹的机动飞行，要用到转台。把导弹或者上述的部组件等放置在转台上，模拟导弹的飞行环境和状态来验证相关设备的性能。用于分析和验证导弹制导控制系统时，通常把导弹模拟器、目标模拟器以及相应的控制设备和信号产生装置等构成一个导弹制导控制系统半实物仿真系统。整个导弹制导控制系统半实物仿真系统放置在微波暗室中，通过运行该系统，可以分析。

2.使用阶段的导弹模拟器

验证导弹制导规律、对目标的锁定跟踪情况以及控制特性等。

(1)自检用导弹模拟器。一个完整的测试系统包括被测对象和测试系统本体。为了在导弹测试前验证测试系统有无故障，往往需要构建被测对象，即采用导弹模拟器。该类模拟器的主要功用是模拟防空导弹上部分电气信号和控制信号，包括弹上部分供电设备、部分弹上电气状态、通信信号和信号通路等。

用于测试系统自检的导弹模拟器与导弹测试系统配套装备于导弹测试车上，供测试系统进行自检使用。导弹模拟器对导弹基本电气特性和测试接口进行模拟，并通过测试电缆与测试设备相连。在测试系统自检程序的控制下，对测试设备所有硬件接口、通路和软件程序工作状态的正确性进行检查，并能够对故障做出响应。它主要由全弹供电系统模拟组件、导引头总线通信与数据传输组件、指令传输总线通信与数据传输组件、惯测组合通信与数据传输组件、导弹复位模拟组件等组成。全弹供电系统模拟组件用于验证导弹一次电源和二次电源的供电电压、电流以及功率能否正确地被导弹接受（在测试时，采用地面模拟给导弹供电。采用全弹供电系统模拟组件是为了验证地面模拟供电的良好性）。

测试系统的自检通常称为测试系统的功能检查。

(2)测试用导弹模拟器。在部队导弹测试维护时，除了要测试导弹的静态性能指标外，还需要测试导弹的动态性能指标。为了模拟导弹的机动飞行，从而测试导弹的动态性能指标，就需要构建导弹模拟器。在实际使用时，这类模拟器是把导弹上能够敏感导弹运动状态的组件放置在转台上，通过控制转台的运动来模拟导弹的机动。具有敏感导弹运动状态的组件包括导弹自动驾驶仪、导引头等部件或者舱段。

(3)训练用导弹模拟器。训练用导弹模拟器也称为导弹测试训练模拟器、导弹测试教学训练模拟器。它以训练部队导弹操作手或者军队院校相关专业的学员掌握导弹测试的流程和操作步骤为目的。按照导弹测试训练模拟器的构建形式,有全实装的导弹测试训练模拟器(测试训练弹)、半实物性质的导弹测试训练模拟器,也有全数字仿真形式的导弹测试训练模拟器。近年来,在武器系统研制过程中,配套研制了测试训练弹,配属于武器中。

测试训练弹与实装导弹比较,去除了实装导弹上的火工品,包括火箭发动机、燃气发生器、战斗部等,其他设备与实装导弹完全相同。由于训练测试时,为了安全性考虑,一般不对火工品的性能进行检查,因此,对测试训练弹的测试操作与对实弹完全相同。

另一种训练用导弹模拟器与实装导弹完全不同,它追求的是导弹模拟器与实装导弹的对外的功能和技术性能上的一致性。这种导弹模拟器通常同测试设备一起使用,其既可以复现导弹测试的全过程,也可以加入导弹故障设定、测试效果评估与考核等内容。这类训练模拟器,其中的大部分导弹设备的性能一般用软件来代替。

另外,为了测试导弹上某些部组件的性能,还有各种用于导弹部组件的模拟器,如惯测组合模拟器、导引头模拟器和引信模拟器等等。

由于防空导弹的型号不同,导弹的制导体制、各部组件实现方式和技术的差异,以及采用导弹模拟器的目的不同,各类导弹模拟器的实现方法及具体组成有较大变化。导弹模拟器正朝着硬件设计标准化、模块化和网络化,软件实现的通用性、可配置性、可扩展性和可维护性等方向发展。

3.2.2 导弹模拟器的实现方法

导弹模拟器实际上就是对导弹飞行状态、全弹或者导弹某一部分的全部或者部分技术性能指标参数进行模拟的装置。对导弹飞行状态的模拟主要是模拟导弹的俯仰、偏航和滚动方向的机动飞行状态,模拟导弹技术状态的转换,模拟导弹处于不同飞行高度时内外飞行环境等。对导弹技术性能参数的模拟主要包括电源参数模拟、各传递信号的输入输出模拟、通信信号模拟和电气转换控制模拟等等。

1.对导弹飞行状态的模拟

对导弹飞行状态的模拟采用两种方法,一种是采用导弹模拟飞行,对全弹电气系统进行综合性能检查的方法;另一种是给导弹上的敏感元件的组件加动态激励的方法。

(1)导弹模拟飞行方法。导弹模拟飞行(简称"模飞")是采用飞控计算机(仿真计算机)实现对导弹的制导和导航控制,利用一条标准弹道数据以及多条偏差弹道数据让导弹各系统(包括惯测组合、飞控计算机、伺服系统、机电设备等)参与模拟飞行,根据各系统反馈信号及各时序信号来确定飞行器工作状态的好坏。

导弹的模飞测试是利用惯性测量组合(包括加速度计和陀螺)模拟弹载信息处理系统真实飞行时的输出信号,从而实现对加速度和角速度的模拟。在实际测试中用计算机模拟弹上惯测组合和姿态敏感器件,实时地向弹上计算机发送飞行过程中每个时刻的敏感量,由弹上计算机实时地对输入信息进行处理,输出姿态和制导控制指令,控制舵系统,操纵舵运动等。

导弹的模飞测试是测试技术与半实物仿真技术的结合。它是将被测对象(导弹)的动态特性构造成数学模型,通过在计算机上完成导弹弹道的仿真,然后把仿真数据加到导弹上,完成对导弹的性能测试。其基本原理如图 3-17 所示。

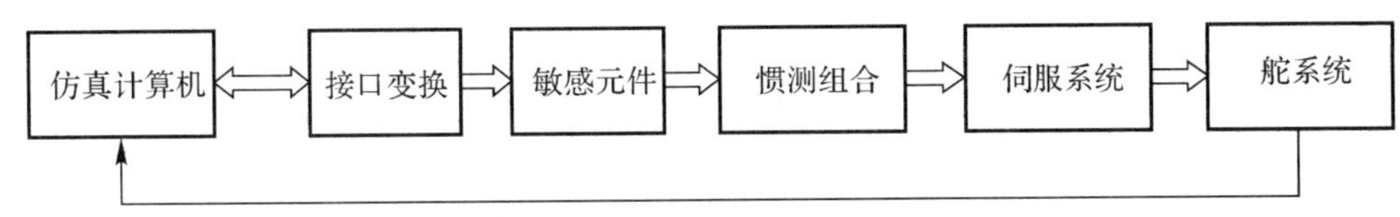

图 3-17　模飞测试基本原理图

仿真计算机是仿真测试系统的主要组成部分，主要用于弹道解算，输出驱动弹上敏感元件的激励信号，并进行接口变换，驱动对应的模拟设备。仿真计算机输出的弹道信号经过接口变换后，加至敏感元件的偏置线圈上，该线圈上一般加的是偏置电流，使陀螺仪和加速度计等敏感元件工作，使它们产生模拟导弹机动飞行时的输出信号。

与此同时，经过敏感元件输出的信号经过惯测组合处理后加至舵伺服系统和舵机。舵机执行的是反映仿真计算机解算的模拟弹道，执行的结果信息反馈到仿真计算机，供仿真计算机进行仿真结果分析。

一种典型的模飞测试原理图如图 3-18 所示。图中，φ,ψ 和 γ 分别为导弹机动飞行过程中的俯仰角、偏航角和滚动角；$\delta_1 \sim \delta_4$ 为导弹四个舵的舵偏角。

这种仿真测试方法，不能直接测试和验证陀螺仪和加速度计的动态特性，可以测试和检验陀螺仪和加速度测量电路、弹载计算机、导弹伺服系统、导弹舵系统及自动驾驶仪等后续对指令的处理和对指令的响应性能。

由于弹道是由软件仿真产生的，因此，影响弹道的目标和导弹的各种飞行状态都可以通过软件装订和实现。如在模拟弹道中，可以装订和加入目标的高低角、方位角、海拔高度，弹体的动力学、运动学参数等状态参数。

如果导弹采用指令制导，还可以模拟出地面制导站发出的指令，该指令送到导弹指令接收机中，经过解调、译码后，可以译出相应的导弹控制指令和给弹上其他部分(如无线电引信)的指令。

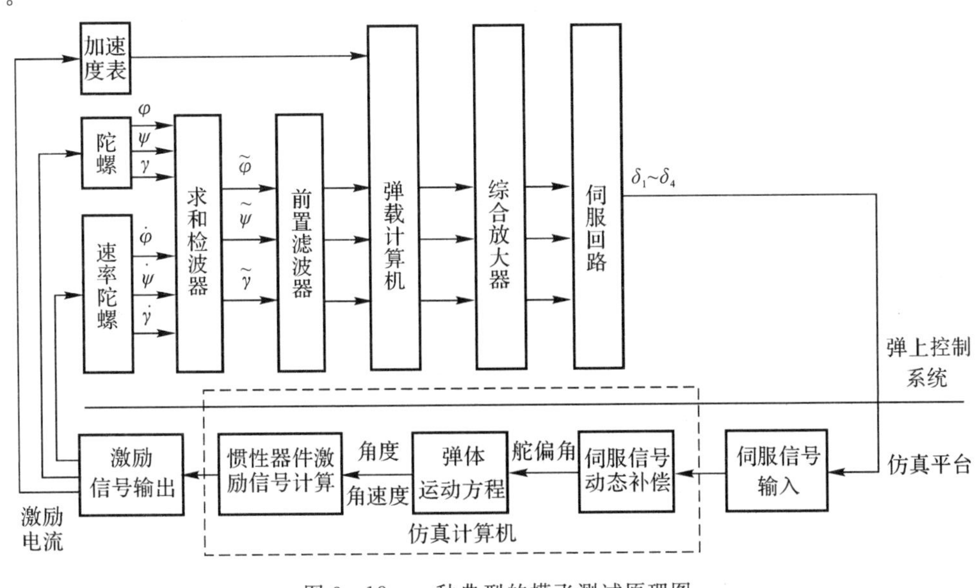

图 3-18　一种典型的模飞测试原理图

(2)给导弹敏感元件加动态激励的方法。上述采用模飞方法来模拟导弹的动态飞行由于采用软件仿真,灵活性大,其优点是显而易见的。但是,很明显,它不能测试和验证敏感元件实际动态情况下的响应。

要测试和验证敏感元件在导弹实际动态飞行情况下的响应,就需要用到转台。转台的具体论述参见3.2.3小节的内容。通过给转台施加相应的激励使其工作(转动、滚动),就可以测试敏感元件的动态性能。敏感元件的动态输出就可以加到惯测组合、舵机等,用来测试导弹的动态性能。

在测试敏感元件及导弹的动态性能时,转台有以下三种工作模式。

1)标准函数模式。标准函数模式是由转台控制计算机内部产生规定幅值、频率和占空比的标准正弦波、三角波或方波指令信号,并跟据所选的闭环方式、位置和速度控制转台跟随指令信号运转。该工作模式可用于位置传感器或速率传感器的标定与检测。

2)速率模式。速率模式是由转台控制计算机内部发生使转台恒速率运转的控制信号,保证转台以高精度恒速运转。该工作模式可用于速率传感器的标定和检测。

3)仿真模式。仿真模式是指转台的运动参数来自外部信号源,包含位置伺服和速度伺服两种工作模式。仿真模式可实现飞行控制系统含实物在内的半实物仿真,具有较高的动态跟踪精度与静态定位精度。

2.对导弹性能参数的模拟

在导弹测试过程中,为了测试设备自检或者检查弹上部件工作的良好性,需要模拟被测对象(导弹)的部分性能;另外,在导弹测试训练模拟器上也需要模拟导弹的性能参数。对导弹性能参数的模拟主要包括导弹电源参数的模拟、信号输入输出模拟、弹地通信及接口模拟、测量电阻模拟、应答信号模拟、负载模拟等内容。

(1)电源参数模拟。导弹上的电源包括一次电源和二次电源。因此,对电源参数的模拟也包括对一次电源和二次电源的模拟。

导弹一次电源一般采用化学电池、热电池或者其他方式产生电能,它往往是一次性使用的部件,因此,在导弹测试时,不采用弹上一次电源,而是采用地面(测试车)供电的方式,来模拟弹上一次电源。模拟的一次电源的电能通过地面送给导弹上的二次电源,以验证二次电源对一次电源变换的技术性能。

(2)信号输入输出模拟。信号输入输出的模拟包括的内容较多,如各类指令电压模拟、导引头输出指令电压模拟、各类导弹工作状态信号模拟、各类导通信号模拟、干扰信号模拟和陀螺仪启动信号模拟等。这些模拟信号有些是电压信号,大部分为各类具有一定频率的脉冲信号。防空导弹上常用的模拟电压信号有±5V,±10V,±27V和±30V等。

指令电压模拟需要模拟导弹偏航、俯仰、滚动舵的偏转角等电压信号,这类信号电压有正有负,通常从电源中分压出各种需要的正、负电压值。各类导弹工作状态信号包括导弹工作状态的转换、导引头锁定与跟踪目标状态、中末制导交班状态、弹目近区状态等等,这类模拟通常通过信号的高低电平来表示。

(3)通信模拟。在导弹位于发射车上以及导弹测试时,需要完成导弹与发射车或者导弹测试车的通信,称为弹地通信。弹地通信是弹载计算机与发射车和导弹测试车之间的通信。在导弹发射前,需地面测控计算机向弹载计算机装订飞行参数、目标参数等数据;另外,在地面对导弹测试过程中，弹载计算机也起着配合导弹测试车，对导弹本身进行测试的作用。这就需要弹载计算机和地面(发射车、导弹测试车)进行大量的数据交换，来完成弹地通信。

弹地通信中数据通常采用总线传输，采用的总线有 RS-232，RS-422，RS-485 等总线接口。通常采用软件模拟的形式完成，能够实现地面总线命令码与弹载计算机的匹配及相应数据的应答。在总线工作时，依据弹上相应总线通信协议，通过总线方向控制端可以实现与模拟弹上总线上设备的通信接收和应答，命令匹配成功之后返回应答数据。

一个采用 RS-232C 总线接口的弹地通信原理示意图如图 3-19 所示。

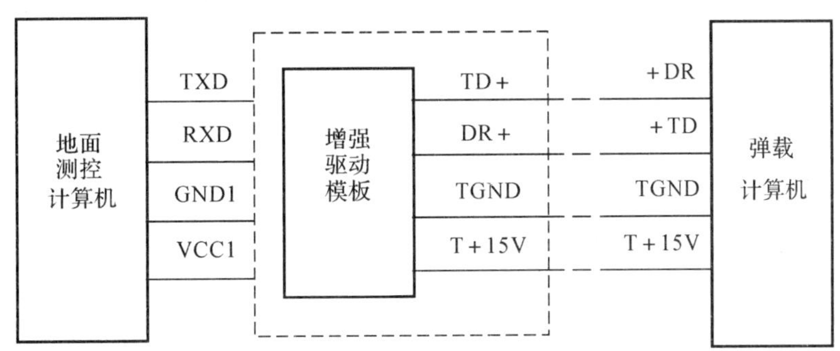

图 3-19　采用 RS-232C 总线接口的弹地通信原理示意图

图 3-19 中，RXD 和 TXD 分别表示接收数据线和发送数据线；GND1 和 VCC1 分别表示接地线和电源线。上述模拟通信工作在主从方式，由发送方提供同步时钟；总线接口电路采用光电隔离方式；相应总线对外输出要有方向控制信号端，可由地面测控计算机完成发送控制。

普通计算机一般都具备标准的 RS-232C 总线接口，但是其物理层的信号方式和弹载计算机的增强型通信接口不匹配，其驱动能力、总线的通信速率、抗干扰能力、通信距离都不适合进行弹地通信，但可以充分利用此标准通信接口，在此基础上设计“通信增强驱动模板”，将标准的 RS-232C 电平信号 TXD，RXD 进行电平转换、光电隔离、放大驱动后，产生与弹载计算机通信接口相匹配的信号，经屏蔽双绞线交叉连接后，实现弹地通信的物理层电路设计。

(4)惯性测量组合输出信号模拟。对于采用惯性测量组合的导弹，在导弹测试车自检时，需要模拟弹上惯性测量组合输出的全部测量信号和时钟信号；可以根据导弹测试车测试设备自检的需要，控制其参数(如脉冲频率等)的变化；能够模拟惯性测量组合的接口电路功能和信息处理功能，信息处理完成后送给地面导弹测试车上的测控计算机；能够检查相应的通信程序。除了模拟惯性测量组合输出信号外，本身还需要具有自检功能。

(5)捷联系统模拟。对于采用捷联惯导系统的防空导弹，还要有捷联惯导系统的模拟器，其应具有以下功能：

1)用于模拟弹上惯性测量组合输出的全部测量信号和时钟信号。各信号形式和参数(如信号电平极性、电平幅值、脉冲宽度等)应与实际的弹上惯性测量组合输出的各信号形式和参数一致，而且可以根据导弹测试系统自检的需要，控制其参数(如脉冲频率等)的变化。

2)具有弹上计算机与惯测组合的接口电路功能和信息处理功能，并且可将处理结果送给地面测控计算机。

3)具有弹上计算机与地面测控计算机的通信接口和相应的检测程序，能检查导弹综合测试系统与弹上计算机之间的各种通信命令和测试程序。

4)该模拟器应具有自检功能，可对其自身的全部功能进行自检。

(6)其他模拟方法。

1)模拟导弹供电电源和陀螺供电电源的负载。通常采用外接电阻，以模拟导弹供电电源和陀螺供电电源的负载。

2)模拟导弹上产生的电压信号。有些导弹模拟器需要模拟导弹偏航、俯仰、滚动舵的偏转角等电压信号，为此，导弹模拟器中设置有正、负直流电源，从这个电源分压出各种需要的正、负电压值。

3)检波器和转接插件模拟。某些导弹模拟器需要模拟弹上状态转换，如为了检查导弹测试系统的指令模拟器、微波产生器工作是否正常，导弹模拟器设置了检波器和转接插件。

3.2.3 转台

转台(Turntable)是导弹动态性能测试以及制导控制系统仿真中的重要设备，用于模拟导弹和其他飞行器的机动飞行，对导弹和其他飞行器上的惯导系统和元件进行检定和标定，也称为仿真转台、飞行转台或者运动控制器。

转台上既可以安放导弹控制系统上的惯性器件，也可以安放导弹导引头控制系统中的敏感元件、导引头、自动驾驶仪或者其他装置。它能够模拟导弹的机动飞行，响应弹体姿态运动，模拟导引头跟踪目标时位标器控制导引头天线转动的状态，模拟飞行器(目标)的机动飞行。

在对导弹测试时，为了测试仿真导弹控制系统上的惯性器件或者导引头控制系统中的敏感元件的性能，通常是把整个导弹控制系统(自动驾驶仪、惯测组合等)或者整个导引头都放置在转台上。

1. 转台的分类

按照转台的自由度或者轴的数量，可以把转台分为单轴转台、二轴转台、三轴转台和五轴转台。轴的数量是表示有几个自由度。三轴转台是最常用的转台，具有三自由度，可以提供符合导弹或其他飞行器飞行的偏航(外环)、俯仰(中环)、滚动(内环)运动，从而提供符合导弹或其他飞行器状态的较高角速度的运动模拟装置。它能够承受所加的负载，并能够在允许误差范围内输出相应的角位置、角速度、角加速度。单轴转台和二轴转台分别是只能提供飞行器一个自由度和两个自由度的转台。五轴转台是在三轴转台的外、中环上分别安装一套用于仿真俯仰、偏航目标视线角变化的单轴转台。某些情况下，采用五轴转台的目的是用三轴来模拟导弹的机动飞行，用二轴来模拟目标(飞机)的机动飞行。五轴转台常在制导控制系统仿真中使用，把导引头或者飞控组件安装在偏航、俯仰和滚动通道构成的三轴姿态转台上，目标模拟器安装在高低和方位通道构成的二轴转台上。

图 3-20 单轴转台示意图

图 3-20 为单轴转台示意图。图 3-21 为两种不同结构的二轴转台示意图，它沿内框轴(横轴)和垂直轴摆动和转动。图 3-21(b)中，右侧放置的是转台的电控机柜，用于控制转台的运动。图 3-22 为三轴转台示意图，它除

了具有上述二轴转台的功能外，还可以沿内环轴转动。

三轴测试转台要求其每个框轴、任意两框轴或三个框轴同时作精密角运动，即外框可以对飞行器的偏航角度进行测试，它绕铅垂轴(外框轴)旋转，称为方位环；中框可以对飞行器的俯仰角度进行测试，它绕俯仰轴(中框轴)旋转，称为俯仰环；内框可以对飞行器的自旋转角度进行测试，它绕横滚轴(内框轴)旋转，称为滚动环。

图 3-23 所示是一种五轴转台。它分为二轴转台和三轴转台两部分，其中的二轴转台用于模拟目标的运动，外框代表目标高低，内框代表目标方位。三轴转台用于模拟弹体姿态，外环、中环和内环分别用于模拟导弹的偏航、俯仰和滚动运动。

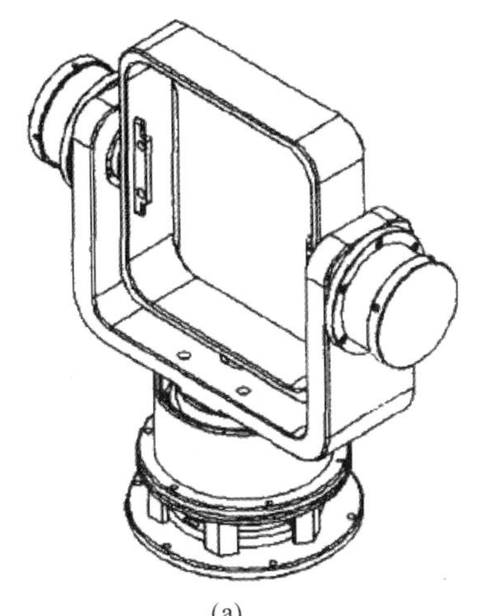

(a)

(b)

图 3-21　二轴转台示意图

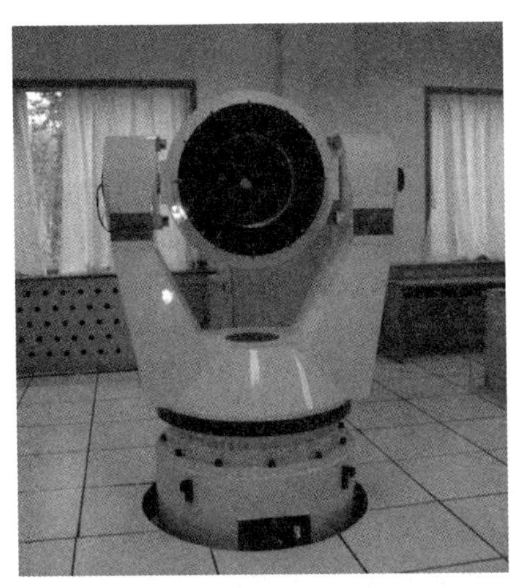

图 3-22　三轴转台示意图

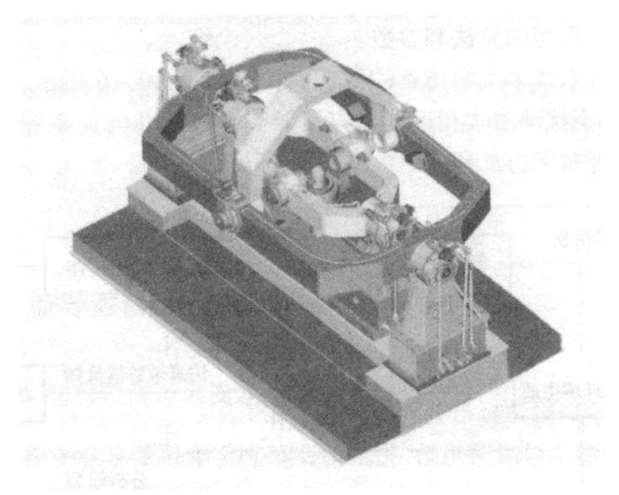

图 3-23　五轴转台示意图

转台按照它的承载重量可以分为小型转台和大型转台，按照它的驱动方式有电动式转台、电液式转台等。电动式转台是采用电能驱动其运动的转台。它可以实行数字式控制，采用无刷交流力矩电机进行驱动，具有功率大、易于控制等特点。小型转台均采用电能驱动，大型电动式转台需要较高的三相电源驱动。电液式转台是采用电和油液驱动的转台，其具有驱动功率大、运转平稳等特点。小型转台一般不采用电液转台。

按照转台的结构划分，有卧式转台和立式转台两种。如图 3-24 和图 3-25 所示分别为卧式和立式三轴转台的结构。

卧式转台的外框架为方形或圆形结构，其两端分别支撑在刚度很高的两个立柱上，用两个电机同步驱动。卧式转台的优点，一是外框架的机械结构刚度很高，有利于提高转台外环的固有频率，便于控制系统的设计与实现；二是由于外框用两个电机同步驱动，电机输出力矩大，因此重力偏载力矩占的比例较小。其主要缺点是，当外框架轴向尺寸较大时，弯曲刚度低，在重力作用下的弯曲变形不容忽视。

立式转台的外框结构多数为音叉式，中框架为 U 形，而内框架结构多数为圆盘式。音叉式结构的主要优点有二：一是前方和上方敞开，便于装卸和观察被测产品；二是当转台实现方位和俯仰运动过程中，框架处于不同位置时，框架自身重量引起的静态变形小，这一点对设计高精度仿真转台有利。缺点是存在重力偏载问题，为解决这一问题，常利用机械配重的方法解决，而这又加大了转台的负载，给驱动电机增加了负担。

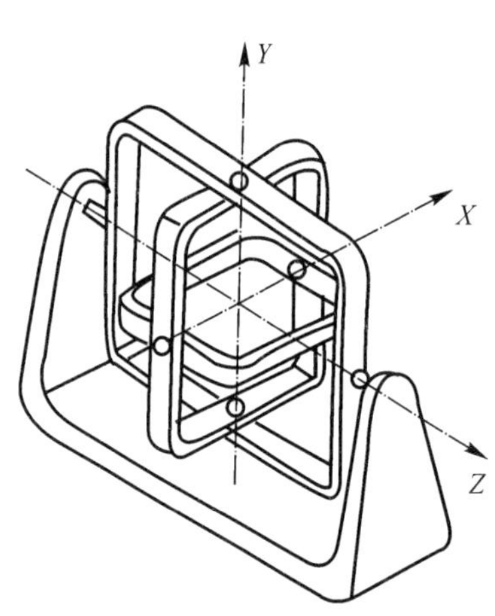

图 3-24　卧式三轴转台的结构图

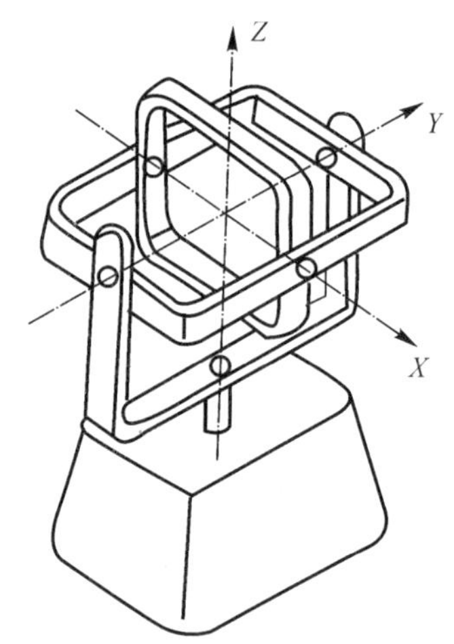

图 3-25　立式三轴转台的结构图

2. 转台的作用

转台是一类复杂的精密机电设备，它主要用于导引头、自动驾驶仪、惯测组合、惯性系统及其元件等的测试、研制、试验和鉴定，是保证惯性元件及其构成系统的精度的关键设备之一。

惯性导航是利用惯性元件作为位置和方向传感器的一种导航方式，常用于防空导弹采用复合制导体制的中制导段。惯测组合和惯性导航系统通常由陀螺仪、加速度计以及计算机等部件组成。陀螺仪是其中的核心部件，起到定向和定位的作用，陀螺仪的误差是整个惯性导航系统和惯测组合的主要误差源，其精度在很大程度上取决于陀螺仪的精度。陀螺仪及惯性导航系统和导弹惯测组合在研制过程中经常用到测试转台进行性能测试。另外，惯性导航系统和惯测组合在实际应用时也需要测试转台对其进行误差补偿的标定。

对导引头来讲，其稳定跟踪目标的角度、角速度精度是其重要的指标。在测试导引头技术性能时，通过转台可以测试和标定导引头对目标的跟踪角度和角速度的精度。

对导弹自动驾驶仪来讲，在偏航、俯仰和滚动（针对三通道自动驾驶仪）三个方面均有陀螺仪，通过控制转台的转动来模拟仿真导弹的机动飞行，就可以测试自动驾驶仪对指令响应的精度。

3. 转台的性能指标

描述转台的性能指标包括以下几种。

（1）负载尺寸：能够保证安装相应的被测器件。

（2）负载重量：转台负荷应该大于被测装置的重量。

（3）系统频响：是转台的最主要指标之一。保证能够响应需要测试的敏感元件的的等效带宽、系统信号及噪声的功率谱密度、弹体的振动频率等。较高的转台频率响应在滚动通道可达到12Hz，在俯仰通道可达到10Hz，在方位通道可达到8Hz。

（4）各框转角范围：由导弹飞行过程中三个姿态角变化的最大角度决定。高精度转台的典型值为：横滚$\pm 165°$，俯仰$\pm 160°$，方位$\pm n$圈。

（5）最大角加速度：由导弹飞行中制导指令和噪声产生的最大角加速度和转台所需要的频响而定。目前，转台可达到值为：内框$40\ 000°/s^2$，中、外框$7\ 000°/s^2$。一般要求横滚$3\ 500°/s^2$，俯仰$2\ 500°/s^2$，方位$1\ 500°/s^2$。

（6）最大角速度：转台的最大角速度应大于导弹飞行可能的最大角速度。目前可做到：内框$\geqslant 400°/s$，中框$\geqslant 200°/s$，外框$\geqslant 200°/s$。一般要求横滚$350°/s$，俯仰$200°/s$，方位$150°/s$。

（7）位置精度：根据导弹类型而定，对于防空导弹，要求达到10^{-3}度的量级。典型值为$0.002°$，$0.001°$（即$4''$）。

（8）速率平稳度：一般为5×10^{-4}。

（9）机械误差：一般要求三轴不垂直度不大于$15''$，三轴不相交度不大于0.5mm，安装台面水平误差不大于$10''$。

（10）其他：如保护功能、电磁兼容性、可靠性及工作环境等。

上述指标是目前性能较好的三轴转台的指标，常用于导弹设计中对敏感元件的测试以及对导弹动态性能的模拟。配置于导弹测试车上的三轴转台不需要这样高的指标，只要满足技术要求即可。例如，通常气动控制的导弹滚动角不会大于$20°$，那么，转台的横滚角范围只需要$\pm 20°$即可满足要求。

4. 转台的组成与工作原理

转台由台体和转台电子控制设备两大部分组成。转台台体上有用于安装被测负载（导引头、自动驾驶仪、惯测组合、惯性系统及其元件等）的框架、转台测角传感器、测速传感器以及驱动电机。转台台体为被测部件提供准确的初始对准位置，提供必要的运动自由度，响应和执行转台电控组件发出的转动指令。转台的电控设备有用于产生转台转动和运动的指令产生器（一般为计算机）、驱动装置和运动控制装置等，用于产生控制转台的指令，监控转台的响应。

下面以单轴转台为例，来说明转台的基本工作原理，二轴和三轴转台的工作原理与单轴转台的相似。

转台其本质是一个高精度伺服控制系统。它的工作原理如图3-26所示。图中的虚线框内为转台的电控设备。计算机按照需要转台运动的形式(如匀速、加速等)产生指令信号,该指令信号与编码器的反馈信号一起,经过控制器运算生成控制信号,控制信号经过驱动后,控制电机转动来控制台面转动;同时,角位置传感器将测得的转台转动角度反馈给控制器,从而形成闭环控制系统,对转台的运动进行精确控制。

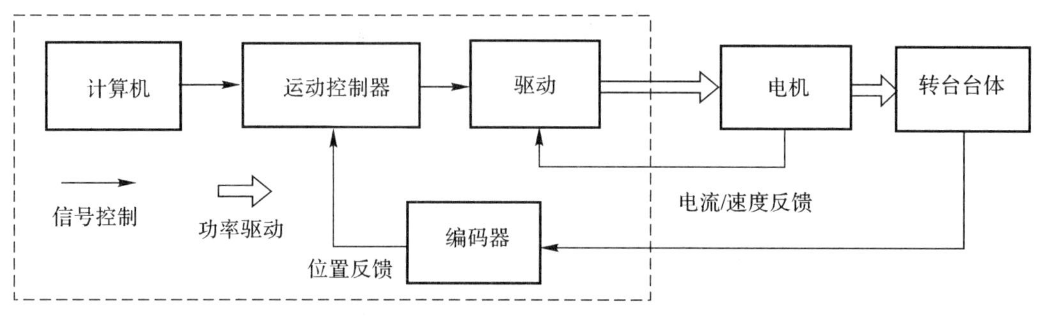

图 3-26　单轴转台的工作原理

转台的控制既要在角位置上控制,也要在角速度上控制,因此有角位置和角速度的控制回路。同时对转台台体的响应进行反馈,构成一闭环伺服控制系统。转台的控制系统框图如图 3-27 所示。

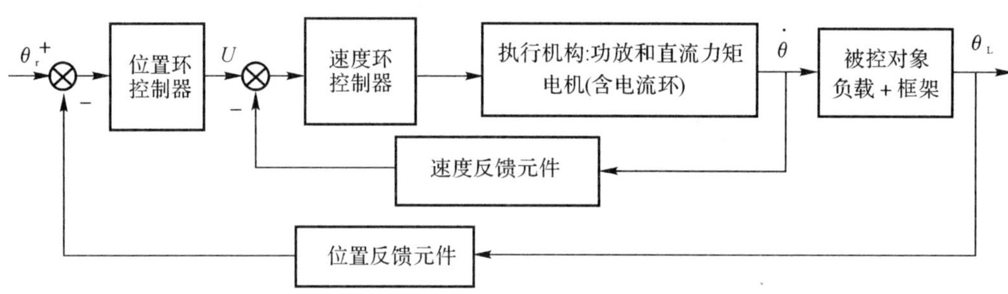

图 3-27　转台控制系统框图

典型的较为复杂的三轴电动转台的控制系统框图如图 3-28 所示。该系统由计算机组成的伺服控制系统、人机操作控制界面及控制逻辑单元,敏感转台位置的传感器和驱动电机,对角度进行微分转换为角速度的微分器等组成。

3.2.4　负载模拟器

负载模拟器(Load Simulator)是用来模拟飞行器气动舵机的气动铰链力矩和推力矢量舵机的燃气铰链力矩变化,以考核舵机负载对舵机和制导系统的影响,检验飞行器舵机和制导系统的技术指标装置。负载模拟器主要是在研制和分析各类采用气动控制和燃气控制的舵机、导弹制导控制系统的技术性能中使用。

在导弹试验中,负载模拟器给导弹控制系统中的执行装置的舵机施加力矩,以模拟导弹飞行过程中作用于舵面上的气动铰链力矩。除了上述应用外,负载模拟器也可以模拟海水阻力,甚至也可以模拟道路阻力或是农机耕地承受的土壤阻力等。

根据导弹上舵机的数量、结构和功能特点,负载模拟器分为单通道、双通道和四通道负载模拟器。

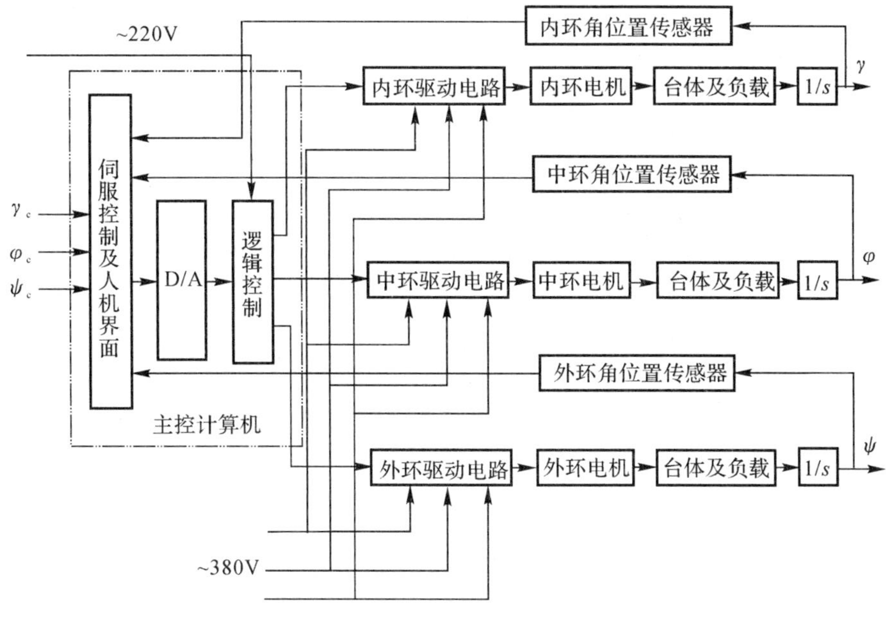

图 3-28　三轴电动转台电控系统框图

按照仿真精度要求，可分为动态负载模拟器和静态负载模拟器。前者采用液压随动式，后者采用板簧或者扭杆的静态加载方式。

舵机负载模拟器按照动力方式，可分为液压、电动和弹簧机械式三种。目前，广泛应用的是电动负载模拟器。

电动负载模拟器一般由加载对象模拟系统和加载系统两大部分组成。它的执行元件可以是液压缸，也可以是液压电动机。电动负载模拟器的结构原理图如图 3-29 所示。

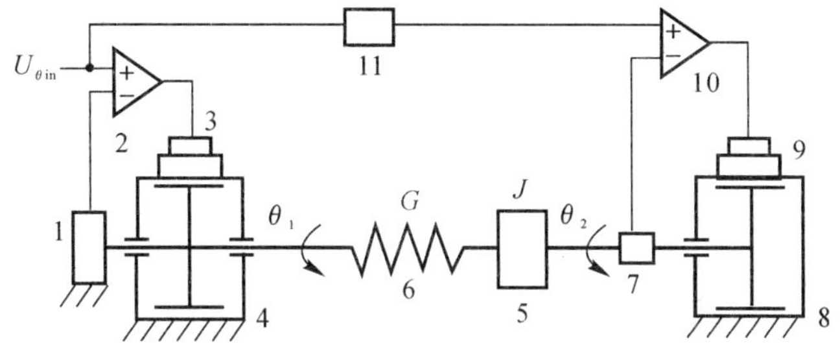

图 3-29　电动负载模拟器的结构原理图

1—角位移传感器；2，10—电子控制器；3，9—电液伺服阀；4—舵机电动机；5—惯性负载；6—弹性负载；7—扭矩传感器；8—加载电动机；11—力函数发生器

图 3-29 中左侧的 1～4 部分是用于模拟舵机摆角位移的模拟舵机系统，右侧的 5～11 部分是用于给舵机加载的加载系统。给舵机加载部分由电液伺服阀、加载电动机、扭矩传感器、电子控制器等部分组成。由于负载模拟器主要模拟舵机面所受流体的动力矩，该力矩一般为随机任意的函数，因此模拟器就要复现该函数，其中的力函数发生器正是用来模拟舵机所承受的流体力矩。负载模拟器的电子控制器除了按照力函数发生器输出的指令对加载系统控制

外，还可消除由于油液压力波动、伺服阀死区及多余力矩的影响。由于舵机与加载系统通常直接进行刚性连接，舵机运动会对加载系统产生反作用力，从而产生影响加载性能的多余力矩。加载系统的电子控制器内部采用硬件和软件相结合的各种控制补偿措施来控制和消除干扰。

在负载模拟器工作过程中，如果是研究实际舵机的性能，则不需要采用舵机模拟系统，即图中 3－29 左侧采用实际舵机。在工作时，加载系统分别跟踪舵机转角位置指令信号和加载力矩指令控制加载马达运动，即转动角度 θ_2，并利用角位移传感器和扭矩传感器测量信号实现闭环控制。加载力矩是根据舵机受到的空气阻力力矩计算获得的。

图 3－30 所示为一负载模拟器的实物照片。该负载模拟器为四通道，可以为导弹上的四个舵机加载负载力矩。其主要由左侧的台体和右侧的电控机柜组成。其具体技术指标为：单通道负载力矩加载范围为 0～80N・m，最大偏角（摆角）不小于±20°，最大转动角速度不小于 400°/s，力矩相对误差为±2%，扭矩精度为 0.8N・m。其内部部件的参数包括：马达固有频率为 215.7Hz，伺服阀固有频率为 45Hz，伺服阀阻尼系数为 0.6，力矩传感器放大系数为 0.02 V/(N・m)。负载模拟器的加载部分可以采用二阶振荡环节来描述。

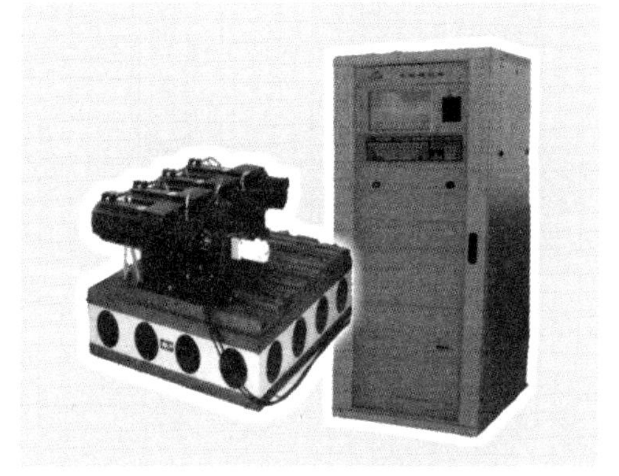

图 3－30　负载模拟器

从上述描述看出，要测试敏感元件的动态性能，需要敏感元件处于动态环境下，模拟导弹动态飞行的主要设备是转台或者摇摆台，前者最常用。另外，在气动控制的导弹飞行中，导弹舵面还受到气动力的影响，气动力会给导弹舵面添加气动铰链力矩。需要对导弹控制系统精确测试时，还需要模拟气动力对导弹舵面的影响，就需要舵负载模拟器。这种设备一般在部队技术阵地对导弹测试时不常用，但在导弹技术性能评估、导弹飞行仿真试验中是常用的设备之一。在某些情况下，如果需要精确测定加速度计的技术性能，还经常会用到线加速度模拟台。

对舵负载模拟器的主要要求如下：

（1）结构上正确实现导弹舵面的力矩加载。

（2）负载力矩大小和方向应同飞行状态一致。

（3）负载力矩频带应大于舵系统带宽。

典型的舵负载模拟器技术指标如下：

（1）最大加载力矩（N・m）：取决于舵面最大铰链力矩，应大于此值的 30%左右。典型值为 50～80N・m。

（2）最大转角：应大于舵面最大偏度。通常取±30°。

（3）最大角速度：相应于舵面偏转角速度，一般取 200°/s。

（4）加载梯度：一般根据舵面铰链力矩随飞行状态变化的梯度而定。通常取值范围为 0.5～5N・m/(°)。

（5）加载精度：有一定精度要求，但不宜过高，一般取 1%。

（6）零位死区：可取 0.5N・m。

（7）多余力下降幅度：可取 80%。

（8）通道数：视具体导弹舵面数而定，一般为 4。

3.2.5 摇摆台

1. 概述

摇摆台是防空导弹测试中最重要的非标准测试设备之一，其功能是激励导弹敏感元件，以便在动态激励的条件下检测导弹自动驾驶仪或惯测组合的技术性能。

在导弹自动驾驶仪上有俯仰、偏航控制回路，导弹滚动稳定控制回路。俯仰和偏航回路一般有指令通道及速度和加速度反馈通道。在采用倾斜稳定控制方式的导弹中，滚动回路一般有速度和滚动角(角位置)反馈通道。在导弹测试时，可以通过摇摆台测试上述导弹控制回路的摇摆角度、角速度和角加速度。

对于小型导弹，可以把导弹的全弹直接放置在摇摆台上。对于中高空中远程的大型防空导弹，由于导弹的外形尺寸大、重量重，难以对部分舱段或全弹进行动态激励，测试时，可将装有导弹惯性敏感元件的自动驾驶仪或惯性测量组合从弹上分解下来，放置在摇摆台上，再对其进行动态激励。

摇摆台由台体、摇摆框架和控制系统组成。导弹放置在摇摆框架内。框架的转动和摆动由控制机构带动框架上的电机进行驱动。当导弹纵轴与摇摆框架纵轴有一定夹角时，摇摆框架轴向的摆动运动可分解为俯仰、偏航和滚动方向的运动，同时输出沿俯仰、偏航和滚动方向上的激励信号。

一个典型的摇摆台具有如下性能指标。

(1)转速范围：±5°/s～±150°/s。有±10°/s，±30°/s，±45°/s，±60°/s，90°/s，±120°/s，±150°/s 等 7 个速度挡，每一速度挡可调范围±5°/s。

(2)加速度范围：$+1g \sim -1g$。按不同转角位置，重力加速度分量有$\pm 0.25g$，$\pm 0.433g$，$\pm 0.5g$，$\pm 0.707g$，$\pm 0.866g$，$\pm 1g$ 共 6 个加速度挡。

(3)速度精度：在固定速度挡和可调范围内，误差小于 1×10^{-2} (1σ)。

(4)加速度精度：在固定加速度挡，转角位置误差引起的重力加速度分量误差小于 1×10^{-2} (1σ)。

(5)激励台承载能力：≤7kg。

(6)工作方式：可以本机控制，也可以远程控制。

2. 分类

按照导弹在摇摆台上放置的方式区分，摇摆台有两种形式：一种是导弹水平放置，而摇摆轴下倾一个角度的摇摆轴下倾方式；另一种是导弹下倾一角度，而摇摆台水平放置的导弹下倾方式。

(1)摇摆轴下倾方式。摇摆轴下倾方式的导弹轴与摇摆轴位置关系如图 3-31 所示。

在该方案中，导弹水平放置，摇摆台的轴倾斜于导弹纵轴 α 角，导弹纵轴和摇摆台纵轴的交点位于导弹重心后。摇摆台的运动依靠控制系统。控制系统分为远程控制台和本地控制台两部分。远程控制台通过电缆输送给摇摆台运动控制信号，本地控制台完成摇摆台本身的检测、启动、紧急停止、制动控制等功能。

该方案采用曲柄滑块式正弦产生机构，交流拖动电动机。

控制系统由交流变频器、可编程控制器、编码器、交流拖动电动机和交流电源等部分组成。

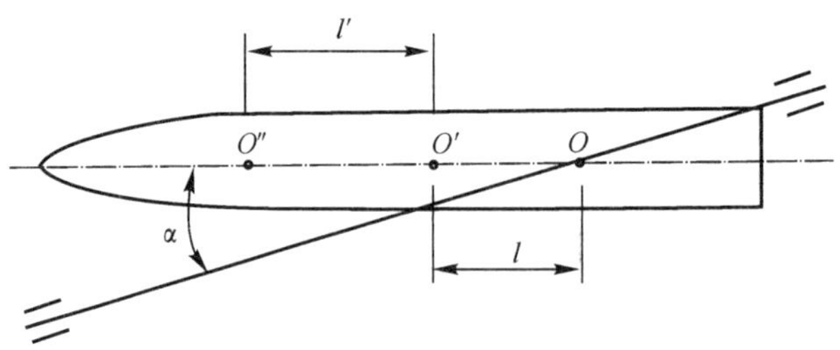

图 3-31　摇摆轴下倾方式的导弹轴与摇摆轴位置关系图

O—导弹轴与摇摆轴交点；O′—导弹重心；O″—敏感元件位置

动力能源为380V、50Hz三相电源，经过电源转换才能加到交流变频器。交流变频器一般采用微机控制，它把50Hz交流变成直流，再把直流逆变为等幅不等宽的频率可调的三相方波控制信号，去控制交流电动机，通过减速装置、正弦产生机构变换，使摇摆框绕摇摆轴摇摆。

摇摆台通过控制系统作正弦角运动。正弦信号为

$$\theta(t)=\theta_0\sin\omega t \tag{3.7}$$

式中，θ_0 为摇摆的最大幅度；ω 为摇摆角频率。摇摆速率为

$$\theta'(t)=\theta_0\omega\cos\omega t \tag{3.8}$$

导弹纵轴与摇摆台夹角为 α，导弹俯仰轴与偏航轴叉形安装。摇摆速率 $\theta'(t)$ 分解到偏航、俯仰和滚动轴上，从而实现了摇摆。

摇摆轴下倾方案有以下特点。

1)采用曲柄滑块机构产生的正弦波形失真小，正弦波上升段和下降段对称性好。

2)选用微机控制的交流变频器，频率控制精度高。交流电机体积小，功率大，电机的工作点可选在电机最佳的恒转矩中心区，这样设计使摇摆台摇摆时，带载或空载控制频率恒定，而且稳定性好。

3)采用可编程控制器，实现了程序控制，而且操作大大简化。

4)控制台采用互锁控制，减少误操作的机会。控制系统可选用高精度的编码器和无接触的电子开关，信号采集速度快、重复性高。

5)再生制动和电磁制动相配合，通过可编程控制器和信号采集进行条件控制，摇摆台复位精度高。

6)这种摇摆台唯一的不足是加速度激励为单边激励信号。

(2)导弹下倾方式。采用导弹下倾方式的摇摆台承载力大，导弹可固定在摇摆台上，通过激励导弹敏感元件，达到测试自动驾驶仪或惯测组合的目的。

在导弹测试中，摇摆台为水平放置。水平位置通过摇摆台上的纵、横两个水泡仪的水泡处于中心位置来确定。这时，导弹纵轴下倾 α 角，实现对导弹的位置和速度激励。摇摆台内框和外框同轴，由电动机带动作正弦运动。导弹放置在内框中，可利用重力加速度 g 去激励导弹上的加速度计。

摇摆台由台体、驱动系统、反馈控制开关、电位器传感器和制动器等部分组成。台体由外框、中框、内框组成，为摇摆台的主体，受控动作形成两种激励。驱动系统由摇摆驱动装置和滚转驱动装置两部分组成，受控激励台体的两种激励状态。摇摆台上共有若干个反馈控制开关，用于反馈台体所处状态。电位器传感器用于回输摇摆正弦波。制动器用于摇摆台动态停止时

制动。

导弹下倾方式有以下特点：

1)摇摆台承载能力大，对整个导弹进行动态激励，始终保持导弹整体性能，给导弹维护和测试带来方便。

2)导弹测试时，一旦因故障而被误点火，导弹可直接射向防弹坑，以保证测试安全。

3)加速度表检测，内框相对中框转动，重力加速度在 $\pm 1g$ 内变化，测试值直观，加速度表正负极性都能检测。

4)控制系统采用直流控制电动机，通过控制直流电动机的转速，得到所需的摇摆频率。

但这种方式构成的系统比较庞大，含有直流电动机、减速机构、平衡机构和曲柄拉杆机构。为实现导弹滚转，可将固定导弹的内框设计成相对中框转动，并且需要电动机减速后控制和拖动内框等。

3. 摇摆台动力装置

拖动电动机是摇摆台的动力装置，也是摇摆台控制系统执行元件，控制的效果取决于电动机的性能。

直流电动机应用广泛，但存在一些缺点：直流电动机由控制和励磁绕组组成，因此体积较大；因有电刷，在运转中容易产生火花，这对带火工品的导弹检测会有一定的危险；直流电动机控制系统精度要求越高，控制直流电动机的电路越复杂。

近年来变频调速控制器得到广泛的应用，为交流电动机变频调速开辟了新路。变频调速系统速度快、效率高、精度高、稳定可靠。

交流电动机本身结构简单，与同功率的直流电动机比较，其体积小、质量小。例如，7.5kW的交流电动机体积和质量大约为 2.2kW 直流电动机的一半。交流电动机变频控制电路全是电子器件和电磁耦合，不仅速度快，而且没有电刷，不会产生火花，控制电路可采用可编程控制器，非常容易实现程序和自动控制。

3.2.6　线加速度模拟台

线加速度模拟台实质上是一个离心机，用于线加速度计的静态和动态性能检测，线加速度的性能标定。当离心机以角速度 ω 稳定旋转时，便在位于半径为 R 的随动台中心产生向心加速度 α。

$$\alpha = \omega^2 R \tag{3.9}$$

若将被试加速度计安装在单轴转动台上，以与工作半径 R 垂直方向为转角 $\varphi = 0$，则加速度计敏感到的轴向角速度为 α_1，且有

$$\alpha_1 = \omega^2 R\sin\varphi \tag{3.10}$$

线加速度模拟台的结构如图 3-32 所示。为了有效地产生线加速度效应，对离心机和随动台必须提出技术指标要求。

离心机技术指标要求：

1)线加速度范围：0.1～50g；亦有＞100g 的离心机。

2)线加速度精度：$\Delta a \leqslant 5\times 10^{-5} g, a < 1g; \Delta a/a \leqslant 5\times 10^{-5}, a < 1g$。

3)角加速度：$\geqslant 10°/s^2$。

4)工作半径：R=500mm。

5)驱动方式:直流力矩电动机直接驱动。

6)控制方式:采用脉冲调相伺服控制,引入测速反馈,并加入前馈控制。

随动台技术指标要求:

1)负载:1～3kg。

2)最大角速度:500°/s。

3)最小角速度:0.015°/s。

4)最大角加速度:2 000°/s^2。

5)最小角加速度:±0.002°/s^2。

6)静态位置精度:±0.002°。

7)频响:4Hz(5°相移)。

应该强调指出,线加速度模拟台除用于线加速度测试仿真外,还可以用于导弹气动力和飞行加速度复合物理效应的仿真,这时必须对离心机随动装置进行协调控制。

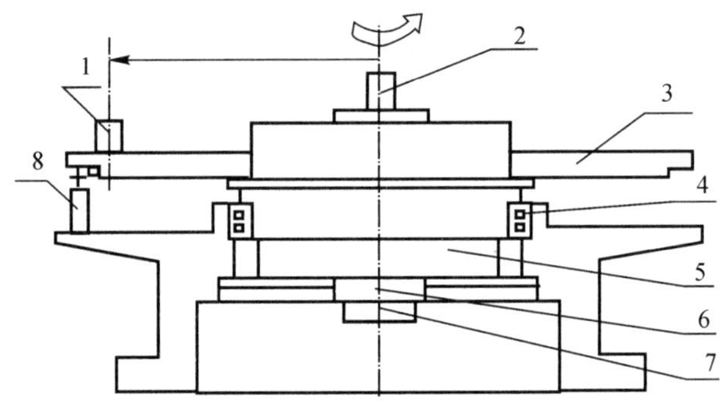

图 3-32 线加速度模拟台结构

1—随动台;2—主轴;3—台面;4—轴承系;5—力矩电动机;
6—测速机;7—感应同步器;8—动态半径测量机构

3.3 指令模拟器

对于采用无线电指令制导体制的导弹,弹上制导设备需要接收地面站发出的各种高频脉冲制导指令信号,然后进行解调和译码。对于采用半主动寻的制导体制的导弹,弹上雷达导引头需要接收地面直波照射信号。要检查弹上制导回路仪器性能的好坏,主要是看它对各种指令信号变换后的参数是否符合要求。为此,必须有一套模拟装置来产生弹上制导设备所需要的各种信号。从测试的真实性与可靠性来说,要求测试设备产生的信号与地面站发射的信号越相似越好。但考虑到测试时的具体情况,为了使设备简单,测试设备形成的信号与制导站产生的信号还有区别,所以,称测试设备产生的信号为模拟信号。用于产生导弹测试的模拟指令信号或产生模拟的地面照射信号的装置称为指令模拟器。

3.3.1 无线电指令制导体制的模拟指令

对于指令制导的导弹,弹上设备需要接收地面站发出的高频脉冲信号,把与本导弹相关的指令信号进行译码,以测试检验译码电路的工作情况,同时也可检验弹上解调器的工作良好性。

在导弹上要测量经过解调和译码后的指令信号，首先必须产生制导站发射的指令信号，把这些信号加到译码器和解调器，测量其经过译码和解调后的输出信号。

检查弹上译码器和解调器的工作性能，主要是看它对各种指令信号经过变换（译码、解调）后的参数是否符合要求。为此，必须有一套模拟装置来模拟产生地面制导站发送给导弹仪器所需要的各种信号。从测试的真实性与可靠性来说，要求测试系统产生的信号与地面制导站发射的信号是相同的，但考虑到测试时的具体情况，为了使设备简单，又能够完成检验译码器和解调器的工作性能的任务，在测试时，并不需要产生的信号与地面制导站的信号完全一致，只需要相似就可以，所以称测试系统产生的信号为模拟信号。

相似性的要求是指模拟信号与制导站发射的各种信号在信号特征上和时序上与地面制导站所发射的信号尽量接近。

1. 模拟信号的种类和特征

地面制导站通常向弹上发射的是编码信号。

对于第一代防空导弹，采用的是三联编码脉冲信号。所谓三联编码脉冲就是以三个脉冲为一组，代表一种信号，各信号的区别是三个脉冲的时间间隔不同，也就是用不同的时间间隔来表示不同的信号。如用于自动驾驶仪俯仰和偏航控制的 K_1 和 K_2 指令以及送往无线电引信的用于解除保险的 K_3 指令脉冲，以特定的时间间隔构成编码组，每发导弹用一组，就构成了所谓的编码波道，导弹根据所用波道的特定时间间隔选出自己的信号。

对于第二代防空导弹及其以后采用的无线电指令制导的导弹，采用的编码信号是二进制编码信号，也是按照时间进行分割，每一位的持续时间是相同的。每个码组结构主要包括的信号有导弹地址码、指令地址码、指令值码、奇偶校验码及引信解锁指令等。

用来区分不同导弹的编码称为导弹地址码，同时也可能起询问码的作用，可以采用 3～4 位编码来完成。

用来区分不同指令的编码称为指令地址码，它一般也是 3～4 位编码。

用来控制导弹完成俯仰、偏航飞行的指令大小编码称为指令值码，该编码中包括了指令值的大小及正负，即由一个符号位和 n 个码位表示指令值的大小。指令值码的位数决定了指令值量化的最小单位，码位越多，说明指令值的最小量化单位值越小。如果用 n 个码位来表示指令值的大小，那么指令值的最小量化单位就为 $1/2^n$ 。

奇偶校验码是通过计算所发送码的“1”或者“0”的奇偶个数来验证码位在传送、译码、解调中是否有错误。引信解锁指令是一次性指令，是为了引信抗干扰的需要，使得引信在弹道初始段处于不工作的封闭状态，当导弹处于弹目交会段时使引信能够可靠解锁。除了引信解锁指令外，其他指令均是周期性发送的指令。

上述各码位在二进制码的重复周期、重复频率、脉冲宽度、脉冲间隔等方面均有严格的规定。通常情况下，各码位的脉冲宽度是相同的，而其他参数各有不同。通常取脉冲宽度在 1μs 以下，脉冲间隔在 0.3～2.0μs 范围内不等。

因此，要求产生的模拟信号指令也应该具有上述特点。另外，考虑到测试与实战时的情况不同，模拟信号还需要有其自身的特点。因为各种指令的响应情况不可能同时测试，偏航和俯仰指令并不是同时发出的，因此导引系统对某类指令测试时，通常只需要装订该项指令地址及指令值即可。另外，由于解锁指令是一次性指令，故在一般情况下只有导弹地址码和一个指令码组，其他均不同时发出。

2.模拟信号的时序

制导站为了在同一时间内利用同一信道制导多枚导弹，它发出的所有信号除了本身都有不同的特征外，在时间上也都是按照一定的次序排列的，以防止互相干扰。模拟信号也一样，为了模拟制导站的真实情况，模拟信号在时间关系上也是按一定的规律排列的。

导弹测试系统为了准确测试导弹，不但要形成与制导站相同种类的模拟信号，而且在时序划分上也基本取得一致。

按照地面制导站发出的信号时序，测试系统模拟信号通道的时序划分如图 3－33 所示。这种时序划分同地面制导站发射的信号时序是一致的。导弹测试系统模拟信号产生电路设计为将一指令周期 T(单位为 μs)分为 100 等份，每一等份称为 1 帧(Z)，于是一个指令周期内将有 100 帧，每帧周期为 $T/100$。一个周期完成后，再进行另一周期的循环。

在模拟信号中，通常再将一帧分成四段，每个段内的时间间隔各不相等，码字全部集中在前三段内，排列关系如图 3－34 所示。因为一个指令周期内偏航/俯仰指令只出现一次，所以这一含有指令码的帧可称为全码帧，在时间排列上可定为第一帧。其他第 2～100 帧在无引信解锁指令时仅有导弹地址码。因为引信解锁指令的发出是随机的，所以可以出现在任一帧内，根据测试需要，一次发出 3 个或 5 个解锁指令，持续 3 或 5 帧。

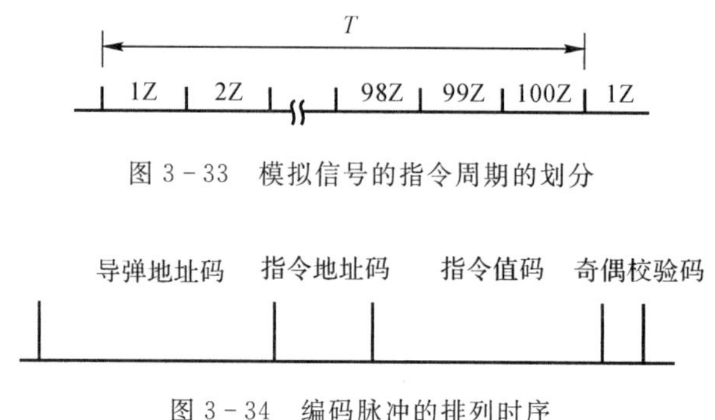

图 3－33　模拟信号的指令周期的划分

图 3－34　编码脉冲的排列时序

3.模拟信号的产生电路

从上述分析看出，虽然模拟信号种类较多，时间关系复杂，但各种编码脉冲的形成原理是相似的。图 3－35 为模拟视频指令的视频信号形成原理框图。

在图 3－35 中，主控振荡器用以形成基准频率为 f 的基准信号，其输出加至计数器链产生各种分频信号。译码器把计数器链送来的分频信号进行译码，并选出各种指令编码所必需的脉冲作为其输出。地址码形成级包括导弹地址码和指令地址码两部分，用以选出译码器输出的符合其码位要求的脉冲作为两种地址码。指令码形成级由阶跃偏/俯指令形成级两种不同的电路所组成，用以选出译码器输出的符合其码位要求的脉冲，并能进行适当组合形成正弦指令。引信解锁指令的形成被包括在地址码形成之中，因为其指令形式即是指令地址码的相应形式。

选通门的作用有两个：一是产生一个脉冲波门控制偏/俯指令的发出，即保证一个指令周期 T 内只有一组偏/俯指令码(包括偏/俯指令地址码)；二是作为所有输出码的选通脉冲，保证所有码脉冲的输出均为相等宽度。输出级的作用是汇总所有输出信号，使各码位的脉冲幅度、宽度及其他脉冲特征一致，并为后续电路提供一定的脉冲强度。

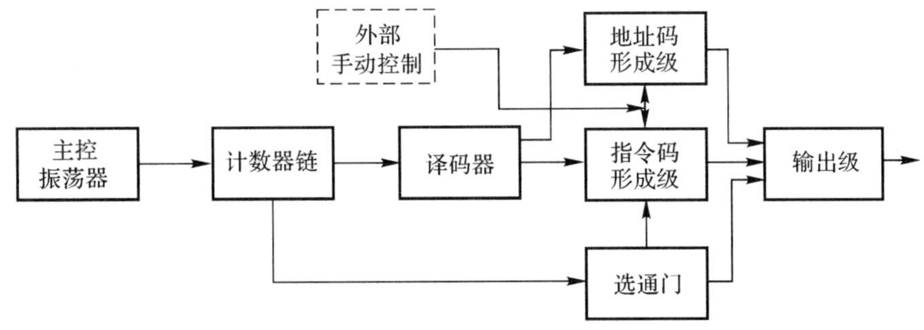

图 3-35　视频信号形成原理框图

从图 3-35 中还可看出，两部分形成级均需外部手动进行控制，即控制指令的形成和偏/俯指令值的大小以及导弹地址码与导弹一致，唯独正弦指令情况指令码组的发出与否不受外部开关的控制。

从图示模拟信号形成的简单原理中可以看出，地址码和指令码的形成是以一帧内信号的排列规律为准进行的，所以形成的各种码组均是重复周期为一帧的脉冲信号。选通门的作用在于对各种信号的重复周期控制，以使各种脉冲信号重复周期符合排列要求。由此看出，计数、译码和码组形成是整个模拟信号形成的主线。

3.3.2　半主动寻的制导体制的模拟指令

半主动寻的制导体制中，最典型的如前面提到的意大利生产的“阿斯派德”导弹，像这类半主动寻的制导体制的导弹，在导弹测试时，就需要模拟地面制导站发出的直波照射信号，在某些情况下可能需要模拟目标回波信号。

半主动寻的制导的导弹地面制导站的直波照射信号的载波一般均采用连续波，直波照射信号是一个经过调制的射频信号。其典型的调制包括调幅、调频以及既调幅又调频。

当模拟目标回波信号时，需要考虑弹目接近速度引起的多普勒频移以及回波幅度随弹目接近的变化。

调制是将要传送的信息装载到某一高频振荡(载频)信号上去的过程。按照所采用的载波波形，调制可分为连续波(正弦波)调制和脉冲调制。作为连续波调制，它以单频正弦波为载波，可用数学式 $a(t)=A\cos(\omega+\varphi)$ 表示，受控参数可以是载波的幅度 A、频率 ω 或相位 φ，因而有调幅(AM)、调频(FM)和调相(PM)三种方式，而直波照射信号一般不采用调相方式。对于脉冲调制，是以矩形脉冲为载波，受控参数可以是脉冲高度、脉冲宽度或脉冲位置，相应地就有脉冲调幅(PAM)、脉冲调宽(PWM)和脉冲调位(PPM)。

典型的导弹上的直波照射信号的模拟通常采用对连续波照射信号的先调频再调幅。

图 3-36 为一半主动雷达导引头信号模拟器原理图。该模拟器既可以模拟直波照射信号，也可以模拟目标回波信号。

图 3-36 中，导引头直波锁定信号的频率为 f_c，导弹调谐信号的频率为 f_B，模拟的弹目相

对速度的多普勒信号的频率为 f_d，调制信号的频率为 f_m。首先对直波锁定信号进行调幅，得到导弹调谐信号。该信号在相加器内与调制信号相加。送到调制器 1 中完成调频，通过直波可变衰减器对信号的幅度进一步衰减调幅，模拟导弹相对目标运动过程中的直波信号幅度的变化，获得直波照射信号。通过模拟的弹目相对速度的目标多普勒信号的频率在调制器 2 中的调制，模拟弹目相对运动中的多普勒频率变化；通过回波可变衰减器来模拟弹目接近过程中的回波幅度的变化。

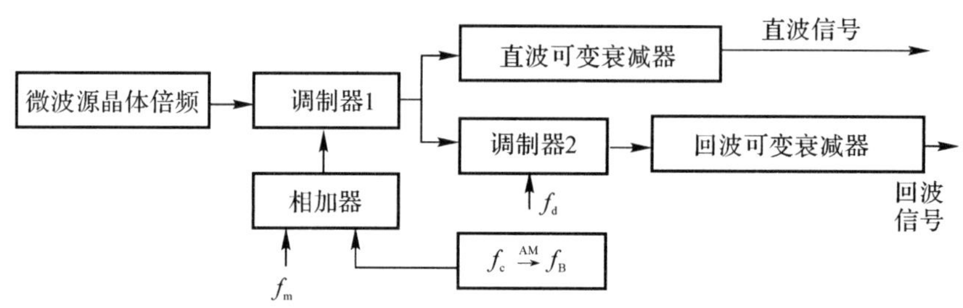

图 3-36　半主动雷达导引头信号模拟器原理图

上述原理图中，从照射直波信号的角度属于指令模拟，从回波模拟的角度属于 3.4 节将讲到的目标模拟。其中的“微波源晶体倍频器”属于射频信号源，模拟的直波照射信号和目标回波信号属于微波信号，可以通过高频电缆输送到喇叭口天线上，通过导引头天线罩进入导引头的直波或者回波接收机中，可以用来进行“雷达接收机测试”“天线瞄准测试”等测试项目。

在实际设备中，还需要有相应的射频控制单元加到射频信号源上，用于控制其工作。

直波照射信号的输出到导弹直波输入端口的功率电平一般为－45～－50dBm，调制度选择大约在 $M_{CB}=20\%\sim25\%$ 范围。输出到回波天线输入端口的上边带功率电平取为－70dBm即可。

3.3.3　指令模拟器的组成、工作原理与功能

1. 指令模拟器的组成与工作原理

这里以法国“响尾蛇”导弹测试中的指令模拟器为例来说明，其他采用无线电指令制导体制导弹测试用指令模拟器与此类似。指令模拟器主要由视频信号发生器、微波发生器组合和微波吸收罩三部分组成，如图 3-37 所示。图中的遥控发射与接收天线位于导弹后部。

视频信号发生器用于产生与地面制导站相类似的指令编码视频信号。视频信号发生器的视频信号形成原理框图见图 3-35。它主要由主控振荡器、计数器链、译码器、编码信号形成级和输出级等部分组成。主控振荡器用以形成基准频率信号，其输出加至计数器链产生各种分频信号。译码器把计数器链送来的分频信号进行译码，并选出各种指令编码所必需的脉冲。编码信号形成级用以选出符合指令编码规则的脉冲。输出级用于完成阻抗和功率匹配。

微波发生器组合用于将视频信号发生器送出的所有模拟信号进行放大并调制为高频脉冲经发射天线发送，经过弹上遥控接收天线接收后输送给导弹遥控应答机。同时经微波吸收罩耦合并检波回来的应答脉冲在本组合进行放大、比较等处理形成“脉冲”“功率”两个检测信号送至导弹测试设备进行测试。

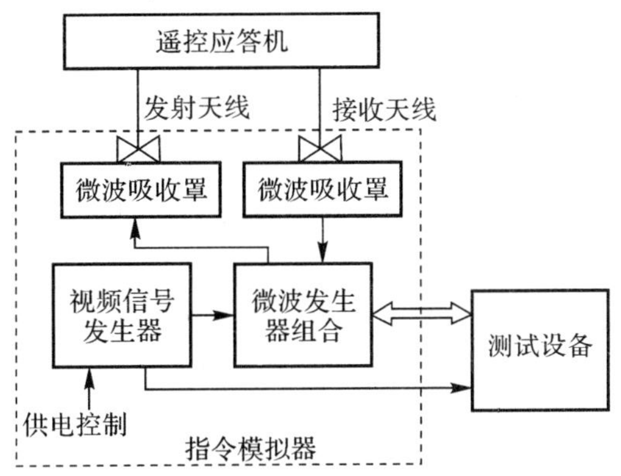

图 3－37　指令模拟器组成原理图

在测试时，微波发生器组合作为检查弹上应答机工作是否正常的激励源，视频组合则产生指令码去调制微波发生器组合，从而指令通过微波吸收罩的发射天线发送给弹上遥控应答机。弹上应答机的应答信号则通过微波吸收罩的接收天线接收送给微波发生器组合，此信号经过放大展宽得到应答脉冲检测信号，送测试设备显示、测量；另一路，将此信号进行放大、积分，经比较电路比较，超过门限者，产生以固定直流电平表示的功率检测信号。这样，就可通过测试设备对应答机的应答脉冲、应答功率和应答频率予以检测。

在测试时，模拟的指令信号由视频信号发生器组合产生，经微波发生器组合调制，通过微波吸收罩上的发射天线直接送至弹上遥控应答机。弹上遥控应答机译出各种控制指令送至自动驾驶仪使舵机偏转，舵机电位计的输出经功能电路组合送至测试设备检测。

2. 指令模拟器的功能

指令模拟器应有产生这些指令的功能，微波发生器组合产生模拟制导雷达的载频信号。指令模拟器的主要功能如下。

(1)产生满足被测导弹要求的各种指令，指令的编码形式和技术参数应与制导雷达发出的编码指令完全一致。

(2)可根据导弹测试的需要产生不同的编码指令，以全面检查测试导弹的性能。

(3)指令模拟器产生的编码指令、调制微波发生器组合产生的微波信号经发射天线送给弹上遥控应答机。

(4)微波发生器组合产生的微波信号频率应与制导雷达的微波频率一致，功率应满足要求。

图 3－37 所示的指令模拟器是针对无线电指令制导体制而言的，对于采用半主动寻的制导体制的导弹，指令模拟器的主要功能是产生与地面直波照射雷达发出的相似波形的直波照射信号。

3.4　目标模拟器

在导弹测试时，通常既要模拟导弹的飞行及机动状态，又要模拟目标的回波信号。3.3 节中的图3－36就表示了一种半主动雷达导引头的目标回波模拟装置。本节就导弹测试过程中针对制导控制系统及引信测试时的目标模拟装置及目标模拟器作一论述。

3.4.1 制导控制系统目标模拟器

导弹制导控制系统是导弹的主要设备之一。对于采用无线电主动寻的制导体制的导弹，在飞行中靠主动雷达导引头截获跟踪目标并形成控制指令，控制导弹飞行。对于采用无线电半主动寻的制导的导弹，还需要有地面照射器对导弹和目标进行照射，导引头接收的目标直波照射信号与导引头接收的目标回波信号一起在导引头中形成指令，完成搜索目标、跟踪目标、形成指令、控制导弹飞行的工作。对于无线电指令制导的导弹，导弹要接收地面制导站形成的指令，在弹上完成解调、指令译码、控制导弹飞行等工作。

制导控制系统目标模拟器是用于在研制、试验或者部队技术阵地评定制导控制系统的工作状态，模拟制导控制系统感受的目标辐射和反射以及地面照射器对导弹的照射情况，模拟导弹控制系统的工作情况的模拟装置。制导控制系统目标模拟器是防空导弹研制以及在部队技术阵地对制导控制系统捕获、跟踪目标、形成指令、控制导弹飞行的技术性能进行检验、评定、判断有无故障、确定故障部位的主要设备之一。

制导控制系统目标模拟器主要是在工业部门的研制阶段，用在半实物仿真系统中，用于评定所设计的导弹制导控制系统的技术性能。

导弹制导控制系统的半实物仿真是仿真计算机、数学模型、系统实际部件（或设备）与环境物理效应装置相结合的仿真。其突出特点是：①可使无法准确建立数学模型的实物部件如导引头、自动驾驶仪直接进入仿真回路。②可通过物理效应装置，如仿真转台、目标模拟器、力矩负载模拟器等提供更为逼真的物理实验环境。这些实验环境特性及参数包括导弹飞行运动参数（飞行速度、角速度、加速度等），弹上探测系统的电磁波发射、传输、反射（散射）及其干扰特性（自然和人为的干扰信号），目标及其相应环境（目标大小、形状、信号强度以及目标方位角、高低角和距离，杂波，角闪烁，振幅起伏，多路径效应等，以及各种自然和人为干扰信号等）。③直接检验制导控制系统各部分，如陀螺仪、舵面传动装置，自动驾驶仪，导引头等的功能、性能和工作协调性、可靠性。④通过模型和实物之间的切换及仿真数据补充等手段进一步校准数学模型，测试导弹制导控制系统的技术性能。

通常，导弹制导控制系统的半实物仿真系统中的导弹飞行弹道通过数学模型进行仿真，而其他部分采用实物。

半实物仿真主要是研究制导控制系统用数学仿真解决不了的问题，并互相补充，更充分地发挥数学模型的作用。制导控制系统半实物仿真所起的重要作用可归结为：①检验制导控制系统更接近实战环境下的功能；②研究某些部件和环节特性对制导控制系统的影响，提出改进措施；③检验各子系统特性和设备的协调性及可靠性；④补充制导控制系统建模数据和检验已有数学模型。

导弹制导控制系统的半实物仿真虽然在部队技术阵地不采用，但是，它作为一个研究分析导弹制导控制系统的强有力依据，应用广泛，是各类导弹研制、导弹性能分析最重要的技术手段。它可以更加综合地、更加逼真地测试、分析和评价导弹制导控制系统的综合技术性能。在导弹制导控制系统的半实物仿真系统中，目标模拟器可分为面阵天线型、单口喇叭天线型和天线辐射导轨型。

1. 目标模拟器的构成形式

（1）面阵天线型。通常把导弹放置在仿真转台上，在导引头的正前方一定距离上放置由辐射喇叭口天线阵组成的面辐射阵，通过面辐射阵列控制单元控制各个喇叭口天线的辐射信号的强度和相位来模拟目标辐射的信号及目标的运动。用于测试导引头灵敏度的系统构成原理如图 3-38 所示。

图 3-38 所示就是一个导弹制导控制的半实物仿真系统，它既可以用来测试导引头接收机的灵敏度，也可以用来测试仿真和分析导弹制导控制系统的其他技术性能。

图 3-38 所示的系统主要由导弹及导引头、三轴转台、负载台、射频信号产生器、阵列控制单元、射频辐射单元（喇叭口天线辐射面阵）、计算机系统及其接口和控制与显示装置等构成。

三轴转台用于模拟仿真导弹在空中的机动飞行姿态，负载台用于模拟导弹在飞行过程中所受到的气动负载力矩，射频信号产生器用于模拟产生目标辐射的射频信号，阵列控制单元用于控制射频辐射单元（喇叭口天线辐射面阵）辐射的信号功率大小和相位。射频信号产生器、阵列控制单元和射频辐射单元共同构成目标模拟器。计算机系统及其接口用于装载整个系统的控制、分析和计算软件，用于控制整个系统的运行。目标及环境模型与软件用于通过模型和软件模拟目标的飞行特性、飞行状态、导引头工作环境等。控制与显示装置是操作人员与整个系统输入和输出的接口，通过它分析观察试验结果并输入各种运行参数。

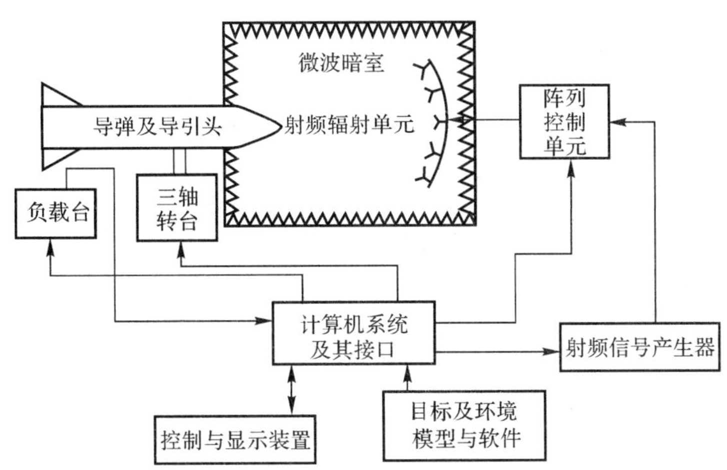

图 3-38　测试导引头灵敏度的系统构成原理

（2）单口喇叭天线型。上述目标模拟器中采用了喇叭口天线辐射面阵，它通过阵列控制单元控制喇叭口天线辐射面阵信号的输出功率和信号的变化来模拟目标的辐射。还有另一种目标模拟辐射的方式，它是在导引头的正前方一定距离上放置一个可在 X 和 Y 方向上移动的十字架。在十字架的中央只放置一个喇叭口天线，该天线模拟目标的辐射，通过控制十字架在 X 和 Y 方向上的移动来模拟目标的运动。通过改变喇叭天线在 X 和 Y 方向上的移动长度，模拟目标的角度运动信息；改变喇叭天线辐射信号的延迟时间，模拟目标在距离上的移动。

这种模拟目标的辐射方式较控制喇叭口天线辐射面阵的方式简单，但模拟目标辐射的逼真度较差，在要求不严格的场合也常采用。

（3）天线辐射导轨型。上述两种方案在模拟弹目距离时均采用调整喇叭口天线辐射强度的办法实施。另一种用于导弹制导控制系统半实物仿真的方案如图 3-39 所示。

试验原理跟上述两种方案主要在目标模拟器上有所不同，这种目标模拟器上增加了可前后移动的导轨，可以通过主控计算机控制带有模拟目标辐射单元的目标模拟器在导轨上前后移动，以仿真模拟弹目距离的变化。喇叭天线可采用面阵、双口或者单口天线。

整体的目标模拟跟踪系统是一个闭环随动控制系统。试验时，首先由计算机生成一个预定的航路轨迹，然后由信号模拟系统同步输出三路代表距离、方位、仰角的中频回波信号，经上变频后通过发射机馈送到和差比较器；由三路接收机（和支路、方位差支路、高低角差支路）分别从比较器接收和信号、方位角误差信号、高低角误差信号，经过滤波、放大、混频等处理后，最终输出到天线伺服系统驱动天线电动机朝着减小误差的方向运动，完成目标模拟及跟踪。

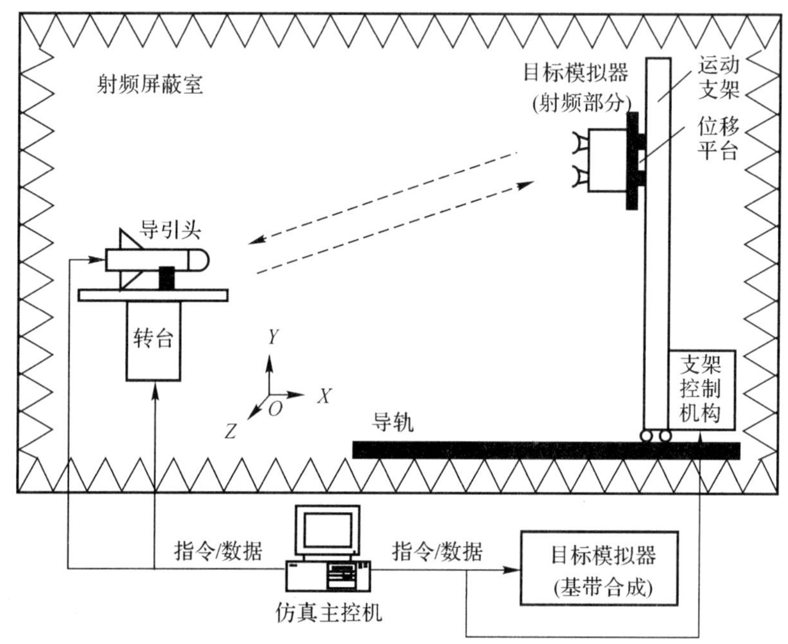

图 3-39　机械调整弹目距离的制导控制半实物仿真系统

2. 系统仿真测试原理

由于测试过程是在微波暗室中进行，因此，在测试前，要事先标定好微波暗室的空间衰减。另外，还要事先测试出信号模拟器回波输出端到目标模拟器天线输入端微波传输的衰减，目标模拟器天线增益等衰减参数。

在测试时将雷达导引头接收天线和目标模拟器天线对准。调整目标模拟器的信号，使导引头先工作于直波稳定截获状态，然后调整目标模拟器的回波信号，测试接收机能跟踪的信号而且不虚警时的最小工作电平值。此时，根据下式可计算回波接收机灵敏度：

$$P_R = L_{01} - L_a - L_e + G_M \tag{3.11}$$

式中，P_R 为回波接收机灵敏度，dBm；L_{01} 为信号模拟器回波信号输出端口功率，dBm；L_a 为微波暗室传输空间衰减，dB；L_e 为信号模拟器回波输出端到目标模拟器天线输入端微波传输的衰减，dB；G_M 为目标模拟器天线增益，dB。

典型的雷达导引头回波接收机灵敏度不大于－132dBm。

对直波接收机灵敏度的测试原理同回波接收机类似。在测试时，将信号模拟器的直波调整到工作频率指定值，测试直波接收机能截获信号且不虚警时的最小电平值。此时，根据下式计算直波接收机灵敏度。

$$P_L = L_0 - L_1 \tag{3.12}$$

式中，P_L 为直波接收机灵敏度，dBm；L_0 为信号模拟器直波信号输出端口功率，dBm；L_1 为信号模拟器到导引头直波天线输入端微波传输的衰减，dB。

典型的雷达导引头直波接收机灵敏度不大于－89dBm。

3.4.2　雷达导引头目标模拟器

除了上述介绍的用于导弹研制阶段使用的目标模拟器外，在基层部队的导弹测试时，根据对无线电寻的制导系统的综合测试要求，会有不同的专门检验导引头技术性能的导引头目标模拟器。在部队技术阵地，导引头目标模拟器主要由射频信号源、辐射器和屏蔽暗箱组成。其功能联系如图 3－40 所示。实际在基层部队测试时，由于模拟的目标回波信号的幅度很小，目标模拟器到导引头天线距离很短，因此也常常不用屏蔽暗箱。

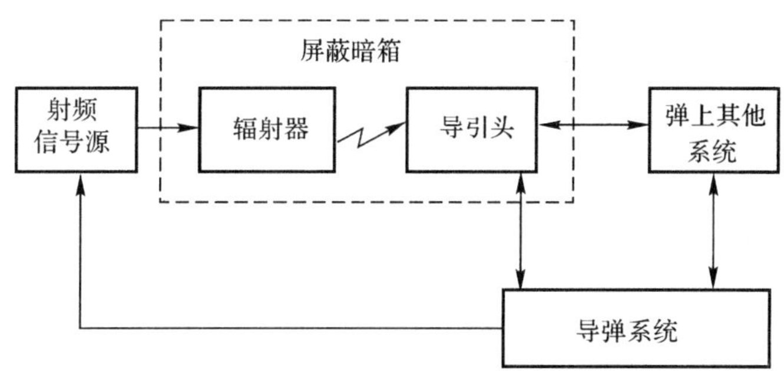

图 3－40　目标模拟器的功能图

1. 射频信号源

射频信号源用于产生满足导引头测试需要的各种射频信号。

测试半主动导引头时，射频信号源提供了直波基准信号和目标回波信号。直波基准信号应与地面照射器的信号形式及参数一致，该信号经过可控衰减器用馈线送给半主动导引头的直波接收机。

射频信号源产生的目标回波信号还要模拟目标多普勒频率、距离延时、信号的距离衰减、目标起伏、地杂波及干扰信号等。

2. 辐射器

辐射器主要用于辐射射频信号源产生的射频信号和用于模拟目标的角位移变化。辐射器一般采用喇叭口天线辐射，有固定式和运动式两种。固定式采用固定的辐射天线，距离导引头天线罩一定的距离。辐射器辐射能量的控制依靠测试系统以及辐射器与导引头之间的距离来调节完成。例如，意大利生产的“阿斯派德”导弹的目标模拟器就采用这种形式。移动式由辐射天线及其移动机构组成。由射频信号源产生的高频信号通过馈线送给辐射天线，辐射天线可由其运动机构带动在方位和俯仰方向上移动，即模拟目标在方位和俯仰方向上运动，以进行导引头角跟踪性能等测试。

3. 屏蔽暗箱

如果在导弹测试时需要采用屏蔽暗箱，则要求辐射器与被测导引头装在一个暗箱中而且之间应有一定的距离，该距离 R 应满足远场条件，即应满足下式的要求：

$$R \geqslant 2\frac{D^2}{\lambda} \tag{3.13}$$

式中，R 为辐射器与被测导引头接收天线之间的距离；D 为接收天线口径尺寸；λ 为射频信号波长。

在使用的频段上，暗箱应是个良好的屏蔽间，以防止射频信号源的泄漏或外界信号的干扰而影响测试精度。同时，为了防止内部干扰，辐射器与被测导引头之间应无金属反射物。

3.4.3 引信目标模拟器

防空导弹测试中为检测引信工作性能需要引信目标模拟器。弹上常采用的引信有无线电引信和红外引信，对于不同的引信也就有不同类型的引信目标模拟器。下面介绍两种无线电引信的目标模拟器和一种红外引信的目标模拟器。

1. 适用于多普勒无线电引信的目标模拟器

这种引信目标模拟器由引信收发天线微波罩、无线电引信、调制组合、衰减器及测试组合组成，如图 3-41 所示。

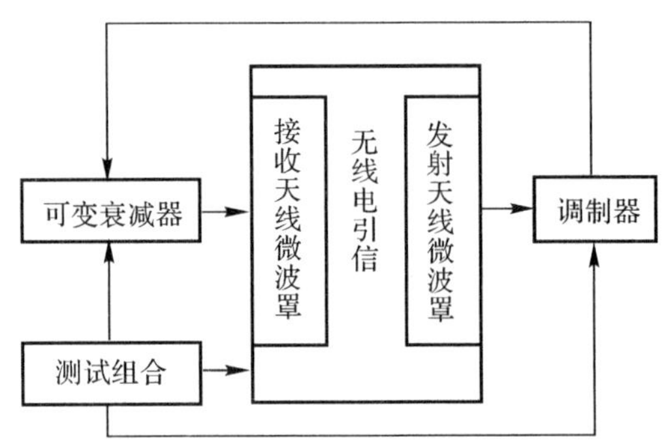

图 3-41　无线电引信目标模拟器

引信天线微波罩也叫引信天线防护盖，是一种微波屏蔽罩，在每个引信天线（每个波道的发射天线和接收天线）上各有一个，它们相当于天线耦合器。发射天线微波罩装在发射天线上，其功用是防止电磁波向空间辐射而造成失密。微波罩内壁有微波吸波材料，在测试时，将大部分能量吸收，而将耦合出的小部分电磁能量通过高频电缆输往引信接收天线。

无线电引信的发射机产生高频电磁波，通过高频电缆送往发射天线微波罩，经过调制器，在调制器内对高频电磁波进行移相和调幅处理，产生模拟目标反射的带有多普勒频率信号的回波信号，送往可变衰减器。可变衰减器用于模拟引信发射的信号在空间中的衰减，也就是模拟在弹目交会段的弹目距离。

测试组合用于控制无线电引信、可变衰减器和调制器的工作状态，同时显示引信起作用状态，显示测试参数。

这种引信目标模拟器常用于测试无线电引信的灵敏度等参数，主要适用于对连续波多普勒无线电引信、脉冲多普勒无线电引信等多普勒无线电引信的目标模拟。

具体应用可以结合后面章节论述的无线电引信灵敏度测试的内容。

另一种采用导弹无线电引信的目标模拟器测试引信性能的原理框图如图 3-42 所示。

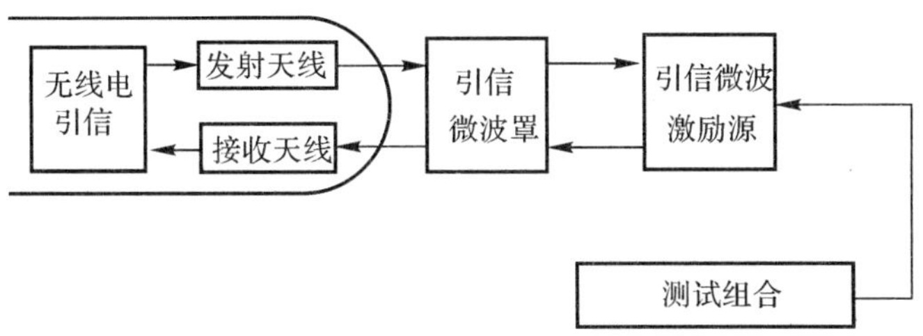

图 3-42　采用目标模拟器测试无线电引信性能原理框图

模拟器由微波罩、微波激励源及测试组合组成。微波罩由三个 X 波段，互成 120°接收/发送专用的天线组成，其中第三路兼有高度表功能。

微波激励源实际上是一个目标多普勒信号模拟器，它接收微波罩传送的引信高频辐射信号，经多普勒处理后再经过微波罩发送给引信，以检测引信的工作性能。

测试组合控制微波激励源的工作状态，对引信实现不同状态激励。从引信噪声点或引爆电容充放电检测引信，以此判断引信工作性能。

2. 适用于调频比相无线电引信的目标模拟器

典型的在部队用于测试调频比相引信灵敏度等参数的引信目标模拟器由微彼天线保护罩、距离模拟器、速度模拟器、目标强度模拟器和相位模拟器等组成，如图 3-43 所示。

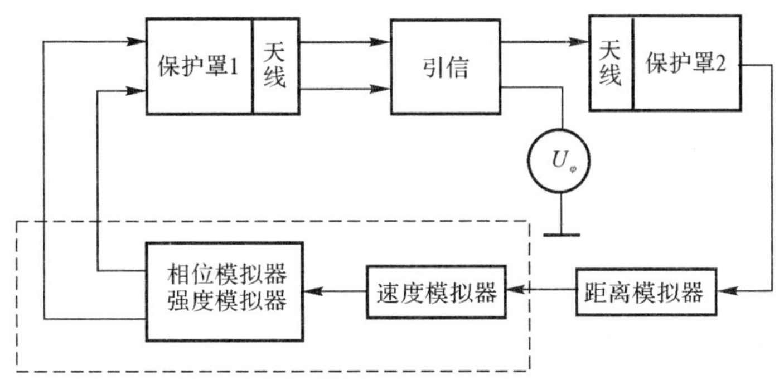

图 3-43　调频比相引信灵敏度测试系统原理框图

引信通过发射天线发射出高频电磁能，进入发射天线保护罩 2，一部分能量被保护罩内的吸收材料所吸收，另一部分能量经保护罩的转接器和高频电缆送到距离模拟器内。在距离模拟器内先经过延迟线进行延时(模拟导弹与目标之间的作用距离)，然后再经过移相器进行移相。移相后的信号送入速度模拟器中进行速度模拟。速度模拟器实际上就是单边带调制器，其作用是模拟导弹与目标遭遇时的多普勒频率，由于多普勒频率与弹目相对速度成正比，因此它的作用也可以说是模拟导弹与目标之间的相对速度。速度模拟器输出的信号进入回波信号强度模拟器(即可变衰减器)进行信号强度的模拟，以模拟导弹与目标逐渐接近时，回波信号的强度；而后再进入相位模拟器进行相位模拟(调整相应支路的测量移相器，使相位电压 U_φ 最大)；最后通过高频电缆将信号送入接收天线保护罩 1 中，一部分能量被保护罩的吸收材料吸收，另一部分能量送到引信的接收天线进入引信的接收系统。

在这里，引信发射功率 P_t 是固定不变的，而当引信的接收功率 P_r 减小时引信的相位电压 U_φ 也随之减小。当调频比相引信的相位电压 U_φ 从正最大值减小时，系统总的损耗便是调频比相引信的灵敏度(dB)：

$$K = A = A_z + A_s = 10\lg \frac{P_t}{P_{rmin}} \tag{3.14}$$

式中，A_z 表示测试系统总的起始损耗（A_s 为零刻度）；A_s 表示可变衰减器的刻度值。

实际测试时，根据可变衰减器的刻度值，从校正曲线板中查出灵敏度值 K。

3. 红外引信目标模拟器

红外引信目标模拟器的敏感波段在红外波段上，当导弹与目标接近时，由于接近方向角和速度不同，红外窗口接收到一定宽度的信号(对应一定的频率)，只有在一定频率范围内变化的红外信号才能使引信启动，模拟器应能产生这种特性的红外信号。

一种典型的红外引信的目标模拟器如图 3－44 所示。

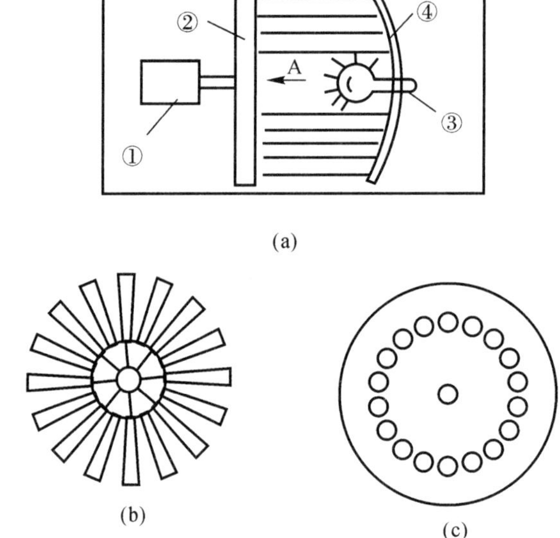

图 3－44　红外引信的目标模拟器

(a)侧视图；(b)扇形圆盘；(c)同心孔圆盘

①电动机；②扇形圆盘或同心孔圆盘；③光源；④反射镜

该红外引信目标模拟器由直流电动机、扇形圆盘或同心孔圆盘、红外光源和反射镜等部分组成。红外光源发出的连续的红外光经过反射镜反射到圆盘，由于直流电动机带动扇形圆盘或同心孔圆盘的旋转而调制成红外脉冲光，就模拟了目标反射的红外信号经过红外引信调制形成的辐射光源。

光源变化的频率为

$$f = nN/60 \tag{3.15}$$

式中，n 为直流电动机转速，r/min；N 为圆盘扇形数或同心孔数。

该红外目标模拟器模拟的目标红外辐射的红外信号变化率在 150～499Hz 之间。

第 4 章　制导系统测试技术

4.1　防空导弹制导系统测试需求

4.1.1　防空导弹制导系统

防空导弹制导系统是导弹制导控制系统的重要组成部分，也是导弹核心设备之一，其主要功能包括截获并跟踪武器系统所选定的目标，形成制导指令，向导弹飞行控制系统提供和传送制导信息，控制导弹状态转换等。

防空导弹制导系统按照制导方式不同，分为指令制导式、寻的制导式和复合制导式。

1. 无线电指令制导系统

无线电指令制导系统的组成原理如图 4-1 所示。

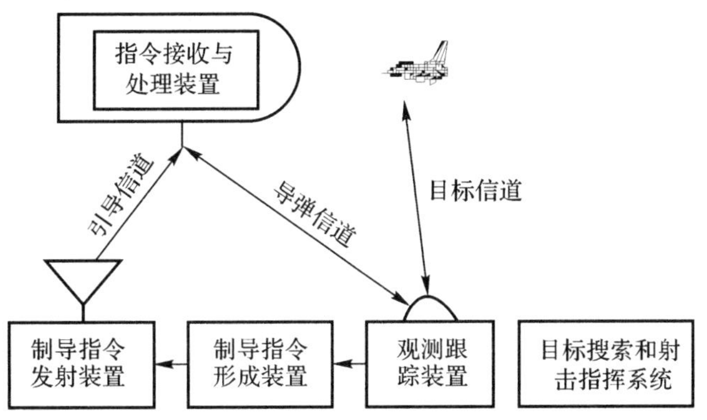

图 4-1　无线电指令制导系统组成原理图

无线电指令制导系统，按照位置分为制导站制导设备和弹上制导设备两部分。制导站制导设备由目标搜索和射击指挥系统、观测跟踪装置、制导指令形成装置和制导指令发射装置所组成。目标搜索和射击指挥系统是在较大作战空域内监测目标，完成对空中目标的探测、敌我识别和威胁判断，将要实施拦截的目标数据发送给指定的跟踪制导雷达。观测跟踪装置的作用是搜索与发现目标，捕捉导弹信号，连续测量目标及导弹的空间位置及运动参数，以获得形成指令所需的数据。制导指令形成装置主要是一部计算机。它是根据测定的导弹和目标的参数，按照所选定的导引方法进行变换、运算、综合和形成控制指令。制导指令发射装置将制导指令编码、调制后，将计算机形成的制导指令进行编码和高频调制，在功率放大后经指令发射天线发送出去传递到导弹上。

弹上制导设备主要是指令接收与处理装置，它起到接收地面制导站指令，对指令进行变换、译码、解调以及向地面发回应答信号的作用。

弹上指令接收与处理装置由接收天线、指令接收机、译码器与解调器、应答器和应答发射天线等部分组成。其组成原理如图 4-2 所示。

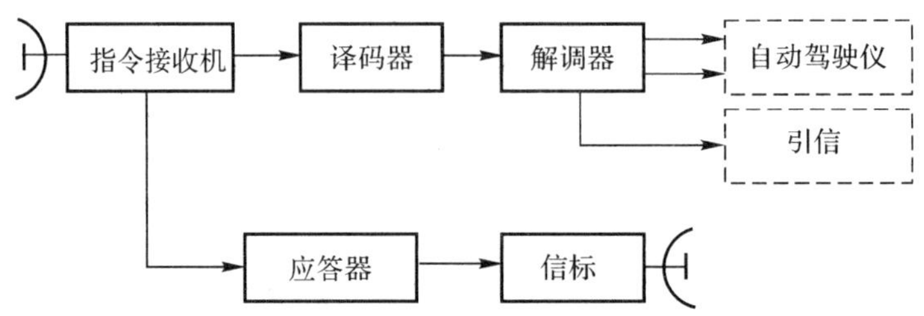

图 4-2　弹上指令接收与处理装置组成原理图

指令接收机还包括变频器组合和放大器组合。变频器组合的作用是从接收到的全部信号中选出相应制导站发出的高频信号，经过变频输出中频信号，输至放大器组合。放大器组合的作用是将变频器组合中微弱的中频信号放大并检波，变换成视频信号。译码器与解调器对制导站发送的经过编码的控制指令信号进行选择、译码，然后解调出送给自动驾驶仪和导弹引信的相应指令。

2. 无线电寻的制导系统

无线电寻的制导系统是指通过导弹完成对目标的跟踪，制导控制指令产生于弹上，然后传送给导弹控制系统的导引系统。无线电寻的制导系统按照搜索跟踪目标的方式，可分为主动式、半主动式和被动式，大部分防空导弹采用前两种方式。

导弹上无线电寻的制导系统的主要设备是雷达导引头，以主动雷达导引头为例，其组成原理如图 4-3 所示。

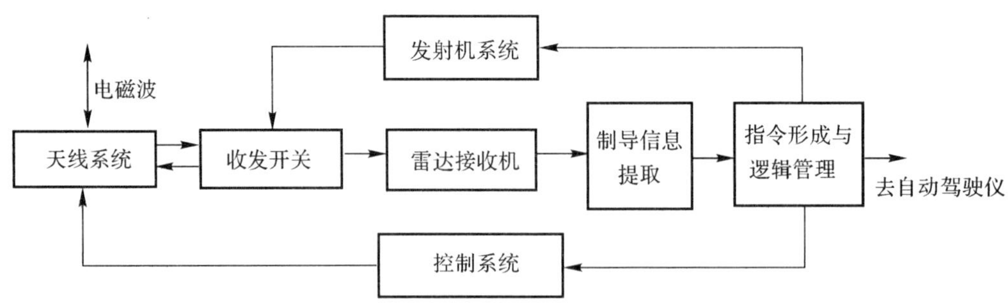

图 4-3　典型雷达导引头的组成框图

雷达导引头按照其功能模块可以分为三部分：探测系统、控制系统和信息处理系统。

雷达导引头探测系统采用雷达探测方式获取目标信息，并转换成电信号的形式送往信息处理系统。探测系统主要包括天线罩、天线和收发开关等。导引头常用的天线有单脉冲天线、旋转抛物面天线、平面缝隙阵列天线和相控阵天线等。天线一般位于导引头的最前端，为了改善导引头天线及天线伺服系统的使用环境，形成良好的导弹气动外形，在天线外面覆盖有天线罩。

雷达导引头信息处理系统用于完成对探测系统所获取的目标进行分类、检测、制导信息提取，根据弹目相对运动关系和制导律等形成制导指令，目标质心相对于天线轴中心的误差解算与实时输出，使寻的制导控制系统满足要求的品质特性等任务。对于主动式和半主动式雷达导引头来讲，接收机是完成导引头信息处理的主要装置。对于主动式雷达导引头还需要有发射机。信息处理系统主要包括信号检测系统、制导信息提取系统、指令形成与逻辑管理系统等。

雷达导引头控制系统，也称为导引头的伺服系统，其作用是首先稳定探测系统天线轴，隔离弹体姿态角扰动；然后利用控制电路，对信息处理系统输出的误差指令进行品质提高与功率放大，形成对目标进行跟踪的控制电流，同时通过控制调节器对导引头控制回路进行校正，以满足导引头系统的总体要求；最后通过力矩器接收与目标位置误差成比例的控制电流，形成驱动天线轴进动的控制力矩，实现对目标的自动跟踪。控制系统主要由导引头的预定回路、稳定回路和角跟踪回路等部分组成。

雷达导引头的简单工作过程是：导引头天线装在导弹头部，通过头部天线罩辐射和接收电磁波。接收到的目标回波和各种杂波信号送到接收机进行放大、滤波和变换，然后在信号处理器中提取目标的角度信息和弹目接近速度信息，再送到数据处理系统中，经过滤波估值得到目标运动信息，再加上导弹自身信息，形成对天线伺服系统的控制指令，调整导引头天线跟踪目标，实现对目标的角度跟踪，同时送到发射机系统，改变发射机频率，实现对目标回波的多普勒频率跟踪。在数据处理系统中还形成控制指令，送给自动驾驶仪，通过舵系统控制舵面偏转，实现对导弹的俯仰和偏航方向上的控制。导引头还产生用于控制导弹状态转换的逻辑信号，以及送给引信各种控制信号和逻辑指令。在发射准备阶段，导引头还接收发控车的发射初始参数装订及飞行过程中还可能形成的控制引信加电指令信号、控制引信工作状态的信号及导弹自毁信号等。

4.1.2 制导系统需要测试的主要项目

1. 无线电指令制导系统需要测试的主要项目

无线电指令制导系统的主要功能是接收地面制导站发过来的经过编码的控制指令，然后对其解调、译码，其需要测试的主要项目包括电源测试、接收和处理（指令编码、解调、译码）设备的性能测试、产生的导弹应答信号的波形测试等。

由于无线电指令制导系统中的指令信号是由地面制导站产生的，因此在对接收和处理设备的性能进行测试时，测试设备首先需要产生模拟地面制导站发出的编码指令，然后加到弹上的译码器。译码功能测试的内容主要是检查对编码信号各码位的译码是否准确，另外，测试设备需要分别测试译码出的编码波形及导弹应答信号波形的脉冲宽度、脉冲前后沿参数、脉冲时间间隔参数等。

（1）指令编码测试。对于无线电指令制导系统而言，制导站制导设备需要向弹上传输指令，由于传输的指令不止一个，所以指令传输通道是一个多路数据传输系统，采用一个信道传输多个信息，即采用的是所谓多路复用原理。在防空导弹上的多路复用主要采用三种方式，即频分多路传输方式、时分多路传输方式和码分多址传输方式。

频分多路传输方式就是按照频谱划分信道，是基于频率的不同来实现分路的。在地面制导站的发送端把需要发送的几种不同指令安插在互不重叠的频带内，而在弹上的接收端则用中心频率不同的带通滤波器将各个信号区别开来。

时分多路传输方式是利用一个信道按照时间顺序来传输若干不同通道来的采样离散信息，以便使不同通道的信号在时间上互相错开。在弹上的接收端将各路信号的采样值按照它们在时间上的不同顺序分离，恢复成原来的信号。

码分多址传输方式是利用不同的编码对信道进行分类的。它的信道采用同一频率发射，信号的检测是通过码的相关检测来实现的。这种信息传输方式具有很高的抗干扰性，保密性强，编码灵活。其缺点是占用频带宽，设备复杂。

在防空导弹上，早期的苏联“萨姆-2”导弹采用的是时分多路传输方式，第二代防空导弹中的法国“响尾蛇”地空导弹则采用了码分多址传输方式，后续的导弹大部分采用了码分多址传输方式。

对于采用二进制编码的码分多址传输方式，码的组成一般有导弹地址码、指令地址码、指令值码、校验码及引信的解锁码和战斗部解除保险码等，分别用于区分不同的导弹、区分不同的指令、表示指令值的大小、校验传输的各个码位是否有错误以及给引信解锁和战斗部解除保险。

码分多址传输方式采用的是二进制编码信号。在导弹上，就需要对接收的二进制编码进行解调和译码，因此弹上有解调器和译码器电路。

对指令编码的测试主要是测试译码电路译出的码位正确与否，这种测试实际上就是对码组结构的测试。由于弹上译码电路只识别预定的码组结构，因而与制导站发射的码组结构不同的编码信号，译码电路是译不出相应的编码信号的。对码组结构的测试是属于数据域测量的范围。在测试时，需要测试设备产生模拟制导站发出的特定的编码信号，模拟信号的码组结构应与制导站发出的完全相同。

在弹上，接收、解调、译码的设备称为遥控应答机或无线电控制探测仪。

典型的一个具有 21 位码的码组结构如图 4-4 所示。图中所标 1～21 位均是码位，1，6，7，11，12 和 20 六个码位不管在哪个指令值下测试均有脉冲出现，根据实际应用中这些码位的作用，又把它们称为开启或关闭位。其余位并不一定都有脉冲存在，在每个码位上是否出现脉冲由测试时根据测试项目来确定。图中所示信号是按导弹地址码、指令地址码、逻辑指令值码和奇偶校验码的顺序排列的，其中前两者间隔较大，后三者联在一起。还可从图示码组结构看出，码位 1～6、码位 7～11 是彼此紧挨着没有间隙的，码位 11～21 彼此间隔 t_1。每个码位占有 t 的时间间隔，逻辑“1”由 $t/2$ 宽的有用信号脉冲和紧接其后的 $t/2$ 的无信号区组成。逻辑“0”则相当于 t 时间间隔无信号情况。

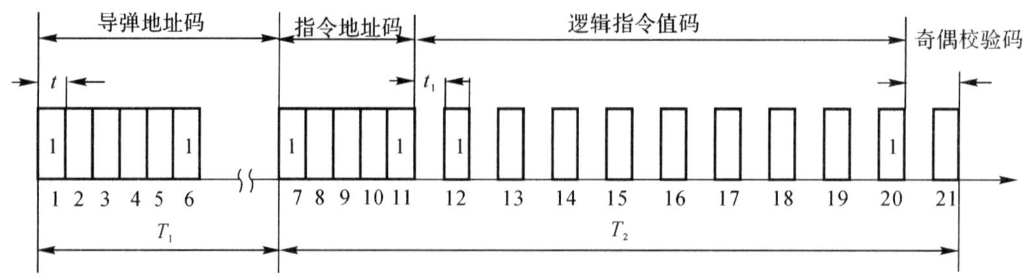

图 4-4　21 位码的码组结构

下面按具体码字形式说明码组结构。

码位 1～6 是导弹地址码，码位 1 和 6 是逻辑"1"，其他四位为可变码位。导弹地址码共有 $2^4=16$ 种可能的情况供选择，但在测试时必须保证测试系统发出的导弹地址码与导弹所装订的地址码完全一致才能正常测试。否则，导弹将不发出应答，更不执行各种指令。

码位 1～6 是导弹地址码，码位 7～21 是偏航或俯仰指令码。码位 7～11 是指令地址，7 和 11 为逻辑"1"，8，9，10 为可变位，对偏航指令为"100"，对俯仰指令则为"011"。码位 12 为"1"，表示信息值打开。码位 13 代表指令值的极性，规定"0"代表"＋"，"1"代表"－"。码位 14～19代表指令值大小，这个值可以是从 0～63 的 64 个值中的任一数值，每一码位的权值见表 4－1。码位 20 为逻辑"1"，是指令值关闭信号脉冲。码位 21 作奇偶校验，它的取值使码位 12～21 中所有逻辑"1"的总数是奇数。

表 4－1　部分码位权值

码位	14	15	16	17	18	19
权值	32	16	8	4	2	1

带奇偶校验位的码字是最简单的检错码，因为是由所有为 1 码位的总数的奇偶性来判断的，所以只能发现奇数个错误，偶数个错误却不能被检出。在导弹遥控应答机翻译此码时，若发现奇偶性不对，则认为是错误码字，不执行，仍按照前一指令值工作。由此可理解这种码组结构有"一定"的检错能力。

(2)编码波形测试。编码波形测试主要是测试脉冲幅度、宽度及脉冲前沿。具体包括以下几种：

1)指令电压幅度：对送给导弹自动驾驶仪的俯仰指令脉冲、偏航指令脉冲以及送给无线电引信的指令脉冲电压幅度进行测试。

2)应答器信号脉冲幅度和宽度：对发送给地面制导站的应答信号的幅度和宽度进行检查。

3)应答器信号重复频率测量：对发送给地面制导站的应答信号的重复频率进行检查。测试方法是采用经过校准的频率计测量频率，通过示波器观察相应的波形。

4)应答器信号脉冲前后沿测量：对发送给地面制导站的应答信号的脉冲前后沿进行检查，保证脉冲信号前沿上升时间和后沿下降时间较短。

5)询问脉冲波门宽度测量：对接收到经过译码后的视频询问脉冲信号的波门宽度进行检查。该项测量也是在示波器上选出询问信号脉冲，通过示波器对其脉冲宽度进行测量。

对编码波形各参数的测量如果是采用人工手动测试，可通过示波器直接观察各编码信号脉冲波形，在示波器上选出相应的信号，然后完成对其指令电压幅度、脉冲前后沿、脉冲宽度及脉冲重复频率进行读数测量。如果采用自动测试系统，那么就需要设计相应的测试各参数的专门电路。

上述检查的信号脉冲幅度为 0～10V，脉冲宽度为 0.1～10μs，脉冲前沿上升时间为 0.1～0.5μs。

2. 无线电寻的制导系统测试的主要参数

无线电寻的制导系统主要设备为雷达导引头，描述雷达导引头的参数很多，在部队技术阵地，对雷达导引头测试主要包括接收机灵敏度测试、多普勒频率跟踪范围测试、导引头输出控制指令测试、导引头天线搜索范围测试、导引头磁控管或者速调管供电电压与电流测试、导引头供电电压和电流测试等。

跟导弹其他部分测试的情况类似，具体需要测试哪些参数与无线电寻的制导系统的工作体制、目标跟踪方式、弹上具体实现方式和导弹工作过程等密切相关。

(1)接收机灵敏度测试。对半主动雷达导引头，包括了直波接收机灵敏度测试和回波接收机灵敏度测试。直波接收机灵敏度测试需要测试直波接收机正常工作所需的最小输入信号功率，以此来确定导引头与照射器频率的同步能力。回波接收机灵敏度测试是用来测试导引头能跟踪的最小回波输入功率。

(2)多普勒频率跟踪范围测试。对主动和半主动雷达导引头，测多普勒频率跟踪范围是为了测试导引头对目标的速度在多大范围内能够跟踪目标，检验目标跟踪回路是否有故障。

(3)导引头输出控制指令测试。对主动和半主动雷达导引头，导引头输出控制指令测试是为了确定导引头产生和输出的各类指令的波形在信号幅度和相位上是否满足要求。

上述测量参数中，在部队技术阵地比较重要和测量比较复杂的是对接收机灵敏度的测试和对导引头输出控制指令的测试。由于导引头产生的指令电压属于二进制脉冲信号，导引头输出控制指令测试的内容同无线电指令导引系统对指令编码脉冲的测试。

雷达导引头的测试具有被测量种类多、数值范围广、幅度差别大、波形变化多等特点，因此要求对雷达导引头测试设备应该满足以下特点。

(1)应有足够宽的频率范围。雷达导引头的频率范围从直流到几十吉赫兹，因此，用于这些频率下的模拟量测试方法与仪器都有所不同。

(2)应有足够的测量范围。以测量电压为例，有些待测电压的下限在几毫伏(例如有时需要测量某些噪声)，而上限在几百伏左右(如加至导引头磁控管或者速调管的高压)，因此考虑自动测试时必须实现量化处理。

(3)应有足够的输入阻抗。由电路分析知道，测量仪器的输入阻抗就是被测电路的额外负载，为了使得仪器在接入电路时尽量减小对被测对象的影响，要求仪器具有高的输入阻抗。

(4)应具有高的抗干扰能力。雷达导引头模拟量的测试一般都是在充满各种干扰条件下进行的，特别是在高频小信号测量时尤其突出，当测量仪器工作在高灵敏度时，干扰将会引入测量误差。

4.2 脉冲波形参数测量

3.3 节已经讲述了对指令编码的测试，本节重点论述对编码波形的参数测试。由于编码波形是一种脉冲波，因此，也称脉冲波形参数测量。

脉冲，即短时间存在的电流或电压，它有矩形、三角形和锯齿形等，一般应用较多的是矩形脉冲。对于一个一般的矩形脉冲信号，通常用幅度、宽度、前沿、后沿以及重复频率等五个基本参量来说明它的特征，其中任何一个参数不同，都说明是不同的两个信号。对有些特殊要求的脉冲信号，除以上五个基本参量之外，还有顶部颤动、前沿抖动和切频度等三个参量。所谓切频度，是说明脉冲顶部不均匀程度的物理量。在防空导弹武器系统中，导弹向地面发射一个应答脉冲，该应答脉冲的切频度要求不大于脉冲幅度的 30%，如果超过 30%，地面接收雷达就可能将一个应答脉冲当成两个来计算，影响测量精度。关于对切频度的要求一般都是能满足的，由于该应答脉冲预先都已调好，所以在平时的测试时，很少见到有不符合要求的现象。

关于脉冲幅度的测量，比较容易实现。本节主要讨论脉冲的时间测量，即脉冲宽度测量、脉冲前后沿测量和脉冲时间间隔测量。

4.2.1　脉冲宽度测量

脉冲宽度的测量，最简单的方法是直接通过示波器读取脉冲的宽度。随着电子技术和计算机的发展，采用数字化测量技术日益普遍。采用数字化技术测量，可以直接与计算机总线构成的自动测试系统相连，实现全自动测试。

数字化测量技术中，测试脉冲宽度实际上就是作时间/数字转换（即 T/D 转换），其基本测量原理就是 T/D 转换原理，其测试原理框图如图 4-5 所示。其测试电路主要由标准信号发生器、放大整形电路、主闸门和计数器等组成。

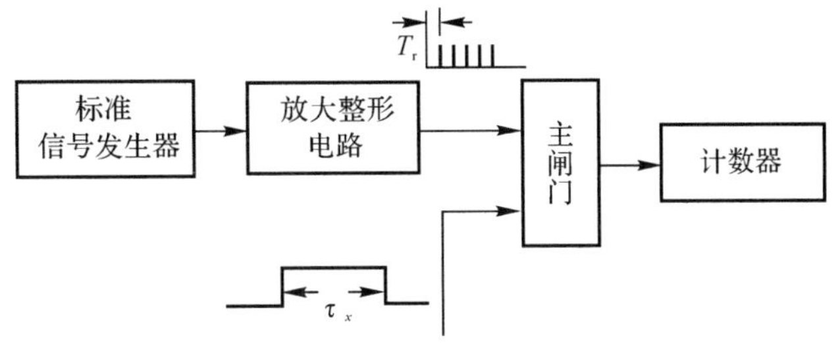

图 4-5　脉冲宽度测试原理框图

标准信号发生器产生频率为 f_r 的标准信号，经放大整形变成周期为 T_r 的脉冲信号，加至主闸门。主闸门为一个“与”门电路，在被测脉冲的控制下，主闸门输出与被测脉冲宽度 T_r 成正比的数字量 N，使

$$\tau_x = NT_r \tag{4.1}$$

式中，T_r 为标准信号的周期；τ_x 为被测脉冲信号的宽度。那么

$$N = \frac{\tau_x}{T_r} \tag{4.2}$$

通过测出 N 就可以测出脉宽 τ_x。由上述脉冲测量原理可知，标准信号的周期 T_r 大小直接决定了测量误差的大小。T_r 越小，在相同的被测脉冲宽度内，计数 N 就越多，测量误差就越小。为了满足一定的测量精度要求，一定宽度的被测脉冲 τ_x，必须采用足够高频率的标准信号 f_r 与之对应。

以上讨论的脉冲宽度的测量，是对理想脉冲而言的，理想脉冲的前沿和后沿宽度等于零，所以从起始时间到终止时间 0 电平之间的宽度与 0.5 电平处的宽度是相等的。对于理想的矩形脉冲，该电路也是适用的。但对测量非理想的矩形脉冲，例如钟形脉冲或三角脉冲等，其脉冲宽度通常均以 0.5 电平处的宽度作为脉冲的宽度，所以只用上述简单框图关系是不行的，必须添加其他有关电路。

导弹上的指令脉冲电压实际上是近似于钟形脉冲，那么其测量电路可采用图 4-6 所示的测量电路。其波形图如图 4-7 所示。

由波形图可以看出，被测脉冲加至比较电路和 0.5 电平产生器电路，0.5 电平产生器电路产生正比于输入电压幅度 1/2 的直流电压，在比较电路与输入的脉冲进行比较，当被测脉冲等于 0.5 电平时，产生输出的尖脉冲，即比较电路输出脉冲，该脉冲触发门控双稳电路，产生等于被测脉冲 0.5 电平处宽度的矩形脉冲，控制主闸门，使计数器获得正比于被测脉冲宽度的计数值，这样由计数器便可直接读出被测脉冲的宽度 τ_x。

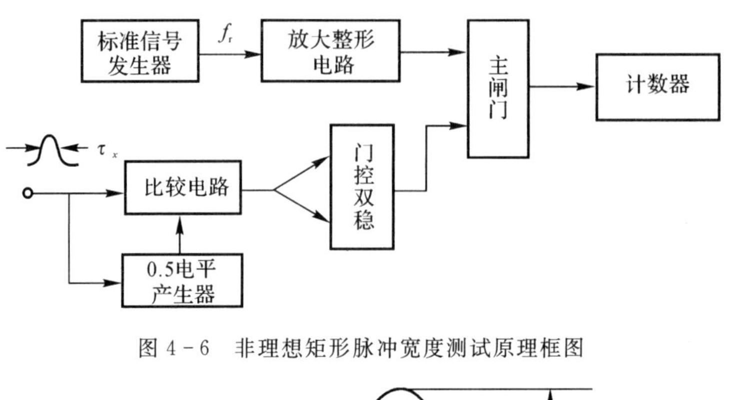

图 4-6　非理想矩形脉冲宽度测试原理框图

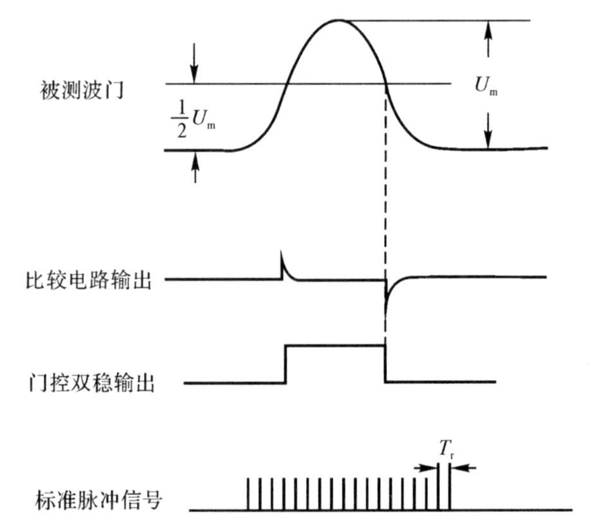

图 4-7　非理想矩形脉冲宽度测试波形图

4.2.2　脉冲前后沿测量

理想脉冲的前沿和后沿宽度等于零，由于电路的惰性，实际上理想脉冲是没有的，都具有一定的前沿宽度和后沿宽度，只是由于电路惰性大小的不同，矩形脉冲的前沿宽度和后沿宽度也不同。

测量脉冲的前沿和后沿，较为简单的方法是直接通过示波器上显示的波形进行测量。如果要实现自动测量，则要采用其他方法。

脉冲前沿和后沿既然是脉冲的一种时间宽度，对它的测量也就与脉冲宽度的测量相似，其主要区别是选择不同的电平。通常规定脉冲前沿宽度为脉冲幅度的 10%～90%之间的时间间隔，而脉冲后沿宽度为脉冲幅度的 90%～10%之间的时间间隔。有些情况下特殊规定脉冲幅度的 10%～70%之间的时间间隔为脉冲前沿宽度，而脉冲幅度的 70%～10%为后沿宽度，例如，应答脉冲前后沿宽度就是这样规定的。

上述对脉冲前后沿宽度规定的不同，并不影响其测量原理。测量的方法是输入一个矩形的脉冲信号，测量其任意两点之间的时间间隔。这时，只要分别选取其触发电平和触发极性，以确定起始点的位置和停止点的位置。

测量脉冲前沿宽度和后沿宽度的原理框图如图4-8所示。

图4-9为测量脉冲前沿和后沿的波形图。图的左半边是测量波形前沿的波形图，右半边是测量波形后沿的波形图。由图可以看出，测量脉冲前沿宽度时，先选择脉冲信号上升沿的0.1电平作为起点电平，形成起点脉冲，触发门控双稳电路产生控制门信号，然后选择脉冲信号上升沿的0.9电平作为终点电平，触发门控双稳电路终止控制门，使门控双稳电路输出正比于前沿宽度的控制门信号，在控制门信号的作用下，计数显示器计录，并显示被测脉冲前沿宽度的大小。

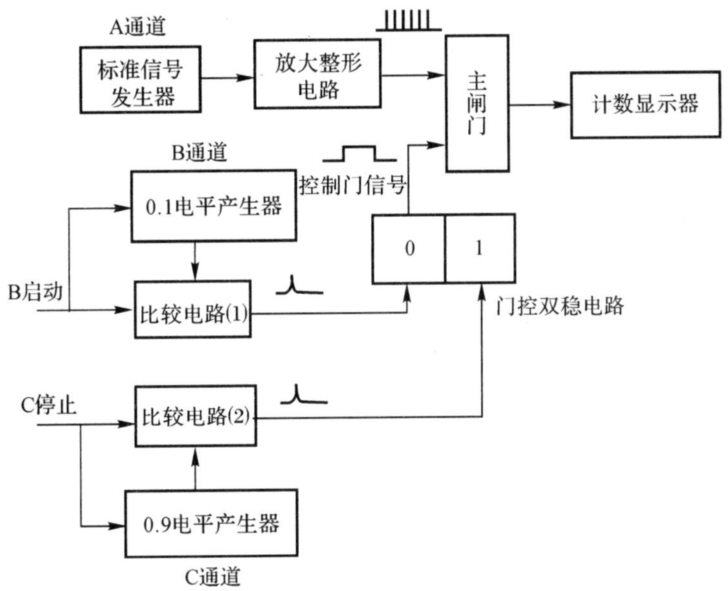

图4-8　脉冲前后沿宽度测量电路原理框图

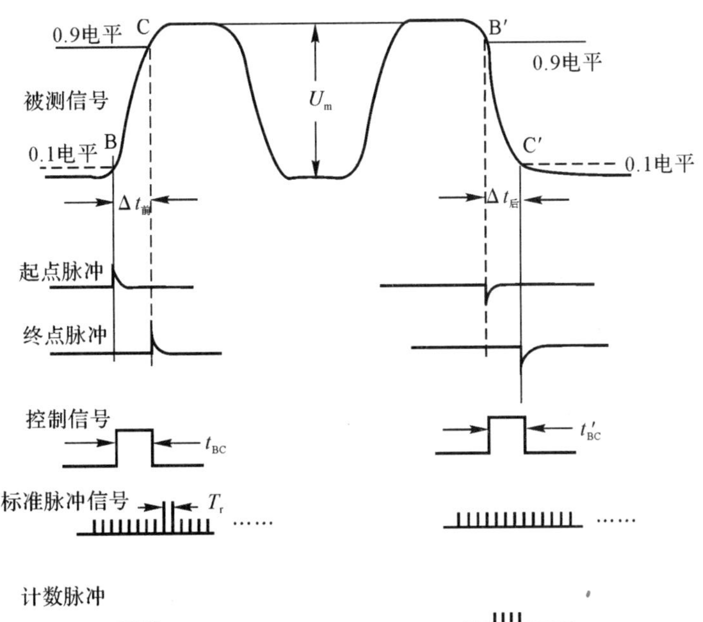

图4-9　脉冲前后沿宽度测量波形图

当测量脉冲后沿宽度时，与测量脉冲前沿宽度正好相反，采用0.9电平作为起始点形成起始信号，采用0.1电平作为终止电平形成终止脉冲，在起始和终止信号的作用下，门控双稳输出等于脉冲后沿宽度的控制门，使计数显示器给出后沿宽度的大小。

4.2.3 脉冲时间间隔测量

脉冲时间间隔的测量和脉冲宽度的测量，前、后沿宽度的测量以及脉冲周期的测量一样，都是时间的测量。

脉冲时间间隔测量的基本原理是，通过触发极性和比较电平的选择，可以选择两个输入信号的上升沿或下降沿上的某电平，作为时间间隔的起点和终点，因而可以测量两输入信号任意两点之间的时间间隔，一般是测量两脉冲0.5电平之间的时间间隔。

测量两脉冲0.5电平之间的时间间隔的原理框图如图4-10所示。

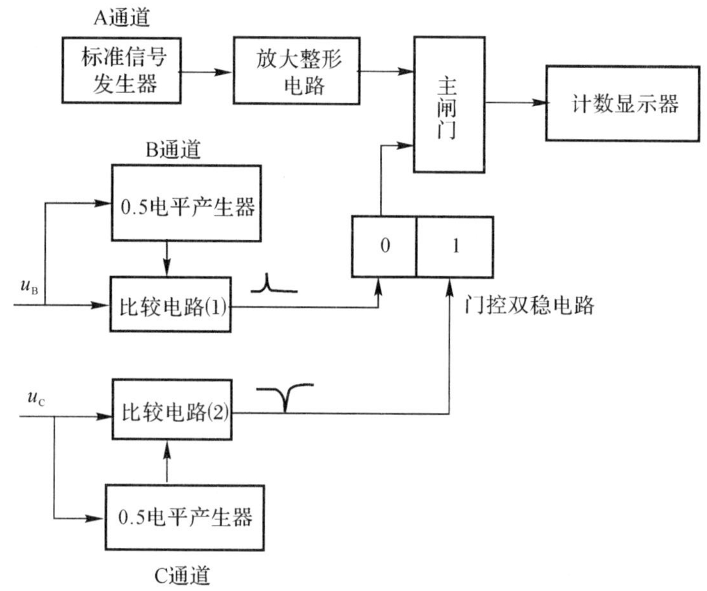

图4-10 脉冲前、后沿宽度测量电路原理框图

图4-11为测量的波形时间关系图。图4-11(a)为两信号的上升沿之间的时间间隔的波形图，图4-11(b)为前一信号上升沿与另一信号下降沿之间的时间间隔的波形图。

由图4-11可见，时间间隔的测量与脉冲前后沿的测量原理框图相同，只是电平产生器产生的电平不同。当u_B信号和u_C信号分别加至B，C通道时，基于比较电平选取在50%的点上，且两通道的触发电平均选为正，则可测u_B和u_C的0.5电平上升沿之间的时间间隔t_{BC}。若B通道选取正触发极性，C通道选取负触发极性，则得u_B的上升沿(0.5电平点)与u_C的下降沿(0.5电平点)之间的时间间隔t'_{BC}。

通过脉冲宽度、前后沿宽度及时间间隔的测量原理可以得出，若测量一个脉冲任意两点之间的时间间隔，或测量任意两个脉冲任意两点之间的时间间隔，则应在信号的两点上分别输出一个起始信号和停止信号。为此，将信号输入B通道和C通道，根据测量的要求确定比较电平和触发极性，使B通道能选择起始点信号的位置，而C通道能选择停止点信号的位置。该起停位置之间的间隔即为被测的时间，在该时间内计算，便得被测时间的数字值。

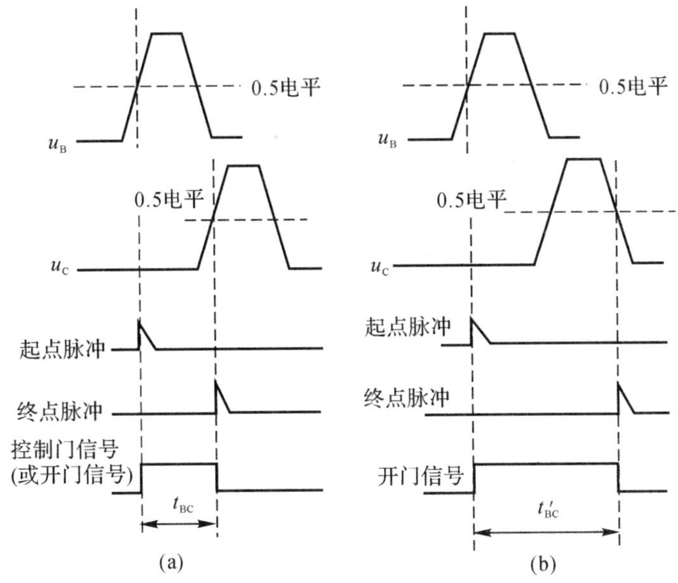

图 4-11　两信号之间的时间间隔的测量波形时间关系图

4.3　数字指令编码信号测试

编码脉冲信号通常由数字电路产生，它的测试属于数字信号的数据域测试。在防空导弹测试中通常遇到的数据域测试有导弹制导系统和无线电引信中的编码脉冲测试、导弹工作状态测试及遥测信号的编码脉冲测试等。

在无线电引信中，通常要传输无线电引信解锁信号、控制无线电引信各信号宽度的信号等，特别是对目前常用的脉冲多普勒体制的无线电引信，其传输的信号形式同制导系统的编码数字信号，因此其测试原理也相同。

另外，在许多防空导弹测试中，在很多情况下，并不需要获得导弹状态的具体参数，只需要测试这项参数的状态即可。导弹参数的状态信号用“通过”和“不通过”来表示，在数字电路上用编码信号的逻辑“1”和“0”表示。这种测试同样是属于数据域测试的范畴，其测试原理也相同。

对于一般的数字编码脉冲的测试可参见 2.6 节的相关内容，本节重点就导弹制导系统对编码脉冲波形的测量进行论述。

在导弹制导系统中，理想情况下，编码脉冲、询问脉冲等脉冲信号是规整的矩形波，但实际上通常是近似于矩形波，那么需要对其信号的失真度进行测试分析，某些情况下还需要对其频谱进行分析测试。这些均属于波形测试，测试的目的是为了检验编码脉冲是否满足技术条件的要求。

现代常用于对波形参数进行观察描述的工具是电子示波器。近年来随着虚拟仪器技术的发展，通过计算机对其进行采集、观察、测量、记忆与分析也已经成为主流。本节主要论述波形失真度和波形频谱分析。

4.3.1 失真度的测量

1. 失真度的定义

对非标准正弦波波形进行傅里叶级数分解，可以得到其基波分量与各次谐波分量，把各谐波分量有效值之和与基波分量的有效值之比定义为失真度，也称非线性失真系数，用 γ 表示。对于电压波形可表示为

$$\gamma = \frac{\sqrt{\sum_{n=2}^{\infty} U_n^2}}{U_1} \times 100\% \tag{4.3}$$

为了测量方便，当不考虑失真时，波形总有效值近似等于基波有效值。失真度可近似等于各谐波分量有效值之和与被测波形总有效值之比，用 γ' 表示，即

$$\gamma \approx \gamma' = \frac{\sqrt{\sum_{n=2}^{\infty} U_n^2}}{\sqrt{\sum_{n=1}^{\infty} U_n^2}} 100\% \tag{4.4}$$

γ 与 γ' 之间的关系为

$$\gamma = \frac{\gamma'}{\sqrt{1-\gamma'^2}} \quad 或 \quad \gamma' = \frac{\gamma}{\sqrt{1+\gamma^2}}$$

2. 基波抑制法测量失真度

测量失真度的方法很多，通常所应用的比较简单的方法是基波抑制法，图 4－12 为这种方法的原理框图。具有代表性的仪器是 BS－1 型失真度仪。

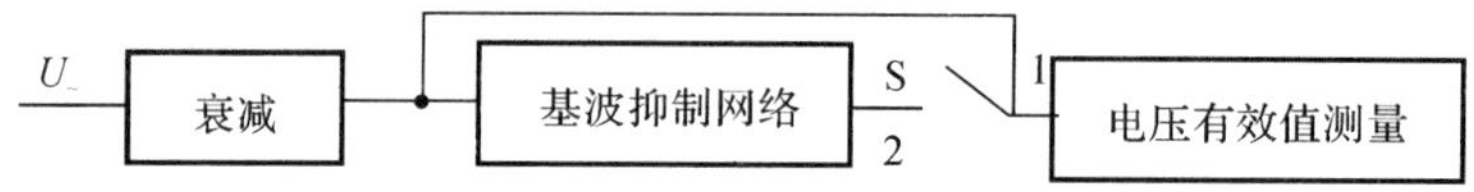

图 4－12 基波抑制法原理框图

所谓基波抑制法，就是应用带阻滤波器将被测信号基波分量滤掉，测量开始，先将开关 S 置于“1”位，适当调节衰减器，使电压表有一较大的指示，该示值即与被测信号的总有效值 U 成正比，设比例系数为 1。

$$U = \sqrt{\sum_{n=1}^{\infty} U_n^2} \tag{4.5}$$

然后，将开关 S 置于“2”位，调节基波抑制网络，使网络的谐振频率与被测信号的基波频率相同。这时，电压表的示值为最小，表示基波已被滤除，该示值即为被测信号的谐波分量总有效值 U_k：

$$U_k = \sqrt{\sum_{n=2}^{\infty} U_n^2} \tag{4.6}$$

由此，可以得

$$\gamma \approx \gamma' = \frac{U_k}{U} \times 100\% \tag{4.7}$$

3. 测量的误差分析

基波抑制法比较简单，但存在一定误差，其误差来源于以下几个方面。

(1)理论误差。按照测量的理论公式，实际的测量结果为 γ'，而非 γ，在具体测量中的非线性失真越严重，二者的差别越大，如有需要，可以根据所测出的 γ'，然后由两者的变换关系式（$\gamma = \gamma'/\sqrt{1-\gamma'^2}$）计算出 γ。

(2)滤波器引起的误差。由于带阻滤波器的特性不可能是理想化的，基波不可能得到全部抑制，也不可能对谐波完全不产生衰减作用。

(3)输入端杂波干扰引入的误差。在一个具体的测试系统中，输入端不可避免地存在着杂波信号的干扰，从而导致测量的结果产生误差，这种误差可以通过完善的系统设计来减少。

4.3.2　频谱分析

1. 基本理论

当对一个信号进行频谱分析时，实质上就是计算信号的傅里叶变换。但连续信号的傅里叶分析不便于直接用计算机进行计算，而离散傅里叶变换(DFT)是一种时域和频域均离散化的变换，适合数值计算，成为分析离散信号和系统的有力工具。对于连续时间信号，可以通过时域采样，应用 DFT 进行近似频谱分析。

在实际工程中，为了利用 DFT 对某一信号 $x_a(t)$ 进行频谱分析，先对信号 $x_a(t)$ 进行时域采样，得到 $x(n) = x_a(nT)$，再对 $x(n)$ 进行 DFT，得到的 $x(k)$ 则是 $x(n)$ 的傅里叶变换(FT) $X(e^{j\omega})$ 在频率区间 $[0,2\pi]$ 上的 N 点等间隔采样。这里 $x(n)$ 和 $x(k)$ 均为有限长序列。

由傅里叶变换理论知道，若信号持续时间有限，则其频谱无限宽。若信号的频谱有限宽，则其持续时间无限长。但持续时间有限的带限信号是不存在的。因此，按采样定理采样时，上述两种情况下的采样序列 $x(n) = x_a(nT)$ 均应为无限长，不满足 DFT 的变换条件。实际上，脉冲编码信号的频谱是很宽的，对这类频谱很宽的信号，为防止时域采样后产生频谱混叠失真，可以用预滤波法滤除幅度较小的高频成分，使连续信号的带宽小于折叠频率。对于持续时间很长的信号，采样点数太多会导致无法存储和计算，只好截取有限点进行 DFT。

由上述分析可见，用 DFT 对连续信号进行频谱分析必然是近似的，其近似程度与信号带宽、采样频率和截取长度有关。实际从工程角度看，滤除幅度很小的高频成分和截去很小的部分时间信号是允许的。因此，在下面分析中，假设 $x_a(t)$ 是经过预滤波和截取处理的有限长信号。

设连续信号 $x_a(t)$ 持续时间为 T_p，最高频率为 f_c，$x_a(t)$ 的傅里叶变换为

$$X_a(jf) = \mathrm{FT}[x_a(t)] = \int_{-\infty}^{\infty} x_a(t)e^{-j2\pi ft}\,dt \tag{4.8}$$

对 $x_a(t)$ 以采样间隔 $T \leqslant (2f_c)^{-1}$（即 $f_s = 1/T \geqslant 2f_c$）采样得 $x(n) = x_a(nT)$。设共采样 N 点，并对 $X_a(jf)$ 作零阶近似（$t = nT, dt = T$），得

$$X(jf) = T\sum_{n=0}^{N-1} x_a(nT)e^{-j2\pi fnT} \tag{4.9}$$

显然，$X(jf)$ 仍是 f 的连续周期函数，对 $X(jf)$ 在区间 $[0, f_s]$ 上等间隔采样 N 点，采样频率为 F，$F = f_s/N = 1/(NT)$，$NT = T_p$。

将 $f = kF$ 和 $F = 1/(NT)$ 代入 $X(jf)$ 中可得 $X_a(jf)$ 的采样

$$X(\mathrm{j}kF) = T\sum_{n=0}^{N-1} x_{\mathrm{a}}(nT)\mathrm{e}^{-\mathrm{j}kn\frac{2\pi}{N}}, \quad 0 \leqslant k \leqslant N-1 \tag{4.10}$$

令 $X_{\mathrm{a}}(k) = X(\mathrm{j}kF), x(n) = x_{\mathrm{a}}(nT)$，则

$$X_{\mathrm{a}}(k) = T\sum_{n=0}^{N-1} x(n)\mathrm{e}^{-\mathrm{j}kn\frac{2\pi}{N}} = T \times \mathrm{DFT}[x(n)] \tag{4.11}$$

用同样方法，由

$$x_{\mathrm{a}}(t) = \int_{-\infty}^{\infty} X_{\mathrm{a}}(\mathrm{j}f)\mathrm{e}^{\mathrm{j}2\pi ft}\mathrm{d}f \tag{4.12}$$

可以推出

$$x(n) = x_{\mathrm{a}}(nT) = F\sum_{k=0}^{N-1} X_{\mathrm{a}}(k)\mathrm{e}^{\mathrm{j}kn\frac{2\pi}{N}} = FN\left[\frac{1}{N}\sum_{k=0}^{N-1} X_{\mathrm{a}}(k)\mathrm{e}^{\mathrm{j}kn\frac{2\pi}{N}}\right] = \frac{1}{T} \times \mathrm{IDFT}[X_{\mathrm{a}}(k)] \tag{4.13}$$

式中，IDFT 为离散傅里叶逆变换。

因此，连续信号的频谱特性可以通过对连续信号采样并进行 DFT 再乘以 T 的近似方法得到。对持续时间有限的带限信号，在满足时域采样定理时，上述分析方法不丢失信息，即可由 $X_{\mathrm{a}}(k)$ 恢复 $X_{\mathrm{a}}(\mathrm{j}f)$ 或 $x_{\mathrm{a}}(t)$，但直接由分析结果 $X_{\mathrm{a}}(k)$ 看不到 $X_{\mathrm{a}}(\mathrm{j}f)$ 的全部频谱特性，而只能看到 N 个离散采样点的频谱特性，这就是所谓的栅栏效应。如果 $x_{\mathrm{a}}(t)$ 持续时间无限长，上述分析中要进行截断处理，所以会产生频率混叠和泄漏现象，从而使频谱分析产生误差。在实际应用中，通过对被测信号进行预处理和选择合适的采样频率（一般至少高于信号最高频率的 3 倍），能够满足频谱分析的精度要求，也不会造成频谱泄漏的现象。

信号频谱分析可以通过计算信号的 DFT 来实现，但实际上 DFT 的计算是非常费时且有时是超出计算机的计算能力的，在快速傅氏变换（FFT）算法问世以后，信号频谱分析才得到真正的推广应用。

在采用计算机对信号进行频谱分析时是通过计算信号的 FFT 实现的。如果采用 LabVIEW编写虚拟仪器的应用程序，就可以直接调用函数计算 FFT。

2. 频谱分析仪

频谱分析仪是对被测信号所包含的频率成分及被测信号的频谱分布在频域范围内进行分析的最有利工具。目前常用的有模拟式和数字式频谱分析仪。

（1）模拟式频谱分析仪。图 4－13 是模拟式频谱分析仪的原理框图。图中带通滤波器的中心频率是可变的，可挑出所需测量的各次谐波频率，被测信号经过滤波器选出所需测量的各次谐波信号，然后由检波器变为直流电压信号送到显示器，显示每个单次谐波的有效值。显示器可以是电压表，也可以由屏幕显示。当采用并行滤波法或时间压缩法时就能同时显示多个谐波的幅值（频谱图），并可以进行实时的频谱分析。

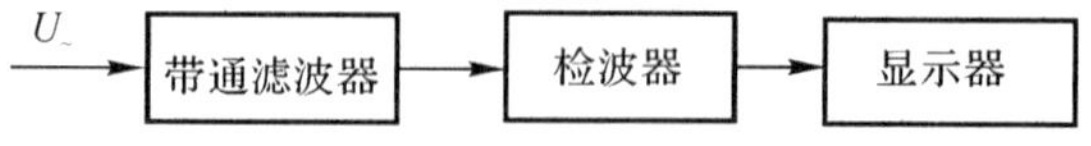

图 4－13　模拟式频谱分析仪原理框图

（2）数字式频谱分析仪。实现数字频谱分析主要有两种方法，一是仿照模拟频谱分析的数字滤波法，二是基于 FFT 的分析法。由于大规模集成电路和微机技术的发展，后者已被广泛

应用。图 4－14 是这种频谱仪的框图，CPU 对被测信号波形进行实时采样，经过 A/D 转换器变成离散的数字量存贮起来，然后进行 FFT 计算，并将计算结果以频谱图的形式显示在屏幕上。

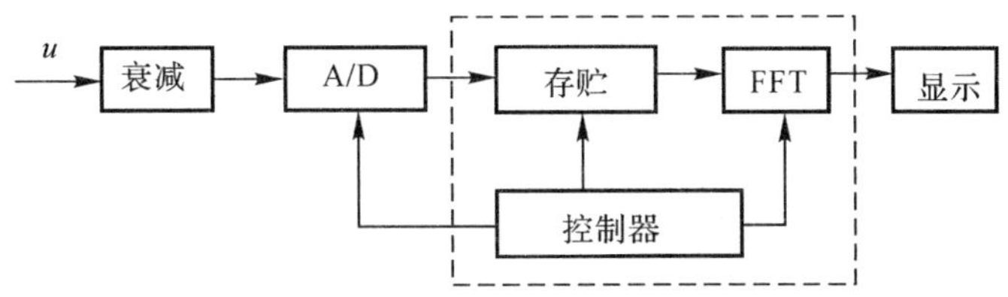

图 4－14　数字式频谱分析仪原理框图

4.4　导引头接收机灵敏度测试

在无线电寻的导引系统中，主要部件是雷达导引头。对于防空导弹的导引头，由于工作体制、辐射源的位置、信号源形式等的不同，描述其性能的技术参数也不同，其主要描述参数包括工作体制、工作频段、工作波形、导引头作用距离、中末制导交班概率、角度跟踪性能、速度跟踪性能、接收机参数（接收机灵敏度、噪声系数等）、分辨力（包括角度、速度及距离分辨力）、杂波下能见度、泄漏下能见度和脉冲重复频率等。在部队技术阵地中，对导引头接收机灵敏度和噪声系数的测试较为常见，主要是因为这两个参数可以反映导引头接收机的整体工作性能，本节对这两个参数的测试原理和方法进行介绍。

4.4.1　导引头接收机灵敏度

1. 导引头接收机灵敏度的概念

雷达导引头接收机灵敏度是指为能使雷达导引头正常工作的最小接收功率，表征的是接收机检测微弱信号的能力。对半主动雷达导引头，直波接收机用来接收地面照射雷达信号，为回波接收机提供动态的导弹频率基准；回波接收机用来接收目标反射信号，从中提取与目标速度有关的多普勒信号频率及目标相对导弹位置的雷达误差信号。因此，对于半主动雷达导引头就有直波接收机灵敏度和回波接收机灵敏度之分，其具体的定义是相同的。

从雷达导引头工作原理的角度看，其接收机灵敏度是天线馈电系统、高频系统、信息处理系统、目标跟踪系统等综合考虑的技术指标，它表征雷达导引头截获目标时需要的回波信号功率的数值，是反映接收机最小工作信噪比的重要参数。

从雷达导引头检测信号的角度看，其接收机的灵敏度是用以表征接收机接收微弱信号的能力的参数。在一定的条件（如发射机的功率一定的情况）下，接收机的灵敏度越高，表示接收和处理微弱信号的能力就越强，作用距离也就越远。如果作用距离一定，通过提高接收机的灵敏度就可以减小发射机的功率，这对于减小整个导弹设备的体积和重量具有重要意义。因此，提高接收机的灵敏度，是设计接收机过程中应考虑的重要问题，也是评定导引头接收机技术性能的主要指标之一。

要想获得高的灵敏度，接收机应有足够的放大量，这在目前技术条件下已不成问题。但是，提高接收机的放大量，并不能无限制地提高接收机的灵敏度，这是因为接收机内部存在着噪声，这种噪声是接收机内部产生的，噪声水平高会干扰甚至淹没有用信号，会限制接收机检测微弱信号的能力。另外，导引头天线也会引入干扰和噪声，这些干扰和噪声限制了接收机接收微弱信号的能力。若信号太弱则可能被噪声所淹没，不能满足信噪比的要求。因此，为了进一步提高接收机的灵敏度，必须设法降低接收机的内部噪声和抑制进入天线的外来干扰噪声。

2. 接收机灵敏度的表征

接收机灵敏度的表示方法，依频率的不同而有所不同。对一般接收机，把接收机正常工作（如达到一定的输出功率和一定的信噪比）时天线上必须感应的电动势称为接收机的灵敏度。显然能够感应的电动势越小，灵敏度越高，反之，必须感应的电动势越大，灵敏度也就越低。对于微波接收机，为了便于计算和测量，更好地说明接收机的性能，接收机的灵敏度通常不用天线上必须感应的电动势来表示，而是用接收机必须输入的最小信号功率 P_{smin} 来表示。对于一般常用的超外差式雷达接收机来说，其最小可分辨率的功率量级为 $10^{-14} \sim 10^{-12}$ W。在实用上常以相对于 1mW 的分贝数来表示（以 1mW 为 0dB），即

$$P_{smin}(\mathrm{dBm}) = 10\lg \frac{P_{smin}}{10^{-3}} \tag{4.14}$$

对于 $P_{smin} = 10^{-14} \sim 10^{-12}$ W 的可分辨功率量级，以 dBm 为单位的灵敏度量级为 $-90 \sim -70$dBm。有的接收机灵敏度，不是以 dBm 来表示，而是以 dBW 表示，即与 1W 比较。这时

$$P_{smin}(\mathrm{dBW}) = 10\lg \frac{P_{smin}}{1} = 10\lg P_{smin} \tag{4.15}$$

这样计算更直观。例如，当灵敏度为 -82dBW 时，接收机正常工作所需要的最小信号功率计算如下：

$$-82 = 10\lg P_{smin}$$

$$P_{smin} = 10^{-8.2}\,\mathrm{W} = 6 \times 10^{-9}\,\mathrm{W}$$

在米波波段，接收机的灵敏度还可用电动势表示。其最小可变电动势 E_{smin} 可表示为

$$E_{smin} = 2\sqrt{P_{smin} R_A} \tag{4.16}$$

式中，R_A 为天线等效电阻。

对于一般超外差式接收机，其最小可变电动势的数量级为 $10^{-7} \sim 10^{-6}$ V。

接收机灵敏度除上述的实际灵敏度外，还有最高灵敏度。最高灵敏度是仅由接收机内部噪声所限制的灵敏度，它可以根据接收机的噪声系数计算出来，最高灵敏度往往高于实际灵敏度。

为了说明哪些因素影响接收机灵敏度，对接收机灵敏度可以用反映噪声的检测灵敏度来表示。

噪声总是伴随着微弱信号同时出现的，要能检测信号，要求微弱信号的功率应大于噪声的功率，因此，反映噪声对接收机灵敏度的影响可用检测灵敏度表示：

$$S_i = kT_0 B_n F_n \left(\frac{S}{N}\right)_0 \tag{4.17}$$

式中，$k = 1.38 \times 10^{-23}\,\mathrm{W \cdot s/(^\circ)}$；标准温度 $T_0 = 290\mathrm{K}$；$kT_0 = 4 \times 10^{-2}\,\mathrm{W/Hz}$；$F_n$ 为接收机噪声系数（噪声系数的大小是雷达接收微弱信号的主要性能指标，噪声系数小，说明接收机内部噪声小，因此雷达导引头作用距离就远）；B_n 为接收机有效带宽；$(S/N)_0$ 为确保检测质量所需的中频输出信噪比，又称为识别系数 M。

4.4.2　导引头接收机灵敏度测试方法

1. 测试方法分类

对雷达导引头接收机灵敏度的测试，可以综合反映导引头天线接收信号工作情况、接收机工作检测信号是否正常、接收机内部噪声是否超出导引头正常工作范围。

按照对导引头接收机灵敏度测试的手段可分为手动测试和自动测试。这两种测试手段在国内外的雷达导引头接收机灵敏度测试中均有应用。采用手动测试的设备主要有通用测试仪器仪表、导引头控制台、电源控制台和目标模拟器等。如果是在工厂测试，还配备微波暗箱。近年来，自动测试逐步应用到导引头性能参数测试中。自动测试是在计算机控制下，通过标准接口、程控测量仪器，对导引头的参数进行自动测试，自动完成数据处理和测试报表打印记录。它具有测试精度高、测试时间短、可完成对导引头多个参数的测试的特点。

按照对导引头接收机灵敏度测试的地点或者阶段的不同，分为在导弹研制过程中的测试和在部队技术阵地的测试。前者由导引头研制厂家在实验室中完成，测试的目的是检验设计的导引头接收机是否达到研制所要求的技术性能。这种情况下的测试数据的精度要求高，对导引头性能参数的描述更加准确，测试环境更加能够真实模拟导引头在导弹飞行过程中的工作情况，往往也同时测试其他在研制过程中需要关注的参数。

在导弹研制过程中对导引头接收机灵敏度的测试通常是利用导弹制导控制半实物仿真系统进行的。它除了可测试分析导引头接收机灵敏度外，还可完成对整个导弹制导控制系统的性能分析。

在部队技术阵地的测试，由于受到测试条件的限制，测试设备及环境只能大体模拟导引头接收机工作情况，目的是验证导引头是否有故障。

2. 导弹技术阵地导引头接收机灵敏度测试方法

在导弹技术阵地，对导引头接收机灵敏度测试通常不用微波暗室，采用开路法和视频注入法进行测试。有时，需要考查导引头接收机对干扰的抑制能力，也可分为加干扰和不加干扰的导引头接收机灵敏度测试。是否加干扰进行测试，其测试原理和方法是一样的，所不同的是，加干扰测试时，给导引头接收机输入的信号加模拟干扰；不加干扰测试时，给导引头接收机输入的只是模拟的目标信号。

开路测试法是用得最多的方法，其原理如图 4－15 所示。

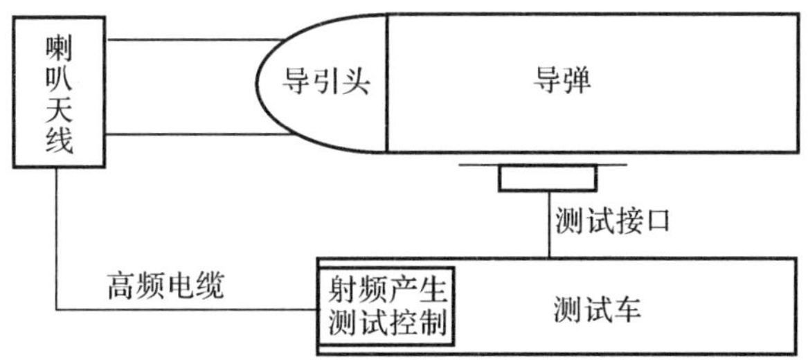

图 4－15　开路法测试雷达导引头接收机灵敏度原理图

用开路法测试雷达导引头接收机灵敏度时，模拟目标辐射信号由测试车的射频产生器产生并控制其辐射能量的大小，射频能量通过高频电缆送到位于导引头前方的喇叭口天线，导引头接收机接收喇叭口天线的辐射信号，在导引头的视频或者中频放大器后端取出信号，通过导弹上的测试接口送到测试车。在测试车上，通常是采用电平表或者功率计测试信号电平或者功率，通过功率来表示导引头接收机灵敏度。

开路测试法中，测试车上显示的接收机灵敏度要计入整个射频能量在传输路径上的衰减。影响测试精度的主要因素包括连接射频产生器(信号源)和目标模拟器(图 4-15 中的喇叭天线)之间的衰减、目标模拟器喇叭天线到导引头天线传输路径的衰减。这些衰减量带来的测量误差，直接影响雷达接收机灵敏度测试的精度。

测试的结果是功率，它一般是用电平表测量得到的，因此，在测试车上对输入的信号还要进行放大处理，放大器增益的稳定性也是影响测试误差的主要因素之一。另外，电平表本身也会带来一定的测试误差，一般在灵敏度测试时的电平表都需要校正，目前电平表的测量带来的误差大约为 0.2dB。

上述方法，除了可以测试雷达导引头接收机的灵敏度外，也可用于测试雷达导引头接收机的其他功能参数，如导引头各种逻辑转换电路的工作情况、位标器预定回路及角跟踪回路的工作情况等。

视频注入法是直接把模拟接收机接收到的，经过接收机处理的视频信号加到接收机视频处理电路的前端来测试接收机灵敏度的方法。该方法由于接收信号实际上没有通过雷达导引头天线、混频器及中频放大器等导引头接收机处理信号的主要环节，不用射频信号，结构简单，但不能反映导引头接收机前端的信号检测及处理能力。

4.4.3 导引头接收机灵敏度测试原理

不论是在设计单位还是部队技术阵地，在导引头接收机灵敏度测试中其具体测试系统的实现有很多种，在这里介绍一种小型的导引头接收机灵敏度自动测试系统。其原理框图如图 4-16 所示。在图 4-16 中，测试系统主要由微处理机或微型计算机、数控步进式微波衰减器(或称电调衰减器)、锁相式脉冲调制微波频率跳变源以及微波功率稳幅器和灵敏度指示器等部件组成。微处理机是实现灵敏度自动测量的控制中心，控制数控步进式微波衰减器输出给接收机的功率。开始时，微处理机控制电调衰减器，使电调衰减器有最大的衰减，接收机不能正常接收，在微处理机的控制下，电调衰减器减小衰减，接收机输入功率增大。当接收机输入功率增大到正常接收时，接收机回输一个信号，使微处理器控制电调衰减器停止衰减，此时，电调衰减器的衰减值由灵敏度指示器显示出来，即为接收机的灵敏度。

在对接收机灵敏度的自动测量中，要求自动频率跳变源输给电调衰减器的功率一定，即幅度保持稳定，故在自动频率跳变源与电调衰减器之间加入微波功率稳幅器。

频率跳变源实际上采用的是一种频率合成技术，它是利用一个(或几个)基准频率通过一系列的混频器(加、减)、倍频器(乘)和分频器(除)等基本电路的组合，对基准频率进行基本代数运算，以合成所需频率，然后再通过必要的放大和窄带滤波，以分离并选出所需频率的信号。

微波功率稳幅器是锁相式脉冲调制微波频率跳变源输出功率的自动校准装置，通过它输出给电调衰减器所需的功率，保持振幅稳定。这里的自动校准指的是功率稳幅器对跳变源输出功率的自动校准，它是在输出功率的零电平(电调衰减器输入端的功率定为某脉冲瓦特时，称为零电平，通常定为 1 脉冲 W，或 1 脉冲 mW 为零电平)调定之后再进行自动调整，以保持输出功率不变(绝对不变是不可能的，通过稳幅能使得由于各种因素造成的微波功率变化稳定在±0.5dB 以内)。

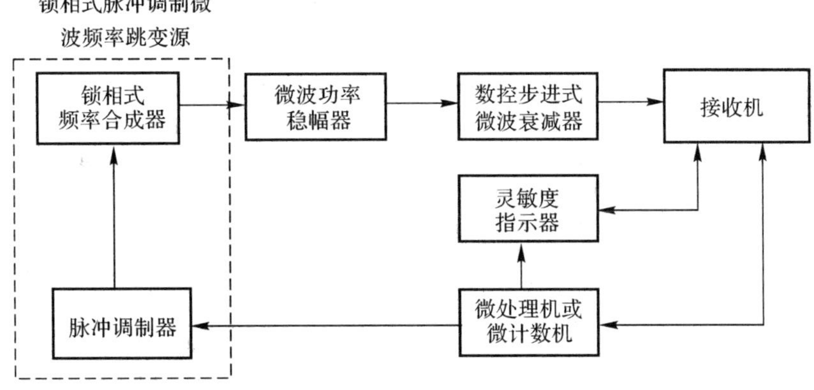

图 4-16　接收机灵敏度测量系统原理框图

微波功率稳幅器的原理框图如图 4-17 所示。由图可见,它由电控元件、定向耦合器、误差信号检测器、标准直流电压以及直流放大器等五部分组成。定向耦合器对输出信号功率取样,经误差检测器将取样微波功率变成直流,然后与标准直流电压相比较,变成误差电压,直流放大器将误差电压放大并变换成电流,去推动电控元件,对微波功率进行电控调整,实现微波功率信号振幅的稳定作用。

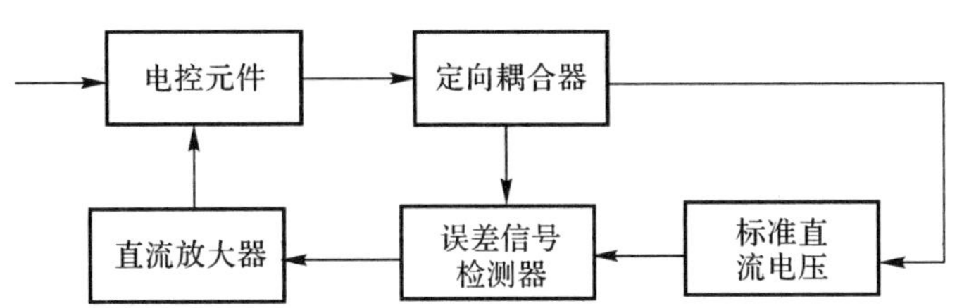

图 4-17　微波功率稳幅器原理框图

具体实现微波功率自动稳幅的框图如图 4-18 所示。由图可见,它由 PIN 管电调衰减器、定向耦合器、二极管检波器、视频放大器、峰值检波器、差动直流放大器和推动级组成。PIN 管电调衰减器为电控元件,改变 PIN 管正向电流的大小,可以改变 PIN 管的偏流值,从而对微波功率产生不同的衰减。根据此原理制成的电调衰减器,具有随工作电流增大,衰减量也增大的特性,因此,在这里起到了对微波功率进行衰减的作用。

误差信号检测器包括二极管检波器、视频放大器、峰值检波器和差动直流放大器四部分。由定向耦合器取得的微波功率,经二极管检波变成视频脉冲,视频脉冲在视频放大器(简称视放)放大,经峰值检波器变成直流,加至差动直流放大器,与标准直流电压(或基准地电位)相比较,变换成误差信号,输至推动级。

在实际的电路中,二极管检波器可采用反向二极管检波器,因为反向二极管参数的稳定性较高,尤其随环境温度的变化小,环境温度变化对电流的影响大大小于一般晶体检波管。由于电路的任河漂移都会造成控制误差,因此将放大量全部分配给视放,差动直流放大器的放大量设计为 1,使它仅作为一个比较器应用,将放大器的零点漂移减到最小。推动级将差动直流放大器的输出变为推动 PIN 管的电流,这样,当微波输出功率高于零电平功率时,稳幅电路使推动 PIN 管的电流增加，电调衰减器的衰减量增大，使微波输出功率下降，以达到自动调整零电平的目的。反之，当微波输出功率低于零电平功率时，电调衰减器的衰减减小，使微波输出功率增加，保持零电平功率不变。

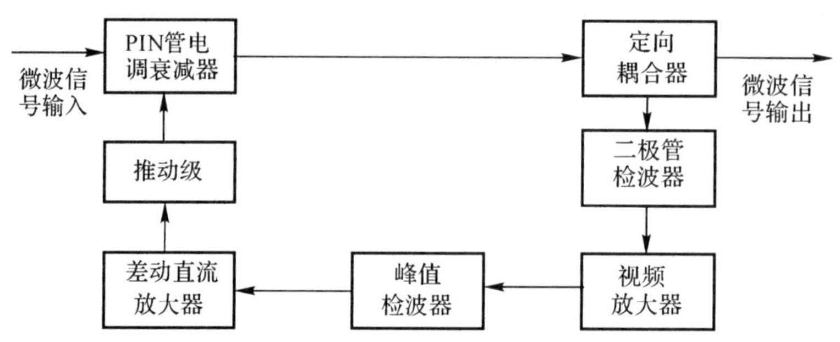

图 4-18　微波功率自动稳幅电路框图

微波功率自动稳幅电路对零电平的控制精度，取决于整个放大环节的线性度、PIN 管电调衰减器的控制灵敏度和电路的稳定度。在要求不高的情况下，若将±1.5dB 的功率变化稳定在±0.5dB 以内，采取适当措施是比较容易达到的。

由以上讨论可知，微波自动稳幅电路，其最根本的原理是自动调整 PIN 管电调衰减器的衰减，使 PIN 管电调衰减器的输出功率保持不变，由此可见，PIN 管电调衰减器是微波功率自动稳幅电路的重要组成部分。

第 5 章　控制系统测试技术

5.1　防空导弹控制系统测试需求

5.1.1　防空导弹控制系统

防空导弹控制系统是整个导弹制导控制系统的内回路，用来稳定导弹姿态和控制导弹质心按控制指令运动，有时也称为导弹稳定控制系统。它通过对弹体的俯仰、偏航及横滚运动的控制，使得导弹在整个飞行过程中具有稳定的飞行姿态和快速响应制导指令的能力，控制导弹按照预定的导引规律飞向目标。

导弹控制系统由控制器和被控对象两大部分组成。自动驾驶仪是控制器，导弹弹体是被控对象，如图 5-1 所示。

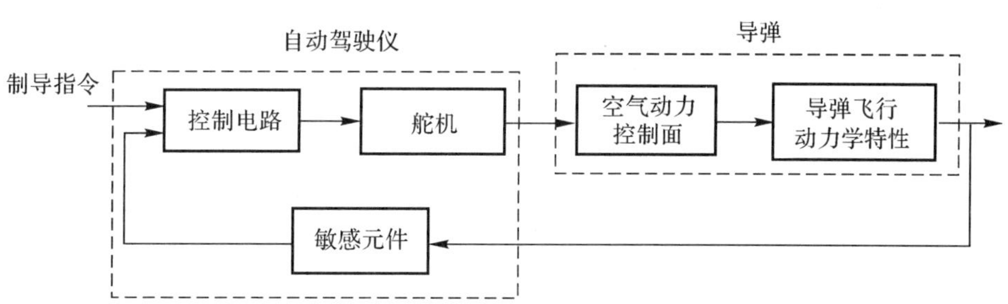

图 5-1　导弹稳定控制系统原理框图

自动驾驶仪产生控制指令操纵气动舵面（和燃气舵）偏转形成控制力，从而实现弹体绕质心的转动力矩，弹体转动力矩产生弹体角速度和攻角，攻角产生弹体气动力矩和气动力。该气动力矩与舵面升力形成的弹体转动力矩相平衡，使攻角稳定，同时形成稳定的弹体升力，这就是导弹稳定控制系统对弹体进行控制的物理过程。同其他控制系统一样，对导弹稳定控制系统的要求是有良好的快速性、稳定性和控制精度。

自动驾驶仪的作用是稳定导弹绕质心的角运动，并根据制导指令正确而快速地操纵导弹飞行。由于导弹的飞行动力学特性在飞行过程中会发生大范围、快速度和事先无法预知的变化，因此自动驾驶仪还必须把导弹改造成动态和静态特性变化不大，且具有良好操纵性的制导对象，使制导控制系统在导弹的各种飞行条件下，均具有必要的制导精度。

传统的自动驾驶仪一般由敏感元件、控制电路和舵机组成。它通常通过操纵导弹的空气动力控制面来控制导弹的空间运动。

敏感元件是一些惯性器件，主要有各种陀螺仪和加速度计，分别用于测量导弹的姿态角、姿态角速度和线加速度。直接用于反馈的敏感元件的精度要求较低，而用于捷联惯性导航系统的惯性器件则要求有很高的精度。敏感元件由分别固定在弹体轴三个方向上，用于测量角速度的速率陀螺、测量线加速度的加速度计以及相应的变换和处理器组成。

控制电路一般由数模混合电路组成。它用于各种控制量和反馈量的综合、信号变换和放大，包括实现调节规律和校正回路的动态品质，对舵机进行控制。另外，还有逻辑和时序控制电路以及微处理器、存储器和接口电路等。

舵机一般采用角位置反馈的闭环控制回路，也可称为舵回路。它由角位置反馈电位计、信号综合、变换和功率放大、驱动器、舵机能源以及传动机构组成。

在新型导弹上，导弹自动驾驶仪由惯测组合、弹载计算机、舵机和飞行控制软件组成。

惯测组合实际上是由敏感元件及其外围调理电路组成的，用于测量导弹沿弹体坐标系三个轴的加速度、角度或者角速度分量。其上装有加速度计、自由陀螺仪或者速率陀螺仪等敏感元件。加速度计用于测量导弹弹体沿弹体坐标系三个轴的视加速度分量，自由陀螺仪或者速率陀螺仪分别用于测量导弹弹体沿弹体坐标系三个轴的角度分量或者角速度分量。在有些防空导弹上既有自由陀螺仪又有速率陀螺仪，而有些导弹上则只有速率陀螺仪或者只有自由陀螺仪，由于自由陀螺仪和速率陀螺仪分别敏感的是弹体的转动角和转动角速度，而这两个量是可以互相转换的，只要测得一个，就可以通过解算获得另一个。

弹载计算机由硬件和软件两部分组成。其主要功能是接收惯测组合输出的导弹角度或者角速度及加速度信息，进行弹体运动参数和姿态解算；接收导弹导引系统输出的控制指令；完成稳定控制计算任务，输出控制信号形成舵机指令，实现导弹的飞行控制。

舵机是伺服系统，它与相应的(放大)电路和操纵机构组成舵系统，根据弹载计算机送来的控制信号操纵舵面偏转，实现导弹飞行姿态的控制。

飞行控制软件主要完成弹体运动参数计算、控制稳定指令解算等任务。

对防空导弹控制系统的测试，主要是对控制系统的惯测组合(内部含有敏感元件)、自动驾驶仪及弹载计算机等设备性能的测量。

5.1.2 防空导弹控制系统测试的主要项目

对防空导弹控制系统的测试项目很多，而且不同的导弹由于制导体制、控制方式、具体实现方法及测试系统所采用的测试技术和方法的不同，其测试项目也有较大差异。总体来讲，按照控制系统组成主要可以分为惯测组合性能测试、舵机性能测试和弹载计算机性能测试等。弹载计算机性能测试与一般计算机测试相似，在部队技术阵地，主要是采用软件对弹载计算机进行检查。

1.敏感元件测试

惯测组合内主要为敏感元件及其外围电路，因此对惯测组合的测试主要是测试敏感元件及其外围电路的性能优劣。敏感元件包括陀螺仪和加速度计等，外围电路主要是用于给敏感元件供电、陀螺仪启动等的电路。对惯测组合性能测试主要包括以下具体内容。

(1)陀螺仪测试。

1)陀螺仪零位测试。陀螺仪零位测试用于检查陀螺仪在起始零位时的输出电压。在惯测组合还未工作时，陀螺仪的起始输出即为它的零位输出，它属于陀螺仪敏感元件的起始误差，其值的大小直接影响整个制导回路的起始误差和制导误差。

2)陀螺仪漂移量测试。陀螺仪漂移量的测试是检查陀螺仪在一段时间(通常是 1min)内产生的漂移量。该物理量影响自动驾驶仪倾斜稳定的准确度。如果是采用中段式惯性制导的复合制导体制，那么陀螺仪的漂移量影响惯性制导系统的制导精度。其大小与陀螺仪的制造工艺、静不平衡(陀螺质量偏心)及机械式陀螺仪的轴承摩擦以及非等弹性力矩等因素有关。

3)陀螺仪标定测试。对于自由陀螺仪或者速率陀螺仪，当有角度或者角速度信号输入时，输出的主要成分应该是与输入角度或者角速度成比例的电信号。但是由于环境等因素的影响，输出信号会有误差。陀螺仪标定测试实际上是为了标定输入与输出之间的传递系数，确定其误差，便于在弹载计算机中对其补偿。

4)陀螺仪输出信号测试。对于自由陀螺仪或者速率陀螺仪，当有角度或者角速度信号输入时，检查输出信号是否在要求的技术指标范围内。

5)陀螺转子电流测试。导弹整个制导回路中的稳定成分的自动调节作用是通过驾驶仪陀螺仪表等敏感元件来实现的，其性能的优劣将直接影响到制导回路的稳定性。陀螺的定向性是靠转子高速旋转来维持的，转子电流的变化将直接反映出陀螺的工作性能。通过转子电流的测试和观察，从转子启动到稳定后转子电流的变化规律可以间接反映出陀螺及其相关控制电路的工作情况，从而判断器件性能的优劣。

(2)加速度计测试。导弹在飞行过程中受外力或内力作用产生的侧向加速度是由加速度表所感知，并在制导回路中构成反馈，起到稳定作用。加速度计及其外围电路工作性能的优劣直接影响到制导回路，所以必须在导弹发射前进行测试确保其工作可靠。

对加速度的测试主要是在给定的加速度情况下，测试加速度计的输出信号是否在要求的技术指标范围内。

(3)敏感元件外围电路测试。主要测试供给惯测组合或者敏感元件的供电电压、电流、陀螺仪启动的电源参数及其激励信号是否在要求的技术指标范围内。

2. 自动驾驶仪性能测试

在自动驾驶仪中舵机和控制电路是其主要组成部分。防空导弹的舵机按照其采用的能量介质形式可分为气动舵机、液压舵机和电动舵机。其中气动舵机是早期防空导弹采用的舵机，近年来多采用液压舵机和电动舵机。舵机类型不同，检查的具体参数也不同。

(1)液压舵机供油压力及流量测试。主要检查液压舵机供油支路的压力及流量是否在标定的范围内。

(2)舵系统斜率测试。在给舵系统加入基准信号后，测试舵面偏角对信号的响应数值大小。

(3)自动驾驶仪控制电路测试。测试时，给自动驾驶仪的相应控制电路加入基准信号，观察舵面偏角或者偏转角速度对信号的响应情况。

对舵系统斜率测试和自动驾驶仪控制电路测试往往要用到舵偏角的测量。舵偏角测量属于角度测量，老式的方法是通过在角度尺上人工读数获得。新型导弹测试舵偏角则采用基于光电传感器、磁性传感器的角度传感器进行测量。

(4)电动舵机电池供电检查。电动舵机一般采用电池供电，常采用热电池较多。热电池供电时需要对其加热激活，因此需要对热电池的激活电流和电压进行检查，保证电池激活电路完好。

(5)舵机零位检查。主要是检查在舵机输入控制电压为零时,舵偏角的零位情况,测试的是舵机的电气零位和机械零位的偏差。

(6)滚动控制面偏转速度的测试。导弹在飞行过程中的滚动成分是由滚动通道的自由陀螺仪所检测后并相应控制副冀舵反向偏转以抑制滚转的,对导弹滚动起稳定作用。导弹飞行滚动量超差,导弹弹体坐标系转动一定角度,地面站还按原坐标系控制就会引起制导误差,降低导弹命中率甚至造成脱靶后自毁的后果。

3.弹载计算机性能测试

弹载计算机由硬件和软件构成。其硬件组成主要是以高速数字信号处理器为主。主要测试项目包括弹载计算机自检、各类总线通信接口检查、弹载计算的复位、弹载计算机与弹上其他设备的通信检查及指令解算检查等。

5.2 敏感元件测试

导弹上的敏感元件主要有陀螺仪和加速度计。广义上讲,凡能保持给定方位,并能测量载体绕给定方位转动的角位移或者角速度的装置均可称为陀螺仪。能够保持给定方位,并测量载体角位移或者角速度的功能称为陀螺效应。

能够测量载体运动加速度的装置称为加速度计。

一般来讲,在防空导弹上,对于寻的制导的导弹,敏感元件位于导弹控制系统(自动驾驶仪)和导引头的位标器中;对于指令制导以及导弹中段飞行采用惯性导航的导弹,敏感元件只在导弹控制系统中。

对于弹道式导弹,敏感元件通常位于惯导平台中,而防空导弹的敏感元件通常是与弹体固连的,即所谓捷联式。

5.2.1 敏感元件的一般测试方法

由于各敏感元件的工作原理不同,结构各异,对其技术性能的要求也差别很大,因此在这里就主要应用在常用防空导弹上的敏感元件及其在部队技术阵地的测试方法进行简要论述。

在部队技术阵地,对防空导弹的敏感元件进行测试时,按照其激励方式,可分为动态激励测试和静态激励测试。

1.动态激励测试

动态激励测试是指在对敏感元件测试时,让敏感元件处于动态工作情况下来测试敏感元件技术性能的方法。

按照动态激励的方法的不同,又可分为转台动态激励和手动模拟动态激励。

转台动态激励是指把装有敏感元件的惯测组合、自动驾驶仪或者全弹放置在转台上或者摇摆台上,使导弹倾斜、转动和滚动,来模拟导弹的各种机动飞行姿态,进而测试敏感元件技术性能的方法。

采用把装有导弹敏感元件的组件(惯测组合或者自动驾驶仪)放置在转台上测试的方法,一般适合于大型的防空导弹,而且这种导弹便于在部队分解和组装,通常导弹是一种裸弹状态。

对于小型防空导弹，且导弹处于筒弹状态，导弹不能在部队技术阵地或者发射阵地分解拆装时，一般将全弹（或者连同装运发射筒）放置在导弹摇摆台上，使导弹倾斜、转动和滚动，来模拟导弹的各种飞行姿态。

采用放置带有火工品的全弹进行测试时，测试安全性是第一位的。为了防止测试过程中发生意外，需要在导弹与测试人员之间设置安全防爆墙，在朝向导弹飞行的方向设置弹坑，导弹与弹坑边缘距离一般小于 70cm。

手动模拟动态激励型适合于对小型防空导弹的测试。在导弹测试时，通常是把导弹的全弹或者导弹部分舱段（该舱段必须装有敏感元件）放置在测试架车上，通过号手对测试架车倾斜或者摇晃，达到模拟导弹机动飞行状态，进而给敏感元件加载激励的效果。

测试架车应有使导弹倾斜以及摆动的随动装置。

2. 静态激励测试

静态激励测试是指在导弹测试时，导弹并不工作在动态环境下，而是通过给导弹上的敏感元件外加模拟飞行的动态激励信号，达到测试导弹上敏感元件技术性能的目的。

静态激励测试需要导弹测试车上的敏感元件（或者自动驾驶仪）测试组合产生模拟动态激励信号并通过测试接口传送给导弹。

这种方法简化了导弹测试时的设备，既可用于小型导弹的测试，也可用于大型导弹的测试。但这种方法使敏感元件并不是工作在真实的动态模拟飞行情况下，因此只是一种模拟环境（信号）的测试。

5.2.2 陀螺仪测试

1. 陀螺仪

在防空导弹上所使用的陀螺仪，按照所利用的陀螺效应，可以分为转子陀螺仪、光学陀螺仪（激光陀螺仪和光纤陀螺仪）、静电陀螺仪和压电陀螺仪等等。转子陀螺仪是利用高速旋转的刚体具有陀螺效应而形成的陀螺仪，它通常把高速旋转的转子安装在万向支架上，转子同时可绕垂直于自转轴的一根轴或者两根轴进动，前者称为单自由度陀螺仪，后者称为双自由度陀螺仪；光学陀螺仪是利用 Sagnac 效应为基础而制成的陀螺仪。1913 年，法国物理学家 Sagnac 采用一个环形干涉仪，证实了无运动部件的光学系统能够检测物体相对于惯性空间的旋转。所谓 Sagnac 效应，是指在任意几何形状的闭合光路中，从某一观察点发出的一对光波，在环路内沿相反方向各自传播一周后又回到该观察点，这一对光波的相位将由于该闭合环形光路相对于惯性空间的旋转而不同，相位差的大小与闭合光路的旋转角速率成正比。

按照测量物理量可分为自由陀螺仪和速率陀螺仪，前者测量的是导弹在弹体坐标系中的滚动角，后者测量的是导弹转动角速率。

转子陀螺仪和光学陀螺仪在防空导弹上应用最广泛。

2. 陀螺仪测试的原理与方法

对陀螺仪的测试参数包括陀螺仪漂移量、标度因数、零偏值及随机误差等，在使用中，尤其以测试陀螺仪漂移量最常见。

陀螺仪的漂移是指由于各种原因，在陀螺仪上往往作用有所不希望的各种干扰力矩，在这些较小的干扰力矩作用下，陀螺仪将产生进动，从而使得角动量向量慢慢偏移原来的方向的现象。把在干扰力矩作用下陀螺产生的进动角速度称为陀螺仪的漂移角速度。陀螺仪的漂移量通常用漂移率来表示，它是指陀螺仪转子的漂移角速度，一般采用的单位为(°)/h，而在防空导弹上通常用(°)/min 来考核。对于精度较高的惯性级陀螺仪，其精度大约为 0.1°/h。

单自由度陀螺仪的漂移量是指实际的陀螺仪与理想的陀螺仪模型之间的差别，这种差别是由于干扰力矩破坏了陀螺仪的定轴性，使陀螺仪的角动量向量在惯性空间中发生了大小及方向的变化引起的。

双自由度陀螺仪的漂移量跟单自由度陀螺仪的定义相似。当陀螺受冲击力矩时，自转轴将在原来的空间方位作锥形振荡运动，即发生章动现象。对于如图 5-2 所示的双自由度陀螺仪而言，其漂移角速度为

$$\omega_{\mathrm{d}} = \sqrt{\omega_{\mathrm{d}x}^2 + \omega_{\mathrm{d}y}^2} \tag{5.1}$$

式中，$\omega_{\mathrm{d}x}$ 和 $\omega_{\mathrm{d}y}$ 分别是自转轴沿 x 轴方向(内环轴)和 y 轴方向(外环轴)的漂移角速度。

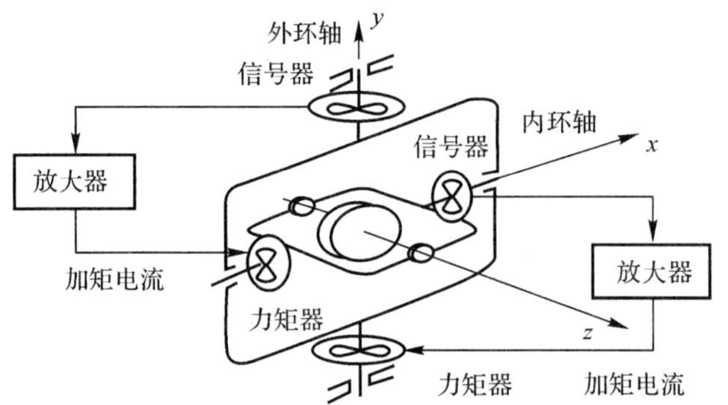

图 5-2 双自由度陀螺仪的安装

陀螺仪漂移测试的方法可分为开环测试和闭环测试两类，如图 5-3 所示。

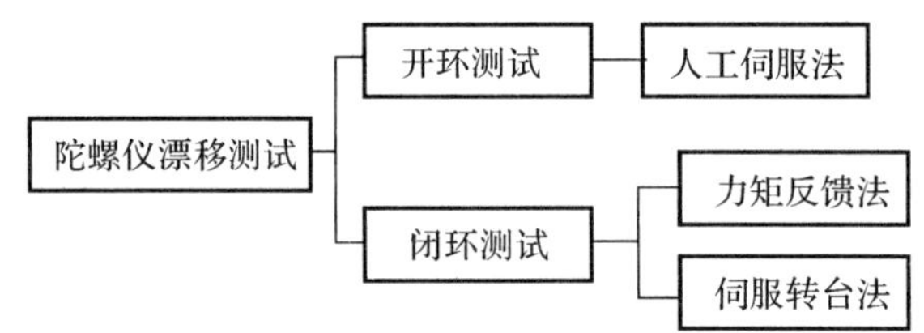

图 5-3 陀螺仪漂移测试方法

开环测试方法也称为人工伺服法，它通过直接测量陀螺仪中输出信号随时间的变化，来确定漂移角速度。在测量时间内，人为转动陀螺仪壳体，让其跟踪陀螺仪转子轴的转动，使陀螺仪信号传感器的输出为零，这时，陀螺仪壳体相对于惯性空间所转过的角度，就表征了陀螺仪相对于惯性空间的转角。这一转角就是转动角速率的积分。开环测试的测量原理简单，但只适合于精度要求不高的场合。

闭环测试方法是把陀螺仪输出信号器的信号送至反馈元件，而给出反馈力矩或者反馈角速度，通过测量反馈力矩或者反馈角速度，来确定漂移角速度。由于闭环测试方法能够获得较高的测量精度，其分辨率可达到千分之几度/时，因此，适合于惯性级陀螺仪漂移量的测试。

闭环测试方法可分为力矩反馈法和伺服转台法。

(1)力矩反馈法测量陀螺仪漂移。

力矩反馈法测量陀螺仪漂移的原理如图 5-4 所示。

由于地球自转及外加干扰力矩的影响，陀螺仪的动量矩矢量将偏离零位，信号传感器将产生相应的输出信号，该信号经过反馈放大器的滤波、放大、解调等环节后，向陀螺力矩输入一个与干扰力矩成比例的直流电流信号，力矩器便产生相应的控制力矩，与作用于陀螺仪上由地球自转产生的陀螺力矩和外加干扰力矩相平衡，从而使作用在陀螺仪输出轴上的和力矩为零。显然，如果力矩器的刻度因数是已知的，只要精确测定施加到力矩器上的直流反馈电流，并扣除地球自转速度的影响，即可准确计算出外加干扰力矩的大小，进而确定出陀螺仪漂移角速度。

在用力矩反馈法测陀螺仪漂移时，陀螺仪传感器的输出通过放大器送到相应的力矩器构成的力矩反馈回路，使仪表工作处于闭路状态，称为力矩反馈状态。

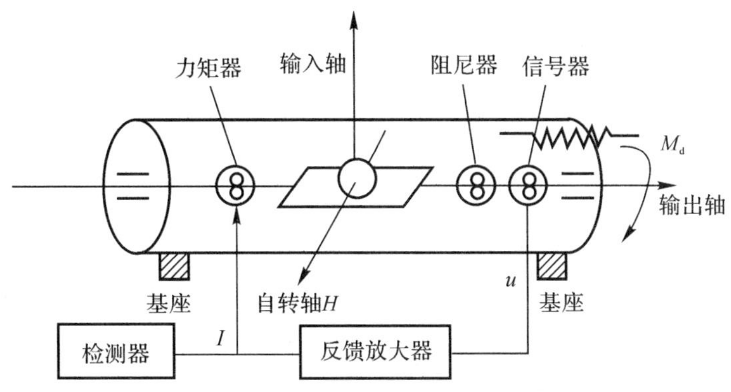

图 5-4　力矩反馈法测量陀螺仪漂移原理

(2)伺服转台法测量陀螺仪漂移。

伺服转台法也称为转台反馈法，它是利用转台作为反馈装置，其反馈量是被测陀螺仪主轴与其壳体(转台基座)之间的失协角度。

伺服转台法测量陀螺仪漂移是采用专门的伺服转台与陀螺仪构成的伺服系统来实现的。伺服转台主要由转台台体、伺服系统(包括前置放大器、测速发电机、校正环节和力矩电机)、测角装置、标准时间显示器和记录设备等部分组成。

转台台体保证为被测陀螺仪提供所需的安装方位。伺服系统保证转台测量轴跟踪陀螺仪相对于惯性空间的漂移，或者使转台保持惯性空间稳定。测角装置给出转台相对于基座的转角。标准时间显示器给出与所测转角相对应的标准时间。

图 5-5 为陀螺仪漂移伺服转台测试的原理框图。

测试时，将陀螺仪通过专门的夹具安装在转台台体上，使陀螺仪的输入轴与转台转轴平行。当陀螺仪测量到输入轴方向的角速度时，传感器即输出相应信号，经过伺服系统电子线路(前置放大、校正和功率放大)的处理放大后，送到伺服转台的力矩电机，驱动转台转动，以抵消陀螺仪输入轴方向的角速度，这样，就组成了一个伺服回路。通过读取转台在不同时刻相对于地面的转角，可计算出转台转动的平均角速度，则在扣除确定角速度后，所得到的就是陀螺仪漂移角速度。

例如，当测量陀螺仪绕 x 轴漂移时，x 轴平行于转台轴安装，这时 x 轴信号器的输出信号经电子线路与转台轴上的伺服电机相联，组成一个伺服回路。在稳态时，转台转动角速度恰好等于陀螺漂移角速度。只要测出转台的转动角速度,便可确定出陀螺仪绕 x 轴的漂移角速度。

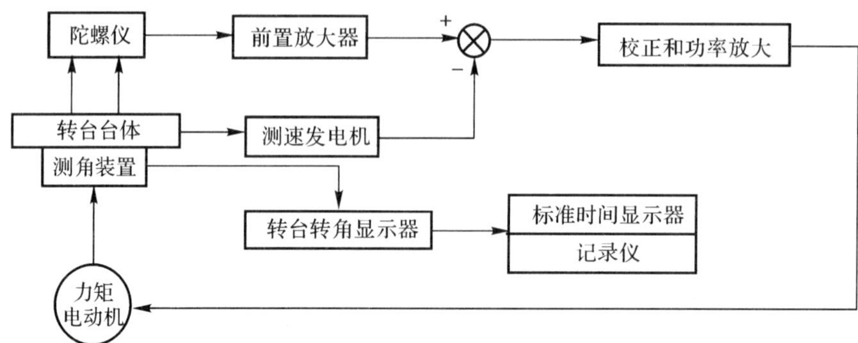

图 5-5　陀螺仪漂移伺服转台测试的原理框图

用转台测量陀螺仪绕 y 轴漂移的原理与此相类似,但需要调整陀螺仪安装位置,使其 y 轴与转台轴平行。

值得注意的是,这里所能测量到的仅仅是转台相对基座的转动角速度,精确描述时还必须考虑基座相对惯性空间的转动角速度,才能得到转台相对惯性空间的转动角速度,即陀螺漂移角速度。基座绕转台轴相对惯性空间的转动是由地球自转引起的。通常把转台轴调整到与地极轴平行,这时,基座绕转台轴相对惯性空间的转动角速度即为地球自转角速度。

伺服转台陀螺仪漂移测试系统的数学描述框图如图 5-6 所示。

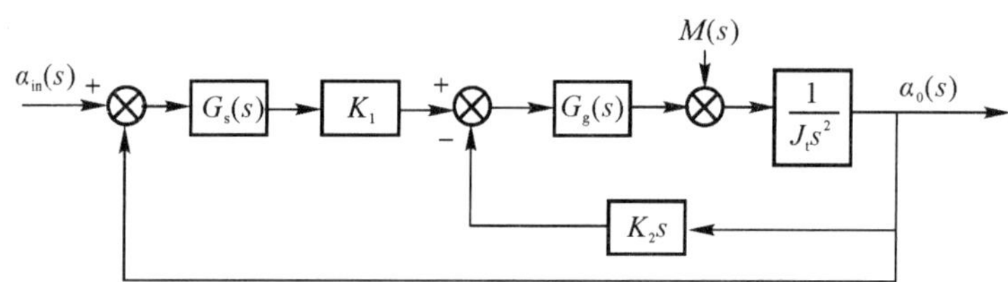

图 5-6　伺服转台陀螺仪漂移测试系统的数学描述框图

图 5-6 中,$\alpha_{in}(s)$ 为被测陀螺仪漂移角度的拉普拉斯变换;$G_s(s)$ 为陀螺仪的传递函数;K_1 为伺服系统前置放大器的放大系数;$G_g(s)$ 为伺服系统的校正环节、功率放大器和力矩电机的总传递函数;J_t 为转台的转动惯量;K_2 为测速发电机的反馈系数;$\alpha_0(s)$ 为转台相对于基座的拉普拉斯变换。

对于陀螺仪,其传递函数可以表示为

$$G_s(s)=\frac{HK_s}{J_g(s)+c}$$

式中,H 为陀螺仪的角动量;c 为陀螺仪的阻尼系数;K_s 为陀螺仪信号传感器的灵敏度。

为便于分析,假定系统相对于惯性空间没有转动,则根据不同时间测得的转台相对于基座的转角,就可以计算出陀螺仪的漂移角速度。同时,假定系统只有干扰力矩作用在台体上,则在此情况下,系统的传递函数为

$$\alpha_0(s)=\frac{K_1G_g(s)G_s(s)}{J_ts^2+K_2G_s(s)s+K_1G_g(s)G_s(s)}\alpha_{in}(s)+\frac{1}{J_ts^2+K_2G_s(s)s-K_1G_g(s)G_s(s)}M(s)$$

由上式可知，转台相对于基座转角的稳态值为

$$\alpha_0 = \alpha_{in} - \frac{M}{K_1 G_g G_s}$$

只要 $M/(K_1 G_g G_s)$ 项足够小到可以忽略，转台相对于基座的转角就代表了陀螺仪的漂移角度 α_{in}。G_g 和 G_s 分别代表了 $G_g(s)$ 和 $G_s(s)$ 的静态放大倍数。$K_1 G_g G_s$ 称为伺服系统的伺服刚度，是由伺服系统设计中干扰力矩的大小决定的。

5.2.3　加速度计测试

1. 加速度计

加速度计是导弹敏感元件之一，它用于测量导弹运动的视线加速度，可以通过对测得的加速度进行积分，得到导弹运动的速度和位置。

加速度计测量加速度的原理是建立在牛顿第二定律（$F = ma$）的基础上的，这个定律表明，加速度 a 与某些参量（如质量 m、力 F 等）之间的依存关系。

加速度计的分类方法很多，按加速度计输出量与输入加速度的关系可以分为非积分式加速度计和积分式加速度计，按输入加速度可以分为线加速度计和角加速度计，按结构形式可以分为线位移式加速度计、力（力矩）平衡式加速度计和摆式积分陀螺加速度计。

(1)按加速度计输出量与输入加速度的关系分类。

1)非积分式加速度计。非积分式加速度计又分为线位移式加速度计和摆式加速度计两种。

线位移式加速度计由两个弹簧间约束的敏感质量 m 和阻尼器、传感器等组成（见图 5－7）。它用来敏感线加速度，其精度较低，主要原因是沿输入轴作用有干扰力矩，它包括敏感质量与支承间的摩擦，传感器、阻尼器的摩擦等。

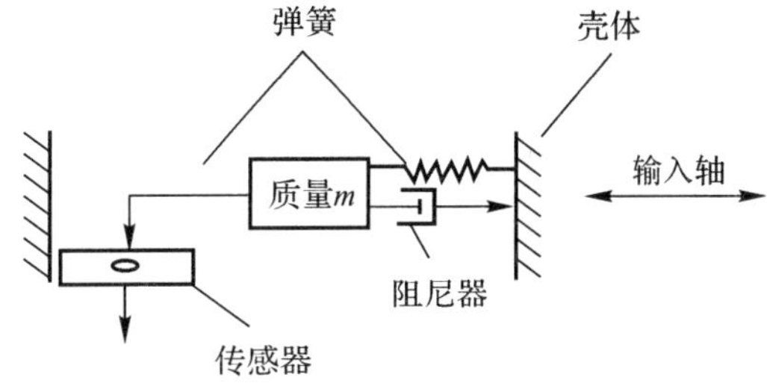

图 5－7　线位移式加速度计

摆式加速度计的敏感质量的悬置是摆式的，并由反馈回路约束，故又称力矩平衡式加速度计（见图 5－8）。它仍用来敏感线加速度。当敏感质量偏离其零位时，通过高增益放大器传递所敏感的信号给力矩器，力矩器产生的恢复力矩把敏感质量保持在零位附近，力矩器所需的电流就是所测量的加速度的量度。

2)积分式加速度计。图 5－9 所示为摆式积分陀螺加速度计，也是用来敏感线加速度的。这种仪表的核心是一个偏心陀螺仪，陀螺组件质心相对内环轴不平衡，当有加速度作用在不平衡质量上时，产生作用于内环轴的偏心力矩，陀螺绕外环轴进动，产生陀螺力矩来平衡偏心力矩，当系统处于平衡状态时，可得到进动角速度与输入加速度成正比的关系式，从而得到陀螺的进动角与输入速度成正比。可见，这种仪表在敏感加速度的同时，又进行了一次积分，故称摆式积分陀螺加速度计。

(2)按输入加速度分类。

1)线加速度计。线加速度计仅敏感沿输入轴作用的线加速度。

2)角加速度计。角加速度计是用来敏感输入角加速度的仪表。

(3)按结构形式分类。

1)线位移式加速度计。

2)力(力矩)平衡式加速度计。浮子摆式加速度计、挠性加速度计都属于这类加速度计。

3)摆式积分陀螺加速度计。

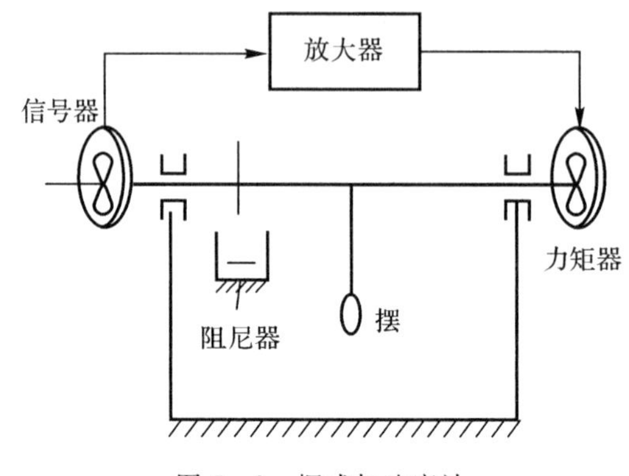

图 5-8 摆式加速度计

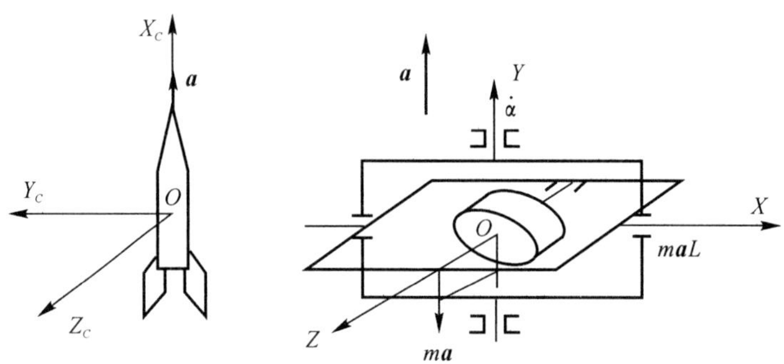

图 5-9 摆式积分陀螺加速度计

2.加速度计测试的原理

加速度计的测试主要有重力场测试、离心测试和线振动测试。

加速度计重力场试验测试的加速度限制在当地重力加速度正负值($\pm 1g$)以内,主要设备包括带有夹具的精密旋转分度头、数据采集与处理装置、电源等。在进行加速度重力场测试时,一般将加速度计安装在光学分度头上,光学分度头绕水平轴方向可以旋转 360°。令加速度计的输入轴在铅垂平面内相对于重力加速度按照正弦规律变化,其在加速度计敏感轴上的输出也应该按照正弦规律变化。

由于各种原因,实际上加速度计的输出值是周期函数,但并不完全是按正弦规律变化。如果将实际输出的周期函数按照傅里叶级数分解,可以得到常值项、正弦基波项、余弦基波项和其他高次谐波项。通过傅里叶级数的各项系数,可以计算加速度模型方程式的各项系数,完成对加速度的建模。

加速度计离心试验是将精密离心机产生的向心加速度作为输入,测量加速度计各项性能参数的试验,主要用于标定加速度计在大加速度情况下的性能。试验在精密离心机上进行,它是一个能以不同恒角速度转动的大型精密转台,其转速稳定性和动态半径的稳定性都在百万分之一左右。

加速度计离心试验是进行加速度计全量程范围性能测试的主要试验。有的精密离心机的测试范围可以高达 $100g$。

如前所述，加速度计重力场试验只能进行 $\pm 1g$ 以内的加速度测量。在导弹制导控制系统中，通常导弹的飞行加速度都大于 $1g$，有时甚至为几十个 g，如导弹主动段飞行时，加速度可能达到 $30g$ 以上。因此，产生一个大于 $1g$ 的标准加速度，用来检测加速度计的静特性是十分必要的。

3. 加速度计测试的方法

要完成大于 $1g$ 的标准加速度测试，就需要用加速计离心试验的方法。

加速度计离心试验的测试方法如图 5－10 所示。

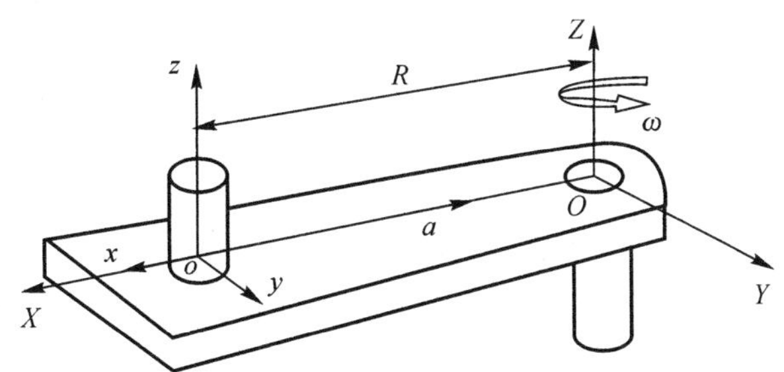

图 5－10　加速度计离心试验的测试方法

离心机一般由稳速系统和圆盘（或转臂）组成。根据力学原理，精密离心机所产生的向心加速度值为

$$a = \omega^2 R$$

式中，ω 为离心机回转角速度；R 为离心机转轴轴线到加速度计质量中心的距离，即转动半径。离心机产生的加速度方向是沿回转半径指向回转中心的方向的。

离心机产生的向心加速度的精度取决于离心机工作半径的测量精度和离心机回转角速度的精度。要确定精密离心机产生的向心加速度的大小，必须精确知道工作半径和离心机回转角速度。

试验时，读取的是离心机相对于固定基座的转动速度。计算加速度时，应加上地球自转角速度在离心机自转轴上的分量。

加速度计离心试验的测试方法通常有等加速度增量试验和等角度增量试验。

(1)等加速度增量试验。将加速度计安置在精密离心机转盘上，使其敏感轴与离心机半径方向一致。调节离心机的转速，离心机所产生的加速度可以连续由 $0.1g \sim 10g$ 等加速度增量，每次可取 $0.5g$。每次试验，加速度计正、倒置各做一次。这是精密离心机试验的最简单的试验法。

(2)等角度增量试验。等角度增量试验，又称多点转角试验。离心机所产生的加速度值取 $\pm 1g$ 至 $\pm 10g$，间隔取 $0.5g$，在每一加速度下，把加速度计敏感轴位置相对于离心机半径转动四个位置（间隔 $90°$）或八个位置（间隔 $45°$）。

5.3 舵机性能测试

舵机是导弹制导控制系统的执行机构，它是根据控制指令的大小，操作舵面偏转产生一定的控制力矩，操作弹体运动。舵机与其控制系统构成了舵系统，它位于制导系统的内环，是一个典型的位置随动系统。它是输出量对于输入量(控制指令)的跟踪系统，是执行机构对于控制指令的准确跟踪。位置随动系统中的输入量和输出量一样，都是负载空间的角位移或者线位移(或者代表位移的电压)。当输入量随机变化时，系统能使输出量准确无误地跟随。因此，快速性、准确性和稳定性是舵机系统的主要性能指标。

对于舵机测试的参数主要有舵偏角、舵机回输特性和舵机零位。这三种参数的测试基础都是基于对舵偏角的测试，其基本测试原理基本相同。

1. 舵偏角测试原理与方法

舵偏角表征的是给自动驾驶仪施加指令后舵系统对控制指令的响应情况。

在导弹飞行过程中，导弹接收地面发来的指令信号，进行译码处理后变成慢变化的指令电压，或者由弹上导引头产生的控制指令电压信号送到自动驾驶仪，进而控制导弹作机动飞行，最终飞抵并击中目标。在测试时，通过施加模拟的指令电压信号，控制舵面偏转的速度、幅度以及滞后等参数，就可以定量地分析舵系统的工作是否良好。

在此介绍舵偏角的测试原理。

舵偏角和舵偏角速度的基本测试原理如图 5-11 所示。

舵偏角测试的激励信号是模拟的控制指令电压信号。通常是给自动驾驶仪的其中一个通道(防空导弹一般采用俯仰、偏航和滚动三通道控制)施加一个基准信号，该信号就是模拟的控制指令电压信号，它使自动驾驶仪工作，使得导弹的其中一个通道(俯仰、偏航通道或者滚动通道)的舵面偏转一定角度，舵机反馈电位器反馈一个与舵偏角相对应的电压信号，送到测试系统，经放大变换后送到数字电压表，由数字电压表直接显示舵偏角的值。施加的指令电压信号与舵面偏转角有一一对应的线性比例关系，例如，如果控制指令电压最大为 10V，应该使舵面偏转到最大角 15°；当施加 5V 指令电压时，舵偏角应该是 7.5°。

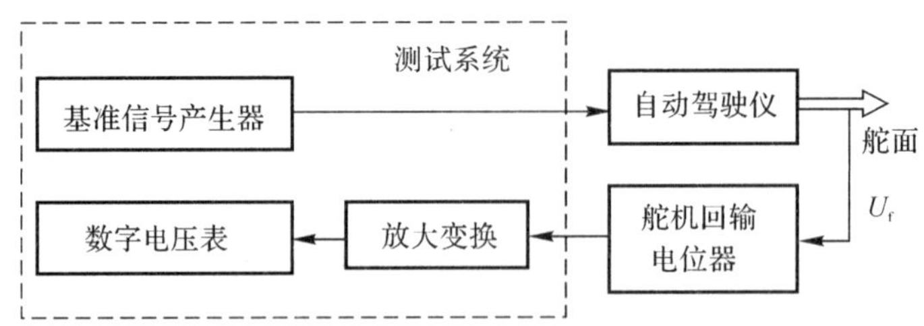

图 5-11　舵偏角和舵偏角速度基本测试原理图

采用计算机对数据采集测量时，在测试系统具体构成上，有两种方法。第一种方法是通过舵机回输电位器的回输电压来判断舵面偏转角的大小，如图 5-12 所示。舵机偏转带动回输电位器电阻的变化，回输电位器输出的电压值就随之而改变，传感器将电压值转换成 A/D 数据采集卡可以采集的电压信号，主控计算机对采集的信号进行处理，然后转换成舵面偏转的角度。

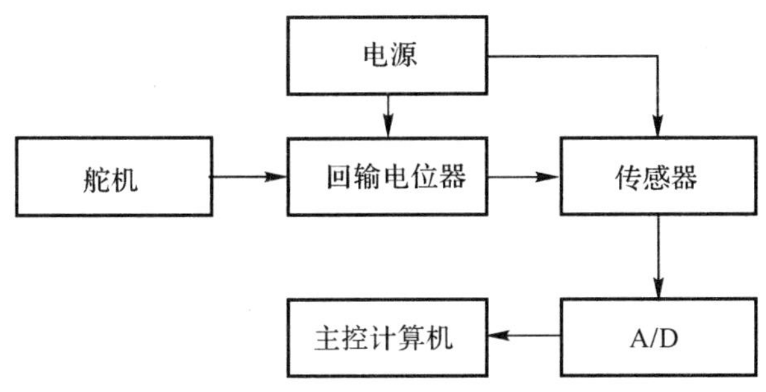

图 5-12　舵面偏转角测量

第二种方法是通过舵面处固定的舵面偏转角度传感器直接对舵面偏转角度进行测量，如图 5-13 所示。舵面偏转带动舵偏角传感器的游标移动，从而改变舵偏角传感器中电阻的大小，通过舵偏角传感器的电压也随之变化，计算机将变化的电压值通过 A/D 数据采集卡采集过来，按照输出特性的运算关系进行计算，得出舵面偏转的角度。

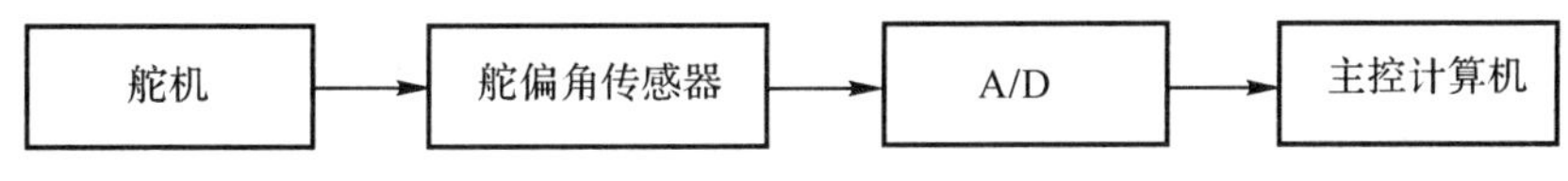

图 5-13　舵面偏转角测量

测试用舵偏角传感器的工作原理如图 5-14 所示，电源在主控计算机的控制下发出 5V 电压供给舵偏角传感器中的电位器，当舵面偏转时带动固定在舵面上的连杆使得连杆的另一端滑块跟着移动，同时调节滑线电阻的阻值大小改变舵偏角传感器中电位器输出值的大小。输出的电压值直接通过 A/D 数据采集模块进行采集，通过计算机中的程序输出舵面偏转角度的大小。

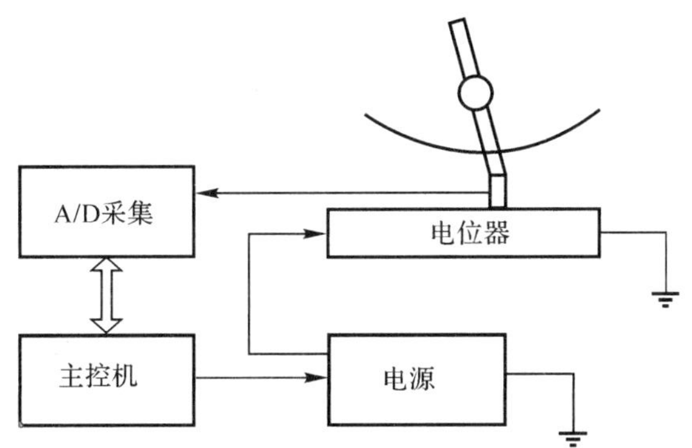

图 5-14　测试用舵偏角传感器工作原理

2. 舵机回输特性测试

舵面偏转角 δ 和舵机反馈电压信号 U_f 之间的关系称为舵机的回输特性，理想情况下呈线性关系，如图 5-15 所示。

从图 5-15 可以看出，当 $\delta=0$ 时，$U_f=0$；当 $\delta=\pm\delta_{max}$ 时，$U_f=\pm U_{max}$。其中的 δ_{max} 和 U_{max} 分别为舵偏角和反馈电压的最大值。由于是线性关系，因而可定义舵机回输特性的斜率为

$$K = \frac{\delta_{\max}}{U_{\max}} \tag{5.2}$$

基准信号产生器产生的是一个标准的电压信号，如果控制电压的在±10V 范围，可使舵面偏转到最大角，因此加给自动驾驶仪的电压信号要小于±10V。

由于一般防空导弹自动驾驶仪有三个通道，因此，在测量完一个通道后，还要测试其他两个通道，其测试原理完全相同。

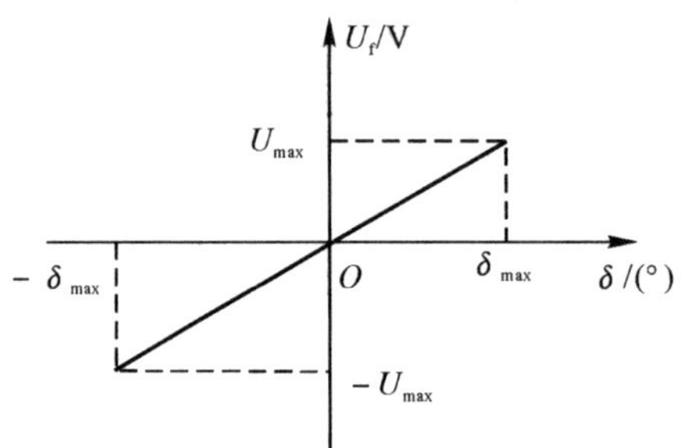

图 5-15　舵机的回输特性

3. 舵机零位测试

舵机零位表征了舵机电气零位与机械零位的偏差。

测试方法基本上跟上述测量舵偏角的原理相似，不同点是需要把舵面固定在机械零位的位置，通过数字电压表或者计算机数据采集显示系统读取当舵面在机械零位时的相应数值的指示即可。

在采用数字电压表测量舵机零位和舵偏角时，需要在数字电压表和舵机回输电位计之间增加放大变换环节，对信号放大处理，以提高测量精度。

第6章 引战系统测试技术

6.1 引战系统测试需求

6.1.1 导弹引战系统

在防空导弹上，由引信、安全执行装置和战斗部组成的，用于控制导弹战斗部适时起爆，有效杀伤目标的装置，称为导弹引战系统。它主要有安全保险、解除保险、杀伤目标和导弹自毁四大功能。

防空导弹的引信包括近炸引信、触发引信、时间引信和指令引信等。近炸引信是防空导弹上常用的引信，也称为近感引信，又包括无线电引信、红外引信、激光引信等，其中用得最多的是各种无线电引信。

无线电引信的分类方法很多，通常是按照物理场场源相对于引信和目标的位置不同进行分类，可分为被动式、半主动式和主动式三种。按照工作体制分类可以分为脉冲无线电引信、调频无线电引信、比相引信等。大多数无线电近感引信都利用了多普勒频率信息，例如采用连续波多普勒引信、调频多普勒引信、脉冲多普勒引信、伪随机码调相脉冲多普勒复合引信等。

连续波多普勒无线电引信是利用弹目交会过程中发射连续正弦波，通过检波，获得多普勒信息，进而测出弹目相对运动速度的一种体制的引信。主动式连续波多普勒体制按照接收机的形式分为超外差式、外差式和自差式。自差式是指接收和发射系统共用作为探测装置，收发天线通用。外差式是指发射和接收系统独立，收发天线分离。导弹引信常用外差式。超外差式在引信中不常用，主要是线路结构复杂，发射机对接收泄露引起的中频放大器饱和问题难以克服。而且由于防空导弹引信作用于近程(作用距离仅几米至几十米)，因此没必要采用灵敏度较高但结构复杂的超外差接收机。外差式连续波多普勒引信线路结构简单，又有较高的接收机灵敏度(与自差式相比)，因此防空导弹很早就采用这种引信。

脉冲多普勒无线电引信是利用弹目相对运动产生的多普勒效应工作的脉冲调制引信，也是防空导弹上近几十年来最常用的一种引信体制。随着高速大规模集成电路和微波技术的发展，采用纳秒窄脉冲调幅的脉冲多普勒引信，兼有脉冲引信的高距离分辨力特性，又有连续波引信具有的速度鉴别能力，可同时测速、测距，便于引战配合。

调频多普勒无线电引信是一种发射信号频率按调制信号规律变化的等幅连续波无线电引信。它克服了连续波多普勒无线电引信无法测距的缺点。按照调制波形不同有正弦调频多普勒边带引信、三角波或锯齿波线性调频测距引信、多调制频率的正弦调频边带引信、特殊波调频引信等几种。正弦调频多普勒边带引信是采用发射机被正弦波调频，在接收机中目标回波信号与部分发射信号混频，其输出包含多普勒频率信号和调制频率各次谐波加减多普勒频率的边带信号，选取其中一个边带进行窄带放大，在第二混频器中与调制频率的倍频信号进行混频，就可获得目标的多普勒信号。这种体制可消除发射机泄露的影响，需要的调制指数较小，有一定程度的距离截止性能，有较好的耐振性能和低噪声性能，线路结构简单，因此以这种体制为基础的引信在防空导弹中得到了广泛的应用。

比相引信是利用相位干涉仪测角原理设计的一种引信体制，它经常能同时获得目标的角度、速度等信息而控制引信作用。它有主动式、半主动式和被动式，可以采用连续波体制或脉冲体制。比相是指通过沿弹轴配置并相隔一定距离的两组接收天线所接收信号进行相位比较，从而得到目标角度的信息。比相引信一般都有两个相同的接收机通道。

伪随机码引信是指用伪随机码对发射机载波进行适当调制的引信，又称为伪随机编码无线电引信。调制方式可采用调幅、调频、调相或几种调制的复合。防空导弹引信中，通常采用调相获得较好的性能，简称伪码调相引信。载波可以是连续波，也可以是脉冲，因而伪随机码引信分为连续波伪随机码调相（或调频）引信和脉冲式伪随机码调相（或调频）引信两种基本类型。

不同体制的无线电引信其组成也有很大差异。一般具有无线电引信的导弹引战系统的组成如图 6-1 所示。

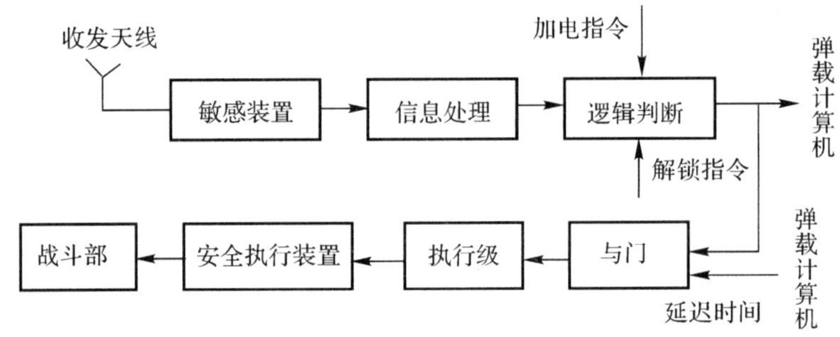

图 6-1　具有无线电引信的导弹引战系统组成原理图

敏感装置由无线电引信发射机和接收机等部分组成，其作用是通过引信天线感受目标的物理场的存在及参数变化，并将其转换成电信号。因为引信所感受的物理场的参数通常是随引信与目标的相对位置而变化的，所以敏感装置的作用可以理解为：通过物理场参数的变化测量出目标对引信的相对位置，并将其转换为电信号。信息处理是指无线电引信的高频信号经过混频检波后的放大、滤波过程。信息处理主要包括对目标的检测、选择和判断过程。引信的加电和解锁指令可能由武器系统提供，也可能由弹上导引头提供。加电指令是用于控制引信电源开启工作的指令。弹载计算机根据地面或者导弹制导系统提供的目标速度、弹目交会状态等信息，以及估算或者事先确定好的延迟时间，给出引信的启动信号，推动执行级，通过安全执行装置输往战斗部，毁伤目标。

安全执行装置采用逐级解除保险的形式。一般采用三级解除保险体制，其中至少有一级采用机械式或者机电式，其他各级可采用信号、指令等电气解除保险。保险和解除保险的结构通常称为隔爆机构。在实际工作中，往往依靠导弹运动的惯性力的变化实现解除保险，这种机构也称为惯性保险机构。

战斗部是导弹直接用于毁伤目标的有效载荷。引信按照弹目交会条件和引战配合选择合适的起爆点、起爆时机和作用方式控制战斗部起爆，有效杀伤目标。防空导弹上的战斗部主要采用破片杀伤战斗部，也有聚焦杀伤式战斗部和连续杆式战斗部。

防空导弹的战斗部的类型虽然很多，但其组成基本上是相同的，主要由战斗部壳体、装填物和传爆序列组成。战斗部壳体是战斗部的基体，用以装填爆炸装药或子战斗部，起支撑体和连接体作用。根据导弹总体要求，战斗部壳体可以作为导弹弹体的组成部分，参与弹体受力，也可以不作为导弹弹体的组成部分而安置于战斗部舱内。装填物是战斗部毁伤目标的能源，在引信适时可靠地提供信号、起爆的作用下，将其自身储存的能量通过化学反应释放出来，与战斗部其他构件一起形成金属射流、自锻破片、自然破片或预制破片、冲击波等毁伤因素。传爆序列通常由雷管、传爆药柱（或传爆管）组成，有时在序列中还加入延期药、导爆药柱或扩爆药柱。其功能是将微弱的激发冲量传递并放大到能引爆主装药，或将微弱的火焰传递并放大到引燃发射药。

6.1.2　引战系统测试的主要参数

防空导弹引战系统由于其体制差异较大，需要测试的参数也有很大不同。

对于防空导弹引战系统，主要测试的参数及项目一般有以下几个。

(1)引信电源：供给引信的电源电压、电流等参数。

(2)引信引爆指令电压：引信引爆指令电压是引信通过安全执行装置输往战斗部，使战斗部起爆的电压，通常为指令脉冲。引信引爆指令电压的测试是测试输出的脉冲信号的幅度和相位逻辑关系是否正确。

(3)引信延迟时间的测量：引信延迟时间是指引信起作用（代表引信已经接收到目标回波信号）到引信启动（代表引信输出起爆信号）之间的时间。在电路具体实现上，定义为目标信号通过数字门限后至动作电压产生的时间。它严重影响导弹的引战配合效率和杀伤目标的效果，是引战系统的最重要的参数之一。这一时间大约为数毫秒到十几毫秒，其测量属于时间间隔的测量。

(4)多普勒频率测试：在防空导弹上常用的无线电引信体制主要有连续波多普勒引信、调频多普勒引信、脉冲多普勒引信和伪随机码引信等，是采用在弹目交会过程中，引信检测弹目相对运动速度的多普勒频率来实现的。通过测试引信的多普勒频率值，判定引信信息处理电路是否能够正确检测出多普勒频率，验证引信信息处理电路的工作情况。此项检查测试显然是属于频率测试的范畴。

(5)无线电引信灵敏度测试：无线电引信灵敏度是指引信发射功率与引信启动时所要求的最小接收功率之比。它是无线电引信性能的综合参数，综合反映了无线电引信的工作情况。一般导弹无线电引信的灵敏度大概在 70～130dB 的范围。

防空导弹上的无线电引信通常不止一个波道。一般不同波道的灵敏度相差不大，但还是有少许差别。对无线电引信进行灵敏度测试时，需要对不同波道的灵敏度分别进行测试。

(6)安全执行装置继电器转换测试：防空导弹上的安全执行装置是一个机电一体化的控制装置，它通过导弹工作状态的变化或者指令（地面来的，或导引头给出的）来打通引信到战斗部的信号通路。其上有相应的继电器或者类似继电器的转换开关或者电路。通过检查安全执行装置上各继电器在施加相应的信号后是否能够正确转换来判定安全执行装置的工作性能。

继电器转换测试通常是检查转换后的电路的通断情况，即电路的导通检查。通过检查相应通路的电阻值或者电流值就可以完成。

(7)引爆电路检查：引信输出起爆信号后，通过安全执行装置送往战斗部引爆电路。然后进行引爆电路检查，即检查引信输出的起爆信号到战斗部传爆序列的输入端的信号通路是否工作正常。这里主要检查引爆电路是否导通，即属于一般线路的导通检查。

(8)干扰噪声的测试：在导弹飞行过程中，导弹会受到内外干扰噪声的影响。这些干扰噪声可能造成无线电引信的误启动，因此需要对无线电引信所受到的干扰噪声，尤其是低频干扰噪声进行测量，使其满足要求。

(9)火工品测试：防空导弹的火工品种类比较多。在火箭发动机、导弹能源系统、控制系统、发射筒弹射装置及引战系统中具有火工品。在基层部队，对火工品的测试主要是对火工品点火线路的检查。由于战斗部作为含有火工品的主要部件之一，因此，将火工品的测试放在本节中论述。

上述各参数的检查测试中，无线电引信灵敏度的测试检查和干扰噪声的测量较为复杂，也很重要，另外对火工品的测试也是基层部队经常测试的一个重要项目。

6.2 无线电引信灵敏度测试

6.2.1 无线电引信灵敏度

无线电引信灵敏度可定义为：引信发射功率与引信启动时所要求的最小接收功率之比，一般用对数表示，即

$$A = 10\lg \frac{P_t}{P_{rmin}} \tag{6.1}$$

式中，A 为引信灵敏度，dB；P_t 为引信发射功率；P_{rmin} 为引信启动时的最小接收功率。

无线电引信灵敏度与引信接收机灵敏度既有联系又有区别。无线电引信实际上可以看作是一部小型的雷达。引信接收机灵敏度就是借用了雷达接收机灵敏度的概念，它是指满足引信启动的最小接收功率，即式(6.1)中的 P_{rmin}。

(1)联系。发射功率 P_t 一定时，引信灵敏度 A 主要取决于接收机灵敏度。接收机灵敏度越高，启动时所需最小接收功率 P_{rmin} 越小，引信灵敏度 A 就越高。

(2)区别。引信灵敏度 A 并不完全取决于接收机灵敏度，它还与发射功率、收发天线效率和执行电路开启电压等参数有关，而引信接收机灵敏度却与这些参数无关。

引信灵敏度 A 是决定引信作用距离 r 的关键因素。

根据雷达方程，主动式无线电引信的作用距离可以表示为

$$r = \sqrt[4]{\frac{P_t}{P_{rmin}} \times \frac{\sigma\lambda^2 G_t G_r}{(4\pi)^3}} \tag{6.2}$$

式中，σ 为目标有效反射面积；G_t 为接收天线增益；G_r 为发射天线增益；λ 为引信工作波长；P_t 为引信发射功率；P_{rmin} 为引信启动时的最小接收功率。

由灵敏度定义可知

$$\frac{P_t}{P_{rmin}} = 10^{\frac{A}{10}} \tag{6.3}$$

将此式代入作用距离表达式式(6.2)可得

$$r = \sqrt[4]{10^{\frac{A}{10}} \times \frac{\sigma\lambda^2 G_t G_r}{(4\pi)^3}} \tag{6.4}$$

$$A = 10\lg \frac{(4\pi)^3 r^4}{\sigma\lambda^2 G_r G_t} \tag{6.5}$$

可见，当目标有效反射面积 σ，引信工作波长 λ，天线增益 G_r、G_t 一定时，引信作用距离 r 取决于引信灵敏度 A。所以引信灵敏度是影响引信作用距离的关键因素，也是关系到引信启动区和战斗部动态杀伤区配合程度的重要参数。

大部分的防空导弹无线电引信在工作的所有距离上都采用同一灵敏度值。该值的数值范围在 70～130dB 不等。也有部分防空导弹无线电引信的灵敏度值采用分段的办法，如苏联“SAM－2D”地空导弹的 5Я23 无线电引信采用了按照弹目距离的不同而分成两个距离段分别设置无线电引信灵敏度的办法。在弹目距离较近时，采用 70～105dB 的值，而在弹目距离较远时，采用 105～135dB 的值。这样可以很好地控制引信的启动区。

6.2.2　无线电引信灵敏度的一般测试方法

一般来说，无线电引信灵敏度的测试方法可分为开路测试与闭路测试两种，其测试原理如图 6－2 所示。这里所说的开路，是指引信收发天线向空间开放；而所说的闭路，是指引信收发天线之间通过高频电缆及有关设备连接，形成闭合电路，不向空间开放。

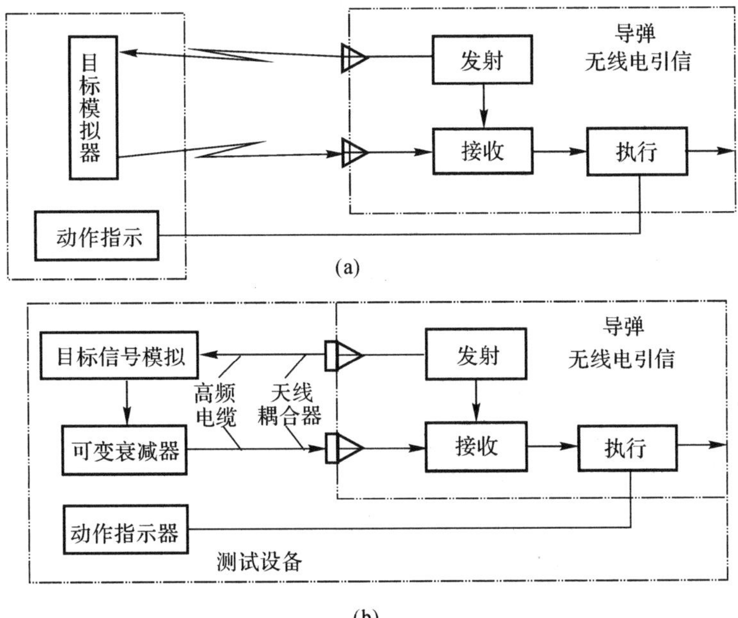

图 6－2　无线电引信灵敏度测试原理框图

(a)开路测试；(b)闭路测试

1. 开路测试法

在用开路法测试无线电引信灵敏度时，由于真实目标的雷达辐射模拟很困难，因此，往往将加低频电压的金属板作为目标信号模拟器。无线电引信发射的等幅高频电磁波被金属板反射，接收的回波信号则变为被低频信号调制的调幅波，并以此作为目标信号进行测试。这种方法可根据目标信号模拟器的参数及其与引信的距离 d 来计算引信灵敏度值。炮弹和炸弹等无线电引信有的就采用这种方法测试灵敏度。

2. 闭路测试法

对于导弹无线电引信来说，如果采用开路法测试，既不利于频率保密，又不便于操作，因此，一般都采用闭路测试的方法，它可以根据可变衰减器的衰减刻度来测定引信系统的灵敏度。

闭路法测试系统由天线耦合器、目标模拟器、可变衰减器、动作指示器和高频电缆等部分组成。天线耦合器分为发射天线耦合器和接收天线耦合器，它们实际上是一个天线微波保护罩。无线电引信的发射机工作后，发射天线辐射高频信号，经发射天线耦合器收集后，通过高频电缆输往目标模拟器。目标模拟器对输来的信号进行延迟和调制，用于模拟引信目标。通过延迟和调制后的目标信号经过可变衰减器、引信接收支路的高频电缆和接收天线耦合器后送往接收天线。

设天线耦合器、高频电缆、目标信号模拟器总固定衰减为 A_d，可变衰减器衰减量为 A_b，接收功率为 P_r，则有

$$10\lg\frac{P_t}{P_r} = A_d + A_b \tag{6.6}$$

由大到小改变衰减器衰减量 A_b，引信启动时 $A_b = A_{bk}$(dB)，有

$$10\lg\frac{P_t}{P_{rk}} = A_d + A_{bk} \tag{6.7}$$

设此时总衰减量 $A = A_d + A_{bk}$，故有

$$A = 10\lg\frac{P_t}{P_{rk}} \tag{6.8}$$

引信刚启动时测得的总衰减量即是引信灵敏度。

另外，无线电引信在实际工作时，发射的不论是连续波还是脉冲信号，辐射到空中后，碰到目标反射回的信号是经过目标调制的复杂信号。那么，在测试无线电引信灵敏度时，为了模拟引信的真实工作情况，还需要通过调制器对引信的发射信号进行调制。调制的过程只是模拟目标对引信发射信号的幅度调制，使其被接收天线接收的信号变成模拟的目标回波信号。

大部分防空导弹无线电引信在测试灵敏度时的总固定衰减量是不变的，也有个别防空导弹无线电引信在测试灵敏度时的总固定衰减量采用分档的办法，如苏联“SAM－3”导弹，由于无线电引信灵敏度值变化范围大，总固定衰减量采用了两档。其中一档在 78dB，另一档在 117dB。

6.2.3 无线电引信灵敏度测试原理

有些防空导弹无线电引信不一定采用一个波道，有可能采用两个波道或者四个波道工作。一般情况下，每个波道的组成和工作原理都相同。在进行无线电引信灵敏度测试时，需要对每个波道的灵敏度都进行测试。

在进行无线电引信灵敏度测试时，给引信加电，引信发射机开始工作，从发射天线辐射出来的高频电磁能，进入发射天线防护盖，一部分能量被防护盖内壁的吸收材料板所吸收，另一部分能量经过防护盖的转接器和调制器。经过调制的信号通过高频电缆送入接收天线防护盖，一部分能量被防护盖内壁的吸收材料板所吸收，另一部分能量输入到引信的接收天线。借助于可变衰减器来调节整个系统的衰减量。当调节到引信刚好“动作”时，整个系统的总衰减量就是引信的灵敏度。所谓引信的“动作”是表示引信接收到目标反射信号及其信号积累达到引信输出起爆信号的条件。

通过上述系统，表头上显示的只是可变衰减量，需要把可变衰减量与系统给定的已经标定好的固定衰减量相加，得到无线电引信的总的灵敏度。

可变衰减器的基本原理是采用传输电磁波的一段同轴线，使同轴线内导体断开一段距离，通过调整这段距离 l 的大小来调整耦合到输出端的电磁波功率，如图 6-3 所示。通常用两种方法，一种方法是采用手动调节，另一种方法是采用电控调节。后一种方法需要在可变衰减器上加装一个电动机，通过电动机转动带动对距离 l 大小的调整。

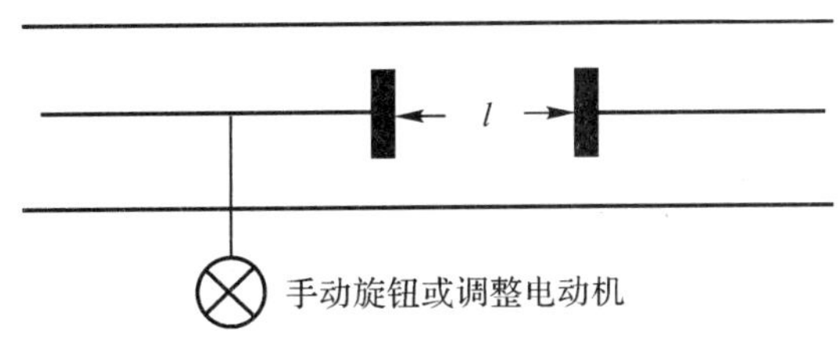

图 6-3　可变衰减器的工作原理图

在一个波道测试完以后，将高频测试电缆接至另一个波道，进行同样的测试。

另外，还有一种通过控制组件控制微波功率来调整可变衰减量的办法。其工作原理是在一段波导中放置二极管，通过改变流过波导中二极管的电流，从而控制波导的阻抗，而改变微波功率。这时，二极管的阻抗与波导的阻抗处于并联状态，在二极管处于截止状态时，二极管呈现一个很大的电阻，对波导的阻抗几乎没有影响，微波功率以最小的损耗通过；当有电流流过二极管时，其阻抗与微波传输线的阻抗并联后，微波功率的大部分被反射，微波功率以一定的损耗通过。

二极管采用的 PIN 二极管，当无电流通过时，衰减很小，典型值是不大于 0.7dB；当有电流通过(例如加载 50mA 的电流)时，衰减较大，典型值为不小于 19dB。那么，通过给二极管加载电流，改变二极管的阻抗的办法，就可以改变衰减量。

6.3　引信延迟时间及其测试

6.3.1　引信延迟时间

从引信起作用到引信启动有一段时间，称之为引信延迟时间。引信起作用是指当引信接收信号达到门限时，引信能正常工作的一种引信工作状态。引信起作用时目标相对引信(导弹)的空间位置点构成了引信作用点。引信各作用点所构成的区域构成了引信作用区，这是由于目标散布特性不一致，各次交会条件不完全相同，致使各作用点不在同一面上，构成一个区域。

引信的延迟时间包括三部分：

(1)电路固有的延迟时间。从引信起作用到引信启动要经过一定的电路，如执行级电路等。这些电路工作要有一定的时间，这个时间就是一种延迟时间，可称为电路固有延迟时间。

(2)人为设定的进行信号持续时间选择的延迟时间。在有些引信中，设有信号持续时间选择电路。只有信号的持续时间大于某个值，引信才启动。如果信号的持续时间小于该值，引信就不启动。这样，就又造成一个从起作用到启动的延迟时间。引信设置信号持续时间选择电路的目的，是防止大功率、短时间脉冲信号的干扰，以提高引信的抗干扰能力。

(3)信号处理和逻辑判断时间。对某些引信来讲，还需要有信号处理和逻辑判断时间。因为只有在信号处理和逻辑判断之后引信才能启动，所以引信起作用到启动还要有一定的延迟时间。

由于引信存在着延迟时间，因而使得引信的启动区和作用区不完全一致，即启动区落后于作用区。

延迟时间的大小及散布规律严重影响引信的启动区，进而影响引战配合效率和对目标的毁伤概率。因此，需要对引信的延迟时间进行测量。

6.3.2 引信延迟时间的测量

1. 基本测量原理

引信延迟时间的测量属于时间间隔测量的范畴。早期的防空导弹在测量引信延迟时间时多采用电容充放电法，目前多采用脉冲计数法。

脉冲计数法是采用频率稳定的标准时钟信号对被测时间间隔进行量化，通过对量化时钟计数来测量时间间隔的方法，其测量原理如图 6-4 所示。

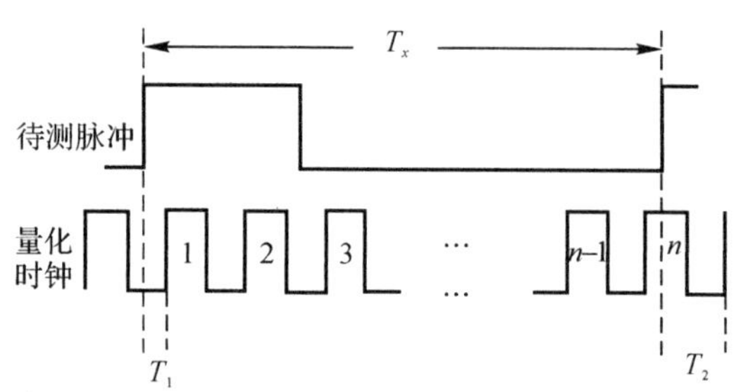

图 6-4　脉冲计数法测量延迟时间原理

量化时钟频率为 f_0，对应的周期 $T_0 = 1/f_0$，在待测脉冲上升沿启动计数器计数，下一个待测脉冲上升沿结束计数，计数器得到的脉冲为 n，则由脉冲计数法求得待测脉冲时间间隔 T_x 为

$$T_x = nT_0 \tag{6.9}$$

脉冲计数法测量范围广，容易实现并且节约成本，能够做到实时处理。缺点是测量精度低，实际的待测时间间隔应为

$$T_x = nT_0 + T_1 - T_2 \tag{6.10}$$

比较式(6.9)和式(6.10)可得脉冲计数法的测量误差为 $\Delta T = T_1 - T_2$，其最大值为一个

量化时钟周期 T_0，产生的原因是待测脉冲上升沿与量化时钟上升沿不同步，且待测时间间隔并非量化时钟周期的整数倍。该误差称为脉冲计数法的原理误差。例如量化时钟的频率为10MHz，则由原理误差引起的最大测量误差为 $\Delta T_{max} = T_0 = 1/f_0 = 100ns$，这对于引信延迟时间的测量来讲，其测量精度是达不到要求的。最直接的方法就是提高量化时钟频率以缩小量化时钟周期 T_0。但频率的提高是有限度的，它受到诸如成本等各种因素的制约，因为频率越高，对器件、电路的要求越高。除了原理误差之外，量化时钟的不稳定度 $\Delta T_0/T_0$ 是另外一个误差因素，该误差称为时标误差。时标误差可以采用高稳定度的时钟来克服，比如铷原子频率标准。由于脉冲计数法在时间间隔测量中具有实现容易、测量范围广等突出优点，因此目前高精度时间间隔测量方法主要是在脉冲计数法的基础上，对量化误差 T_1 和 T_2 进行再次测量，以克服原理误差的影响。常见的方法主要有模拟内插法、数字内插法、延迟线内插法和游标法，这几种时间间隔测量方法首先是对 T_1 和 T_2 进行扩展，然后重新计数。这些方法受到电子计数法的束缚，只是减小而不能完全克服原理误差，且存在较大的测量盲区。

2.电容充放电法测量延迟时间

电容充放电测量时间间隔的方法属于时间-电压转换法的一种，也是早期防空导弹方面一种常用的测量延迟时间的方法。它是利用电容的充放电电压与充放电时间的函数关系，通过精确测量电容上的电压，计算出电容充放电的时间，在脉冲计数法的基础上，实现对量化误差 T_1 和 T_2 的再次测量。其测量电路如图6-5所示，主要由恒压源、RC回路、电子开关、隔离放大器以及A/D转换器组成。

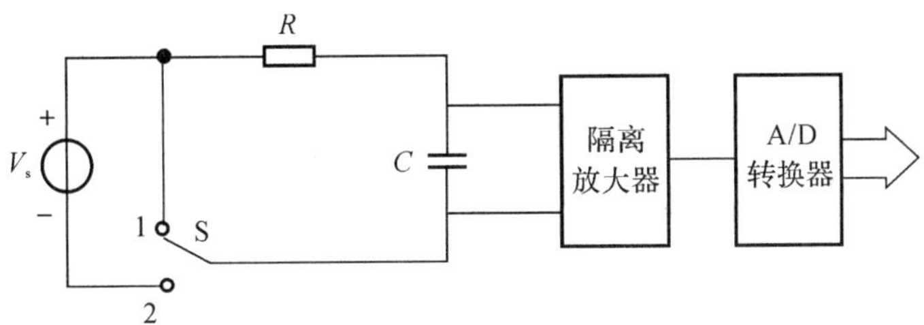

图6-5　电容充放电的延迟时间测量电路

当如图6-4所示的待测脉冲上升沿到来时，计数器闸门打开，开始对量化时钟计数。同时，电子开关S由1切换到2，恒压源 V_s 通过电阻 R 对电容 C 充电，电容电压 V_C 由零开始上升(见图6-6)，其上升规律为

$$V_C(t) = V_s(t)(1 - e^{\frac{t}{RC}}) \tag{6.11}$$

当第一个量化时钟上升沿到来时，A/D转换器通过隔离放大器对电容电压 V_C 进行采样量化，则由式(6.11)可得到电容充电的时间(T_1)为

$$T_1 = t = -RC\ln(1 - V_C/V_s) \tag{6.12}$$

随着电容充电的进行，电容电压 V_C 趋近于 V_s。当下一个待测脉冲上升沿到来时，计数器闸门关闭，停止对量化时钟计数，获得量化时钟个数 n。则计数时间可由式(6.9)得到。同时，电子开关S由2切换到1，电容 C 通过电阻 R 放电，电容电压 V_C 由 V_s 开始下降(见图6-6)，其变化规律如下：

$$V_C(t) = V_s e^{-\frac{t}{RC}} \tag{6.13}$$

当下一个量化时钟上升沿到来时，A/D转换器通过隔离放大器对电容电压 V_C 进行采样

量化，则可得到电容放电的时间（T_2）为

$$T_2 = t = RC\ln(V_s/V_C) \tag{6.14}$$

由式(6.12)、式(6.14)可见，通过测量电容充放电过程的电压，可以在脉冲计数法的基础上对量化误差 T_1 和 T_2 进行再次测量，则式(6.9)可表示为

$$T_x = nT_0 - RC\ln(1 - V_{C1}/V_s) + RC\ln(V_{C2}/V_s) \tag{6.15}$$

通过后续微处理器对式(6.15)进行运算处理，实现对延迟时间的高精度测量。

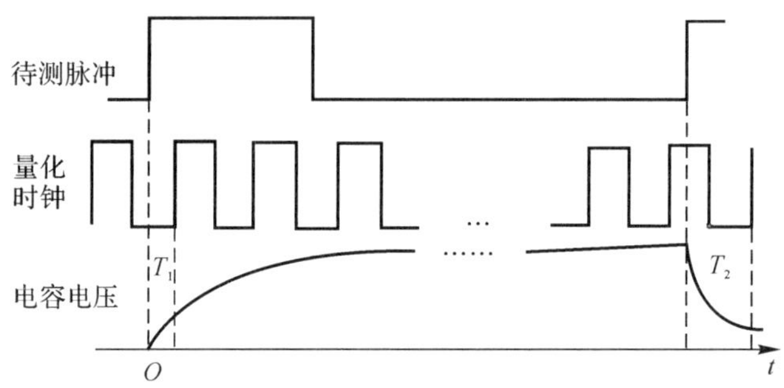

图 6-6　延迟时间测量中电容的电压变化曲线

3. 脉冲计数法测量引信延迟时间

脉冲计数法引信延迟时间测量原理框图如图 6-7 所示。

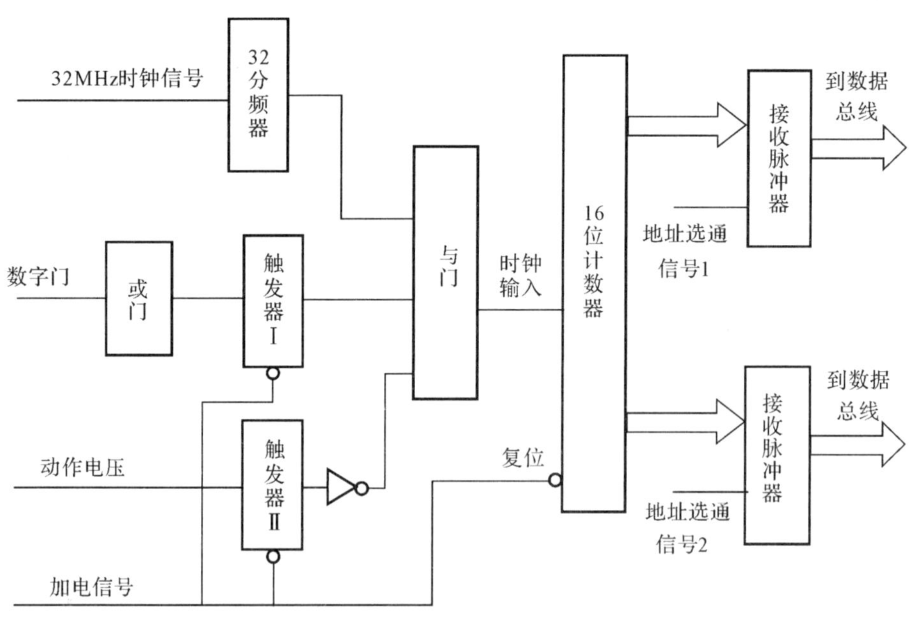

图 6-7　脉冲计数法延迟时间测量原理框图

加电信号用作复位信号，在没有加电的时候，加电信号为低电平，触发器Ⅰ、触发器Ⅱ和计数器都处于复位状态，此时通过地址选通信号 1 和地址选通信号 2 地址端口读取到的数据均为 0。

加电引信开始工作后，只要数字门限有效，触发器Ⅰ输出高电平，与门打开，计数器开始计数。动作电压产生后，触发器Ⅱ输出高电平，反相后为低电平，关闭与门，计数器停止计数。此

时通过地址选通信号 1 和地址选通信号 2 地址端口读取到的数据即为延迟时间。

32MHz 时钟信号经 32 分频后时钟周期为 1μs，则 16 位计数器能测试的最大延迟时间为 $(2^{16}-1)\times 1\mu s=65.535ms$。

6.4　火工品及其测试

6.4.1　导弹系统的火工品

所谓火工品，指的是受很小外界能量激发即可按预定时间、地点和形式发生燃烧或爆炸的材料或者装置。

防空导弹上的火工品是导弹火箭发动机、战斗部、燃气发生器、脉冲发动机以及引信和安全执行装置等的重要组成部分。

在导弹火箭发动机上，火工品主要是引燃药和推进剂，它是导弹推进系统的重要组成部分。引燃药一般采用黑火药，它是我国古代四大发明之一，距今已有 1 000 多年的历史。在导弹发动机中，在点火信号的作用下，引燃药迅速而有规律地燃烧，发生化学反应，从而引燃推进系统的主装药。引燃药具有敏感性强、易燃烧等特点。推进剂通过火箭发动机为导弹提供推力，有固体和液体推进剂之分，主要成分有氧化剂、燃烧剂、黏合剂、助燃剂和阻燃剂等。现役以及正在研制的防空导弹，绝大部分采用固体推进剂。

在导弹战斗部上，火工品用于形成杀伤能力，通过战斗部爆炸后形成的破片、连续杆、爆轰波等，对目标实施洞穿、引燃、引爆等杀伤。在防空导弹战斗部中的火工品主要物质为高能炸药，如 TNT、黑索金和奥克托金等。

脉冲发动机是用于推力矢量控制的发动机，通常安装在导弹的质心或者头部位置，用于燃气控制，使导弹能够迅速机动。

在导弹系统中，燃气发生器一是用于垂直发射的导弹的气体弹射；二是用于导弹能源系统作为气体发生器，通过燃气发生器燃烧的气体推动导弹涡轮机发电，提供弹上能源。

在导弹引信和安全执行装置中，火工品用于传火系列和传爆系列。通过导弹上电信号引燃电雷管，然后逐步引爆导爆管、传爆管和扩爆管，逐级能量放大，直到引爆战斗部的主装药。导爆管、传爆管等采用的火工品材料主要有 RDX(常温装药)、HMX(高温装药)和铝粉等。

导弹上的火工品，按输出的性质，可分为引燃火工品(导火索、底火、引火头、点火具)、引爆火工品(雷管、导爆管、传爆管)两类。按照时间分类，可分为时间类火工品(延期管、时间药盘)和其他火工品(曳光管、抛放弹、气体发生器)等。在防空导弹上，延期管常用于控制气体发生器产生气体的压力，以达到气体稳定输出的目的，延期药主要采用黑火药。如意大利生产的“阿斯派德”导弹的燃气发生器的燃气输出口，采用了延期管，用于燃气发生器开始燃烧时气体的压力释放，当燃气压力达到数兆帕时，开启燃气调压阀。时间药盘在防空导弹上则用于调节引信的延迟时间。

6.4.2　火工品的测试与使用

1. 测试项目

火工品属于危险品，其测试主要是在研制和生产过程中进行，需要完成对火工品的性能测试。主要的测试项目包括对火工品性能测试及安全性与可靠性测试。

在部队，主要是对火工品电路进行检查，包括对火工品回路的导通电阻、绝缘电阻和引爆电路进行检查。

(1)输出特性测试：主要用于测试火工品输出时产生的气体压力、冲击波压力和冲击能量。输出特性测试可分为定性测试和定量测试两类。根据测定装置原理的不同可以采用电磁法、压阻法、应变法和压电法等。

(2)作用时间和过程测试：主要用于测量微秒、毫秒级火工品的作用时间，延期类火工品的延期时间，火工品的爆速和作用过程等。

(3)感度测试：主要是为了反映被测火工品对各种刺激量的敏感程度，获取其作用可靠性和安全性的参数。根据刺激能量的不同，感度测试又分为火焰感度、激光感度、针刺感度、撞击感度、电流电压感度测试等。

(4)无损检测：无损检测是新型发展的综合性技术，主要是利用微波技术、红外技术、X 和 γ 射线透照技术、热响应技术检测火工品的结构性缺陷等。例如检测固体火箭发动机固体燃料是否有裂纹、气泡、脱粘等。

(5)环境实验：为了模拟火工品在自然环境、实际使用工作环境中可能遇到的气候条件和各种意外情况(如高温、低温、低气压、湿热、震动、跌落等)而进行的适应性实验，也是考核火工品安全性能的主要方法。

(6)火工品回路的导通电阻与绝缘电阻检查：对火工品电路检查主要是检查点火线路通路。检查项目包括检查火工品回路的导通电阻和绝缘电阻，以确保阻值在要求的合格范围内。这两项检查一般采用火工品测试仪，它的测量阻值范围一般为 $0\sim30\mathrm{M}\Omega$，要求测量电流小于 10mA。

为保证人员和武器装备的安全，火工品检测仪的安全性始终是第一位的，通常将其供电电源限定为干电池，并对测试时流过火工品导通电阻的电流加以限制，以从根本上消除电源漏电、电压高、过流等安全隐患。

(7)引爆电路测试：引爆电路测试需要使用专用仪器，其测试目的在于检查引爆电路的通断情况。在不允许安装电爆管的情况下要用模拟器代替(一般用小电珠)。在实弹测试时，为确保安全，测试电流应小于火工品的安全电流，并在尽量短的时间内完成测试，然后断开测试电源。

2. 火工品测试的注意事项

由于火工品属于危险品，在基层部队，由于环境条件变化大，各不相同，因此要特别注意在存储、使用维护过程中的安全性。保证安全性的措施主要包括以下几项内容。

(1)不许在破损的包装箱内存储火工品，装有火工品的包装箱必须铅封或贴封条；无关人员不得进入火工品贮存区，进入火工品贮存区时，不得携带火种和含电子辐射的电子产品。

(2)火工品贮存仓库要距离人员居住区 50m 以上。火工品贮存仓库与人员居住区、兵器操作及贮存仓库间应有防暴隔离设施。距火工品贮存区 50m 内严禁烟火，禁止存放易燃、易爆品。火工品贮存仓库应该有防雷击、防静电设施设备。

(3)火工品在存放作业时，应敞开所有的通道。

(4)火工品作业前，操作人员必须释放身上静电，并着防静电工作服、工作帽、手套和鞋。

(5)操作火工品时，禁止携带武器，禁止扔、拖、撞击包装箱或向装有火工品的包装箱上钉钉子。

(6)测试时,应该保证导弹良好接地。

3.测试原理

(1)火工品作用时间和过程测试。图6-8为典型的火工品性能测试原理图。

在图6-8中,通过脉冲发生器放电,引燃引爆处于密闭爆发器内的火工品,通过采集火工品燃烧及引爆的声和光等信息,就可以测试火工品作用持续时间、爆炸作用过程、震动持续时间、火焰强度和光强等参数随时间变化的规律。

通过安装不同的传感器,可以测试火工品其他的性能参数。

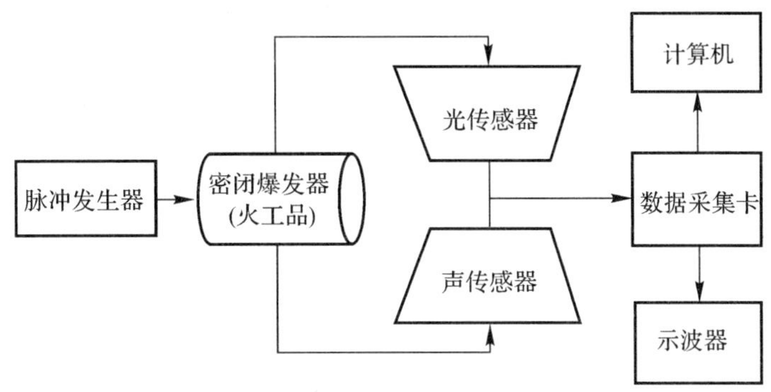

图6-8 火工品测试原理图

(2)火工品爆炸后气体的压力随时间的变化。图6-9是用于测试火工品燃烧爆炸后产生的气体的压力随时间变化的原理图。

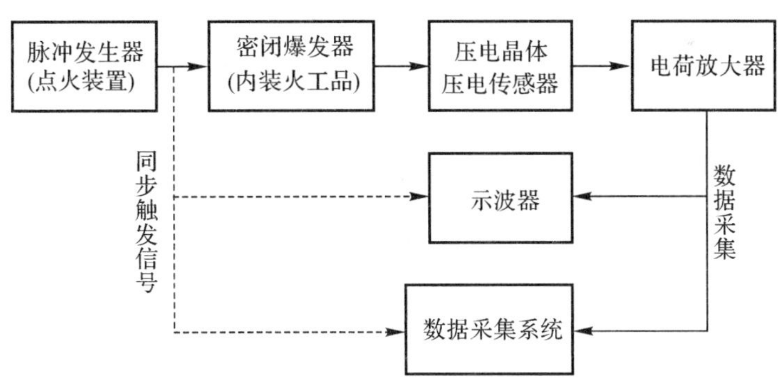

图6-9 测试火工品压力随时间变化的原理图

图6-9中,利用压电传感器检测密闭容器内火工品爆炸后的压力,通过示波器可以观察压力随时间的变化曲线。

(3)火工品安全性与可靠性测试。火工品安全性测试主要是测试火工品通过的电流是否小于安全电流。在实弹测试时,为确保安全,要求测试电流应小于火工品的安全电流,并在尽量短的时间内完成测试,然后断开测试电源。

使用专用仪器对导弹的火工品电路(爆炸螺栓、发动机点火和战斗部引爆电路等)的安全性进行检查测试,在不允许安装电爆管的情况下要用模拟器代替(一般用小电珠)。

可靠性检查是在基层部队进行,主要是在火工品的使用维护过程中,即在火工品的运输、存储、装填(如早期导弹火箭发动机火药柱的装填等)等过程中对点火线路通路的检查。

火工品电路检查常用于检查导弹战斗部、火箭发动机、燃气发生器、点火电池、能源电池和连接电缆等的点火线路。检查项目包括导通电阻、绝缘电阻和电缆电阻等。

图 6-10 为某型筒弹发射筒燃气发生器点火线路测试的原理图。

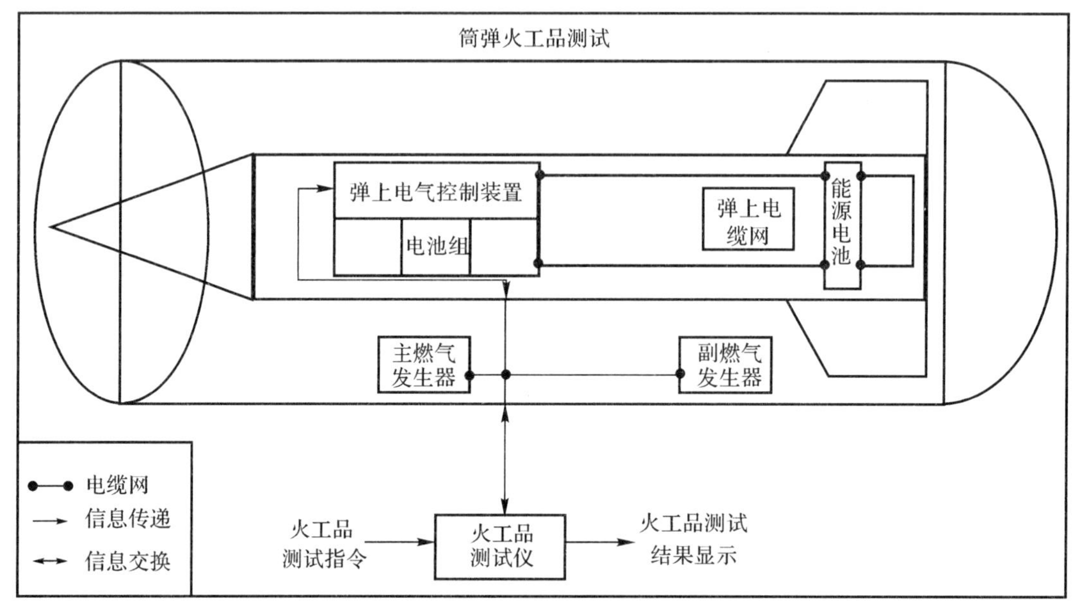

图 6-10　某型筒弹发射筒燃气发生器点火线路测试原理图

由于火工品的危险性,对火工品点火线路通路的检查用专用的火工品测试仪。检查时,被测信号接入火工品测试仪,火工品测试仪一般通过手动按键开关,依次将各路测量信号接入数字多用表中进行测量。

为保证导弹火工品测试的可靠性和安全性,测试过程是独立进行的,且组合独立设计,手动操作,测试电缆也是专用的。由于测量量均为电阻量,因此火工品测试设备采用高性能数字多用表,直接对火工品进行绝缘和导通电阻测试。

一般要求导通电阻在 20～30 Ω 范围,电缆电阻在数欧范围,绝缘电阻在几十兆欧范围。

(4)火工品绝缘电阻测试。为了获得较高的测试精度,绝缘电阻的检测通常采用高压激励,高电压的产生可采用逆变、开关电源等方式。典型的绝缘电阻的测试方案如图 6-11 所示。

图 6-11 中,R_1 和 R_2 为两个标准电阻,用于测量高压电压值,R_s 为采样电阻,R_x 为被测端间的绝缘电阻。绝缘电阻的测量仪器有兆欧级电阻表、高阻电桥和高阻表等。它们的测试原理与普通电阻测试类似。

另一种绝缘电阻测试的工作原理如图 6-12 所示。

图 6-12 中,R_x 为待测绝缘电阻,R_1 和 R_2 分别为已知的标准限流、分压电阻,在 5V 电压加在测试电路中后,根据欧姆定律可知:

$$U_o = 5R_2/(R_x + R_1 + R_2)$$

因此

$$R_x = 5R_2/U_o - (R_1 + R_2)$$

A/D 转换电路在测量出 U_o后，便可以根据上式计算绝缘电阻 R_x。

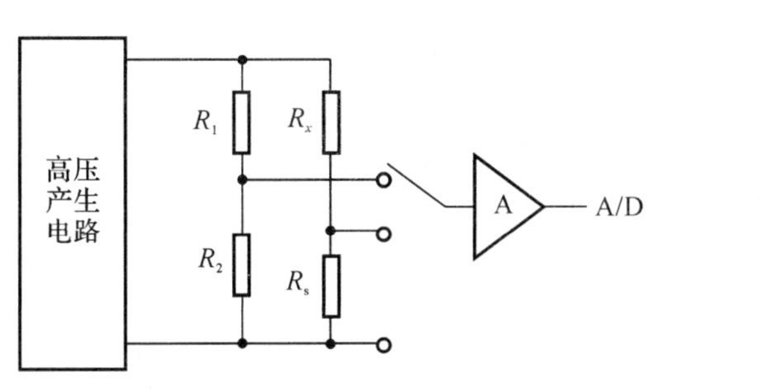

图 6-11　典型的绝缘电阻的测试方案

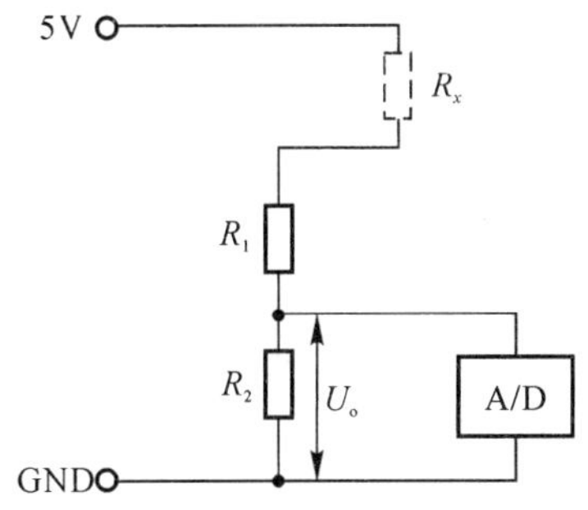

图 6-12　绝缘电阻测试原理图

6.5　干扰噪声及其测试

只要是电气产品，总会或多或少受到各种干扰噪声的影响。对于防空导弹这样复杂的机电系统，其中的电气设备同样不可避免。在导弹上，不论是对无线电引信还是寻的制导体制的导引头、指令制导体制的指令接收与处理系统都涉及对干扰噪声的测试。本节重点论述导弹设备上受到的各种干扰的类型、噪声的度量方法及其测试技术。对导弹上各类干扰噪声及其测试的原理方法，既适用于导弹无线电引信，也适用于导弹上的其他电气设备。

6.5.1　导弹设备中的干扰噪声

在导弹飞行过程中，会产生各种内部噪声和外部噪声。这些噪声信号进入无线电引信和导弹其他电气设备中属于干扰信号，会造成无线电引信的误启动。另外，进入导弹内部其他部组件的干扰噪声信号，对导弹的正常工作也会产生某些干扰，因此在某些防空导弹中，需要对这些噪声信号进行测量。

1. 外部干扰噪声

导弹飞行过程中所受到的外部噪声主要有导弹发动机燃烧不稳定造成导弹振动而引起的噪声，导弹飞行环境气流（导弹飞行控制引起的气流变化、空气动力等）造成导弹颤振和振动而引起的噪声以及外界的云、雨等对无线电设备的干扰，进入无线电引信多普勒频率通道的噪声等。这些噪声具有强度高、频带宽、随机性大等特点。

固体火箭发动机工作燃烧室压强不均匀的波动会引起发动机的推力脉动，另外，燃烧室产生的高温高压燃气从尾喷管喷出，对周围大气产生扰动，形成声功率级高达 160dB 以上的喷气噪声。这些噪声会引起导弹弹体的弹性形变、导弹壳体振动和弹体附加的交变应力。

导弹在飞行过程中，导弹飞行速度、飞行高度在不断变化，导弹从低空飞行到高空，导弹发动机尾喷管喷出的气流对导弹飞行环境的扰动等，均会造成导弹飞行环境的气流变化。激波、舵面、翼面和进气道等也会造成边界层分离或扰动加剧。

另外，导弹飞行过程中，会在导弹弹体表面各部位产生分布的力或者力矩，造成导弹翼面、操纵面边缘形成流动分离涡流，从而引起振动，尤其是在导弹作高机动飞行和高速飞行时尤为显著。这种由于导弹飞行控制造成的振动的振动力的大小与与弹体结构外形、飞行马赫数 Ma、飞行高度 H 以及导弹偏转角 δ_z 等有关。其振动力的函数形式为

$$F_c = F_c(Ma, H, \delta_z) \tag{6.16}$$

空气动力是防空导弹飞行过程中的主要振源，当气流流过弹身表面时，由于空气的黏滞性在弹身表面形成一层附面层，附面层内的涡流诱发导弹蒙皮结构的振动。边界层的特性主要由导弹外形、弹体表面粗糙度、导弹飞行速度等气动力特性决定，并随导弹飞行速度的增大发生明显变化。通常认为气动扰流产生的振动响应与飞行动压的二次方成比例。空气动力在导弹气动布局和外形给定的情况下，不仅与飞行马赫数 Ma、飞行高度 H 有关，还与飞行攻角 α 及侧滑角 β 等有关，空气动力的函数形式为

$$F_a = F_a(Ma, H, \alpha, \beta) \tag{6.17}$$

振动、颤振和弹性弹体效应均会引起导弹电子元件及各类连接电缆的微小摩擦，这些摩擦就会引起干扰噪声。一般认为由于导弹的振动引起的噪声频率在 5～2000Hz 之间。典型值是导弹飞行高度为 4 500m、马赫数为 3.8 时，动压达到最大值 620kPa，实测振动均方根值加速度为 4.9g。

导弹振动除了引起弹体出现颤振和弹性弹体效应，给导弹控制系统的控制精度产生影响外，还会造成弹上电子元件间的相互摩擦、电子电路噪声，造成无线电引信天线及接收机测量目标不准确。

另外，导弹飞行过程中的气象条件也是引起噪声的原因之一。在导弹飞行过程中，无线电引信发射的高频电磁波可能会碰到云、雨及大气中的微颗粒，它们会对电磁波的传播产生反射、折射和绕射作用。由于防空导弹无线电引信大多采用多普勒体制，它们会与导弹产生相对运动，导弹引信接收机据此可检出多普勒频率信号。对于无线电引信来讲，这是一种噪声干扰信号。这种噪声干扰信号同目标运动相比，检出的多普勒频率较低，处于低频段，频段范围大约同导弹振动引起的频段相似，也为 5～2 000Hz。

2. 内部干扰噪声

进入导弹内部的主要干扰噪声有发射机泄露噪声和接收机内部的热噪声。

发射机泄露噪声主要由于收发隔离的泄露和发射信号的边带噪声的泄露引起。

对于防空导弹上常采用的超外差式体制的无线电引信接收机，接收信号一般经历混频、中频放大、下变频等几个步骤之后最终输出基带的信号。在无线电引信中引信的天线采用的是收发分置，接收天线在接收目标回波信号的同时也会接收发射信号，因此发射信号就会经过接收天线泄露到接收机内。为了避免发射信号进入接收机，一般引信上常采用环形隔离器来解决收发隔离问题，但目前环形隔离器的隔离水平只能达到 40dB 左右。过强的发射信号泄露会造成接收机饱和，降低引信接收机灵敏度。虽然可通过提高收发通道的隔离度、增加射频、中频对消等措施有效减小泄露信号的功率，但是总有少量的发射信号会泄露到接收机中。收发通道的隔离度为 D_g，射频对消模块的对消比为 D_s，发射功率为 P_f，那么泄露信号的功率为

$$P_{leak} = P_f - D_g - D_s \tag{6.18}$$

发射信号的边带噪声也会泄露进入接收机。对于连续波体制的引信，其频率源的相位噪声指标决定了发射信号的边带噪声。相位噪声是指在系统内各种噪声作用下所引起的输出信号相位随机起伏，用单边带 1Hz 带宽内的相位噪声功率谱密度 $\eta(f_m)$ 来表示，单位为 dBc/Hz，其中 f_m 为偏离的频率。

无线电引信接收机中的另一噪声为热噪声。热噪声是指电子设备中无源器件，如电阻、馈线等由于电子布朗运动而引起的噪声。热噪声是一种白噪声，它几乎存在于所有电子器件和传输介质中。它是温度变化的结果，但不受频率变化的影响。对于任何无源器件，导体中的电子以一定的速度运动且其均方值正比于绝对温度，而每一个电子与分子撞击次数相当多且相互独立，服从高斯分布。

对于电阻中的热噪声有两种表示方法，一种采用并联等效电路，另一种采用串联等效电路，如图 6－13 所示。

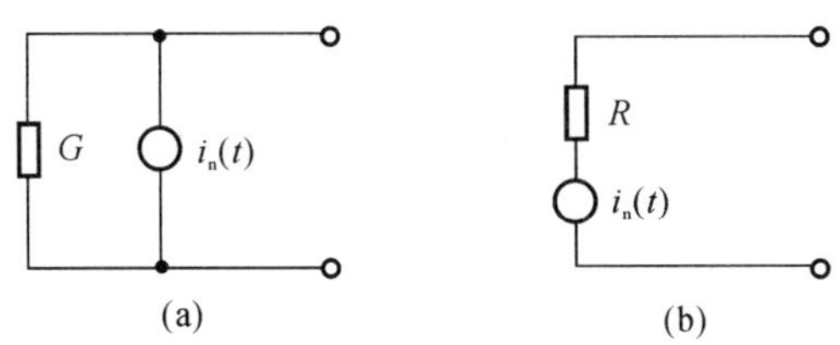

图 6－13　电阻的热噪声等效电路

(a)并联等效电路；(b)串联等效电路

对于导弹弹上电子元件及其电子线路产生的热噪声，一是可以造成导弹制导系统的角跟踪误差，二是对无线电引信造成误启动。在制导系统中，通过合理设计滤波器、信息处理装置以及控制器予以消除热噪声对角跟踪误差的影响。而对于无线电引信，则主要是采用设计合理的滤波器予以消除，但往往也会有少量的热噪声进入引信的启动电路中，如果热噪声水平较高，引信会误认为是目标信号，造成引信误启动。

除了上述干扰噪声外，还有弹上设备的由电路断开或接通产生的电压或电流的急变(脉冲)而造成的干扰，造成这种干抗的设备主要是各类触点设备，如继电器、开关和各种断电式设备等。由于电路中电压与电流脉冲振荡造成的干扰，产生这类干扰的设备有脉冲振荡器、脉冲调制器、脉冲放大器、多谐振荡器、触发器和脉冲计数器等。整流器在整流过程中由于电压与电流正弦波形的变化而造成的干扰。由于高频或低频振荡器带有很大谐波分量而造成的干扰，如振荡器、倍频器与分频器、变频与混频器和功率放大器等。这些均会给无线电引信的工作产生影响。

6.5.2　干扰噪声的度量及其特点

1. 干扰噪声的度量

干扰噪声既是一种随机信号也是一种微弱信号。对干扰随机噪声的测量一般是测量其统计特性参数及其功率，包括有效噪声水平、等效噪声功率、噪声的相关函数及概率密度分布等。特别对像无线电引信及雷达导引头这样的具有发射机和接收机的系统，干扰噪声也常用噪声系数来表征。

(1)有效噪声水平。通常噪声用均方值来度量，它称为有效噪声水平。对于一个电压测量系统，其有效噪声电压为

$$u_n = (u_{ni}^2)^{1/2} = \left(\sum_{i=1}^{m} u_{ni}^2 / m\right)^{1/2} \tag{6.19}$$

式中，u_{ni} 为第 i 次测量时的噪声电压值；m 为测量的总次数。

同理，对一个电流测量系统，可以用有效电流来描述。

$$i_n = (i_{ni}^2)^{1/2} = \left(\sum_{i=1}^{m} i_{ni}^2/m\right)^{1/2} \tag{6.20}$$

那么，式(6.20)中的 i_{ni} 为第 i 次测量时的噪声电流值。

(2)噪声系数。噪声系数 F 是衡量电子系统电路(放大器等)噪声性能的一个重要参数，在各类电气设备中的低噪声电路设计中有着不可替代的地位。图 6-14 所示为定义放大器噪声系统的电路。噪声系数可以作为接收机使用的线性二端口网络的极限灵敏度。

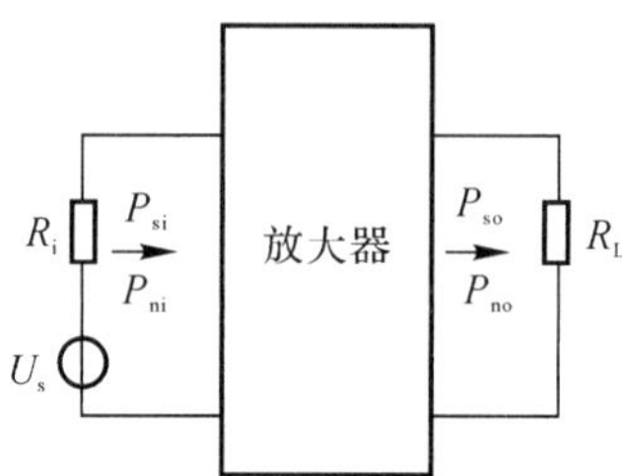

图 6-14　定义放大器噪声系统的电路

另外，前面已经说明，灵敏度表示接收机接收微弱信号的能力，而噪声则限制接收机检测微弱信号的能力。利用噪声系数可以确定接收机线性部分的极限灵敏度。

噪声系数的定义，根据不同的物理概念有多种，较广泛采用的有两种。

1)在接收机的输入端处于标准温度 290K 时，接收机输入端的信噪比与输出端的信噪比两者的比值为接收机的噪声系数 F，数学上可以表示为

$$F = (S_i/N_i)/(S_o/N_o) \tag{6.21}$$

式中，S_i 为接收机输入端信号功率；N_i 为接收机输入端的噪声功率；S_o 为接收机输出端的信号功率；N_o 为接收机输出端的噪声功率。

它表示了一个有内部噪声源的网络(即接收机内部)本身在信号传递时使信噪比恶化的程度。如果接收机内部不产生噪声，则信噪比通过接收机后将不会发生变化，亦即输出端的信噪比与输入端的信噪比相等，于是 $F=1$。而实际上，接收机内部必然存在噪声，所以信噪比通过接收机之后将变坏，输出端的信噪比小于输入端的信噪比，使得 $F>1$。因此，噪声系数 F 具有明确的物理意义，它表示由于接收机内部噪声的影响，使得接收机输出端的信噪比相对于输入端信噪比变坏的倍数，F 越大，接收机内部噪声的影响也就越大。

这种定义排除掉接收机增益对输出噪声功率的影响，又考虑输出噪声中还包含了信号源中的噪声。

2)用实际接收机输出端的噪声功率与理想接收机输出端的噪声功率两者之比，定义接收机的噪声系数，因此有

$$F = \frac{N_o}{N'_o} \tag{6.22}$$

式中，N_o 为实际接收机输出端的噪声功率；N'_o 为理想接收机输出端的噪声功率。

所谓理想接收机，是指接收机内部不存在内部噪声和其他通道噪声，此外，接收机的增益、带宽等参量与实际接收机相同。所以，按式(6.22)定义的噪声系数表示实际接收机内部噪声的影响，使接收机输出端的噪声功率比理想接收机输出端的噪声功率增大的倍数。

由式(6.21)和式(6.22)可见,噪声系数是一个没有量纲的数值,通常用分贝表示,则为

$$F(\mathrm{dB}) = 10\lg F\,(\text{倍数}) \tag{6.23}$$

根据噪声系数 F(或等效输入噪声温度 T_e)的定义,噪声系数的测量方法有多种,常利用自动噪声系数仪进行测量。

(3)等效噪声功率。对于测试系统,无有用信号输入时,也会有输出。这种输出是干扰噪声造成的。如果假设此有效噪声是具有一定功率的输入信号,那么该功率值可作为衡量噪声水平的标志,此值称为噪声等效功率(NEP)。对于电压噪声和电流噪声信号,分别有

$$\mathrm{NEP} = \frac{P}{u_o/u_N},\quad \mathrm{NEP} = \frac{P}{i_o/i_N} \tag{6.24}$$

式中,u_o 为测试系统输出的电压;u_n 为噪声电压;i_n 为噪声电流;P 为输入信号的功率。

等效噪声功率通常用于研究测试系统的性能。

(4)噪声的功率谱密度。设噪声电压 $u_n(t)$ 的功率为 P_n,在频率为 f 与 $f+\Delta f$ 之间的功率为 ΔP_n,则噪声的功率谱密度定义为

$$S_n(f) = \lim_{\Delta f\to 0}\frac{\Delta P_n}{\Delta f} \tag{6.25}$$

式中,f 为频率点;Δf 为带宽;ΔP_n 为在 Δf 内噪声功率。功率谱密度的单位为 V^2/Hz。式(6.25)描述了不同频率点的功率分布情况。

防空导弹电子设备中的干扰噪声的测量,主要是在规定带宽内,对有效噪声水平及等效的噪声功率的测量。

2.干扰噪声的特点

(1)干扰噪声的统计特性。从研究噪声的统计特性出发,噪声属于一种随机过程。随机过程又包括平稳随机过程和非平稳随机过程。若噪声的概率分布密度不随时间变化,则称为狭义平稳随机过程(或严格平稳随机过程)。在电路中,当电路处于稳定状态时。噪声的方差和数学期望不随时间变化,这类噪声称为广义平稳随机过程。如果噪声的概率分布密度随时间变化,则称为非平稳随机过程。显然,一个严格平稳随机过程一定为广义平稳随机过程;反之则不成立。

为测量和计算方便,通常假定在电路中遇到的噪声具有各态经历性,可以用时间平均代替统计平均,即

$$E\langle u_n\rangle = \overline{u_n(t)} = \lim_{T\to\infty}\int_{-T}^{+T} u_n(t)\,\mathrm{d}t \tag{6.26}$$

用概率密度表示,式(6.26)可表示为

$$E\langle u_n\rangle = \int_{-\infty}^{+\infty} u_n\,p(u_n)\,\mathrm{d}t \tag{6.27}$$

式(6.26)和式(6.27)是等价的,其中的 $p(u_n)$ 是 $u_n(t)$ 的概率密度函数。

$$E\langle u_n^2\rangle \geqslant \overline{u_n^2(t)} = \lim_{T\to\infty}\int_{-T}^{+T} u_n^2(t)\,\mathrm{d}t \tag{6.28}$$

而方差为

$$D\langle u_n(t)\rangle = E\langle u^2{}_n(t)\rangle - E^2\langle u_n(t)\rangle \tag{6.29}$$

噪声具有一些分布规律。在电路中,噪声电压的概率分布密度一般符合高斯分布(又称正态分布),即

$$p(u_n) = \frac{1}{\sqrt{2\pi}\sigma}\exp\left[-\frac{(u_n - a)^2}{2\sigma^2}\right] \tag{6.30}$$

把式(6.30)代入式(6.27)和式(6.29)中可以得到

$$E\langle u_n \rangle = a, \quad D\langle u_n \rangle = \sigma^2 \tag{6.31}$$

式中,a 为电噪声的平均值,通常 $a=0$;σ^2 为电噪声的交流功率,σ^2 越大,表示噪声越强。电子元器件中自由电子不规则运动而引起的热噪声符合高斯分布。

在电路中的另一种噪声分布为均匀分布,其概率分布密度函数为

$$p(\varphi) = \begin{cases} \frac{1}{2\pi} & 0 \leqslant \varphi \leqslant 2\pi \\ 0 & \text{其他} \end{cases} \tag{6.32}$$

通常随机正弦信号的相位服从均匀噪声分布。

另一种分布为瑞利分布。两个正交的噪声信号之和的包络服从瑞利分布,其数学期望为 $\sqrt{\frac{\pi}{2}}\sigma$,方差为 $\frac{4-\pi}{2}\sigma^2$。在移动无线信道中,平坦衰落信号或独立多径分量接收包络统计时变特性信号都服从瑞利分布;高斯噪声经过 $y = x^2$ 的非线性电路可以形成瑞利分布噪声。

(2)干扰噪声的测量特点。对于随机噪声信号电压的测量与确知信号电压的测量有如下不同:

1)必须注意电压表的检波特性。有效值电压表是测量噪声电压比较理想的仪表,这种电压表的读数与被测电压的均方根值成正比,与被测电压的波形无关,故若该电压表以正弦有效值刻度,则可方便地直接读出干扰噪声电压的有效值。否则,需要对读数进行修正。例如,采用均值电压表测量高斯白噪声,必须将读数乘上修正因数 1.13。

2)带宽准则。噪声功率正比于系统的带宽,选用的电压表其带宽应远大于被测系统的噪声带宽,否则,将会损失噪声功率,使测量结果偏低。一般要求电压表的 3dB 带宽 Δf_{3dB} 大于8倍的噪声带宽。

3)满度波峰因数和测量时间的影响。波峰因数是交流电压的峰值与有效值之比。以测量确知信号正弦波为例,当有效值电压表指示满度时,其宽带放大器所承受的最大瞬时电压(峰值)为有效值的倍数,若放大器的动态范围足够,则不会产生测量误差。所以,对电压表中使用的放大器,可用其满度波峰因数间接反映放大器的动态范围。由于噪声电压的峰值是随机的,即其波峰因数也是随机的,所以,只能用统计学方法来定量描述峰值大于有效值的概率。以高斯白噪声为例,其波峰因数大于 4.4 出现的概率为 0.001%。所以,若电压表的满度波峰因数大于 4.4,那么,用来测量高斯白噪声是足够的,因为这时电压表只对出现概率小于 0.001%的那些高峰值不予计及(被放大器削波),分析指出,由此产生的测量误差为−0.05%。

4)需要要考虑测量时间的影响。噪声电压测量实质上是求平均值的过程,求平均应在无限的时间内进行。在有限时间内测量噪声只能得到平均值的估计值,这种误差本身是一个随机变量,会使表针产生抖动。在电路上可增大 RC 电路的时间常数来使抖动平滑掉,故测量时需要一定时间。

6.5.3　接收机噪声系数测量方法

1. 测量原理

不论是对无线电引信还是寻的制导体制的导引头、指令制导体制的指令接收与处理系统，其噪声系数均可采用如图 6－15 所示的原理框图完成自动测量。由图可见，测量系统主要由开关式噪声源(气体放电管噪声源)、被测网络(或称被测接收机的线性部分)和自动噪声系数仪(AN－FM)组成。开关式噪声源可以供给被测网络不同的噪声功率电平，而自动噪声系数仪可以自动控制开关式噪声源的输出功率。

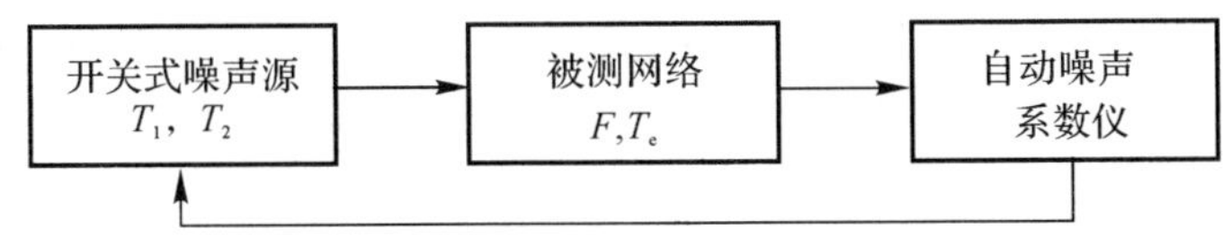

图 6－15　噪声系数自动测量原理框图

假定噪声源在自动噪声系数仪控制下周期性地转换输出两个噪声功率电平 $KT_1\Delta f$ 和 $KT_2\Delta f$，并且两噪声功率电平不相等，满足

$$KT_1\Delta f < KT_2\Delta fG \tag{6.33}$$

式中，$\Delta f = f_2 - f_1$ 为噪声通带；K 为玻尔兹曼常数；T_1，T_2为噪声源的工作温度；G 为网络的额定功率增益(又称资用功率增益)。

在 f_2 到 f_1 的整个频率范围内 T_1，T_2为常数，噪声源在两个噪声功率电平上的源阻抗一样，且等于被测网络的源阻抗。

当开关式噪声源在自动噪声系数仪的自动控制下，输出的噪声功率电平为 KT_1/f 时，接收机的输出功率可以表示为

$$P_1 = K(T_1 + T_e)\Delta fG \tag{6.34}$$

当开关式噪声源的噪声功率电平转换为 KT_2/f 时，被测网络输出功率为

$$P_2 = K(T_2 + T_e)\Delta fG \tag{6.35}$$

设自动噪声系数仪的增益为 g，则在上述两个条件下，自动噪声系数仪所检测的功率分别为 gP_1 和 gP_2，此外，再设自动噪声系数仪内的自动增益系统使 g 维持恒定，并在增益 g 下，由噪声源提供的噪声功率 KT_2/f 使自动噪声系数仪的指示器指满度，由式(6.34)和式(6.35)可以得到

$$gP_1 = gK(T_1 + T_e)\Delta fG \tag{6.36}$$

$$gP_2 = gK(T_2 + T_e)\Delta fG \tag{6.37}$$

将式(6.36)和式(6.37)联立求解可以得到

$$T_e = \frac{T_2 - T_1\left(\dfrac{gP_2}{gP_1}\right)}{\dfrac{gP_2}{gP_1} - 1} \tag{6.38}$$

$$F = \frac{\dfrac{T_2}{290} - \dfrac{T_1}{290}\dfrac{gP_2}{gP_1}}{\dfrac{gP_2}{gP_1} - 1} + 1 \tag{6.39}$$

令$\frac{gP_2}{gP_1}=Y$，则得噪声系数F的表示式为

$$F=\frac{\frac{T_2}{290}-\frac{T_1}{290}Y}{Y-1}+1 \tag{6.40}$$

并称gP_2和gP_1的比值Y为Y系数。由于gP_2是通过自动增益控制电路来维持的恒定值，故自动噪声系数仪的F指示器的指示值为gP_1的函数。此外，在式(6.39)右端除gP_1以外的所有因子都是常数，因此，F指示器可以直接指示F值或F值的分贝数。

由噪声系数自动测量法的原理分析可以看出，这种原理是基于在两种输入功率电平下，通过测量被测网络的两个输出功率电平之比转化来的，这种方法的所谓自动，乃是指被测的噪声系数F值，无须使用图表或进行计算，而是在F指示器上直接显示出F值的大小。

2. 测量方法的特点

原则上，噪声系数的自动测量法可能获得很高的精度。但是，当用普通的商业仪器进行测量时，只能获得中等的精度。其原因在于很难对开关式噪声源和自动噪声系数仪进行校准。在最佳条件下，测量误差可小到0.5%(0.2dB)。典型的测量误差范围为7%～25%(0.3～1.0dB)。

这种方法可用在10～60GHz的频率范围内完成测量。该方法的最大特点是测量速度快、调节过程简便并具有相当高的精度。实际使用中为了获得更好的测量结果，还必须对自动显示仪器进行校准。

3. 误差分析

由噪声系数的表达式式(6.39)和式(6.40)可以看出，测量F的误差ΔF由测量参数T_1，T_2，gP_1，gP_2各量的绝对误差ΔT_1，ΔT_2，ΔgP_1和ΔgP_2确定，根据误差合成的基本关系，若设F的测量的绝对误差为ΔF，那么其一阶近似表达式为

$$\Delta F=\frac{\partial F}{\partial T_1}\Delta T_1+\frac{\partial F}{\partial T_2}\Delta T_2+\frac{\partial F}{\partial gP_1}\Delta gP_1+\frac{\partial F}{\partial gP_2}\Delta gP_2 \tag{6.41}$$

误差ΔT_1和ΔT_2由噪声源的两个输出功率电平的精确度给出，误差ΔgP_1和ΔgP_2由自动噪声系数仪的出厂说明书给出，或对自动噪声系数仪的电路进行测量来求得。

除上述误差外，还有一些其他测量误差，这些误差取决于自动噪声系数仪的具体设计和所用的具体测量设备，如由电缆损耗、驻波比、频率、终端温度、气体放电管噪声源的插入损耗等因素所引起的各种误差。通常，其中一些比较重要的误差将在自动噪声系数仪的出厂说明书中给出。

6.5.4 无线电引信中干扰噪声的测量原理

在无线电引信中，干扰噪声的幅值是非常小的，信号非常微弱，大约在几微伏到几十毫伏。在部队中的导弹测试车中，对无线电引信的干扰噪声的具体测试原理如图6-16所示。

测试时，微弱的干扰噪声电压经过输入电路送到第一级放大器，再送到带分压器的输出器。该输出器实际上是一个量程转换装置，选择不同的量程就从输出器输出一定分压的信号电压，以保证后面各级放大器工作在线性状态。从输出器输出的信号通过第二级放大器后加到第三级放大器。在第三级放大器与第二级放大器之间设有双T反馈网络，它起到频率选择的作用，对通频带范围内的干扰噪声信号进行足够放大，而对通频带以外的信号进行抑制，从

而提高整个放大器的信噪比。经过选频放大后的信号加到第四级和第五级放大器，经过检波后加到电压表上，可从指示电压表上读出被测信号的电压值。

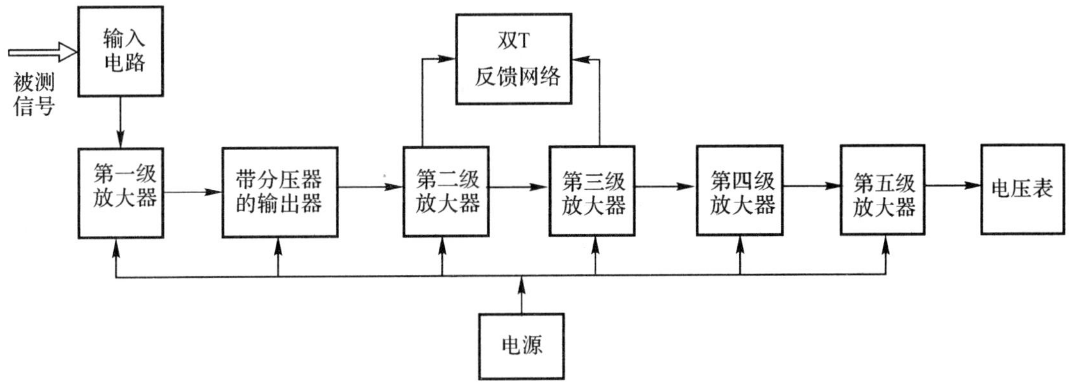

图 6-16　测试干扰噪声的电路原理图

由于输入的干扰被测信号的幅度很小，因此，输入端的导线需要采用同轴电缆来进行测量。如果用一般导线，会从空间把大的电磁干扰引入测量电路。另外，需要在被测点的接触点放置电容。电容一边连接被测件，一边接触同轴电缆。一般电容用 0.1pF 即可。同轴电缆的阻抗选择 50Ω 即可。

第一级放大器处于电路的前段，重点需要解决的是自身干扰噪声的问题。如果第一级放大器的自身噪声很大，经过后面各级电路放大后就相当可观，特别是对测量微弱干扰噪声来说更为严重，甚至自身噪声将被测的信号淹没。当然，第二级以后的自身噪声也会降低整个测量电路的信噪比，由于越往后的自身噪声被放大的倍数越小，因此，第一级放大器的自身噪声尤为关键。

选频网络采用的是对称型的双 T 选频网络，其一般形式和等效电路如图 6-17 所示。

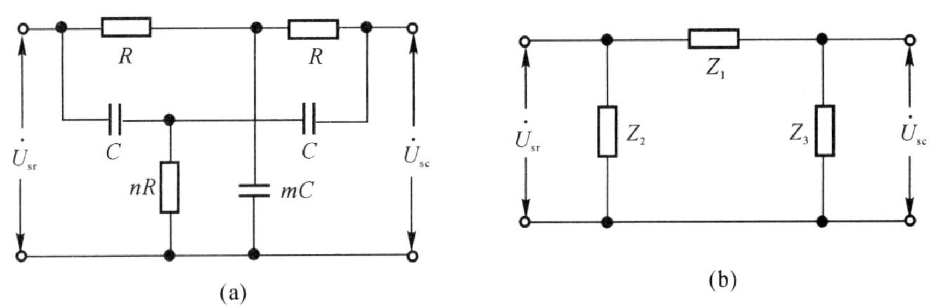

图 6-17　双 T 选频网络

(a)对称型双 T 选频网络的一般形式；(b)双 T 选频网络的等效电路

双 T 选频网络的传递函数的一般形式为

$$\dot{F} = \frac{\dot{U}_{sc}}{\dot{U}_{sr}} = \frac{Z_3}{Z_1 + Z_2}$$

图 6-17 中，若选 $n = \dfrac{1}{2}$，$m=2$ 时的双 T 选频网络，则其谐振频率为

$$f_0 = \frac{1}{2\pi RC}$$

这样可以使得双T选频网络谐振在 f_0 附近，其频率特性如图6-18所示。图6-18中纵坐标 K 代表电路的放大倍数。

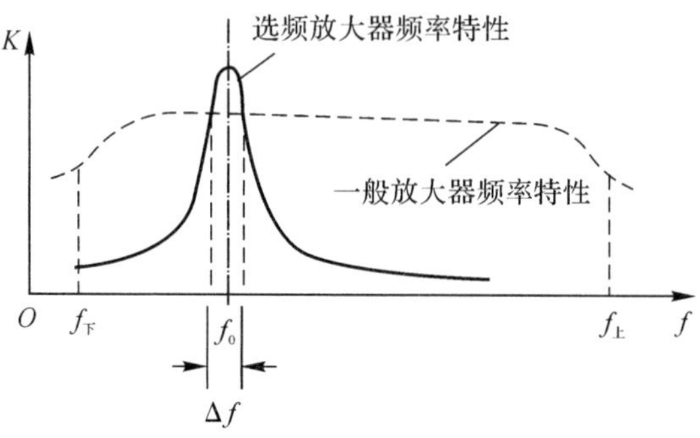

图6-18 双T选频网络的频率特性

第7章　测试设备能源系统及导弹能源系统测试技术

7.1　导弹能源系统

防空导弹能源系统是弹上五大系统之一，是导弹设备赖以工作的动力源，它包括了弹上的电源系统、气源系统和液压源系统。

电源系统用于在导弹发射前准备、导弹飞行直到导弹击中目标或者自毁的全过程用于给弹上各用电设备提供电能。气源系统可用于发电、控制舵伺服系统工作、导引头伺服系统工作或者弹上工作状态的转换；液压源系统一般主要是提供弹上舵伺服系统工作、导引头伺服系统工作或者控制弹上某些工作状态的转换。每发导弹都有电源系统，而气源系统和液压源系统根据导弹不同可以有，也可以没有。

早期的防空导弹多采用化学电池和弹上气瓶（冷气）形式构成导弹能源系统，以后逐步发展的导弹多采用复合式能源系统，例如意大利研制生产的“阿斯派德”地空、空空型导弹采用“高压燃气＋涡轮机发电机”的形式。近年来热电池、稀土永磁电机和大功率电子器件技术的发展，使得电动舵机在防空导弹上得到了广泛应用，使弹上能源系统大大简化，最新发展的导弹大多采用热电池作为电源。

导弹本身的电源通常有三种供电方式：①采用导弹电池；②通过燃气发生器产生燃气发电；③采用主火箭发动机产生的燃气发电（如某些便携式肩扛式防空导弹）。不管采用何种方式，导弹供电使用的都是一次性的电源设备。

弹上的电源又分为一次电源（初级电源）和二次电源（次级电源）。其中的一次电源通常是指初级电源，即最初产生的电源。如果采用导弹电池供电，它输出的是直流电。由于弹上除了用到直流电外，还需要各种不同频率、不同电压和电流的交流电，它们要通过弹上电源变换装置经过变流、稳压、整流和滤波等方式产生，称为弹上的二次电源。

导弹气源系统是用于给气动舵机、气源发电系统提供气源的装置。一般有两种形式，一种是高压冷气（压缩空气）系统，另一种是燃气系统。每种气源系统都是由气源及其气压元件组成。气压元件包括了减压器、空气开关、调压器等元件。

导弹液压源系统是提供导弹液压伺服机构（液压舵机、天线伺服机构等）赖以正常工作的稳定的压力和足够的流量的液压动力源系统。液压源系统由液压泵和单向阀、加载阀、油滤、溢流阀、阀门组合、油箱等各种液压系统元件组成。

液压泵由电机带动，产生一定的压力、流量输出。单向阀用于控制液压油的流向，防止液压油回流。加载阀为液压源系统建立负载，使液压泵的出口压力迅速达到一定的值，不仅使液压泵不致因空载而导致涡轮转速过高而损坏，也缩短了系统的启动时间。油滤用于过滤液压系统中液压油的杂质。溢流阀和阀门组合等液压系统元件的作用是控制各液压支路压力和流量。

导弹液压源系统一般采用的是清洁的航空液压油。

对导弹气源系统和液压源系统的测试，主要是测试其压力、流量和温度等参数，采用的均是对流体的压力、流量和温度的测量。因此，本章对导弹气源系统和液压源系统的测试按照流体压力、流量和温度测试分别论述。

7.2 测试设备地面能源系统

在导弹测试时，需要用到各类电源、气源和液压源等，它们构成了测试设备的能源系统。测试设备的能源系统按照能源的类型，可分为电源、气源和液压源；按照配置位置，可分为测试设备地面能源系统和测试车能源系统。

7.2.1 测试设备的地面电源

导弹测试车一般不自带电源，所需的电能或者由武器系统的应急电源车供电，或者由市电经过变换获得。这些构成了导弹测试车的地面电源。

应急电源车用于作战时对作战车辆应急供电以及平时训练时对作战车辆和直接支援设备的供电。作战车辆包括用于搜索目标的搜索指挥车、导弹发射车等。直接支援设备包括各类维修车、备件车和工具车等。

应急电源车提供给测试车的电能一般为几十千瓦的工频（50Hz，220V/380V）和中频（400Hz，120V/208V）电。交流电采用三相四线制，中线不接地。导弹测试车相比作战装备的车辆而言，其用电量较少，一般为十几千瓦。

电源车由底盘、保温车厢、电站和其他辅助设备组成。

车底盘为越野汽车底盘；保温车厢分控制室和机组室两部分；电站的主要设备分别安装在控制室和机组室内，在机组室内装有机组底架、柴油机、工频发电机、中频发电机组、控制柜、输出接线箱、冷却水预热装置、电缆盘、蓄电池等。在控制室内装有控制台、备件工具箱等。电源车配备的辅助设备主要有空调、电台、灭火器、石英钟、温度计和医用急救箱等。

应急电源车产生的电能通过车壁的插头、电缆输送给导弹测试车的车壁，通过测试车内的中央配电盘、控制配电盘、电源机柜等变换、输送到车内用电设备和提供给导弹模拟地面供电。

采用市电供电时，一般是在技术阵地或者固定的测试库房中。需要把市电的220V/50Hz交流电经过变频变压获得，其电压、电流和功率应该满足导弹测试车的需要。

7.2.2 测试设备的地面气源

除了用到电源外，防空导弹控制系统执行机构可能采用气动舵机或液压舵机。在进行导弹系统匹配试验或综合测试时，还可能使用气源或者液压源。

在导弹测试时，气源是由地面供给的。在导弹总装厂，由于测试的导弹数量多，用气量大，可由工厂的空气压缩站通过管路系统供给导弹测试所需的气源。该气源应干燥、清洁，供到弹上的气源压力应符合被测导弹的气动舵机等用气设备的要求。对于部队使用，为了能够机动，一般采用可移动式的地面气源设备。

移动式导弹充气车就是一种车载式的能够压缩、储存和输送干燥、清洁的高压空气的气源设备。充气车除了用作在导弹测试时供给气动舵机的气源外，还可用来给弹上用气的高压气瓶进行充气，所以它可以提供各种所需压力的压缩空气。

移动式充气车由充气设备、操纵板、减压装置和汽车底盘等部分组成。充气设备由气瓶组、操纵板、减压装置、过滤器、配气柱及管路等组成。气瓶组共有十几个气瓶，分为两排(每排为一组)。每个气瓶容积为数十升，气瓶最大储气压力为几十兆帕。为了便于给气瓶充气、送气和检查瓶内压力，每个气瓶上都装有开关和压力表。

操纵板由充气开关、减压器开关、高低压送气开关、高低压排气开关、充气和送气压力表等组成，用以控制充气车的充气和送气等工作。

减压装置由高压减压器、低压减压器、安全阀、压力表及管路等组成。

高压减压器将几十兆帕的高压气体降为导弹所需的各类中压气体。中压气源的压力一般为十几兆帕。低压减压器则是进一步将十几兆帕的中压气体降为几兆帕到零点几兆帕的低压气体。

导弹测试时，充气车送给导弹测试车的气体压力为十几兆帕的压缩空气，经导弹测试车上的压缩空气控制板上的开关和减压器降到弹上舵机的工作压力后再送到弹上，供舵机工作使用。

典型的地面压缩空气系统原理图如图 7 - 1 所示。

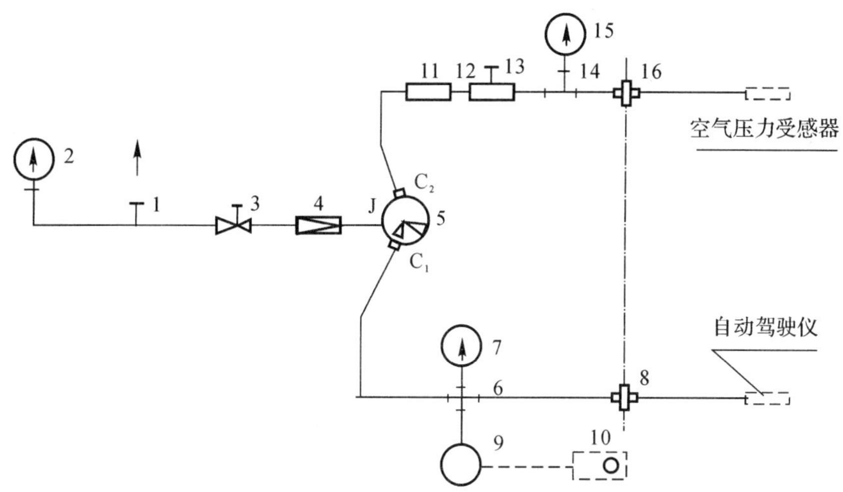

图 7 - 1　地面压缩空气系统原理图

1—三通接头；2—高压压力表；3—供气总开关；4—减压器；5—空气开关；
6—四通接头；7—低压压力表；8—球面管嘴；9—压力传感器；10—测试台；
11—减压器；12—调压器；13—放气开关；14—三通接头；15—压力表；16—球面管嘴

由供气车供给的的压缩空气，通过三通接头 1 后分两路：一路到高压压力表 2，以便检查供气压力的大小；另一路到供气总开关 3。打开供气总开关后，压缩空气通过减压器 4，将压缩空气减压后送到空气开关 5 的进气口。空气开关有两个出气口 C_1 和 C_2，分别接到两个气路上。出气口 C_1 受测试台上供气开关和电源开关控制。在空气开关 5 加上供电电压时，出气口

C_1 关闭，停止供气；断掉电压时，出气口 C_1 打开，给自动驾驶仪供气。出气口 C_2 不受控制，一直处于打开状态。

压缩空气由 C_1 出气口出来后，经四通接头后分三路输出：一路输到低压压力表 7；另一路经软管、球面管嘴到弹上自动驾驶仪舵机；第三路输到压力传感器 9，变为电信号，输到测试台的压力指示器上，使其指示出输到自动驾驶仪舵机气压的大小。

由 C_2 出气口出来的压缩空气经软管输到减压器 11、调压器 12，再经过三通接头 14 到 3 号舱口的球面管嘴 16，供给空气压力受感器相应压力的压缩空气。在这时，减压器 11 将气压进一步降低，调压器 12 保证在低压范围内均匀调节压缩空气压力，并用压力表 15 检查压力的大小。供气完毕，打开放气开关 13 放气。

7.2.3 测试设备的地面液压源

部分导弹可能采用液压舵机或者其他液压伺服系统（如导引头液压伺服系统等），因此，测试时需要为被测弹舵机或者其他液压伺服系统提供液压能源。用于液压舵机的液压能由于需要较大的动力，所以其液路为高压液路，而用于导引头液压伺服系统的液路为中压液路，回液支路为低压支路。

地面液压源的技术指标根据被测导弹的液压舵机或者其他液压伺服系统的要求来确定。

地面液压源采用液压能源台，它主要由能源台台体、液压控制组件和电气控制组件三部分组成。液压控制组件用于控制输送的液压油的压力和流量，由各类阀门等液压元件组成。电气控制组件用于液压系统的启动、停止及对各项安全保护功能的报警动作予以控制。

地面液压源将液压油送给导弹测试车上后经过车上的液压机柜进一步完成流量、压力控制，液压油的过滤等，提供给测试车和导弹上的液压源。

导弹测试车上的液压系统一般由液压机箱构成。液压机箱内部主要由控制面板、液压控制组件和电气控制组件组成。

1. 控制面板

控制面板上安装有供油和回油开关、供油和回油压力控制旋钮、油箱注油和回油口、液压油的压力和流量显示仪表、启动开关及报警显示信号灯等。

2. 液压控制组件

液压控制组件包括油泵、充压油箱、油滤、转阀、接头、节流开关、油冷却器、温度传感器、压差传感器、安全（溢流）阀、压力控制器、蓄能器和电磁阀等液压组件。

油泵在电动机的驱动下，使工作介质达到所要求的压力，实现电能与液压能的转换。

油箱用于补充闭式液压系统内的少量油液损耗和作为负载变化时的应急油量的补充。油滤用于过滤进入油泵的液压油，保证油泵的正常工作及提高泵的使用期限。

转阀用以切断或接通向被测试导弹液压系统的供油。转阀的功能转换，应在液压系统卸荷的状态下进行，以保证被测试弹系统不致于在突加的较高液压冲击下引起系统或某些液压元件的损坏。

接头通过供油软管及专用导管向被测试导弹液压系统供油，在配对的接头与接头座相互脱开后，均分别具有自封功能，使被测试系统与液压机箱的液压系统均处于液压充满的状态下，避免外界的污染和空气的侵入。

节流开关用于调节低压油路的压力。油冷却器的作用是使液压油流过其散热管，通过热的传导与空气的对流，使介质的温度降低，以保证液压系统能在允许的温度条件下正常工作。

温度传感器用于感受液压系统内的油液温度，使液压系统在允许的安全温度下正常工作，超温时将启动控制电路，报警并切断油泵电动机电源。

当精油滤污染到一定程度时，进油与出油口的压力差将超过压差传感器的调定值，这时压差力将推动压差传感器内的微动开关，接通相应的控制继电器，使之动作，油污染指示灯报警，同时切断油泵驱动电动机的电源，对被测液压系统（负载）实行强制断油，以避免被测系统遭受污染。

安全（溢流）阀连接在系统的不同的压力油路之间，当压力油路因负载的突然变化或其他原因而导致供油压力升高时，安全阀将部分溢流，使压力油路内的压力不超过调定值，对液压系统及各液压元器件起到保护作用。

压力控制器一般接在低压支路中，其功能、作用与安全（溢流）阀基本相同。通过压力控制器在一定的液压范围内适度调节压力，避免系统内的压力急剧升高而造成系统的损坏。

蓄能器用以吸收油泵输出油压的波动，以保证供油压力的基本稳定，同时，当被测液压系统（负载）在测试信号或外界扰动的影响下，导致系统的压力、流量变化时，蓄能器可在短时间内对这样的功率变化予以辅助补偿。

电磁阀用于在通电状态下，接通相关液压支路，使液压机箱的液压系统处于卸荷状态。

3. 电气控制组件

电气控制组件用于液压系统的启动、停止及对各项安全保护功能的报警动作予以控制。

电气控制组件主要由电动机、供电开关、检测信号灯支路、泵控制电路和继电器等元件组成。

电气控制组件在液压系统出现油位偏低、油污染较严重、系统油液温度超标、液压系统压力超压、供电电压的相序错误等情况下，通过控制压力控制器开关闭合、继电器吸合、切断电动机与风机电源等措施保护液压油路及其液压组件，通过信号灯提示报警。

4. 液压油路的维护

对液压能源，在部队维护过程中还需要完成除气加注、氮气冲洗和液压油过滤等工作。

除气加注工作由除气加注台完成，它对弹上液压系统、加注管路先进行抽真空，之后给导弹的液压系统加注液压油。其主要包括机箱、操控面板、工具箱、加注连接软管和附件等。

氮气冲洗由模拟氮气冲洗器完成，它给导弹的各相关舱段中充注纯净干燥的氮气，用于提高舱段内电子设备、组件、液压传动组件及机构的使用寿命。其主要包括机箱、操控面板、连接软管和减压器等。

液压油过滤由液压油过滤器完成，它为除气加注台和液压机箱提供过滤过的符合清洁度要求的液压油，并可对除气加注台的液压管路进行清洗。其主要包括机箱、操控面板、连接软管和附件等。

7.3　测试车电源系统及导弹电缆网测试

7.3.1　概述

由于弹上电源系统都是一次性使用的产品，因此当导弹测试需要弹上设备工作时，就不能采用弹上电源直接供电方式，而是通过导弹以外的地面供电方式。这种在导弹测试维护过程中，采用地面给导弹供电，使弹上各用电设备正常工作的供电方式称为导弹模拟供电。

另外，在导弹测试时，还需要给导弹测试车提供各种所需要的电压、电流和频率的直流和交流电，以便导弹测试车上各测试仪器正常工作，同时为导弹测试车的照明、通话设备、空调、电台及车内壁插座等供电。

在导弹测试过程中的所有电源都是通过外接电源提供的，外接电源是指武器系统电源车或者市电的供电设备。外接电源通常提供给测试设备的电源有220V/50Hz的交流电、三相115V/400Hz的交流电、三相380V/400Hz或者三相380V/800Hz的交流电。220V/50Hz的交流电称为工频电源，400Hz或者800Hz的交流电称为中频交流电。

在导弹测试车上，电源设备通常由三部分组成：车壁供电插座、车内配电盘、车内电源机柜。车壁供电插座通常有两个，一个提供工频电，另一个提供中频电；车内电源机柜根据测试车型号不同，一般有1～3个不等。测试车电源系统的组成如图7-2所示。

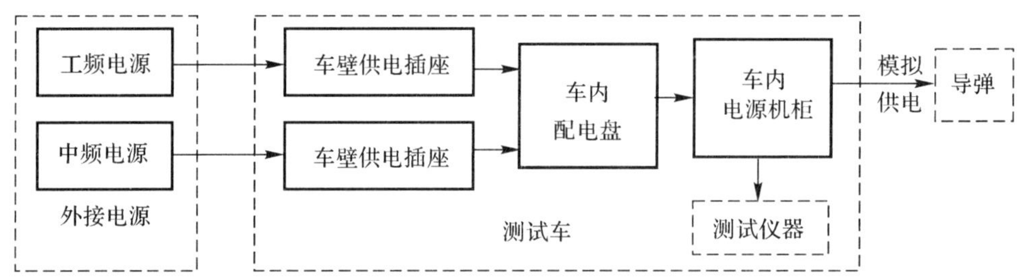

图7-2　测试车电源系统

车壁供电插座通常是在导弹测试车的左侧后部开设窗口(顺车头方向看)，通过车外电缆把导弹测试车与武器系统的电源车或者市电等外接电源连接起来，如苏联“SAM-2”系列导弹、意大利生产的“阿斯派德”导弹的测试车等，均是这种形式。

车内配电盘(箱)也称为中央配电盘(箱)，主要作用是将外接电源引入车内后，对其电压、电流、功率、交流电的相位和相序等进行检查，因此在车内配电盘(箱)安装有用于检查外接电源输入到车内的检查交流电的电压、电流、功率、相电压和相序等的各类检查仪表、调节开关及旋钮等。在配电盘上，对每个供电电路都装有保险丝或者保险管，用于出现故障后的应急断电。

车内电源机柜又分为若干个组合，采用机架式结构。其功能是把引入车内的外接电源进行各种变换，用于导弹测试车供电和给导弹模拟供电。电源变换装置是车内电源机柜的主要设备。它输出的电源有多种，包括直流电27V电源，通过测试车输送到导弹上，用于提供给导弹的模拟供电。作为模拟导弹的初级电源，该电源电流较大，在数安培到几十安培，功率在十几瓦到数十瓦。车内测试仪器用到的电源种类视车内测试设备及其他用电设备的种类、构成及其型号不同而不同，一般的直流电有±24V，±15V，±8V，±5V等许多种，用于作为测试车内各测试仪器的电源。另外，还变换成测试车的空调、照明、电台、通话设备及车内壁插座等的电源，既有直流也有各类交流电。

在导弹测试车上，需要把市电或者电源车送过来的交流电变换成测试车和导弹上所需要的各种电源。这些变换，按照电源功率分有大功率(通常定义1kW以上的为大功率，测试车上输送过来的一般在10kW以上)电源变换和小功率电源变换。大功率和小功率电源变换的技术和实现手段不同,本节就大功率和小功率电源变换分别讲述。

7.3.2 初级电源

由地面供给测试车的电源,经过车内配电盘和电源机柜各种变换后,有三部分用途:一是用于导弹模拟供电,二是输送给弹上相关设备用电,三是供给测试车上的测试仪器用电。模拟导弹供电的电源称为初级电源,而后两者称为次级电源。有些导弹直接由地面输送给弹上用于导弹模拟供电,弹上相关设备用电则是用导弹上的次级电源变换器变换,提供给弹上各用电设备。

由于不同型号的导弹对供电电源的品种、电压、电流、电压稳定度、纹波系数、频率、波形等性能指标以及电源的外形尺寸、结构安装、使用环境条件等会有不同的要求,所以,往往难以选择合适的通用电源作为导弹测试系统的导弹供电电源,需根据要求研制专用电源用于导弹模拟供电。它实际上模拟的是弹上的初级电源。

导弹模拟供电的电源一般应满足以下要求:

(1)输入的交流电源应与导弹测试系统所需的交流电源一致。

(2)输出的直流电压、电流、电压稳定度、纹波系数和尖峰脉冲幅度等性能指标应满足被测导弹的供电要求。

(3)直流电源的稳压可由内、外采样控制。外采样控制的目的是克服地面供电线路上的压降,使输到弹上的直流电压满足导弹供电要求,在电源单机调试或自检时,通过机内采样控制,检查电源的各项性能指标。在导弹测试中,应专人外采样控制。可以根据需要,实现内、外采样控制的自动转换。典型外部采样线路如图 7-3 所示,其中 R_1,R_2 为线路电阻,sen 为外采样端子。

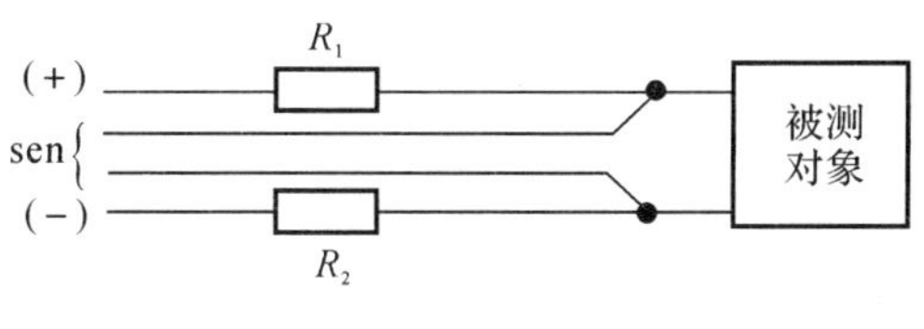

图 7-3　外部采样电路

(4)应设有过压和过流的自动保护,以免供电电压过高造成弹上设备的损坏或由于外部供电线路的短路引起地面电源的损坏。过压和过流的设定值应根据被测导弹的要求而确定。

(5)应有输出电压和电流的测量显示装置。为了减小地面供电线路压降,供电电源尽量放置在导弹附近。在导弹测试时,为了保证安全,测控装置和操作人员离导弹应有一定距离,因此供电电源的输出电压、输出电流不仅在本机上应有显示,操作人员还可进行远距离的检测,通常可采用规定的标准分流器串接在直流电源的输出线路的正端或负端,将电流转换成电压量进行测量。

模拟弹上初级直流电源的供电时,如果导弹初级电源本身采用电池(化学电池或者热电池),那么电压一般为 27V 或者 15V 左右,电流较大,一般为 20~50A。如果采用自身发电,如意大利生产的"阿斯派德"导弹就采用自身的燃气发生器的高压燃气发电,那么产生的是交流电，其电源一般为 115V/400Hz 交流电。因此，地面模拟供电也应该同弹上一次电源一致。

7.3.3 次级电源

测试车上的次级电源主要用于供给导弹各仪器设备和车上测试仪器使用。

1.弹上设备的电源

导弹上用电设备与导弹采用的制导体制、控制方式、舵机形式、引信体制等有关，一般包括制导系统中的导引头发射机与接收机、制导系统的指令产生装置等；控制系统中的惯测组合、舵机、敏感元件等；引战系统中的引信接收机与发射机、战斗部的点火电源等。此外，还有火箭发动机的点火信号电源，完成导弹状态转换的继电器的控制电源，测试车车厢内照明、通话设备、电台、风扇、空调的电源等。

上述各用电设备所需要的电源，一部分可以通过弹上二次电源变换完成，另一部分需要通过测试车电源机柜变换完成。

需要测试车电源机柜变换完成的电源既有直流电也有交流电。由于导弹型号和测试方法不同，所需的电源的形式也各不相同，下面给出两种具有代表性的用于导弹测试时供给弹上用电设备的电源。

(1)陀螺测试时供电电源。陀螺测试时供电电源一般采用 800Hz 或者 1 200Hz 的两相交流电。提供该电源可以使陀螺仪快速运转，并利用其内部的附加电路测量陀螺转子负载电流。从原理性电路来说，它是通过把初级电源的直流电经过变换获得。变换电路主要包括直流电源、振荡相移及功率放大、交-直流变换、转换电路及过流保护板等几大部分。

其基本原理是直流电加到 800Hz 或者 1 200Hz 振荡器上，使振荡器产生两路交流电，其中一路需要采用移相器(一般是 90°移相器)变换，最后经过功率放大产生两相相移为 90°的交流电。

(2)惯测组合供电电源。惯测组合供电电源一般为直流电，一种典型的惯测组合供电电压在十几伏。一种典型的方式是把输入到测试车的中频 400Hz 交流电经过变换获得。

典型的惯测组合供电电源组成原理图如图 7-4 所示。

主变压器将三相 400Hz/115V 的交流电降压为三相 400Hz/16V，通过可控硅整流预稳后供给串联稳压部分，其中的移相调压采用阻容移相电路。串联稳压部分采用一般的串联稳压电路，利用集成稳压块推动四级复合管输出 400Hz/16V 大电流的直流电。另外，为了提高稳压精度和减小输出波纹，附加电源采用串联稳压电路。保护电路采用断流式保护电路，如果因负载或其他原因引起过流或过压现象，将利用继电器切断供给可控硅控制极的信号，使电源没有输出。

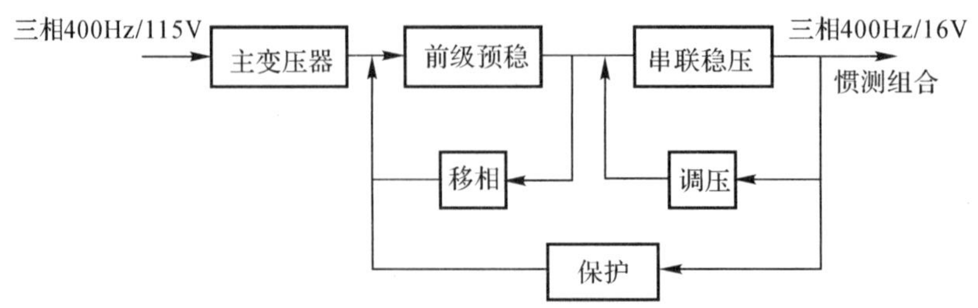

图 7-4 惯测组合供电电源组成原理图

2. 测试仪器的电源

导弹测试车上的测试仪器一般大部分都是电子设备，需要直流电源为其供电，以便其内部的电子电路得到正常工作所必需的能源。直流电源通常由地面电源（交流电）经过变换获得，既有采用晶闸管变换的大功率变换方式，也有针对小功率电源的变换方式。这两种电源变换的详细工作原理在7.3.4和7.3.5小节叙述。

最常用的小功率电源变换常采用直流稳压源，它是将车外送来的交流电源经过变压、整流、滤波、稳压等变换为所需要的直流电压。完成这种变换任务的电源称为直流稳压电源。常用的稳压电源有两大类：线性稳压电源和开关型稳压电源。线性稳压电源亦称串联调整式稳压电源。它的成本较低，稳压性能好，输出纹波小；缺点是工作效率较低，在小功率应用场合用得最多。其基本原理如图7-5所示。

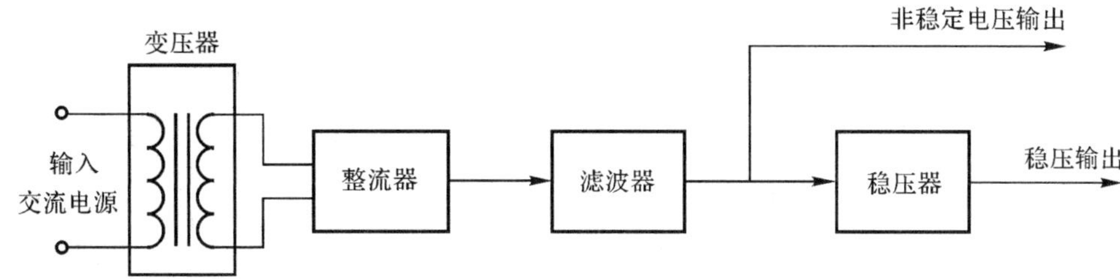

图7-5　小功率直流稳压电源原理图

图7-5中，变压器的作用是把车外经过车内配电盘送来的交流电变换为合适的数值；整流器将交流电转变为直流脉动电压；滤波器将脉动电压进行平滑；稳压器能够把输出的直流电压稳定在所希望的数值上，以供给车内测试设备使用。

近年来的导弹测试常采用自动测试系统，其核心是微处理器和计算机。对计算机及其外设的供电与民用的相同，均采用220V/50Hz的交流电。在测试车使用的不同点是把相关的电源开关引出到电源机柜的面板上。

在使用时，为了延长计算机使用寿命，要注意在计算机及其外设的电源接通之后到提供稳定的输出需要一定时间的稳定周期，即所谓的开机延时，以保证所供电压的稳定度，一般设计的延时大约为数毫秒。

为了避免在自动测试过程中出现突发的停电的情况，通常自动测试系统还配备有2～3个不等的不间断电源（Uninterruptible Power Supply，UPS）。每个UPS供给其中的一个电源机柜。UPS常见的产品主要分为3种，包括离线式（Off Line）、在线式（On Line）及在线互动式（Line Interactive），后者的特性介于前两者之间。

离线式UPS电源的安装，主要是将计算机主机和显示器的电源线接上UPS，而由UPS电源线来连接市电。当外接电源正常供应时，电流经由UPS内的两个回路运作，其中一组电流负责对UPS充电，另一组电流则直接传给相关的用电设备（如计算机及其外设等）供电。一旦外接电源电压发生不稳的状况，UPS就会自动切换，开始以电池供应用电设备工作之需。

UPS是用于外接电源断电时使用，就存在两种供电形态转换时的时间差问题，一般电子设备（如计算机）如果供电中断超过16ms就可能停止工作，因此其切换时间设计相当重要。当然，就目前来说，许多UPS产品的切换时间都在4～8ms之间，均可以满足要求。

对于导弹测试车上的UPS来说，除了要注意产品能提供多少时间的紧急电力之外，还要考虑在第一次使用 UPS 后需要多少时间才能将电力重新补充完毕。如此一来，才能确保第 2 次停电时有足够的电力以完成测试工作。

民用的，特别是家庭使用的 UPS 为小容量机种，容量有 500VA 和 700VA 等。对于导弹测试车上使用的 UPS，属于大容量机种，通常容量在十几千伏安。

在使用 UPS 进行测试前，首先连接好地线和供电输入，检查完配电盘上供来的车外电源正常后，开启控制各 UPS 的“交流输入”开关，按下 UPS“启动”按钮，此时显示屏幕上会有输出，待显示屏上输出电压稳定后，开始供电，关闭顺序相反。

在测试完成后，还要通过控制开关完成 UPS 自行慢速放电。放电后，显示屏会变暗。

7.3.4 电源机柜的大功率电源变换

车内电源变换装置安装在车内电源机柜中，其主要功能是把接入到车内的外接电源变换成导弹测试车各用电设备和导弹测试时给导弹模拟供电所需要的各种直流电和交流电。

电源变换的方式有多种，早期的第一代防空导弹大多采用变流机的方式。例如，如果要把引入车内的交流电变换成直流电，其基本原理是使用交流电动机带动直流发电机发电。这样的设备噪声大、发热多、质量和体积较大，现在已经淘汰。

现在常用各种电子线路的变换器，通过整流、滤波等环节，实现交流/直流、直流/直流的各种变换。

导弹测试车中的的电源是通过外接交流电源供电，再经交流/直流变换，即整流、滤波和稳压等主要环节，为导弹和测试车提供高质量的直流电源。将交流变换为直流通常采用具有单向导电性的二极管、晶闸管等半导体元件。1kW 以内的小功率整流电路大多采用二极管，而大功率整流电路通常采用晶闸管，或者为二极管和晶闸管混合的整流电路。由于输往导弹测试车上外接电源的功率一般为十几千瓦，因此对于这种交流/直流变换常采用晶闸管，本小节主要介绍晶闸管的整流电路。

1. 晶闸管

(1)概述。晶闸管(Thyristor)是晶体闸流管的简称，又称为可控硅整流器，简称可控硅。1957 年美国通用电气公司开发出世界上第一款晶闸管产品，并于 1958 年将其商业化。晶闸管具有硅整流器件的特性，能在高电压、大电流条件下工作，且其工作过程可以控制，被广泛应用于可控整流、交流调压、无触点电子开关、逆变及变频等电子电路中。

晶闸管按其关断、导通及控制方式可分为普通晶闸管(SCR)、双向晶闸管(TRIAC)、逆导晶闸管(RCT)、门极关断晶闸管(GTO)、BTG 晶闸管、温控晶闸管和光控晶闸管(LTT)等多种。

晶闸管按其引脚和极性可分为二极晶闸管、三极晶闸管和四极晶闸管。

晶闸管按其封装形式可分为金属封装晶闸管、塑封晶闸管和陶瓷封装晶闸管三种类型。其中，金属封装晶闸管又分为螺栓形、平板形和圆壳形等多种，塑封晶闸管又分为带散热片型和不带散热片型两种。

晶闸管按电流容量可分为大功率晶闸管、中功率晶闸管和小功率晶闸管三种。通常，大功率晶闸管多采用陶瓷封装，而中、小功率晶闸管则多采用塑封或金属封装。中、大电流晶闸管的外形有螺栓形和平板形两种，如图 7-6 所示。螺栓形晶闸管的螺栓是阳极，粗引线是阴极，细引线是门极。晶闸管利用螺栓安装在散热器上，拆装方便。

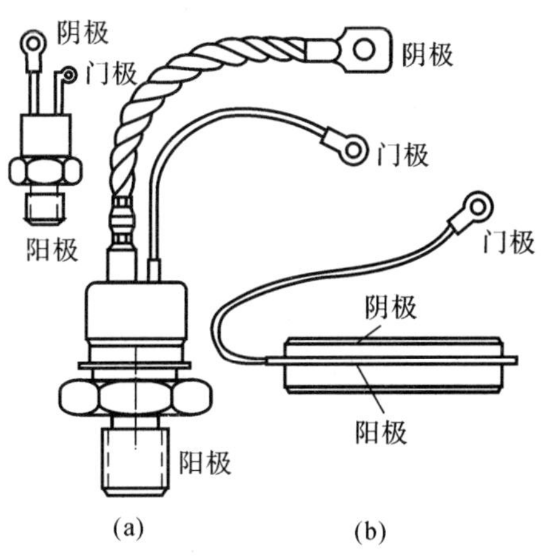

图 7－6　晶闸管的外形图

(a)螺栓形；(b)平板形

图 7－7 为晶闸管的管芯示意图与图形符号。晶闸管的管芯由 P_1，N_1，P_2，N_2 四层半导体构成，形成 J_1，J_2，J_3 三个 PN 结。自 P_1 引出阳极 A，N_2 引出阴极 K，P_2 引出门极 G。

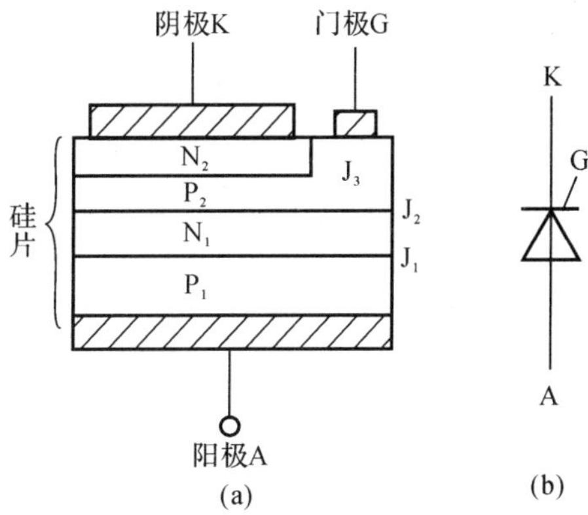

图 7－7　晶闸管的管芯示意图与图形符号

(a)管芯示意图；(b)图形符号

晶闸管按其关断速度可分为普通晶闸管和快速晶闸管。快速晶闸管包括所有专为快速应用而设计的晶闸管，有常规的快速晶闸管和工作在更高频率的高频晶闸管。快速晶闸管可以工作在 400Hz 以上的频率，其开通时间在 4～8μs，关断时间在 10～60μs，主要用于较高频率的整流、斩波、逆变和变频电路中。

(2)工作原理。晶闸管在工作过程中，它的阳极 A 和阴极 K 与电源和负载连接，组成晶闸管的主电路。晶闸管的门极 G 和阴极 K 与控制晶闸管的装置连接，组成晶闸管的控制电路。

当晶闸管承受反向阳极电压时，不管门极承受何种电压，晶闸管都处于反向阻断状态。当晶闸管承受正向阳极电压时，仅在门极承受正向电压的情况下晶闸管才导通。这时晶闸管处于正向导通状态，这就是晶闸管的闸流特性，即可控特性。当晶闸管在导通情况下，只要有一定的正向阳极电压，不论门极电压如何，晶闸管保持导通，即晶闸管导通后，门极失去作用。在晶闸管导通情况下，当主回路电压(或电流)减小到接近于零时，晶闸管关断。

如图 7-8 所示的实验电路，晶闸管正向能处在断态和通态两种状态。若 S_b 断开，门极未加触发电压，S_a 闭合，阳极与阴极之间加正向电压（A 正 K 负），使 J_2 结受反向电压阻断，故晶闸管呈正向阻断状态，阳极回路中几乎无电流，只有极小的漏电流，这种状态称为正向断态。

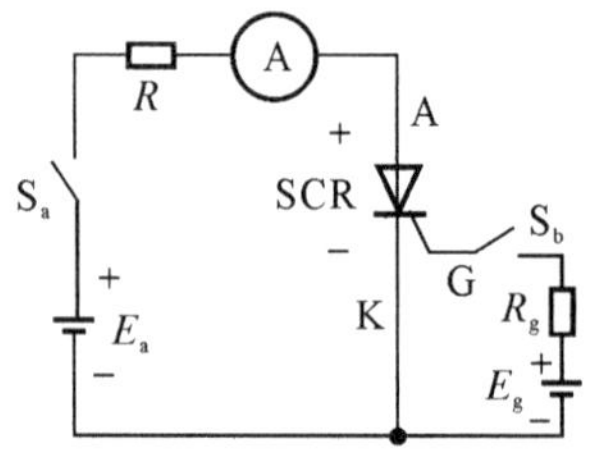

图 7-8　晶闸管的实验电路

若此时将 S_b 闭合，门极与阴极间加适当触发电压和电流，则 J_1，J_2，J_3 中载流子互相作用，使晶闸管转变为导通状态，阳极与阴极间电压很小（1V 左右），可以通过较大电流，电流大小基本上只取决于外电路，这种状态称为正向通态。这种利用门极电流使晶闸管从断态转为通态的现象称为触发。

2. 晶闸管构成的电源电路

图 7-9 所示是简单的晶闸管稳压电源电路。电路中，晶闸管 SCR 为主控元件，L_1 是使用矩磁特性的可饱和电感，晶闸管 SCR 与电容 C_1 构成摩根电路。稳压二极管 VD_W 提供基准电压，晶体管 VT_1 和 VT_2 构成误差放大器。晶体管 VT_3 由发射极电阻 R_E 的负反馈作用构成恒流源，对电容 C_2 进行恒流充电。

当 VT_3 的集电极电位，即电容 C_3 两端电压达到单结晶体管 VT_4 的峰点电压时，VT_4 导通，这时，变压器 T 产生触发晶闸管 SCR 的脉冲。晶闸管被触发导通，由于励磁电流使 L_1 的铁芯的磁通量逐渐增加，电容 C_1 按图示极性充电。一旦 L_1 的铁芯饱和，由于电容 C_1 的充电电压使晶闸管反偏，从而关断晶闸管。此后，C_1 继续通过 L_1 及负载以图示相反的极性充电。这样，在摩根电路中，晶闸管的导通时间由 L_1 的铁芯的磁特性及负载决定，而触发的定时，即频率随误差放大器的输出而变化，使输出电压保持稳定。

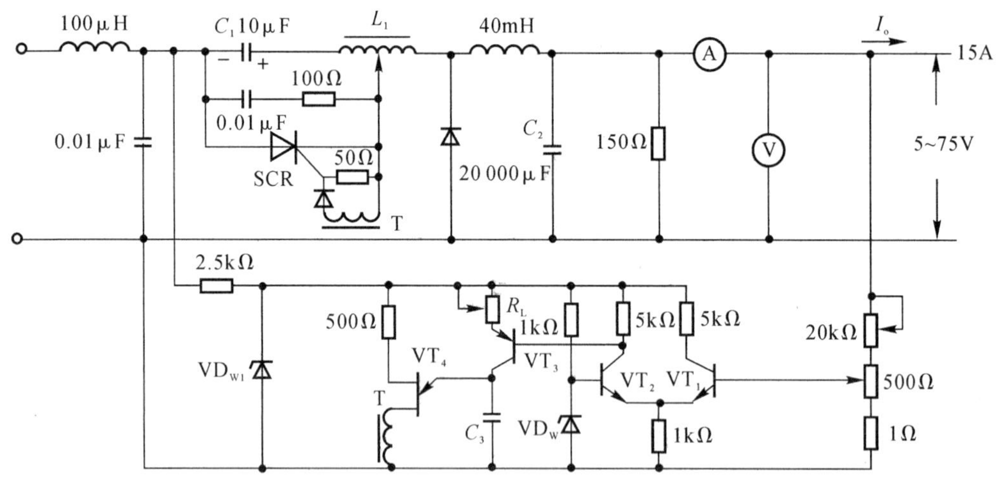

图 7-9　简单的晶闸管稳压电源电路

图 7-10 是一种采用晶闸管作为预调电源的稳压电路框图。通过改变晶闸管 SCR_1 和 SCR_2 的导通角，控制晶体管 VT 的管压降等于稳压二极管 VD_W 的稳定电压 V_Z，这样，输出电压可在较大范围内调整时，可减小晶体管 VT 的功耗。该电路可实现 0～27V/0～2.7A 连续输出可调。

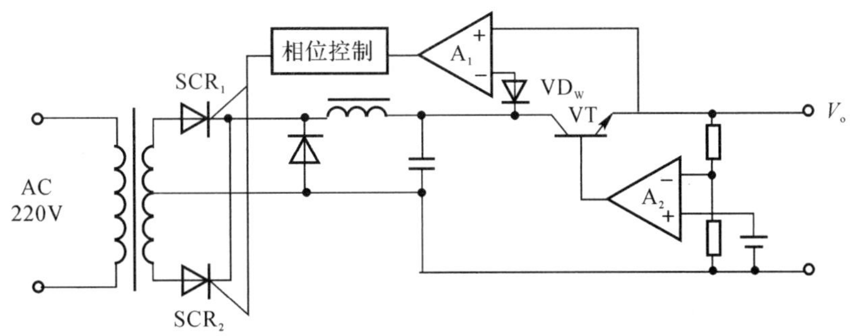

图 7－10　采用晶闸管作为预调电源的稳压电路框图

7.3.5　电源机柜的小功率电源变换

1. 小功率电源变换电路的基本组成和原理

对于小功率电源变换，按照电能变换形式分为 AC/DC（AC 表示交流电，DC 表示直流电）变换、DC/ AC 变换、DC/ DC 变换和 AC/AC 变换等。

AC/DC 变换称为整流，AC/DC 变换器是将交流电转换为直流电的电能变换器；DC/AC 变换称为逆变，DC/AC 变换器是将直流电转换为交流电的电能变换器，是交流开关电源和不间断电源 UPS 的主要部件；AC/AC 变换称为交流/交流变频（同时也变压），AC/AC 变换器是将一种频率的交流电直接转换为另一种恒定频率或可变频率的交流电，或是将恒频交流电直接转换为变频交流电的电能变换器；DC/DC 变换称为直流/直流变换，DC/ DC 变换器是将一种直流电转换成另一种或多种直流电的电能变换器，是直流开关电源的主要部件。

在导弹测试车上应用最多是的 AC/DC 和 DC/ DC 变换。对于测试车上的小功率电源变换来说，其电路原理框图如图 7－11 所示。由于交流输入可以通过整流和滤波电路，把交流电压变成直流电压，因此 DC/ DC 变换器中的稳压电路是其核心。

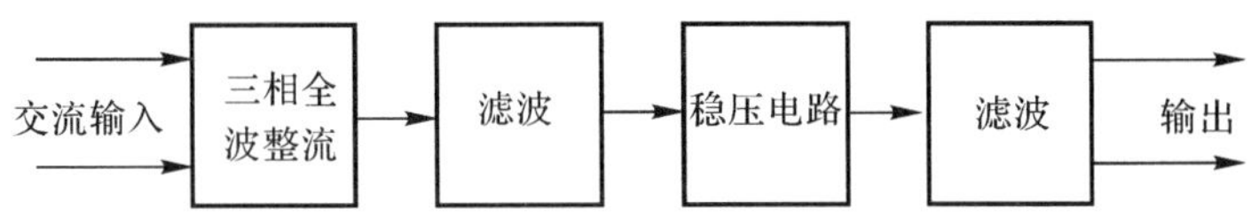

图 7－11　小功率电源变换电路原理框图

对于功率在 1kW 以内的小功率电源变换的电源电路，主要用于供给测试设备的某个组合或者某个仪器仪表的 AC/DC 和 DC/ DC 变换，以便输出测试设备各仪器所需要的多路直流稳压电源。例如，给某导弹测试仪器某个或者某几个组合提供 5V，15V（1.5A），－15V，15V（1A），26V，24V 六种直流电源。

小功率电源变换电路工作原理是，由外界送往测试系统的三相电源，首先经过电源组合中的滤波电路滤波以后，送到电源单元变压器变压，然后经三相全波整流，变成直流电压，经过大电容滤波，送到集成稳压电路稳压输出，再经滤波后送到相关组合使用。为了保证各电源输出的安全，每个电源的输出均设有过压、过流保护电路。

电源设备担负着把交流电转换为电子设备所需的各种直流电的任务，当电网或负载变化时，能保持稳定的输出电压，并具有较低的纹波，通常称这种直流电源为稳压电源。

稳压电源的分类方法繁多，按输出电源的类型分有直流稳压电源和交流稳压电源，按稳压电路与负载的连接方式分有串联稳压电源和并联稳压电源，按照其工作原理中调整管的工作状态分有线性稳压电源和开关稳压电源，按电路类型分有简单稳压电源和反馈型稳压电源，等等。

直流稳压电源的技术指标可以分为两大类：一类是特性指标，反映直流稳压电源的固有特性，如输入电压、输出电压、输出电流、输出电压调节范围；另一类是质量指标，反映直流稳压电源的优劣，包括稳定度、等效内阻（输出电阻）、纹波电压及温度系数等。并联直流稳压电源的效率较低，特别是负载较小时，电能几乎全部消耗在限流电阻和调整管上；输出电压调节范围很小；稳定度不易做得很高。而串联稳压电源正好可以避免这些缺点，所以现在广泛使用的一般都是串联稳压电源。

对于 DC/ DC 变换器，最简单办法是串联一个电阻进行分压。这样的电路结构很简单，但是效率低，也起不到稳压的作用。基本的稳压电源电路的形式如图 7－12 所示。

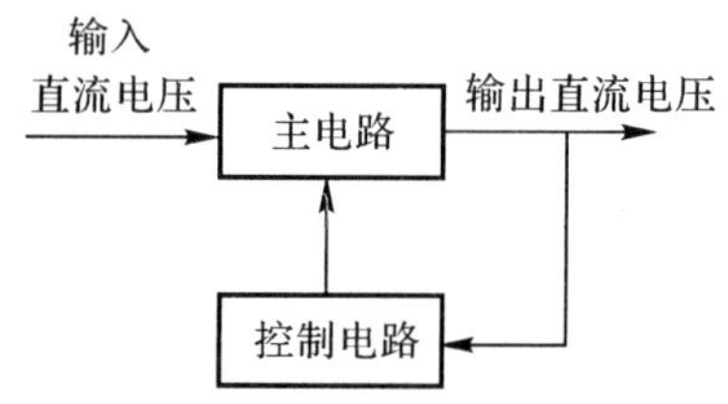

图 7－12　稳压电源的基本电路

图 7－12 所示电路结构中，整体是一个反馈回路，它通过对输出电压波纹大小进行取样反馈，不断调整主电路的工作状态而达到输出稳定的目的。主电路中含有由三极管或者其他半导体电路构成的调整管；控制电路的输入是对输出直流电压的取样电压。该控制电路的输出用于调节主电路中调整管的工作状态。如果调整管工作在三极管的放大区，就构成线性稳压电压；如果调整管工作在三极管的饱和区和截止区，即开关状态，就构成开关稳压电源。

2. 线性稳压电源

(1)工作原理。线性稳压电源是电压反馈电路工作在线性区（放大区）的稳压电源。

图 7－13 为一个典型的基本线性稳压电源原理图。输入直流电压通常由交流 50Hz 外接电网供电，经变压器、整流、滤波得到一个具有较大纹波的直流电压 U_i。进入线性稳压电源后，一般是将输出电压取样后与参考电压送入电压比较放大器，此电压放大器的输出作为电压调整管的输入，用于控制调整管使其结电压随输入的变化而变化，从而调整其输出电压。

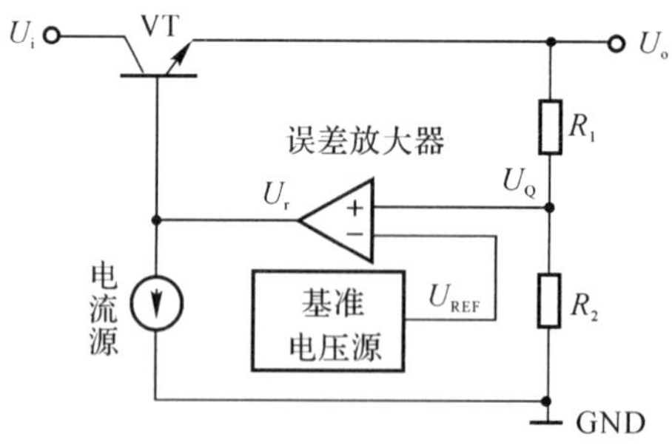

图 7－13　基本线性稳压电源原理图

图 7－13 中，VT 为调整管，R_1 和 R_2 为取样电阻，U_i 为输入电压，U_o 为输出电压。取样电压 U_Q 加到误差放大器的输入端。与加在反相输入端的基准电压 U_{REF} 相比较，二者的差值经误差放大器放大后产生误差电压 U_r，用来调节串联调整管的压降，使得输出电压达到稳定。当输出电压 U_o 降低时，U_Q 和 U_r 均降低，因驱动电流增大，故调整管的压降减小，使输出电压升高。

反之，若输出电压U_o增大时，误差放大器输出的驱动电流就会减小，调整管的压降随之增大，使得U_o减小，最终保持U_o稳定。

由于反馈环路总是试图使误差放大器两个输入端的电位相等，即$U_o = U_{REF}$，因此

$$U_Q = U_o \frac{R_2}{R_1 + R_2} = U_{REF} \tag{7.1}$$

根据式(7.1)可得到

$$U_Q = U_{REF}\left(1 + \frac{R_1}{R_2}\right) \tag{7.2}$$

需要说明几点：

1)控制电路必须监控输出电压，并根据负载的需要来调节电流源，以保持输出电压达到期望值。电流源应保证在最大负载电流时稳压器能保持输出且稳定。

2)输出电压通过反馈电路进行控制，反馈电路需要补偿措施以确保回路的稳定性。某些线性稳压器有内置补偿电路，不需要外接频率补偿元件，即可实现稳压器的稳定工作，有些稳压器需要外加补偿电路。

3)用于控制输出电压的反馈回路是通过取样电阻来"判断"输出电压的，并将误差电压送至误差放大器的反相输入端，基准电压在同相输入端。这意味着误差放大器将通过不断调节它的输出电压和调整管的电流来使取样电压与基准电压相等。稳压器的输出电压通常为基准电压的若干倍。

4)与负载电流相比，流过电阻分压器R_1和R_2的电流是可以被忽略的。

5)图7-13所示只是基本电路，实际电路中还需要增加启动电路、过电流保护电路及过热保护电路。

6)串联调整元件通常由多个晶体管并联或复合组成，它类似于一个串在主电路中的可变电阻，当输入电压增大或减小时，晶体管的等效电阻增加或减小，通过取样、比较放大负反馈电路来控制串联调整管的管压降(电阻)，保持输出电压稳定。"串联"的意思是指调整管同输出的负载相串联。

(2)稳压电源的效率。晶体管VT工作在线性区，管压降一般大于2V，否则工作在饱和区，不能反映电压的变化，也就不能进行有效的调整。因此，最小的输入电压要高于$U_o + 2$(V)，假设输入电网电压波动为$\pm T\%$，则最小、最大的输入直流电压分别为$(1-0.01T)U_i$和$(1+0.01T)U_i$。

当输入电压为最小时，有

$$U_o + 2 = (1 - 0.01T)U_i$$

则最大输入电压为

$$U_{imax} = \frac{(U_o + 2)(1 + 0.01T)}{1 - 0.01T}$$

串联调整稳压电源的效率为

$$\eta = \frac{1 - 0.01T}{1 + 0.01T} \frac{U_o}{U_o + 2} \tag{7.3}$$

若考虑变压器、整流器的损耗，在低压、大电流应用时，串联调整稳压器的效率仅仅为35%～60%。此外，串联调整稳压器承受过载能力较差，负载长期短路，容易造成调整管损坏，必须加入相应的保护电路。

(3)集成稳压器。目前国产集成稳压器输出电压有5V,6V,9V,12V,15V,18V,24V,36V,输出电流有0.1A,0.5A,1.5A,2A,3A,5A等系列。集成稳压器内部包括调整管、基准、取样、比较放大、保护电路等环节。使用时,只需外接少量元件,十分方便。其电压稳定度、输出纹波及动态响应等指标都较好,典型的线性稳压电源电路如图7-14所示。

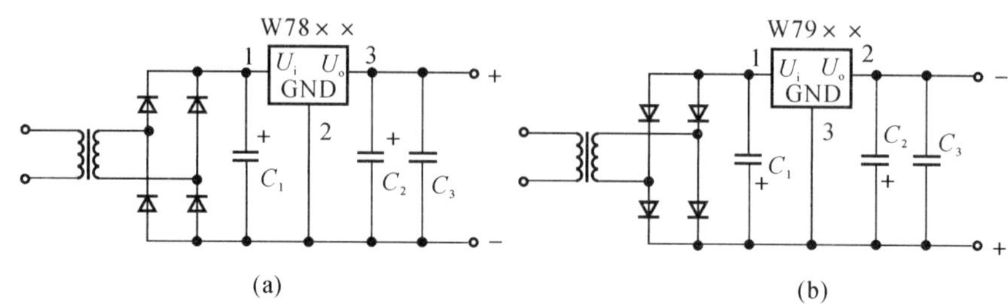

图7-14 典型的线性稳压电源电路
(a)正输出;(b)负输出

常用的集成稳压器有固定正压稳压器W78××系列、固定负压稳压器W79××系列。××用数字表示,××是多少,输出电压就是多少,例如W7805,输出电压为5V。

还有可调正稳压器W117,W217,W317系列,可调负稳压器W137,W237,W337系列,输出电压为2.3~35V,电流为1.5A。还有大电流系列W396,W496等,可调稳压器外加晶体管及逻辑控制,具有开机、关机或系统复位等功能,便于控制及保护。

(4)线性稳压器的特点。线性稳压器是最早使用的稳压器,其技术很成熟,制作成本低,可以达到很高的稳定度,波纹小,自身干扰和噪声都比较小,反应速度快,动态响应特性好。其缺点是因为工作在工频(50Hz),变压器的体积比较大,显得较为笨重,对输入电压范围要求高,其输出电压要比输入低。调整管工作在线性放大区内,流过电流是连续的,它类似于一个电阻,调整管上损耗较大的功率,发热量大(尤其是工作在大功率情况下),需要体积较大的散热器,间接地给系统增加了系统噪声,整个电路的效率低,通常仅为35%~60%,同时承受过载能力较差。

3.开关稳压电源

(1)一般原理。开关型稳压电源是指调整管工作在饱和和截止的开关状态的一类稳压电压,调整管不同于线性稳压电源工作于线性区,而是处于非线性工作状态。

一个完整的AC/DC开关稳压电源由输入端整流器和滤波器、基本DC/DC电源变换器、驱动电路、PWM控制电路、比较放大电路(差分放大器DA)和输出负载组成。完整的AC/DC开关电源的组成如图7-15所示。

开关稳压电源中最核心的是DC/DC电源变换器,它们构成了开关稳压电源的基本变换电路。它们有多种形式,包括Buck变换器、Boost变换器、Buck-Boost变换器和Cuk变换器等。其中的半导体器件工作于导通和截止两种状态,成为控制方便的电子开关,实现类似于"斩波"(Chop)作用。这些变换器电路简单,开关管的作用就是将输入的直流变成占空比可以调节的高频脉冲,再经整流滤波后得到其直流成分,再以直流电的形式输出。通过调节占空比,可以得到负载要求的不同电压或电流,于是称这些变换器为DC/DC变换器。

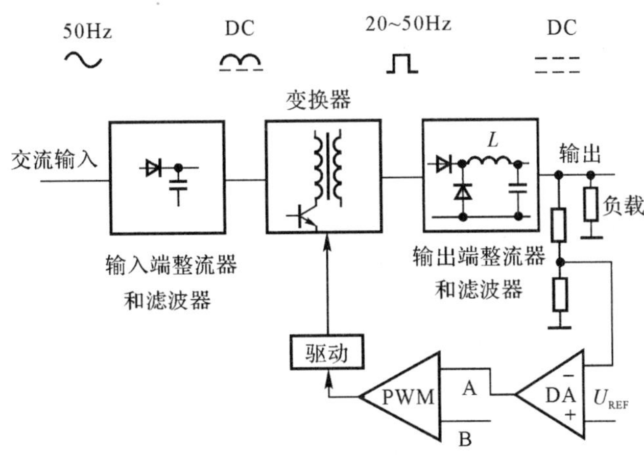

图7-15　典型开关电源的组成原理图

一个周期 T_s 内，电子开关接通时间 t_{on} 与整个周期 T_s 的比例，称为占空比 D，即

$$D = t_{on}/T_s \tag{7.4}$$

很明显，占空比越大，负载上电压越高；$f_s = 1/T_s$ 称为开关频率，f_s 固定，t_{on} 越大，负载上电压就越高。这种DC/DC变换器中的开关都在某一固定频率下（如几百千赫兹）工作，这种保持开关频率固定但改变接通时间长短（即脉冲的宽度），从而可以调节输出电压的方法，称脉冲宽度调制法（Pulse Width Modulation，PWM）。

在开关式稳压电路的电源变换器中，有一个调整管，按照调整管与负载是串联还是并联，开关式稳压电源分为串联式开关稳压电源和并联式开关稳压电源。

（2）串联开关稳压电源。串联开关稳压电源由调整管VT、驱动电路、整流二极管VD、电感 L、取样电阻 R_1 和 R_2、电容 C、负载 R_L、比较放大器（一般采用差分放大器）以及PWM控制电路等构成，其原理图如图7-16所示。

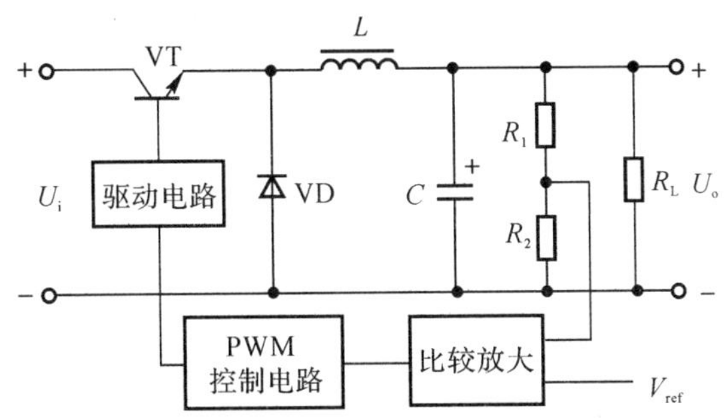

图7-16　串联开关稳压电源的原理图

图7-16所示电路中，PWM控制电路使得输入的直流电压通过控制调整管使其在饱和和截止区来回工作，使输入电压变成开关脉冲，如图7-17所示。调整管的基极是一个反馈电压，用于调节占空比。U_{REF} 接基准电压。通过 R_1 和 R_2 上分压获得取样电压，它与基准电压 U_{REF} 比较放大后，作为PWM控制电压的阈值电压。

稳压调节过程是在保证调整管周期 T_s 不变的情况下，通过改变调整管导通时间 t_{on} 来调整脉冲的占空比，从而达到稳压的目的，这种电源也称为脉宽调制型开关电源。

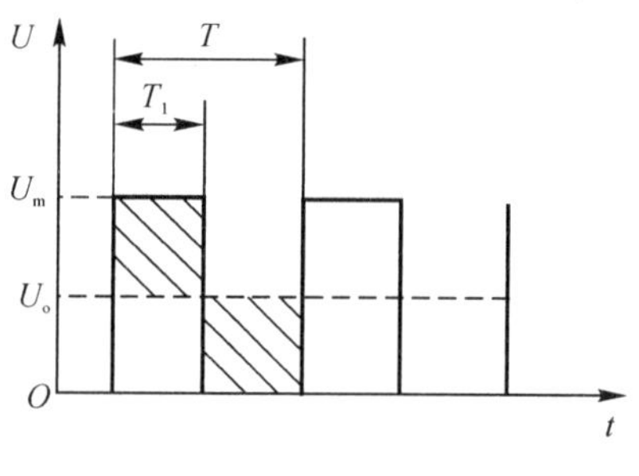

图 7-17　开关脉冲

输出电压 U_o 为

$$U_o \approx \frac{U_i t_{on}}{T_s} = qU_i \tag{7.5}$$

式中，周期 $T_s = t_{on} + t_{off}$（t_{off} 为关断时间）。根据输出电压的变化自动调整脉冲的占空比，从而调整 U_o 的大小，达到稳定输出的目的。

输出电压 U_o 的脉动成分与负载电流的大小和滤波电路 L，C 的取值有关。L，C 取值越大，输出越平滑。通常输出的脉冲成分要比线性稳压电源要大一些，这是它的缺点之一。

串联开关型稳压电源的调整管与负载串联，输出电压 U_o 总是小于输入电压 U_i，故也称为降压型稳压电源。

(3)并联开关稳压电源。并联开关稳压器与串联开关稳压器的组成大体相同，也是由调整管 VT、驱动电路、整流二极管 VD、电感 L、取样电阻 R_1 和 R_2、电容 C、负载 R_L、比较放大器（一般采用差分放大器）以及 PWM 控制电路等构成，其主要区别是将调整管跟负载并联来调节输出电压，通过分流来保证衰减放大管射极电压的"稳定"，如图 7-18 所示。

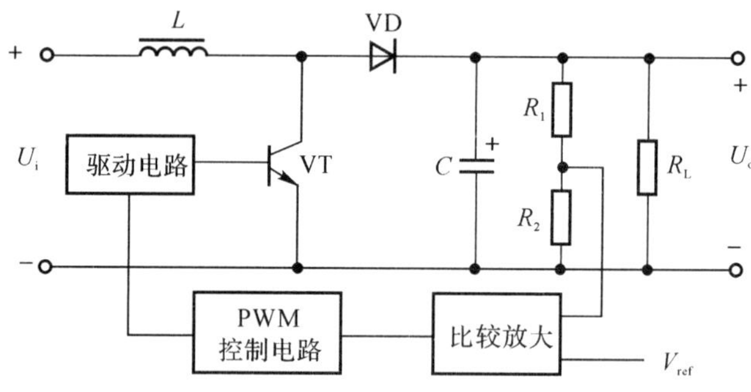

图 7-18　并联开关稳压电源的原理图

当输入电压变化时，自动调整占空比 D，可以保持输出电压稳定。例如，当 U_i 增大时，使 $D = t_{on}/T_s$ 减小，输出电压就能保持稳定。其物理意义可以这样理解，假如 T 不变，由于电感中的电流以 $\mathrm{d}i/\mathrm{d}t$ 的速率线性上升，当 U_i 增大时，如果 t_{on} 保持不变，则 L 中储存的能量增大。而在同样的 t_{off} 时间内释放能量是固定的，这就使得输出电压上升，所以必须减小导通时间 t_{on} 以便减小 L 中储存的能量，这样才能保持输出电压不变。

改变占空比的方法，可以使频率和周期不变，改变导通时间；也可以保持导通时间 t_{on} 不变，改变工作频率或周期。二者都能进行调整，保持输出电压不变。

并联开关型稳压电源的调整管与负载并联，它通过电感的储能作用，将感生电动势与输入电压相叠加后作用于负载，因而$U_o>U_i$，也称为升压型稳压电路。

(4)开关稳压电源的特点。20世纪70年代以来，随着各种功率开关元件、各种类型专用集成电路、磁性元件、高频电容的研制与应用，功率电子学领域中技术的不断发展，理论研究不断深化，功率变换器日趋完善，开关电源技术以其强大的生命力，适应当今高效率、小型轻量化的要求。目前，各种电子、电器设备90%以上采用开关稳压电源。

开关稳压电源具有以下特点：①电源电压和负载在规定的范围内变化时，输出电压应保持在允许的范围内或按要求变化；②输入与输出间有良好的电气隔离，可以输出单路或多路电压，各路之间有电气隔离；③直流开关电源与直流线性电源相比，电力电子器件在开关状态工作，电源内部损耗小，效率高(一般在90%以上)；④调整管在开关状态下工作，为得到直流输出，必须在输出端加滤波器；⑤可通过脉冲宽度的控制，方便地改变输出电压值；⑥开关频率高，滤波电容和滤波电感的体积可大大减小，电源体积小且重量轻；⑦开关稳压电源的电路复杂，使用高频元器件价格高，因此成本较高，且输出电压纹波、噪声较高，动态响应较差；⑧开关稳压电源存在较为严重的开关干扰。开关稳压电源中，功率调整开关晶体管工作在开点状态，它产生的交流电压和电流通过电路中的其他元器件产生尖峰干扰和谐振干扰，这些干扰如果不采取一定的措施进行抑制、消除和屏蔽，就会严重地影响整机的正常工作。此外由于开关稳压电源振荡器设有工频变压器的隔离，这些干扰就会串入工频电网，使附近的其他电子仪器、设备和家用电器受到严重的干扰。

在导弹测试系统中开关稳压电源已经逐步取代了线性稳压电源，但在第一代和第二代防空导弹测试系统中还有采用线性稳压电源的。

7.3.6　导弹电缆网测试

导弹电缆网是导弹能源系统的重要组成部分。导弹电缆网用来传送电能，保证弹上设备各组合的相互连接。直流总线电缆网按双线制配置，其负极与相应各组合的壳体连接。组合的壳体通过安装部位的固定件与弹体相连接。电缆具有良好的机械强度和较高的绝缘电阻，还可以保证导线在整个保管期间内电缆网完好。

在导弹测试时，应保证整个电缆网良好接地。接地时保证测试车、弹体和地之间为相同电位。

电缆网的不同线路之间、线路与防波套(屏蔽网)之间或与壳体之间，一般要求具有下述绝缘电阻：在标准大气压下，温度为(20±5)℃、相对湿度达80%时，不低于2MΩ；温度为(20±5)℃、相对湿度达95%～98%时，不低于0.5MΩ(用工作电压为500V的电表测量)。

一般要求导线和电缆在额定条件下应能承受下述电压：36V以下的工作电路为500V，37～250V工作电路为1 000V。试验电源为功率不小于0.5kV·A，频率50Hz。

在导弹测试时，既要用到弹上各设备之间的电缆网，也要用到导弹与测试车中测试设备的连接电缆。如果导弹是处于筒弹状态，还要用到导弹与装运发射筒之间的连接电缆及筒内电缆。

对导弹电缆网的测试主要是测量其线路导通及绝缘情况。

1. 导通测量

导通测量即对导弹及其装运发射筒内的电缆网进行导通性测量，测量电缆网中的每根导线电阻是否小于10Ω。只需要用电阻表测试导通电阻即可。

2. 绝缘测量

绝缘测量是对导弹及其装运发射筒所有电网的绝缘电阻的测量。电网中的任何一根导线，对其他所有导线之间的电阻应满足一定要求，即在500V直流电压的作用下，绝缘电阻必须大于100MΩ，否则不满足要求。

对导弹及其装运发射筒内的电缆网的线路导通及绝缘测量只需要用电阻表测试导通电阻即可。当然具体对哪段线路检查需要有相应的测试控制电路，该电路在手动测试时采用开关控制，在自动测试时采用相应的继电器开关控制。

不是所有导弹都做这项测试。部分导弹，如法国"响尾蛇"防空导弹的测试设备就需要完成此项测试。

7.4 流体压力测试技术

7.4.1 压力测试仪表

导弹上气压源主要有两种。一种是压缩空气，主要是早期的地空导弹常用压缩空气作为气动舵机的能源。另一种是燃气，在导弹上主要是通过燃气发生器产生，用于导弹发电或者供气动舵机使用。导弹上的液压源采用的是航空液压油，主要是供给导弹液压舵机或者导引头天线位标器的液压伺服系统。

不论是气体还是液体均属于流体，其压力测试仪表的原理是相同的，本节按照气体压力测试讲述其工作原理。

在工程技术中，压力定义为均匀而垂直作用在物体表面上的力，也就是物理学中压强的概念。它的基本公式为

$$P = F/S \tag{7.6}$$

式中，F 为作用力；S 为作用面积。

国际单位制中，压力的单位为帕斯卡(Pa)，在工程中还使用标准大气压(atm)、毫米汞柱(mmHg)等单位。1atm$=1.013\times10^5$ Pa，1mmHg$=1.333\times10^2$ Pa。

压力的表示方式有3种：表压 P、绝对压力 P_a 和真空度 P_h。绝对压力是指物体所承受的实际压力，表压是指绝对压力与大气压力之差，真空度是指大气压与低于大气压的绝对压力之差。因此，使用仪表时应注意仪表示值的意义。

由于各种工艺设备和测试仪表通常是处于大气之中，本身就承受着大气压力，所以工程上经常采用表压或真空度来表示压力的大小。同样，一般的压力检测仪表所指示压力也是表压或真空度。

压力测量仪表按工作原理分为液柱式、弹性式、电气式和负荷式等类型。

1. 液柱式压力计

液柱式压力测量仪表通常称为液柱式压力计，它是以一定高度的液柱所产生的压力与被测压力相平衡的原理测量压力的。它大多是一根立的或弯成U形的玻璃管，管内充以一定的工作液体。常用的工作液体为蒸馏水、水银和酒精。由于玻璃管强度不高，并受读数限制，因此所测压力一般不超过0.3MPa。液柱式压力计灵敏度高，因此主要用作实验室中的低压基

准仪表，以校验工作用压力测量仪表。由于工作液体的状态会随着环境温度、重力加速度改变而发生变化，因此对测量的结果常需要进行温度和重力加速度等方面的修正。

2. 弹性式压力计

弹性式压力测量仪表常称为弹性式压力计，它是利用各种不同形状的弹性元件在压力下产生变形的原理制成的压力计。弹性式压力计按所采用的弹性元件的不同，可分为弹簧管压力表、膜片压力表、膜盒压力表和波纹管压力表等；按照功能不同分为指示式压力表、电接点压力表和远传压力表等。这类仪表的特点是结构简单，结实耐用，测量范围宽，是压力测量仪表中应用最多的一种。

3. 电气式压力计

电气式压力测量仪表常称为电气式压力计，它是利用金属或半导体的物理特性，直接将压力转换为电压、电流信号或频率信号输出，也可以通过电阻应变片等，将弹性体的形变转换为电压、电流信号输出。代表性产品有压电式、压阻式、振频式、电容式和应变式等压力传感器所构成的电测式压力测量仪表，其精确度可达 0.02 级，测量范围从数十帕至 700 MPa 不等。

4. 负荷式压力计

负荷式压力测量仪表常称为负荷式压力计，它是直接按压力的定义制做的，常见的有活塞式压力计、浮球式压力计和钟罩式压力计。由于活塞和砝码均可精确加工和测量，因此这类压力计的误差很小，主要作为压力基准仪表使用，测量范围从数十帕至 2 500MPa。

测压仪表及其性能特点见表 7－1。

表 7－1　测压仪表及其性能特点

类别	压力表形式	测压范围/kPa	准确度等级	输出信号	性能特点
液柱式压力计	U 形管	$-10 \sim 10$	0.2～0.5	液柱高度	实验室低、微压，负压测量
	补偿式	$-2.5 \sim 2.5$	0.02～0.1	旋转高度	用作微压基准仪器
	自动液柱式	$-10^2 \sim 10^2$	0.005～0.01	计数值	用光、电信号自动跟踪液面，用作压力基准仪器
弹性式压力计	弹簧管	$-10^2 \sim 10^6$	0.1～4.0	位移、转角或力	直接安装，就地测量或校验
	膜片	$-10^2 \sim 10^3$	1.5～2.5		用于腐蚀性、高黏度介质测量
	膜盒	$-10^2 \sim 10^2$	1.0～2.5		用于微压的测量与控制
	波纹管	$0 \sim 10^2$	1.5～2.5		用于生产过程低压的测控
电气式压力计	电阻式	$-10^2 \sim 10^4$	1.0～1.5	电压、电流	结构简单，耐振动性差
	电感式	$0 \sim 10^5$	0.2～1.5		环境要求低，信号处理灵活
	电容式	$0 \sim 10^4$	0.05～0.5		动态响应快、灵敏度高，易受干扰
	压阻式	$0 \sim 10^5$	0.02～0.2		性能稳定可靠，结构简单
	压电式	$0 \sim 10^4$	0.1～1.0	电压	响应速度快，多用于测量脉动压力
	应变式	$-10^2 \sim 10^4$	0.1～0.5		冲击、湿度、温度影响小，电路复杂
	振频式	$0 \sim 10^4$	0.05～0.5	频率	性能稳定，准确度高
	霍尔式	$0 \sim 10^4$	0.5～1.5	电压	灵敏度高，易受外界干扰

续表

类别	压力表形式	测压范围 kPa	准确度等级	输出信号	性能特点
负荷式压力计	活塞式	$0 \sim 10^6$	0.01～0.1	砝码负荷	结构简单、坚实，准确度极高，广泛用作压力基准仪器
	浮球式	$0 \sim 10^4$	0.02～0.05		

早期的导弹测试压力用的是弹性弹簧管式压力计，近年来的新型防空导弹测试系统则采用压电式压力计。

7.4.2 弹性式压力表

图 7-19 为一种早期的苏联"SAM-2"导弹测试设备中用于测试导弹气瓶内压缩空气压力的弹簧管式压力表原理图。

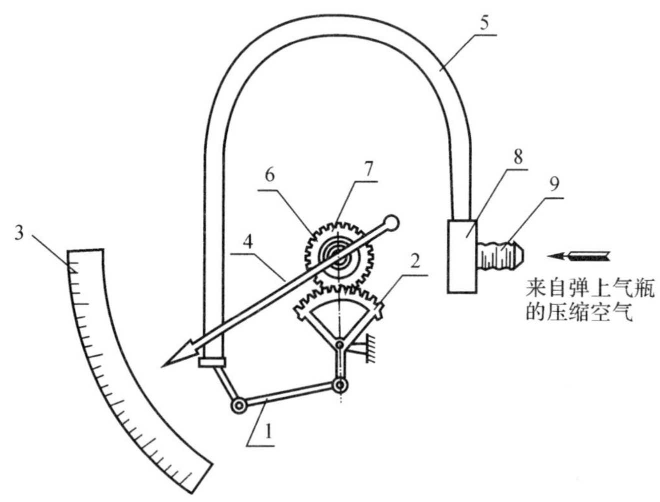

图 7-19 弹簧式压力表原理图

1—拉杆；2—扇形齿轮；3—刻度盘；4—指针；5—弹簧管；
6—游丝；7—中心齿轮；8—基座；9—接管嘴

压力表的作用原理：在单圈弹簧管内空气压力和周围压力之差的作用下，弹簧管的自由端发生移动，该移动通过传动机构传给指针，指针在刻度盘上指示出压力。

压力表的敏感元件是弯曲的单圈弹簧管 5，它的一端钎焊在基座 8 上，另一端通过拉杆 1 和传动机构相连，基座 8 的末端为接管嘴 9。

传动机构由扇形齿轮 2、中心齿轮 7 和游丝 6 组成；扇形齿轮固定在轴上和装有指针 4 的中心齿轮耦合，刻度盘 3 固定在压力表的壳体上；刻度盘的数字和主要刻度涂有荧光粉。

上述仪表中的弹性元件为单圈弹簧管，它是一根弯成 270°圆弧的具有椭圆形截面的空心金属管。管子的一端接被测气体，另一端（即所谓的自由端）接传动机构。在被测气体进入管子并充满整个管子的内腔后，椭圆截面在被测压力 P 的作用下会趋向圆形，即长半轴会减小，短半轴有增大趋势（这里的短半轴是固定的）。压缩空气使弹簧管长半轴产生向外扩张变形，结果改变弹簧管的中心角，使其自由端产生位移，带动拉杆机构移动，通过指针指示出压力。

中心角改变量和所加压力的关系如下：

$$\frac{\Delta\theta}{\theta_0} = P\,\frac{1-\mu^2}{E}\,\frac{R^2}{bh}\left(1-\frac{b^2}{a^2}\right)\frac{\alpha}{\beta+k^2} \tag{7.7}$$

式中，θ_0 为弹簧管中心角的初始角；$\Delta\theta$ 为受压后中心角的改变量；a 为弹簧管椭圆形截面的长半轴；b 为弹簧管椭圆形截面的短半轴；h 为弹簧管椭圆形截面的管壁厚度；R 为弹簧管弯曲圆弧的外半径；k 为几何参数，$k=\dfrac{Rh}{a^2}$；α 和 β 为与比值有关的参数；μ 为泊松比；E 为弹性模数；P 是压力。

对于上述单圈弹簧管，中心角变化量 $\Delta\theta$ 一般比较小，要提高 $\Delta\theta$ 变化量，可以采用多圈弹簧管，一般采用 2.5～9 圈弹簧管。多圈弹簧管示意图如图 7－20 所示。

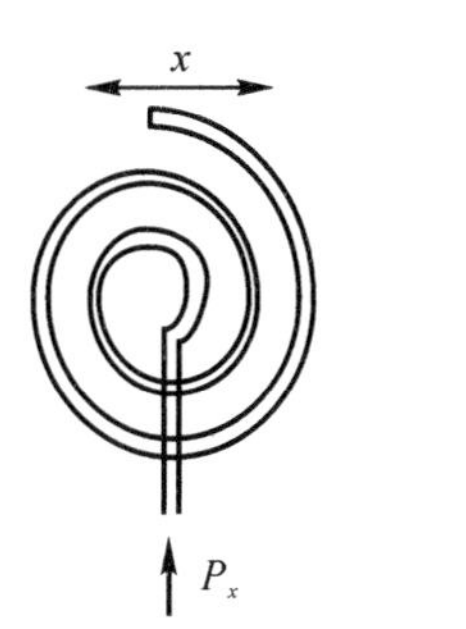

图 7－20　多圈弹簧管示意图

7.4.3　电气式压力表

电气式压力表是利用压力敏感元件将被测压力转换成各种电量参数，如电阻、频率、电势等来实现测量的。该方法具有良好的静态和动态性能、量程范围大、线性好、便于信号的远程传输和自动控制等，尤其适合压力变化快、高真空、超高压的测量。电气式压力表种类很多，有应变式、电容式、电感式、压阻式、压电式等，这里仅介绍应变式和压电式。

1. 应变式压力表

引起电阻变化的原因有电阻尺寸变化和电阻率变化两种，把主要由电阻尺寸变化引起的电阻变化称为电阻应变效应，主要由电阻率变化引起的电阻变化称为压阻效应。根据这两种原理制成的压力表分别叫作应变式压力表和压阻式压力表。

由电阻应变效应可知，对于大多数作为应变金属丝的材料来说，在其弹性范围内，应变灵敏度系数 K 为定值，电阻变化率 $\mathrm{d}R/R$ 与电阻丝轴向应变 ε（$\varepsilon=\mathrm{d}L/L$，$L$ 为电阻丝的长度）成正比，即有

$$\mathrm{d}R/R = K\varepsilon \tag{7.8}$$

对于应变材料采用半导体而言，有

$$\mathrm{d}R/R = \pi E\varepsilon \quad \text{或} \quad \Delta R/R = \pi E\varepsilon \tag{7.9}$$

式中，π 表示压阻系数；E 为杨氏模量，其值为 1.67×10^{11} Pa。

半导体应变片与金属应变片相比，其最突出的优点是体积小而灵敏度高，它的灵敏系数比金属应变片大几十倍，频率响应范围很宽。但由于半导体材料自身的原因，它也具有温度系数大，应变与电阻的关系曲线非线性大等缺点，这使它的应用范围受到一定的限制。

采用电阻应变效应测量压力的电桥电路如图 7－21 所示。其中 R_1，R_2，R_3，R_4 为电桥的桥臂，R_L 为负载电阻。当 $R_L\to\infty$ 时，电桥的输出电压为

$$U_o = U_{BD} = E\left(\frac{R_2}{R_1+R_2}-\frac{R_4}{R_3+R_4}\right) \tag{7.10}$$

式中，E 为电源电压。

当电桥平衡时，$U_{BD}=0$，则有

$$R_1R_4 = R_2R_3 \tag{7.11}$$

式(7.11)为电桥平衡条件。这说明欲使电桥平衡，其相对两臂电阻的乘积应相等。

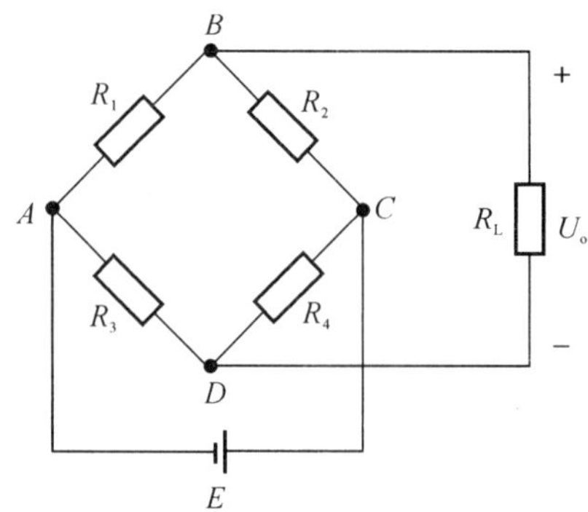

图 7-21　采用电阻应变效应测量压力电桥电路

如果电阻 R_1 为应变片，当受到应力时，电阻 R_1 有一个微小增量 ΔR_1，则电桥的输出为

$$\Delta U_o = E\left(\frac{R_2}{R_1 - \Delta R_1 + R_2} - \frac{R_4}{R_3 + R_4}\right)$$

如果取 $R_1 = R_2 = R_3 = R_4 = R$，那么有

$$\Delta U_o = \frac{\Delta R_1}{2(2R - \Delta R_1)}E$$

由于 $\Delta R_1 \ll R$，进一步简化上式，有

$$\Delta U_o = \frac{\Delta R_1}{4R}E \tag{7.12}$$

结合式(7.8)，就有

$$\Delta U_o = \frac{\Delta R_1}{4R}E = \frac{1}{4}KE\varepsilon \tag{7.13}$$

式(7.13)是电桥电路常用的基本公式。它表明等臂电桥在一定范围内，输出电压和应变呈线性关系。

图 7-22 是应变式压力表原理结构示意图，核心部分是一块圆形的单晶硅膜片。在膜片上布置 4 个敏感电阻组成了一个惠斯顿电桥测量电路。

当有 4 个敏感电阻，即 4 个桥臂均为应变片时，称为全桥法。式(7.13)就变为

$$\Delta U_o = KE\varepsilon$$

该电桥的灵敏度为单臂电桥的 4 倍。

膜片用一个圆形硅环固定，将两个气腔隔开，一端接被测压力，另一端接参考压力。当存在压差时，膜片产生变形，使两对电阻的阻值发生变化，电桥失去平衡，其输出电压与膜片承受的压差成一定的比例。

在此类传感器中，弹性膜片越薄，平面尺寸越大，变形越剧烈，则输出灵敏度越高。但是，弹性膜片最小厚度受工艺条件限制，膜片平面尺寸的增大也会导致传感器整体尺寸变大。膜片的平面形状可以是矩形、圆形或正方形。在膜片厚度和平面面积相同的条件下，正方形膜片可以得到更大的膜片变形、更大的横纵向应变差，有利于得到较高灵敏度。所以，应变式微型压力传感器的弹性膜片多为正方形。

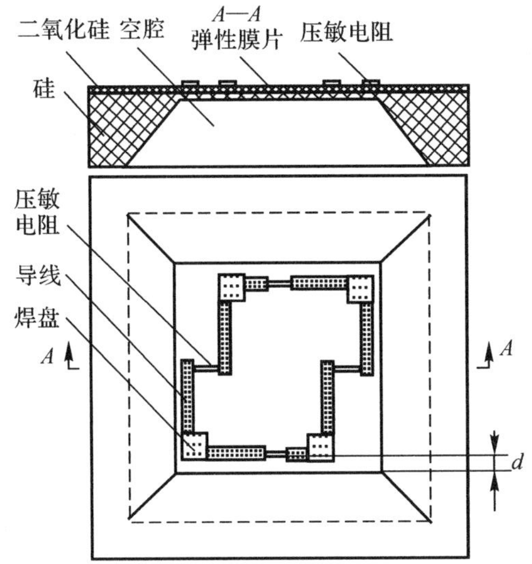

图7-22　应变式压力表原理结构示意图

2. 压电式压力表

压电式压力表利用的是压电材料的压电效应。当某些电介质在一定方向上受到机械应力作用而伸长或压缩时，在其表面上会产生电荷(束缚电荷)，或者说电介质内部的应力或应变会引起晶体内部的电场，这种效应就称为正向压电效应。特别要说明的是外力作用消失后，电介质材料内部的电场或晶体表面的电荷也会随之消失。当某些电介质材料在一定方向受到电场作用时，相应地在一定的方向将产生机械变形或机械应力，这种现象称为逆压电效应或者电致伸缩效应。

7.5　流体流量测试技术

7.5.1　流量的表示与测量

在防空导弹上，常需要测量液压系统各支路液体的流量。例如，在导弹测试时，需要通过导弹测试车向弹上供油，以检测采用液压伺服系统的导弹的液压舵机或者导引头天线伺服系统的工作情况等。这时，对供油的流量就需要进行测试，以满足供油的要求。

在民用技术中，流量测量应用广泛，主要应用于化工、冶金、石油、食品和医药等行业。在自动化仪表与装置中，流量仪表既可作为自动控制系统的检测仪表，也常用于测量物料的总量。

1. 流量的表示

流量分为瞬时流量和累积流量。单位时间内通过管道某一截面的体积数或者质量数称为流体的瞬时流量，而在一段时间范围内通过某一管道某一截面的体积数或者质量数的总和称为流体的累计流量。根据定义，流量可用体积流量和质量流量(重量流量)来表示。

(1)体积流量 Q_V。根据前面的定义，体积流量可以分为瞬时体积流量 Q_{VS} 和累计体积流量 Q_{VT}，分别用公式表示为

$$Q_{VS} = Av \tag{7.14}$$

$$Q_{VT} = \int_t Q_{VS} = \int_t Av\,\mathrm{d}t \tag{7.15}$$

式(7.14)和式(7.15)中,A 为流体流过的管道某截面的面积(m^2);v 为流体的速度(m/s);t 为流体流过某截面的时间范围(s)。体积流量 Q_V 的单位是 m^3/s,m^3/h 和 L/min 等。

由于流体是有黏性的,因此在某一截面上各点的流速并不均匀,故式(7.14)和式(7.15)中的流速是指平均速度。

在实际工作中,累计体积流量通常按每分钟计,例如某防空导弹测试车在导弹测试时要求给导弹供油的流量不小于 3.8 L/min,就表示的是累计体积流量。

(2)质量流量 Q_m。质量流量是指单位时间内流过流体的质量,它用 Q_m 表示。质量流量可分为瞬时质量流量 Q_{mS} 和累计质量流量 Q_{mT},可以用以下两式分别表示:

$$Q_{mS} = Q_{vS}\rho = Av\rho \tag{7.16}$$

$$Q_{mT} = Q_{VT}\rho = \int_t Av\rho\,\mathrm{d}t \tag{7.17}$$

式(7.16)和式(7.17)中,ρ 为流体的密度,$\mathrm{kg/m^3}$ 。

在实际工作中,还用到重量流量,其定义与质量流量类似。重量流量的单位为 N/s 或者 N/h。

2. 流量的测量

由式(7.14)~式(7.17)可知,只要能测得流体的平均速度 v 和流体流过的某一截面的面积和时间范围 t,就能测得流体的流量。因此,根据流体的工作状态、流体的性质和流体的工作场所,有很多测量流体流量的方法。

在目前测量流体流量的仪器仪表中,通常是把流体流量转换成其他非电量的测量,如转速(速度)、位移、压差、频率、时间和温度等,然后再把这些非电量转换成电量,最后计算出流体的流量。

7.5.2 转速(速度)法流量测量

流量传感器(流量计)的工作环境一般比较复杂,流体也具有一定的腐蚀性,流体具有动态性等因素,使得流量传感器的测量精度往往也较难保证。针对不同的工作环境、不同的流体,至今已发展了多种流量测量方法,其中用得较多的是转速(速度)法。

目前常用转速(速度)法测量流量的有涡轮流量计和电磁流量传感器。

1. 涡轮流量计

涡轮流量计是一种速度式流量计,测量精度较高,适合测量要求比较高的清洁无杂质的流体流量,其信号便于远传。

涡轮流量计是利用在被测液体中自由旋转的涡轮的转速与流体的流速成正比这一原理进行测量的,其原理框图如图 7-23 所示。

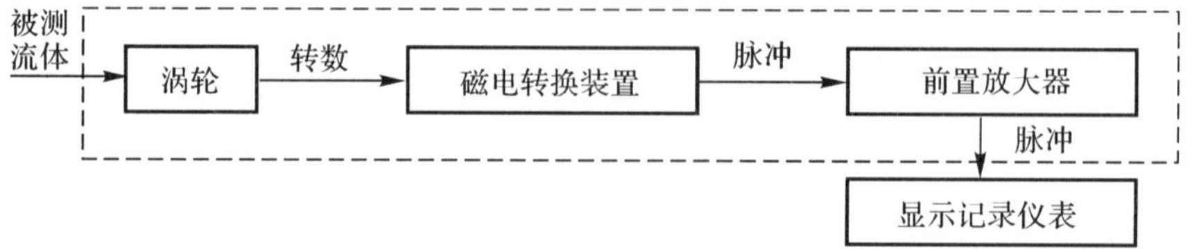

图 7-23 涡轮流量计的原理框图

涡轮流量计是在管道内安装一可自由旋转的涡轮，当管道内有流体流过时，流体冲击涡轮使其旋转。在涡轮旋转的同时，高磁性的涡轮叶片也周期性地改变磁电系统的磁阻，使通过线圈的磁通量发生周期性的变化，因而在线圈的两端产生感应电动势，该电动势经过放大、整形，便得到足以测出频率方波的脉冲，从而得到流体的流量。流量越大、流速越高，则涡轮的转速也就越大。当流量减小、流速降低时，涡轮的旋转速度就减小。在量程范围内，涡轮的转速和流体的流量成正比，因而测量涡轮的转速就可测出流过管道流体的瞬时流量和总流量。

假设流体的速度为 v，涡轮叶片的旋转角速度为 ω，若涡轮叶片的平均半径为 r，倾斜角为 θ，如图 7-24 所示，则可得涡轮叶片的旋转的切线速度为

$$v_{\mathrm{w}} = r\omega \tag{7.18}$$

流速跟涡轮叶片的角速度的关系为

$$v = \frac{v_{\mathrm{w}}}{\tan\theta} = \frac{r\omega}{\tan\theta} \tag{7.19}$$

则瞬时体积流量为

$$Q_{\mathrm{VS}} = Av = A\,\frac{r\omega}{\tan\theta} \tag{7.20}$$

式中，A 为涡轮的有效通道截面积。

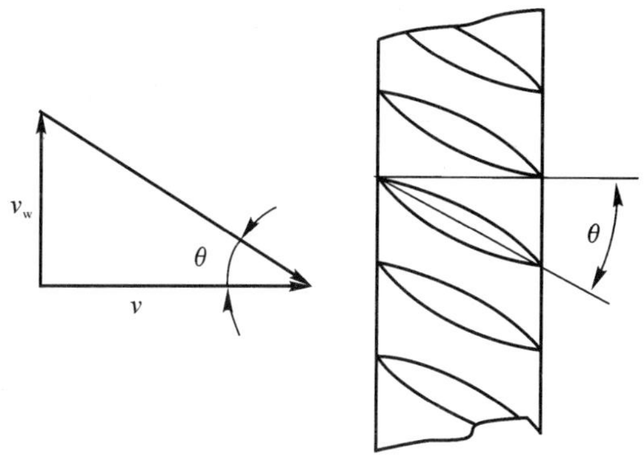

图 7-24　涡轮叶片及流体的速度示意图

根据式(7.20)可得

$$\frac{\omega}{Q_{\mathrm{VS}}} = \frac{\tan\theta}{rA} \tag{7.21}$$

若涡轮叶片的总数为 z，则感应电动势的频率为

$$f = \frac{\omega}{2\pi}z \tag{7.22}$$

将式(7.22)代入到式(7.21)中，可得涡轮流量计的线性灵敏度为

$$S = \frac{f}{Q_{\mathrm{VS}}} = \frac{z\tan\theta}{2\pi rA} \tag{7.23}$$

由式(7.21)和式(7.23)可以看出，对于一定的传感器，其 r，A，θ 是常数，则可得涡轮叶片的角速度与流量 Q_{VS} 成正比，涡轮流量计的线性灵敏度为常数。

但是在实际应用中，由于涡轮叶片的摩擦力矩、磁电转换系统的电磁力矩、流体和涡轮叶片之间的摩擦阻力等因素的影响，在整个流量测量范围内不能保证式(7.21)和式(7.23)的理

想情况，还需要对其参数添加修正系数。则式(7.21)和式(7.23)变为

$$\frac{\omega}{Q_{VS}} = c\,\frac{\tan\theta}{rA} \tag{7.24}$$

$$S = \frac{f}{Q_{VS}} = c\,\frac{z\tan\theta}{2\pi rA} \tag{7.25}$$

而式(7.20)变为

$$Q_{VS} = \frac{1}{c}Av = \frac{1}{c}A\,\frac{r\omega}{\tan\theta} \tag{7.26}$$

上面几式中的 c 为流量修正系数，$c<1$，流量越大，c 值越大。

2.电磁流量传感器

电磁流量传感器的结构示意图如图 7-25 所示，它利用的是电磁感应原理。它主要由均匀磁场、不导磁不导电材料构成的管道、管道截面上的导电电极和测量仪表等四部分构成。其中要求磁场方向、电极连线和管道轴线在空间上相互垂直。

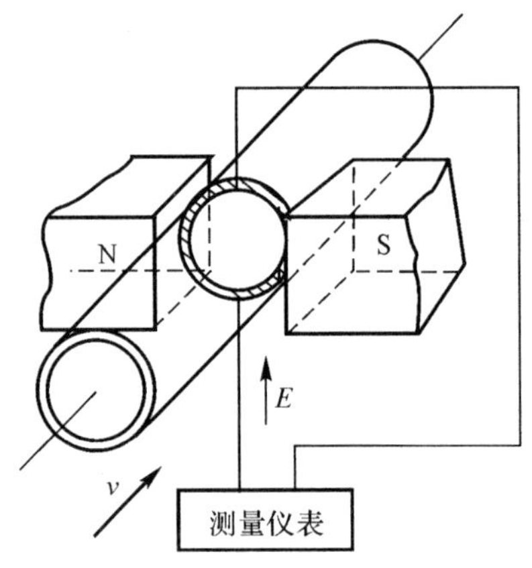

图 7-25　电磁流量传感器的结构示意图

当具有一定导电性的流体流过均匀磁场时，若流速 v 与磁场强度 B 的方向垂直，则流体切割磁力线，在与 v 和 B 的垂直方向上产生感应电动势 E。如果这段管子由绝缘材料制造，在 E 的方向上装两个电极，则可以把感应电动势输出。它的大小等于

$$E = BDv \tag{7.27}$$

式中，B 为磁场强度，T；E 为感应电动势，V；D 为管道内直径，m；v 是流体的平均流速，m/s。

那么可得导电流体的体积流量为

$$Q_{VS} = \frac{\pi D^2}{4}v = \frac{\pi DE}{4B} \tag{7.28}$$

由式(7.28)可以看出，导电流体的体积流量 Q_V 与感应电动势 E 成正比，只要测得导电电极输出的电动势就可求出其流量。但由于均匀磁场产生的感应电动势为直流，给测量系统带来不便，同时也会引起导弹电极的极化和导电流体发生电解，引起测量误差，因而在实际应用中采用交变磁场，那么体积流量变为

$$Q_{VS} = \frac{\pi D^2}{4}v = \frac{\pi DE}{4B_{\max}\sin\omega t} \tag{7.29}$$

式中

$$B = B_{max}\sin\omega t$$

$$E = DvB_{max}\sin\omega t$$

7.5.3　压差式流量测量

压力差法测量流量是通过测量流体在管道内的流动产生压力差或者压力来测得流量的一种方法。其测量仪器主要有节流式流量计、转子式流量计等。

这里主要介绍节流式流量测量装置。

节流式差压流量测量是工业上最常用的流量测量方法，其测量装置的工作原理如图7-26所示。书流式压差测量装置由节流装置、测量静压差装置(包括压差计、引压管和测量管)和测量仪表三部分组成。

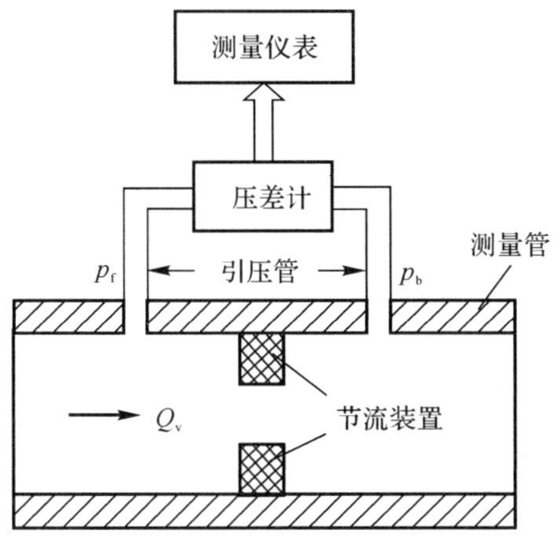

图 7-26　节流式差压流量测量原理图

在流体的管道中安装一节流装置，当充满管道的流体流经节流装置时，由于管道截面突然变小，流体就会在此形成流束收缩，流体的平均速度加大，使动压增大，而静压减小，从而在节流装置前后形成静压差，即

$$\Delta p = p_1 - p_2 \tag{7.30}$$

式中，p_1 为流体流过节流装置前的静压，N/m^2；p_2 为流体流过节流装置后的静压，N/m^2。

静压差的大小 Δp 与流过管道的流体的体积流量 Q_V 之间的关系为

$$Q_V = k_1\sqrt{\Delta p} \tag{7.31}$$

式中，k_1 是流量系数，它和节流元件的形式、流动状态、流体密度等有关系。

由式(7.31)可看出，只要能测得节流装置前后的静压差 Δp，就可测得体积流量 Q_V。

节流式流量计具有结构简单、价格便宜、使用方便的优点，是工业生产中应用最多的一种测量流量的装置，几乎占到了 70%。但它也存在易受流体密度的影响、管道中有压力损失、只适用于清洁流体流量的测量等缺点。

7.6 温度测试技术

温度是表征物体表面冷热程度的物理量，是物体内部分子无规则剧烈运动程度的标志。物体的很多物理现象和化学性质都与温度有关。在导弹测试过程中，通常需要对流体的温度及测试环境温度等进行测试，另外液压系统中的液压油储箱的液位超限报警也采用了温度传感器。

7.6.1 温度测量的主要方法

温度测量的方法有很多种，按照感温元件是否与被测介质接触，温度测量方法可以分为接触式与非接触式两大类。

接触式测温的方法是使温度敏感元件与被测温度对象相接触，使其充分热交换，当热交换平衡时，温度敏感元件与被测温度对象的温度相等，测温传感器输出的大小即反映了被测介质温度的高低。

常用的接触式测温传感器主要有热膨胀式、热电偶式、热电阻式、热敏电阻式和温敏晶体管式等。这类传感器的优点是结构简单、工作可靠、测温精度高、稳定性好、价格低；缺点是有较大的滞后现象(原因是测温时要进行充分的热交换)，不便于运动物体的温度测量，被测对象的温度场易受传感器接触的影响，测温范围受敏感元件材料性质的限制等。

非接触式测温的方法是利用被测温度对象的热辐射能量随其温度的变化而变化的原理。通过测量与被测温度对象有一定距离处物体发出的热辐射强度来测得被测温度对象的温度。

常见的非接触式温度测量的传感器主要包括光电高温传感器、红外辐射温度传感器等。这类传感器的优点是不存在测量滞后和温度范围的限制，可测高温、腐蚀、有毒、运动物体的温度及固体、液体表面的温度，传感器本身不影响被测温度；缺点是受被测温度对象热辐射率的影响，测量精度低，使用中测量距离和中间介质对测量结果有影响等。

7.6.2 接触式温度测量

常见的接触式测温的温度传感器主要有将温度转化为非电量和将温度转化为电量两大类。转化为非电量的温度传感器主要有热膨胀式温度传感器，转化为电量的温度传感器主要有热电偶、热电阻、热敏电阻和集成温度传感器等。

1. 热电偶传感器

热电偶传感器利用的是材料的热电效应，是将温度变化转换为电势的变化。热电效应是指当两种不同材料的金属导体 A 和 B 组成闭合回路，且两个节点温度不同时，回路中将产生电动势的现象，也称为塞贝克效应。利用热电效应制成的将温度信号转换为电信号的器件称为热电偶。

在热电偶中，导体内的自由电子将从高温端向低温端扩散，并在温度较低端集聚起来，使导体内建立电场。当该电场内的电子的作用力与扩散相平衡时，扩散作用停止。此时形成的电场产生了电动势，该电动势称为温差电动势。

如果使一端(冷端)温度 T_0 固定，则对一定材料的热电偶，其总的电动势就只与温度 T 形成单值关系，如图 7-27 所示。

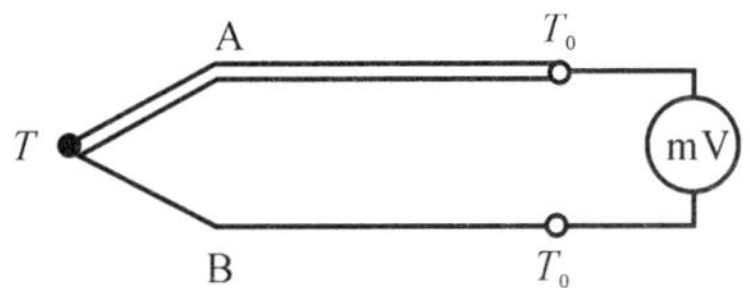

图 7-27　热电偶测量回路示意图

测量出回路总电动势 $E_{AB}(T,T_0)$，通过查热电偶分度表，再经计算可知温度 T，即热电偶将温度 T 信号转换成了总电动势。

2. 热电阻传感器

利用电阻随温度变化的特性制成的传感器称为热电阻传感器，主要用于对温度和与温度有关的参量进行检测。通常将热电阻按照所用材料不同分为金属热电阻和半导体热电阻，有时前者称为热电阻，后者称为热敏电阻。

金属热电阻是利用金属导体的电阻与温度成一定函数关系的特性而制成的感温元件。当被测温度发生变化时，导体的电阻随温度而变化，通过测量电阻值的变化而获得温度的变化。

热电阻材料主要有铂、铜、镍、铟、锰等金属，用得最多的是铂和铜。要求电阻温度系数(电阻温度系数是指温度每变化 1℃引起的电阻值的变化量)大，线性性能好，性能稳定，使用温度范围宽，加工容易等。

用铂做热电阻时，把铂电阻加工成直径为 0.02～0.07mm 的铂丝，按照一定规律绕在云母、石英或者陶瓷材料的支架上。铂丝绕组的端头与银线相焊接，套以陶瓷管加以绝缘保护。铂电阻是目前公认的制造热电阻的最好材料，它性能稳定，重复性好，测量精度高，其电阻值与温度之间近似成线性关系；缺点是电阻温度系数小(铂的电阻温度系数在 0～100℃之间的平均值为 0.39Ω/℃)，价格较高(铂是贵重金属)。铂电阻主要用于制成标准电阻温度计，其测量范围为－200～850℃。

当温度 t 为 0～850℃时

$$R_t = R_0(1 + At + Bt^2) \tag{7.32}$$

当温度 t 为－200～0℃时

$$R_t = R_0[1 + At + Bt^2 + Ct^3(t - 100)] \tag{7.33}$$

式(7.32)和式(7.33)中，R_t 为温度为 t℃时的电阻值；R_0 为温度为 0℃时的电阻值；A,B,C 均为常数，$A = 3.908\ 47 \times 10^{-3}\ \Omega/℃$，$B = -5.807 \times 10^{-7}\ \Omega/℃$，$C = -4.22 \times 10^{-12}\ \Omega/℃$。在工业上，标准铂热电阻的 R_0 值为 100Ω，46Ω 和 50Ω 等几种。

3. 集成温度传感器

由于晶体管 PN 的正向电压降都是以大约－2mV/℃的斜率随温度变化而变化，而且比较稳定，同时晶体管的基极-发射极电压与温度基本上成线性关系，故可利用这些特性来测量温度。

把测温晶体管的激励电路、放大电路等集成在一个小硅片上，就构成了集成温度传感器。与其他温度传感器相比较，它具有线性度高(非线性误差约为 0.5%)、精度高、体积小、响应快、价格低等优点；缺点是测温范围较窄，一般为－50～150℃。

图 7-28 为集成温度传感器的工作原理图。图中，VT_1 和 VT_2 为两个相互匹配的晶体管，I_1 和 I_2 分别是 VT_1 和 VT_2 的集电极电流，由恒流源提供。则 VT_1 和 VT_2 的发射极电压

差 ΔU 为

$$\Delta U = \frac{k}{q}\ln\left(\frac{I_1}{I_2}\gamma\right)T \tag{7.34}$$

式中，k 为玻尔兹曼常数，$k=1.380\ 650\ 5\times10^{-23}\,\text{J/K}$；$q$ 为电荷量；γ 为 VT_1 和 VT_2 发射极的面积之比；T 为绝对温度(K)。

对于确定的传感器，k，q，γ 均为常数。由式(7.34)可知，只要保证 I_1 和 I_2 的比值为常数，ΔU 与被测温度 T 就呈线性关系。这就是集成温度传感器的工作原理。在此基础上可以设计出不同的电路以及不同输出类型的集成温度测量装置。

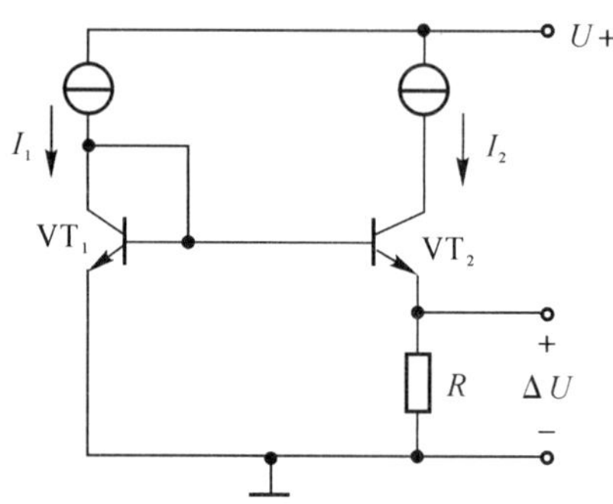

图 7-28　集成温度传感器的工作原理图

集成温度传感器按照其输出分为电压输出型和电流输出型两类，其中电流输出型应用比较广泛。

电流输出型集成温度传感器的测量电路如图 7-29 所示。VT_1 和 VT_2 为结构对称的两个晶体管，其集电极电流分别为 I_1 和 I_2，发射极电压 $U_{be1}=U_{be2}$，作为恒流源负载。VT_3 和 VT_4 是测温电路用的晶体管，其集电极电流 $I_1=I_2$，两发射极的面积之比为 γ。由式(7.34)可知，流过电阻 R 上的电流 I_R 为

$$I_R = I_1 = \Delta U/R = \frac{k}{qR}\ln\gamma\cdot T \tag{7.35}$$

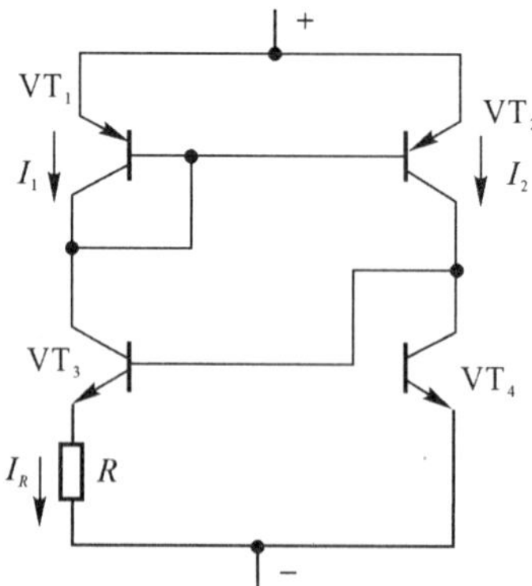

图 7-29　电流输出型集成温度传感器测量电路

式(7.35)中，只要 R 和 γ 一定，传感器电路的输出电流就与温度呈线性关系。通常流过传感器的输出电流应该限制在 1mA 左右，可通过调整电阻 R 的大小来实现。

典型的电流输出型集成温度传感器有美国 Analog Devices 公司生产的 AD590 系列及我国生产的 SG590 系列。它们的基本电路同图 7-29 是一样的，只是为了提高工作性能增加了一些启动电路和附加电路。

4. 采用集成温度传感器的液位报警电路

图 7-30 所示为某测试设备上用于检测航空液压储油箱的液位报警电路。它由两个 AD590 集成温度传感器、运算放大器及报警电路组成。传感器 B_2 设置在警戒液面的位置，传感器 B1 设置在外部，平时两个传感器在温度相同条件下，调节电位器 R_{P1} 使运算放大器输出为零。当液面升高时，传感器 B_2 将会被液面淹没，由于液体温度与环境温度不同，因此使运算放大器输出控制信号，经报警电路报警。

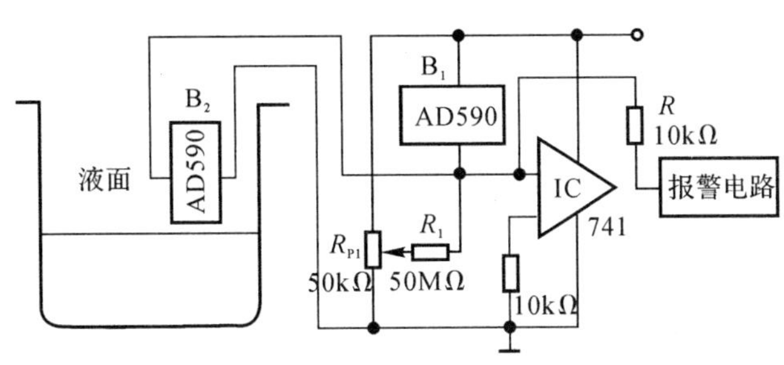

图 7-30　液位报警电路

7.6.3　非接触式温度测量

任何物体受热后都将有一部分热量转变成辐射能(热辐射)，温度越高，辐射到周围的能量也就越多，而且二者之间满足一定的函数关系式，通过测量物体辐射到周围的能量就可以测得物体的温度，这就是非接触式温度测量的测量原理。由于非接触式温度测量是利用了物体的热辐射，所以常常也称为辐射式温度测量。

非接触式温度测量系统一般由两部分组成：一是光学系统，用于瞄准被测物体，把被测物体的辐射集中到检测敏感原件上；二是检测元件，用于把汇聚的辐射能转换为电量信号。

非接触式温度传感器按传感器的输入量可分为辐射式温度传感器、亮度式温度传感器和光电比色式温度传感器。

1. 辐射式温度传感器

辐射式温度传感器分为全辐射式温度传感器和部分辐射式温度传感器。

(1)全辐射式温度传感器。全辐射式温度传感器是利用物体在全光谱范围内总辐射能量与温度的关系来测量温度的。由于是对全辐射波长进行测量，所以希望光学系统有较宽的光谱特性，而且热敏检测元件也采用没有光谱选择性的元件。全辐射式温度传感器测温系统结构图如图 7-31 所示。

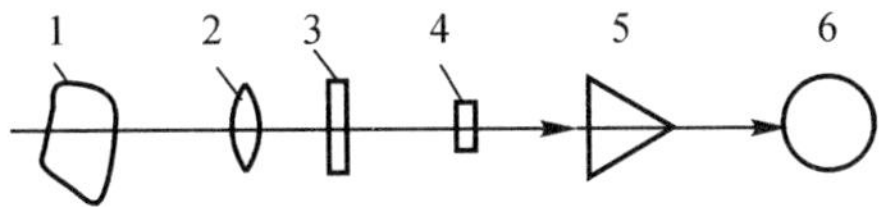

图 7-31　全辐射式温度传感器测温系统结构图

1—被测对象；2—透镜；3—热屏蔽器；4—热敏元件；5—放大电路；6—显示仪表

图 7-31 中，透镜 2 的作用是把被测对象 1 的辐射聚焦到热敏元件 4 上，热敏元件 4 受热而输出跟被测对象温度大小相关的信号。为了使热敏元件 4 只受到正面来的热辐射而不受其他方向上热辐射的影响，采用热屏蔽器 3 对其加以保护。

(2)部分热辐射式温度传感器。为了提高温度传感器的灵敏度，有时也可根据特殊测量要求，辐射式温度传感器的检测元件采用具有光谱选择性的元件。由于这些温度检测元件只能对部分光谱能量进行测量，而不能工作在全光谱范围内，所以称这类温度传感器为部分热辐射式温度传感器。常见的部分热辐射式温度传感器的检测元件主要有光电池、光敏电阻和红外探测元件等。

下面简单说明部分热辐射式温度传感器的工作原理。自然界中任何物体，只要温度在绝对温度以上，都会产生红外光向外辐射能量。所辐射能量的大小直接与物体的温度有关，可表示为

$$E = \sigma\varepsilon(T^4 - T_0^4) \tag{7.36}$$

式中，E 为物体在温度为 T 时，单位面积和单位时间的红外辐射量；σ 为斯蒂芬-玻尔兹曼常数，$\sigma = 5.67 \times 10^{-8}\ \mathrm{W/(m^2 \cdot K^4)}$；$\varepsilon$ 为物体的辐射率，指物体在一定温度下辐射的能量与同一温度下黑体辐射能量之比，黑体的辐射率为 1，其他物体的辐射率介于 0 到 1 之间；T 为物体的温度，K；T_0 为物体周围的环境温度。

通过测量 E，就可以测得物体的温度。

利用这个原理制成的温度测量仪叫红外温度传感器。这种测量不需要与被测对象接触，因此属于非接触式测量。红外温度测量仪可以在很宽的温度范围内测量温度，测温范围从 -50℃直至高于 3 000℃。在不同的温度范围内，被测对象发出的电磁波的波长是不同的，一般而言，温度越高，物体主要辐射的波长就越短。辐射的电磁波的波长和温度的具体关系可以用维恩位移定理来描述。在常温下，能量主要集中在中红外和远红外的波长范围。

红外温度传感器测温原理图如图 7-32 所示。

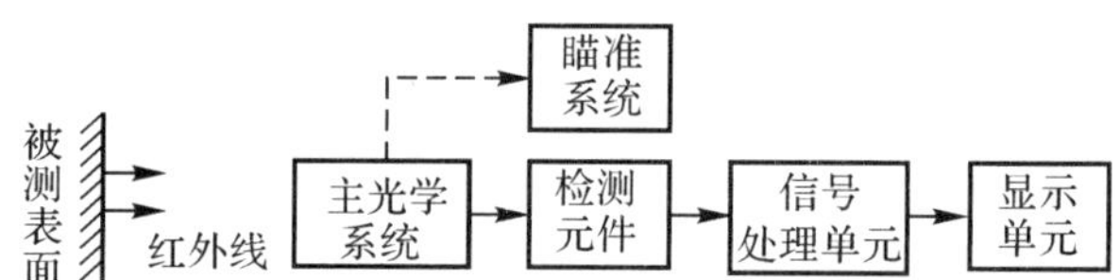

图 7-32　红外温度传感器测温原理图

在图 7-32 中，主光学系统有两个作用，一是把被测物体处的红外辐射汇聚(集中)到检测元件上，二是把进入仪表内的红外发射面积限制在固定的范围内。检测元件可采用光电式传感器，把红外辐射能量转换为电信号。信号处理单元把光电式传感器(检测元件)输出的信号经过放大、滤波、变换等处理变成人们需要和容易处理的模拟量或者数字量。显示单元把处理过的信号按照信号大小与温度的关系变成可阅读的数据或者曲线等。瞄准系统用于把光学系统对准被测对象的相应单元，有些情况下不需要瞄准系统。

可以看出，这种系统的测量原理类似于防空导弹上的红外导引头的跟踪测量系统或者红外引信的目标信号检测系统。

2. 亮度式温度传感器

亮度式温度传感器是利用物体的单色光辐射亮度 $L_{\lambda T}$ 随温度变化的原理，以被测对象光

谱的一个狭窄区域内的亮度与标准辐射体的亮度进行比较来测量温度的。由于实际物体的单色辐射发射系数 ε_λ 小于绝对黑体的单色辐射发射系数，即 $\varepsilon_\lambda < 1$，因而实际物体的单色辐射亮度 $L_{\lambda T}$ 小于绝对黑体的单色辐射亮度。实际物体的单色辐射亮度为

$$L_{\lambda T} = \varepsilon_{\lambda T} \frac{c_1 \lambda^{-5}}{\pi} \exp(-c_2/\lambda T) \tag{7.37}$$

式中，$\varepsilon_{\lambda T}$ 为在温度 T 时波长为 λ 的单色光的辐射系数；c_1 为第一辐射常数，$c_1 = 2\pi c^2 h = 4.992\,6\text{J}\cdot\text{m}$；$c_2$ 为第二辐射常数，$c_2 = chk = 0.014\,388\text{m}\cdot\text{K}$；$\lambda$ 为波长；c 为光速；h 为普朗克常数；k 为玻尔兹曼常数。

由式(7.37)可以看出，物体的单色辐射亮度 $L_{\lambda T}$ 与物体的被测温度 T(K)满足一一对应的函数关系，所以只要能测得被测物体的 $L_{\lambda T}$ 便能测得物体的被测温度 T(K)。亮度式温度传感器测温系统的结构原理图与图 7-32 相似。

温度传感器在防空导弹测试设备上主要用于对液压系统温度的测试、液压油储箱的液位超限报警、测试车的空调系统等。

第8章 防空导弹无线电遥测技术

遥测是指将一定距离外的被测对象的各种参数，经过现场采集和测量，通过传输媒介传送到接收设备进行解调、记录和处理的一种测量过程。

遥测技术是对相隔一定距离的对象的参量进行测量，并把测得的结果传送到接收地点进行分析处理的一种测量技术。能够完成整个遥测过程的系统称为遥测系统。

防空导弹在飞行过程中，逐步远离地面，弹上各设备的飞行状态、飞行参数等需要事后记录、分析、评定，这些均要用到遥测系统。本章对导弹在鉴定过程中的飞行试验和部队打靶训练过程中的遥测系统的组成、分类、工作原理以及相关的遥测技术等进行论述。

8.1 概　　述

8.1.1 遥测技术在防空导弹研制和使用中的作用

防空导弹在整个寿命周期内，从研制到定型历经若干次飞行试验，装备到部队后通过演习、打靶和作战也可能出现故障。通过防空导弹的遥测系统及其技术，可以为获取各类试验数据、判定故障、评定武器系统性能、改进武器设计和战术运用等提供重要依据。其具体作用概括起来有以下几方面。

(1)为获取地面试验和飞行试验数据提供依据。防空导弹武器系统是一个复杂系统，由弹体系统、动力系统、制导控制系统、引战系统和能源系统组成。在整个武器系统研制中，要对上述各分系统及其整个武器系统进行大量的试验，特别是在研制过程的飞行试验中，通过遥测系统可以获得大量宝贵的试验数据，这些数据往往是地面试验以及各类仿真试验无法获得的。通过这些逼近真实作战和完整的试验数据，可以为评定武器系统的性能和研制要求、评定生产武器系统的加工工艺水平、武器系统的作战运用、制定合理的使用维护方法等提供充分依据。

(2)为武器系统及导弹的设计改进提供依据。武器系统及导弹的研制过程也是一个不断改进完善的过程。尤其在研制设计的初期，常常由于设计不周，元器件质量，生产工艺等原因，出现各种各样的问题，许多问题通过数学仿真、地面试验等无法发现。通过飞行试验和遥测数据，就可以为改进设计、筛选元器件、改进生产工艺等提供第一手的数据支持。例如，在独立回路遥测弹飞行试验中，遥测系统的任务是获取在导弹规定的指令下，导弹的控制性能、机动性能等特征数据，诸如俯仰、偏航响应、舵偏角大小、机动过载以及控制电路输出，从而判断导弹控制系统设计的合理性。在闭合回路遥测弹飞行试验中，遥测系统的任务是获取有制导指令时导弹受控情况、遥测应答机系统与指令配合情况的数据。分析这些数据，可以了解导弹飞行动态特性和引信、安全执行机构工作的性能以及引信启动特性等。

(3)为获得导弹内外飞行环境提供数据。导弹飞行过程中，要受到震动、冲击、加速度、高温和低温等各种环境因素的考验。利用飞行试验的遥测数据，可以摸清导弹飞行过程中的各种环境变化规律。这些规律为导弹的环境适应性设计、验证导弹对环境变化的鲁棒性、评定试验方法等提供数据。

(4)在导弹演习打靶和训练过程中，为改进作战使用、作战流程与作战组织方式方法、维护体制与方法提供依据。研制导弹的最终目的是为了使用，武器系统的技术性能只有通过一定的作战训练环境才能得到最终的验证。导弹装备部队后，通过在演习打靶和训练过程中的遥测数据，能够为部队武器系统的阵地布置、发射时机的把握、导弹发射前技术状态的装订、平时维护保障、射击效果的评定等提供依据。遥测接收站通过数据通信联网方式，可以把接收到的原始数据或预处理数据传送到指挥室的屏幕上或其他数据处理终端。利用这些数据，现场就可以评判打靶的成败，也可以用文件形式或软盘形式把遥测数据交给分系统用户，以便了解弹上各设备在飞行中的工作状态。特别是在飞行中导弹出现故障，遥测数据就更重要了，因为从遥测数据的分析中可找出故障原因，确定故障部位，从而制定排除故障的措施，进而完成故障归零等工作。根据对遥测数据的处理与分析，为评定导弹的飞行状态、射击效果、故障判断等提供依据。

8.1.2　遥测系统的分类与组成

遥测系统由于使用场合及使用目的不同，种类较多，各种类间差异较大。习惯上，将遥测系统按照使用信道及多路复用方式进行分类。

按照信道划分，有无线电遥测系统和有线遥测系统；按照多路复用体制划分，有时分制(Time Division Multiplexing, TDM)遥测系统、频分复用制(Frequency Division Multiplexing, FDM)遥测系统、码分复用制(Code Division Multiplexing, CDM)遥测系统及码分加频分制遥测系统等。用于防空导弹的遥测系统采用的是无线电遥测系统。

时分制遥测系统是以时间作为分割信号的参量，即信号在时间位置上分开但占用的频带是重叠的，每路信息分配一个时间段，多路采样按照次序传送。时分制的调制方式可以是脉冲幅度调制(PAM)、脉位调制(PPM)或者脉冲编码调制(PCM)。目前在导弹和航天器上使用最多的是 PCM，其次是 PAM。本章重点阐述 PCM 遥测系统。

频分复用制遥测系统是以频率作为分割信号的参量，各路信号同时但以不同的频率传输，实现的基础是把各路信号调制到不同的副载波上。频分制的调制方式可以是 AM，FM 和 PM 三种方式中的任何一种。频分复用制常在传统的模拟通信中采用。

码分复用制遥测系统是用一组包含相互正交的码字的码组来区分各路信息。码分多址为每个用户分配了各自特定的地址码，利用物理信道同时同频传输多路信息。

按照传输信号类型的不同，无线电遥测系统可分为模拟式遥测系统和数字式遥测系统。模拟式遥测系统传输的信号为模拟信号，因此当遥测参数中有数字量信号时，不需要对其进行变换，仅将其视为模拟信号进行传输即可。数字式遥测系统是指被测信息经采样、量化和编码后传输的遥测系统。采样是使信号在时间上离散化；量化是使采样值在信号幅度上离散化；编码是将离散化的采样值用代码变换成便于传输的波形(即码型)，它为遥测系统的基带信号。从原始信源转换过来的数字信号没有经过调制，就直接在信道中传输了，称之为基带传输。而在大部分情况下,数字信号是需要进行调制的,需要数字调制传输系统。导弹及航天器上的遥测系统,目前采用基于调制的数字式遥测系统。

早期用于防空导弹的无线电遥测系统的频段主要在米波段和分米波段,随着遥测技术的发展,要求导弹遥测系统具有更大的数据容量、更高的测量精度和更远的作用距离,要求空载设备体积小、重量轻,要求地面接收设备适应能力和抗干扰能力强。与米波及分米波低频端比较,分米波段的高频段便于增加遥测信息传输带宽,外部噪声和干扰小,有利于提高地面接收灵敏度;地面接收天线波束窄,易于克服多径干扰。国际电信联盟及我国国军标规定的航天遥测的主要频段为1 435～1 535MHz,2 200～2 300MHz 和 2 310～2 390MHz。

8.1.3 遥测系统的关键技术

1.弹载遥测设备小型化技术

弹上遥测设备由于要安装在导弹上,要受到安装空间、设备重量、体积及功耗的限制,因此需要弹载遥测设备小型化。采用微电子机械系统(MEMS)、射频微机电器件、可编程逻辑器件、软件无线电、可重组等技术可提高弹载设备的小型化程度。可以在不改变硬件配置的情况下,采用可靠性高的软件实现相关性能,优化设计等,可进一步提高弹载设备的小型化率。

弹载遥测天线采用与弹体共型的微带天线和振子天线等,也是提高弹载遥测设备小型化的手段之一。

2.传感器技术

在遥测系统中,为了将遥测参数传送到距离很远的接收系统中,需要解决两个问题,即如何获取这些参数信息,如何将它们变换成满足数据采集和传输系统要求的形式,这就是传感器和信号变换器所要完成的任务。其中传感器把非电量变为电量,信号变换器则将电量信号变换到数据采集器所要求的电平范围(军用标准接口电压 0～5V)之内。

由于传感器和信号变换器作为遥测系统的第一个环节,用以完成信息的获取以及变换功能,所以它们在遥测中起着非常重要的作用。目前,防空导弹遥测领域的非电量传感器主要包括力学传感器、温度传感器、角度传感器、角速度传感器、攻角(侧滑角)传感器、加速度传感器和扭矩传感器等。这些传感器用来测量机械力、温度、运动体的角速度、加速度及舵的扭矩等物理量。常用的力学传感器有金属应变式、压电式和半导体压阻式,温度传感器常用的有热电偶式、热敏电阻式、P-N结型,角速度传感器采用压电式,加速度传感器采用电容式或压电式及压阻式等。这些传感器中,属于结构式传感器的,一般体积较大;属于物性传感器的,一般体积虽小但信号调节器很大。因此,小型防空导弹结构式传感器和信号调节器(含物性传感器用信号调节器在内)都无法满足发展的需要。所以,传感器必须逐渐从结构型转向物性型,信号调节器必须逐渐从分立元件和中规模集成电路过渡到混合集成或者一次集成器件。

物性型传感器中尤以半导体传感器最受重视,因为半导体传感器的输出信号、阻抗等性能与广泛使用的集成电路易于匹配。在半导体传感器中又以硅材料的传感器为最好,这种传感器易于集成,容易实现传感器及相应信号调节器的微型化和多功能化。同时,随着集成度的提高,硅材料传感器的成本将大幅度下降,可靠性也将有较大提高,并可使性能达到稳定,检测功能得到加强,而利用集成电路工艺,可以把传感器与微处理器集成在一块芯片上,形成传感器与微处理器一体化,可以说,这是未来传感器发展的一个极其重要的方向。

集成化传感器包括传感器本身的集成化和与之相应配套的信号调节器的集成。

另外，随着微机械加工技术、微电子技术、计算机技术和网络技术的发展，出现了新型传感器和传感器系统。它们主要包括微型传感器、智能传感器和网络传感器等。智能传感器是一种带有微处理器的，兼有检测、信息处理、逻辑判断、自诊断等功能的传感器。这些智能传感器也越来越多地应用到了无线电遥测系统中。

3.通信传输技术

防空导弹遥测过去采用频分制（调频/调频，FM/FM）和以脉冲幅度调制（PAM）的时分制最多。但随着大规模集成电路和计算机技术的高速发展，通信领域日趋数字化，数字通信的大部分成果都将应用于无线电遥测领域中，如传输体制、纠错编码、通信保密、分集接收、数据处理、模块硬件以及电子对抗等各种技术的发展，都将对遥测技术产生直接的影响。全数字化的可编程 PCM－FM（脉冲编码调制-调频）体制是无线电遥测领域内目前广泛采用的一种编码体制。其突出优点是频谱利用率高，抗干扰性强，准确度高，易于加密，记忆重发，数据压缩，直接与计算机接口匹配。

随着数字调制技术的不断发展，新的体制不断涌现，如 BPSK（二进制相移键控）、OQPSK（偏移正交相移键控）、MSK（最小频移键控）、FQPSK（Feher 正交相移键控）等。其中 FQPSK 体制的频谱效率达到了 PCM－FM 体制的 2 倍。

提高遥测信道容量、信息速率与频段，合理设计信道带宽是遥测发展的又一个重要方面。防空导弹遥测的码速率可由几十 kb/s 提高并基本稳定在几 Mb/s 量级。在射频的现行 P 波段的基础上增加国际标准的 S 波段已成为当务之急，考虑到靶场遥测的综合利用与防空导弹遥控应答机使用的波段共享，逐步开发 Ku 和 Ka 频段的遥测系统。

相应的遥测设备硬件及器件正向高速率、微型化、低功耗、高可靠与长寿命发展。高速电路将进一步固态化、模块化和专用化，如数字锁相环、多路复用装置、高速 A/D 模块，都将陆续获得应用。砷化钾器件与单片微波集成技术的日趋发展，为微波领域提供了高性能、小体积与低成本的前景。在筒式发射的小型导弹上加装遥测天线，采用了微带印制天线、S 形折叠天线与矩形短路天线等。

根据防空导弹速度快、加速度变化大、机动性高和窄波束跟踪容易丢掉目标等特点，一般采用宽波束接收方式，由此又出现了多路径效应问题，它使传输产生衰落。为了改善性能，逐步采用了分集接收技术。分集接收技术是为了克服在宽波束复杂环境中，接收信号幅度出现随机起伏变化，形成多径衰落的现象而采用的一种通信技术，它可以大大提高接收灵敏度。

防空导弹攻击目标时，需要多发导弹齐射，攻击一个目标，或者攻击多个目标，因而需要遥测站同时接收、记录及处理多发导弹遥测信号。所以，多数据流的遥测接收处理也是遥测技术需要解决的问题。

随着计算机应用与射频新频段的开发，防空导弹的无线电电子系统要求综合设计与综合利用，靶场的遥测、遥控和雷测等地面设备都要实现信道兼容、高频接收前端兼容或天线系统兼容，这才能更有效地利用频带、节省经费，提高靶场设备利用率。

4.卫星导航系统的应用技术

如果将 GPS、北斗等卫星导航系统安装在导弹上，就可以实时测量导弹的位置、速度、加速度等信息，改变以往的光学和雷达测量手段。特别是采用卫星导航系统进行导弹的外弹道测量，与传统方法相比，具有精度高、全天候和费用低等优点。目前，常用的方案有弹上接收机方案、弹上转发器方案和弹上差分方案三种。这三种方案适用于不同场合，各有特点。弹上接收机方案能在弹上完成时间和定位数据的解算。对弹上转发器方案而言，弹上设备仅仅完成了射频的变换和转发，时间和定位数据的解算要靠地面设备完成。弹上差分方案是在弹上接收机方案的基础上又加进了用地面基准站位置数据对弹上实时解算的定位数据进行修正的功能。

在靶场测量中，应用较多的方案是采用弹上卫星导航接收机，地面布基准站进行差分修正，以提高其定位和测速精度。

无线电遥测系统主要由遥测发送系统、遥测接收系统、信息传输系统及遥测数据处理四部分组成。以下就部分内容进行论述。

8.2 遥测发送系统

遥测发送系统是防空导弹弹载遥测系统的分系统，在空间上占据导弹战斗部的全部或者部分位置，构成遥测舱。遥测舱由舱体和电子部件组成。其中的电子部件用于采集、变换、调理、编码和发射被测的模拟信号。系统组成包括传感器、信号调理装置、多路复用器、信源编码、信道编码、发射机、发射天线、电源及电气网络等。

对于采集的数字信号，需要经过数字信号接收电路。该电路主要任务是在时序控制下把采集的数字信号插入到帧格式的固定位置。数字信号的输入速率往往与遥测帧速率不同步。对于遥测帧数据而言，数字信号为异步嵌入数据，在帧格式中一般占据固定位置，而遥测帧要求严格遵守既定格式同步输出。数字信号接收电路中就需要采用缓存的方式解决数字信号的异步输入问题，然后在时序控制下插入到帧格式的固定位置。

本节以脉冲编码调制(PCM)遥测系统为例来说明遥测发送系统的组成及工作原理。PCM 系统采用的是时分标准遥测体制，它是在时分制 PAM 模拟系统的基础上发展起来的。其遥测发送系统组成原理如图 8-1 所示。

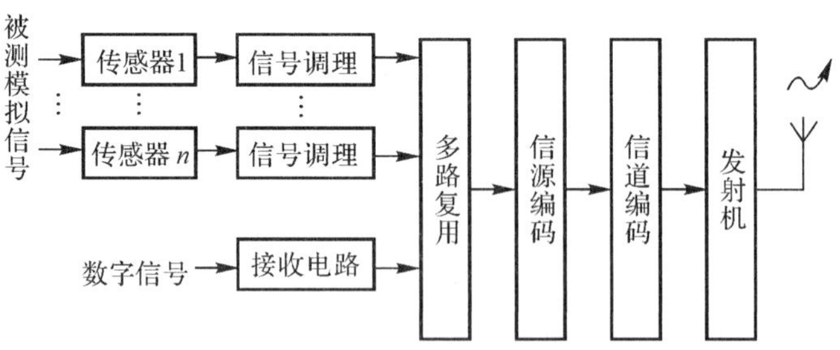

图 8-1 PCM 遥测发送系统组成原理图

8.2.1 遥测传感器

遥测传感器主要用于测量导弹的各类物理参数。在遥测发送系统中，每个被测对象都需要测量多个参数，这些参数可能是温度、压力、加速度、速度和振动量等物理量。这些物理量需要各类不同传感器转换为电量。

1. 温度传感器

温度传感器多用于测量弹头的温度、弹体表面温度、发动机温度和弹舱内温度等。

温度传感器采用热敏元件，在 1 000℃以下多选用金属热电偶，如 K，E，N，T，J 型热电偶；在 1 000℃以上，多选用 S，B 型铂系的贵金属热电偶。

常用的几种热电偶的特点及测温范围见表 8－1。

表 8－1　常用的几种热电偶的特点及测温范围

种类	适用范围	测温范围/℃	热电势	特点
K 型	高温	－200～＋1 200	－5.98mV(－200℃) ＋48.828mV(＋1 200℃)	多用于工业，线性度好
E 型	中温	－200～＋800	－8.82mV(－200℃) ＋61.02mV(＋800℃)	热电势大
J 型	中温	－200～＋750	－7.98mV(－200℃) ＋42.28mV(＋750℃)	热电势大
T 型	低温	－200～＋350	－5.603mV(－200℃) ＋17.816mV(＋350℃)	适用于－200～＋100℃

在遥测系统中常用的热电阻主要采用铂和铜电阻。铂电阻常用的测温范围为－200～560℃。铜电阻常用的测温范围为－50～120℃，在此范围内，铜电阻的电阻值与温度成线性关系。铂电阻性能稳定、测量准确、组件互换性好，这使得它在低温、中温区获得广泛应用。在常温下，也多采用铂电阻代替铜电阻。

热敏电阻是另一种常用的电阻器，具有体积小、响应快、灵敏度高等特点。它的测温范围在－50～150℃。其由于非线性大、互换性差，多应用于民用电器行业。三种热电阻的使用温度范围和特点见表 8－2。

表 8－2　三种热电阻的使用温度范围和特点

种类	长期使用 温度范围/℃	最大使用 温度范围/℃	特　点
铜电阻	－50～＋120	－50～＋150	测温范围小，电阻率较低，体积较大，热惯性大
铂电阻	－200～＋500	－200～＋850	性能稳定，准确度高，互换性好，适用低、中温区
热敏电阻	－100～＋250	－100～＋300	体积小，响应快，灵敏度高，非线性大，互换性差

2. 压力传感器

压力传感器在弹载遥测系统中多用于测量各种贮箱、管道、发动机燃烧室及环境的压力等。

按照所测压力性质的不同，压力传感器可分为多种，具体见表 8－3。

按照变换原理，压力传感器又可分为电阻应变式、电位计式、压阻式、电感式、电容式和压电式等等。

一般在使用压力传感器时，应使被测参数处于测试量程的 80%～90%为宜，这样可以保证压力传感器工作在安全区，并使得传感器的精度、线性和分辨率最佳。

表 8-3 压力传感器分类表

种 类	说 明
绝对压力传感器	测量绝对压力用的传感器。在这种压力传感器中，压力敏感组件的一侧应是真空腔
压差传感器	测量两个相关压力间压差的传感器。两个被测压力分别通至压力敏感组件的两侧
表压传感器	测量表压用的传感器。压力敏感组件一侧与周围大气相通
负压传感器	测量负压用的传感器，又称真空传感器
空速传感器	测量气流的动压来确定飞行器相对周围大气速度
气压高度传感器	测量大气静压来确定气压高度以间接确定飞行器飞行高度
马赫数传感器	测量气流的动压、静压来确定马赫数

3. 加速度传感器

加速度传感器用于测量弹体过载和振动。加速度传感器基本可分为压电式、压阻式和电容式三种。

在防空导弹遥测系统中常选用电容型 MEMS(微机电系统)加速度传感器进行过载测量。MEMS 加速度传感器是由微机械加工技术制造的单片加速度传感器，它在硅片上安装有微型机械弹簧，通过检测该弹簧的位移而测试出物体的加速度。其原理结构图如图 8-2 所示。

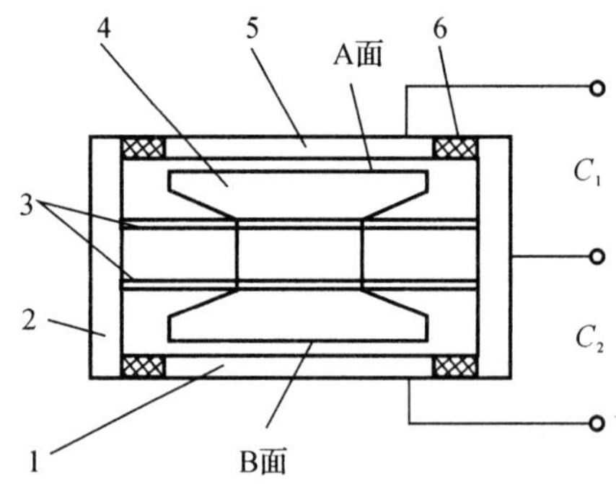

图 8-2 MEMS 加速度传感器原理结构图

1，5—固定极板；2—壳体；3—弹簧片；4—质量块；6—绝缘体

在遥测系统中，常用压电式传感器测量振动。它分为电荷输出型和电压输出型两种。电荷输出型压电传感器的灵敏度是外接电缆长度的函数，电缆的形状也会对其输出造成影响，使得标定值具有不确定性，对振动测量带来不便。电压输出型压电传感器是把电荷放大器集成到传感器内部，从而完成初步的信号调理。它的输出阻抗低，信号强，对电缆和接头带来的干扰不敏感，有利于信号的进一步传输和调整。

压电式传感器对振动信号的调节原理如图 8-3 所示。

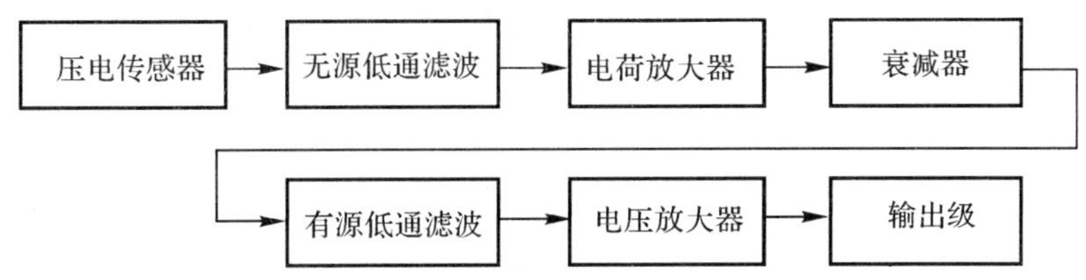

图 8-3　压电式传感器对振动信号调节原理图

8.2.2　模拟信号调理

传感器输出的信号大部分为模拟信号，需要进行变换、放大、滤波、整形等加工处理，以便消除无用量，增强有用信号，或者将信号变成更加便于后续利用的形式，提取需要的特征，从而准确获得有用信息。如果被测对象输出量本身是电信号，就不需要传感器。

若传感器输出的是数字信号，则需要采用数字接口总线。一般有通用和专用数字接口总线。通用数字接口总线包括 RS232，RS485，RS422 等；专用数字接口总线在特定型号的传感器或者项目中采用。

被测量的信号检出后，不可避免地含有噪声、干扰等，这会直接影响测试系统对被测量的分析判断，另外，检出信号的幅度、频率等往往过小或者过大，信号形式也不便于加工、分析、判断，因此需要对信号进行处理，具体需要完成以下工作。

1. 幅值调节

信号调理电路需要将输入信号的幅值调节到归一化电平，以适应后续采编器的输入要求。采编器采集电路所要求的归一化电压范围一般为 0～+5V，0～+10V 或者 -5～+5V。

当输入信号幅值超过归一化电压时，需要对信号幅值进行压缩，反之则需要放大。

幅值压缩电路如图 8-4(a)所示。电路中

$$V_o = \frac{R_2}{R_1 + R_2} V_i \tag{8.1}$$

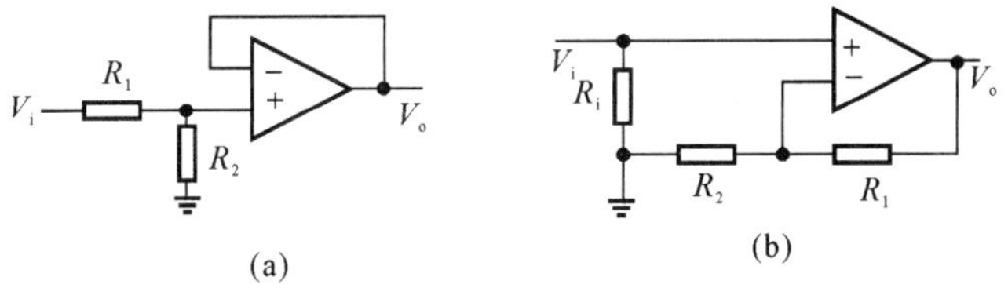

(a)　(b)

图 8-4　幅值调节电路

(a)幅值压缩电路；(b)同相放大电路

考虑到电路对输入阻抗的要求，一般 R_1，R_2 满足 $100\text{k}\Omega < R_1 + R_2 < 200\text{k}\Omega$。电路中的跟随器起阻抗变换作用。

对信号幅值放大可以采用同相或者反相放大器。图 8-4(b)所示为同相放大电路。电路中

$$V_o = \left(1 + \frac{R_1}{R_2}\right) V_i \tag{8.2}$$

在图 8-4 中，为了避免输入开路造成放大器饱和，输入端与信号地之间并接电阻 R_i。R_i 的取值范围在 100～200kΩ 之间。

2. 阻抗变换

信号调理电路是传感器检出信号与遥测舱之间的桥梁，既要满足对输入阻抗的要求，也要满足输出阻抗的要求。一般要求的输入阻抗小于 100kΩ，输出阻抗不大于 3kΩ 或者更小。阻抗变换可采用图 8-5 所示的电路。

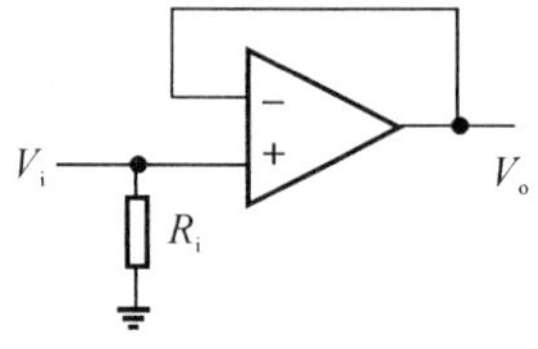

图 8-5　阻抗变换电路

3. 信号频带调节

传感器输出的信号经过调理后要送给后续的采编器，因此，要对进入采编器的信号的频率作一限制，完成频率变换。频率变换一般采用非线性器件和滤波器等来完成。

4. 信号隔离

传感器检出信号输送到采编器前，使用隔离放大器、光或电容耦合等方法避免传感器与采编器之间直接的电连接。一方面是从安全的角度考虑，另一方面也可使从传感器检出的信号不受地电位和输出模式的影响。如果不进行隔离，则有可能形成接地回路，引起误差。

隔离放大器利用电磁耦合实现隔离，具有精度高、线性好等特点，但成本较高，体积较大。光耦隔离电路可以实现遥测舱和测试信号的电隔离。根据测量要求，光耦隔离电路有标准光藕隔离电路和集成线性光耦隔离电路两种形式。

8.2.3　多路复用

为了提高传输效率，在遥测发送系统中，在发送端需要将多路遥测信号按照预定遥测帧格式编码形成适合用单一信道传送的信号。

多路复用是为了使得测量的多个信号能够为后续的电路进行处理和传送。多路遥测信号经过多路模拟开关(MUX)，在时序逻辑控制下分时选通一路信号输出到 A/D 转换器，实现多路分时复用。

集成的 MUX 有 2 选 1、4 选 1、16 选 1 等多种形式，可以组合设计，构成所需的多路传输门。

MUX 地址控制常采用查表方法。具体步骤为：按照各通道的先后顺序依次在存储器内填入对应的 MUX 切换地址。这样，在每个字时钟的同步控制下，存储器输出的数据就是 MUX 控制的地址。由于存储器读出数据的时间很短，因此利用这种控制方法可以实现高速率采样。

8.2.4　信源编码

在数字通信系统中，信息源的输出可以是模拟基带信号，也可以是数字基带信号。信源编码有两个主要任务：第一，若信息源输出的是模拟基带信号，则信源编码将包括模/数转换功能，即把模拟基带信号转换为数字基带信号；第二，实现压缩编码，减小数字基带信号的冗余度，以提高其传输速率。

信源编码是为了提高通信有效性而对信源信号进行的变换，也就是为了减小信源信号中冗余而进行的信源符号变换，即对信源信息进行优化。

信源编码的主要任务就是把信源的离散符号变成数字代码，并尽量减少信源的冗余度，以提高通信的有效性，其核心内容是数据压缩。信道的带宽是有限的，人们当然希望在有限的带宽内传输更多有效的信息。如果信源编码没有做好，就会导致通信系统的有效性不高。但是关于信源冗余度的去除，也是有限度的，要根据需要的质量要求来去除信源中的冗余或次要的消息。

脉冲编码调制是遥测系统中常用的编码方式之一。在遥测数字通信系统中，信源和信宿大多是模拟信号，而信道中传输的却是数字信号。可见在遥测发送系统中必须要有一个将模拟信号变成数字信号的过程，同时在遥测接收系统中也要有一个把数字信号还原成模拟信号的过程。通常把这两个过程描述为 A/D 转换和 D/A 转换，其编码的主要过程为抽样、量化和编码。

抽样是指首先将传感器检出的模拟信号每隔一定时间进行抽样，使其离散化，这一过程由 A/D 转换完成。A/D 转换器是实现遥测数据的量化和编码的主要器件，决定了模拟量转换精度和速度。A/D 转换器有积分型、逐次逼近型、并行比较型/串行比较型、Σ－Δ 型等。积分型的集成芯片如 TLC7135，其工作原理是将输入电压转换成时间（脉冲宽度信号）或频率（脉冲频率），然后由定时器/计数器获取数字值。其优点是用简单电路就能获取高分辨率，缺点是转换速率低。早期的 A/D 转换器大多为积分型，现在逐次逼近型成为主流，它具有功耗低、分辨率高等优点，采样速率适中。

量化过程是指对离散化的信号进行四舍五入，得到归整的量化取值。在数学上，量化就是把一个连续函数的无限个数值的集合映射为一个离散函数的有限个数值的集合，通常采用“四舍五入”的原则进行数值量化。量化间隔越小，其量化噪声就越小。但若量化过细，会导致设备复杂性增加，可靠性下降。

编码就是用一些符号取代另一些符号的过程，在遥测系统中，就是用二进制的编码信号来表示十进制量化后信号的过程。

编码时要选择适合的码型。码型是指码元序列的格式。数字基带信号的码型种类繁多，各种码型的频谱、编码效率、抗噪声特性等各不相同，影响着传输信息的各种传输特性。因此，为了在传输信道中获得良好的传输特性，一般要将信源信号变换为适宜的传输码型（也叫线路码）。

8.2.5　信道编码

信道编码（又称为纠错编码）的目的是为了改善数字通信系统的传输质量，提高信号传输的可靠性。

数字通信系统的编码技术可以分为信源编码和信道编码两类，前面介绍的 PCM 编码是属于信源编码。信道编码是指为了克服信道中的噪声和干扰，发送端根据一定的规律在发送的信息码元中人为地加入一些必要的监督码元，接收端能够利用这些监督码元和信息码元的监督规律，发现并纠正误码，从而降低信息码元传输的误码串，保证通信系统的可靠性的技术。

信道编码的目的是试图以最少的监督码元为代价，在满足系统有效性前提下，尽可能提高数字通信系统的可靠性，即进行传输的差错控制。

对于差错控制编码而言，不同的编码方法有不同的检错或纠错能力。有的编码方法只能检错，不能纠错。所谓检错，即检测到有错码，是指在一组接收到的码元中知道有一个或一些错码,但是并不知道错码应该如何纠正。所谓纠错,即纠正错码,是指在一组接收到的码元中不仅知道有一个或一些错码,而且还能够纠正错码。在二进制系统中,若能发现有错码,但是不知道哪个码错了,这就是检错;若还能知道是哪个码错了,就可以纠错,只需要把错码“0”改为“1”或者将错码“1”改为“0”就可以了。由此可见,检错码不一定能纠错,而纠错码则一定能检错。一般说来,增加的监督码元越多,纠检错的能力就越强。从理论上讲,差错控制是以降低信息传输速率为代价来提高信息传输可靠性的。

根据信息码元和监督码元之间的函数关系,纠错编码可以分为线性码和非线性码两类。如果函数关系是线性的,即满足一组线性方程式,则称为线性码,反之称为非线性码。根据信息码元和监督码元之间的约束方式,纠错编码可以分为分组码和卷积码两类。分组码中的监督码元仅与本组的信息码元有关,而卷积码中的监督码元不仅与本组的信息码元有关,而且还与前面若干组的信息码元有关。根据差错控制编码功能,纠错编码可以分为检错码和纠错码两类。检错码以检错为目的,不一定能纠错;而纠错码以纠错为目的,一定能检错。通常将监督码元数与信息码元数之比称为冗余度,冗余度越高,纠错编码的纠错检错能力就越强。

在导弹和航天器遥测系统中,最广泛使用的是卷积码——维特比译码。卷积码在编码过程中,将一个码组中 r 个监督码与信息码元的相关性从本组码组扩展到以前若干段时刻的码组,在译码时,不仅可以从此时刻收到的码组中提取译码信息,还可以从监督码相关的各码组中提取有用的译码信息。

8.2.6 遥测发射机

遥测发射机主要完成遥测视频信号对载频的调制和功率放大。导弹遥测发射机按照工作方式可分为移频式、锁相式和声表面波式。这三类遥测发射机的性能特点见表 8-4。

表 8-4 遥测发射机的性能特点

特性	移频式发射机	锁相式发射机	声表面波式发射机
频率稳定度	一般	高	较高
带宽	受限	宽	受限
低频响应	直流	受限	直流
频谱纯度	较差	好	好
电路形式	复杂	简单	极难
体积、重量	较小	小	小

遥测发射机按照调制体制分为调频、调相和二相相移键控等几种类型。各类发射机都可以实现直接或者间接调频。

遥测发射机一般由输入信号调整电路、调制电路、信号处理和功率放大等部分组成,其原理如图 8-6 所示。

遥测发射机中,输入信号经过输入调整电路再次完成信号调理,进入调制电路。在导弹遥测系统中,一般采用调频式,调制电路主要完成调频。在信号处理电路中完成混频、滤波、倍频等,对其功率进一步放大,最后完成载频信号的输出。

遥测发射机的主要性能参数包括工作频率、调制特性、输出功率、供电电压、输出杂波和谐波抑制度等。

对于导弹遥测发射机，供电电压一般为 27V，输出功率一般小于 5W。

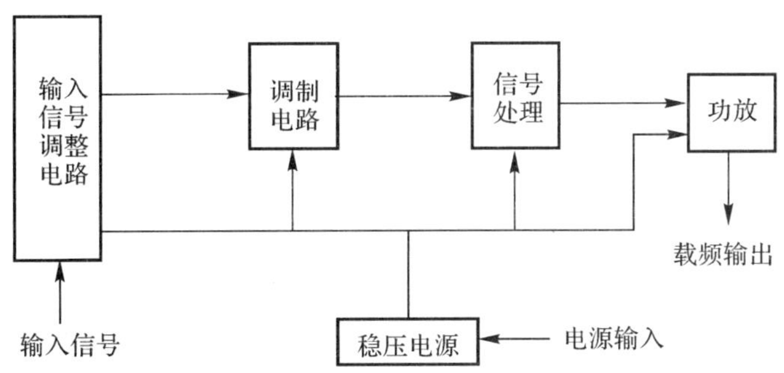

图 8-6 遥测发射机原理图

8.2.7 发射天线

遥测发射天线的作用是按照遥测系统要求的辐射特性将功率能量辐射出去。通常要求遥测天线的辐射方向图近似全向，天线采用线极化方式，这样有利于地面遥测站的接收。在某些特殊情况下，也采用定向天线和其他极化方式。

遥测发射机所用天线的形式有多种，最常用的有外伸振子天线和微带天线等。具体采用何种形式的天线要根据遥测发射机对其性能的要求、导弹外形、导弹壳体结构特点、飞行环境及天线允许安装的位置等综合考虑。

微带天线具有剖面低、质量小、成本低、加工容易等优点。单元天线具有很宽的波束，如果组成天线阵，可获得所需的波束和天线方向图指向。适当安排馈点的位置，可以得到与馈线的良好匹配性能和所需要的极化方式。微带天线很容易与载体形成共形，这是在弹载遥测系统中的一大突出优点，很适合在导弹及其他飞行器上使用。但微带天线频带窄，效率低，功率容量比振子天线和槽缝天线小。

图 8-7 为一四单元并联馈电的微带天线阵的印制板图。它采用两路两级功率分配器将输入功率分配到各个单元，最终用微带多节阻抗变换器与 50Ω 连接器匹配。上述元器件可以与天线集成在一块微波介质材料上，环绕在弹体表面。

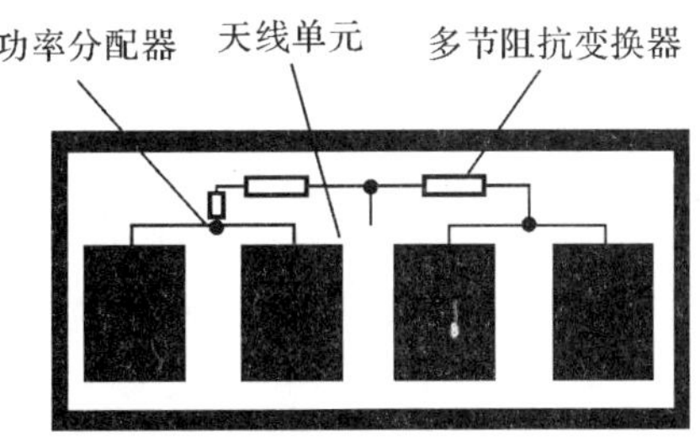

图 8-7 微带天线阵的印制板图

平板微带天线受地面影响，其有效辐射范围往往只限于半球空间，而共形微带天线阵与弹体共形后，由于微带天线各单元激励振幅和相位相同，因此可形成全向辐射天线。

8.2.8 发射机

防空导弹遥测系统中常用的发射机有锁相式、移频式和声表面波式三种，使用较多的是前两种。三种发射机的性能比较见表 8-5。

表 8-5 三种发射机的性能比较

特性	移频式发射机	锁相式发射机	声表面波式发射机
频率稳定度	一般	高	较高
带宽	受限	宽	受限
低频响应	直流	受限	直流
频谱纯度	较差	好	好
电路形式	复杂	简单	较简单
载波频率调整	困难	容易	极难
体积、重量	较小	小	小

根据调制信号对锁相环调制方式的不同，锁相式发射机可分为单点调频锁相发射机和两点调频锁相发射机。单点调频锁相发射机中的调制信号只对压控振荡器（VCO）进行调制，而两点调频锁相发射机中调制信号同时对压控振荡器和晶体参考源调制。

两点调频锁相发射机中调频过于烦琐，且不易实现，因此在实际使用中单点调频发射机应用最多。

单点调频锁相发射机的原理图如图 8-8 所示。

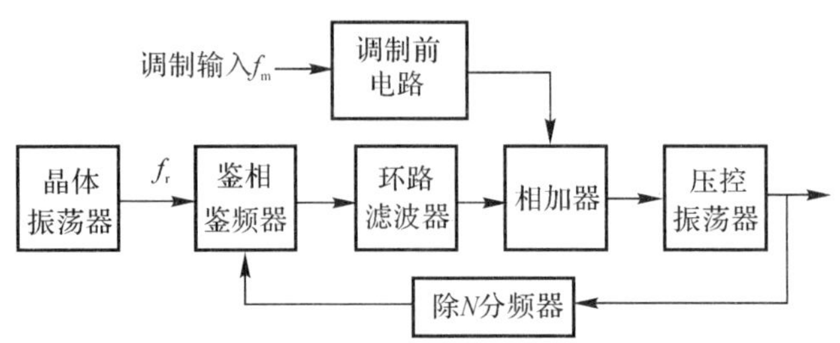

图 8-8 单点调频锁相发射机的原理图

在单点调频锁相发射机中，PCM 调制信号首先经过调制前电路，然后与环路的误差电压相加，共同控制压控振荡器。由于环路带宽低于调制频谱的下限，因此调制信号不参与环路的反馈，误差电压使压控振荡器仍然锁定在中心频率上。

移频式发射机是将晶体振荡器的高稳定性同 LC 振荡器的调制特性结合起来，其原理图如图 8-9 所示。

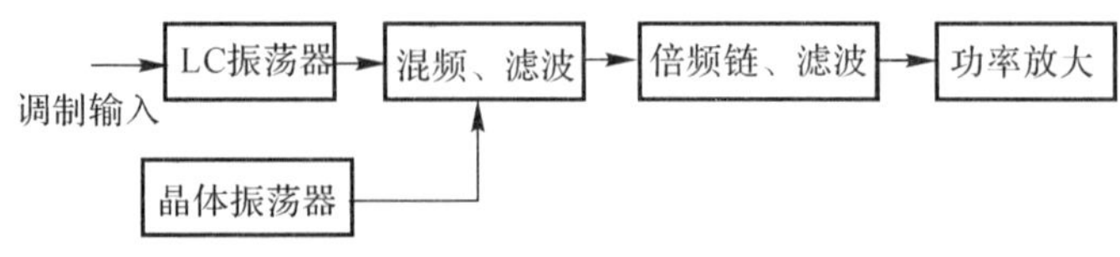

图 8-9 移频式发射机的原理图

在移频式发射机中，晶体振荡器分为串联谐振和并联谐振两种。整个发射机电路可以分为 LC 振荡器、晶体振荡器、变频器（混频与滤波器）、倍频器、功率放大五个功能模块。调制信号对一较低频率的 LC 振荡器进行调制后与一高稳定的参考信号（晶体振荡器）相混频，再用带通滤波器取出和频或差频信号，该信号经倍频后达到所需的载频，最后经放大器放大输出。

8.3　遥测接收系统

8.3.1　概述

1. 功能与组成

遥测接收系统的主要功能是跟踪接收导弹发送的遥测射频信号，经接收机进行放大、变换和解调，输出遥测视频信号。

遥测接收系统按照功能由六大分系统部分组成，其组成原理如图 8－10 所示。

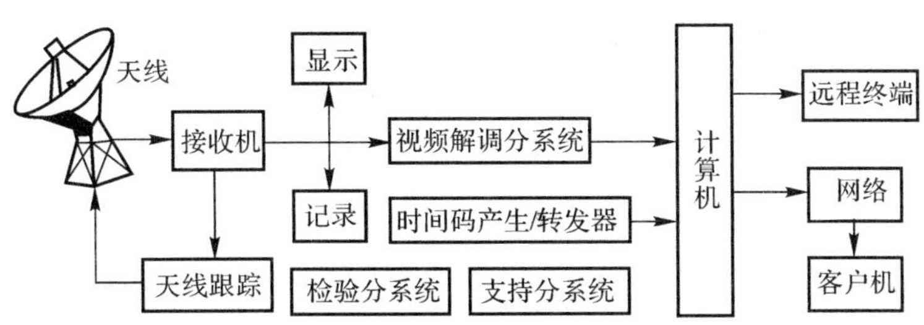

图 8－10　导弹遥测接收系统组成原理图

跟踪与接收分系统包括接收天线及馈源、天线控制与跟踪装置、接收机、控制台与跟踪控制计算机等。视频解调分系统包括 PCM 位同步器、PCM 解调器等。数据处理分系统包括计算机、数据处理软件、网络交换机和远程终端。时基和记录分系统包括时间码产生/转发器、记录设备和显示器。检验分系统包括模拟信号发生器、信标机和 PCM 模拟器等。支持分系统包括电源、信号 I/O 接口、通信传输设备和车厢等。

2. 特点

防空导弹遥测接收系统有以下特点：

（1）可靠性高。在导弹试验时，遥测数据是评定导弹性能、进行故障分析和改进设计的重要依据。导弹飞行是一个不可逆过程，飞行时间短，遥测系统必须确保可靠接收和处理数据。

（2）配置灵活。防空导弹制导系统类型多样，对遥测接收系统的要求也千差万别。无线电制导和复合制导的导弹遥测数据的类型多，数据结构多样；引信工作时间短，参数变化快，脉冲窄；红外图像制导的导弹要求数据传输速率高。遥测系统是一个通用平台，要求其尽量做到通用性、可扩展性。

（3）机动性强。防空导弹研制各个阶段以及装备到部队后要进行大量的单元试验、系统试验和演习打靶，无论是外场试验、地面发射试验还是打靶，都会有遥测系统参与。各种试验和打靶环境千差万别，对接收系统的要求及工作条件有所不同。例如，地面发射中的目标低空超低空飞行试验，由于地海杂波和多径效应，接收系统接收困难。打靶中，导弹飞行距离远，接收系统工作环境恶劣，需要独立布站。要求遥测接收系统能适应各种环境，能够机动灵活，以不同配置来适应不同的应用要求和环境。

8.3.2 主要部分工作原理

1. 跟踪与接收分系统

跟踪与接收分系统的主要功用:①当目标进入视线范围内时,接收天线自动搜索并捕获目标,并以一定的跟踪精度连续跟踪目标,使目标始终处于主波束的中心线附近,从而以最大的接收增益可靠连续接收遥测信号,特别是导弹出现故障,偏离预定飞行弹道后,跟踪系统能够在较大的空域范围内搜索捕获并跟踪目标,以分析和判断故障。②实时解调出遥测信号,同时检出角误差信号。③实时完成各种工作状态的自动转换。

跟踪与接收分系统由接收天线及馈源、天线控制与跟踪装置、接收机、控制台与跟踪控制计算机等部分组成。

(1) 接收天线及馈源。根据不同的遥测频段及系统所采用的不同的跟踪体制,接收天线及馈源有不同的结构形式。接收天线和馈源是遥测接收系统中的关键设备之一,对它的要求是高增益、高测角灵敏度、低旁瓣电平。

常用的遥测接收天线有八木天线、短背射天线、抛物面天线和螺旋天线等。

八木天线是由日本东北大学的八木秀次和宇田太郎两人发明的,也被称为引向天线,由一个有源振子和若干个无源振子组成。典型的八木天线有三对振子,整个结构呈“王”字形。与馈线相连的为有源振子或称主振子。当八木天线作接收天线时,有源振子经过馈线与接收机相连,其上的电流由传送来的电磁波感应而来。无源振子并不与接收机相连,其上的电流是靠有源振子的近区场与它们去掉耦合而激励出来。八木天线广泛应用于米波、分米波波段的通信、雷达等无线电系统中。

背射天线是1965年由美国空军剑桥研究所 H. W. Ehrenspeck 研制成功的。它具有高增益、主瓣对称和低副瓣等特性,而且纵向尺寸小,结构简单。与同等长度的八木天线相比,背射天线的增益可提高6~8dB,因此,它在卫星通信、雷达、遥控遥测、跟踪、电视等方面获得了广泛应用。

背射天线是在端射天线基础上发展起来的,如果在八木天线最末端的引向器后面加一个面反射盘M,就构成背射天线,如图8-11所示。

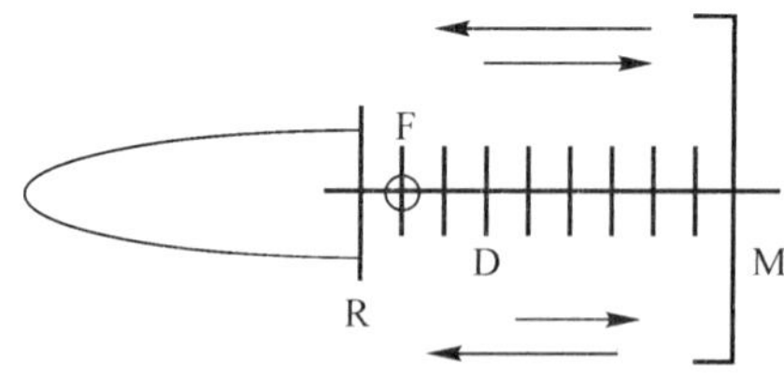

图8-11 背射天线简图

在偶极子阵一端馈电点F处激励时,所产生的表面波沿引向器D传播到反射盘M后,即发生返回,再次向反方向传播,最后超过反射器R向外辐射。其辐射方向与普通端射天线相反(倒转180°),这就是称为背射天线的原因。

背射天线相当于两倍长度的普通端射天线的增益,即其增益比相等长度的天线提高3dB,其增益可以达到15~30dB,在此增益范围内,背射天线比八木天线和抛物面天线纵向尺寸要小很多，重量更轻，性能更加优良。

短背射天线是在背射天线基础上发展而来的，当背射天线长度最短时(典型尺寸为约半个波长)即为短背射天线。它通常以半波振子为馈源，背加具有一定高度边环的主反射器和一个副反射器构成。短背射天线具有高增益、高口径利用率、低副瓣、低成本、高性价比及结构紧凑等特点。

抛物面天线是微波波段最常用的天线之一，在遥测领域得到广泛应用。它的显著特点是容易得到 30dB 以上的高增益而设计和制造又不困难。抛物面天线由一个抛物面反射器和放置在焦点上的馈源组成。

(2)遥测接收机。遥测接收机是将接收到的射频信号中的有用部分转换到中频频率，然后将该信号送至解调器完成信号的解调。通常遥测接收机只有 1～2 级频率变换。典型接收机的中频输出频率为 70MHz 或者 160MHz。

传统接收机可分为直接放大式和超外差式。直接放大式接收机是将接收到的高频信号直接放大后检波。这种接收机的缺点是对于不同的频率，接收机的灵敏度和选择性变化较为剧烈，而且受到高频放大器(简称高放)不稳定的影响，灵敏度低，因此使用较少。

超外差式接收机经过混频的过程，接收机的大部分增益可以放在中频，而不放在射频，系统比较稳定。由于中频固定，中频放大器(简称中放)的选择性和增益都与接收的载频无关。典型的超外差式接收机的原理如图 8－12 所示。

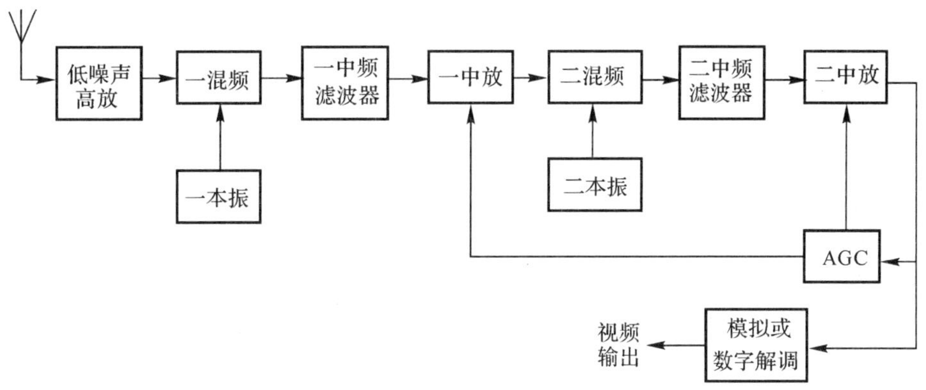

图 8－12　超外差式接收机原理图

超外差式接收机一般由射频电路、中频电路和解调电路几部分组成。工作过程为：将天线接收到的微弱高频信号，先经过低噪声放大器放大，然后送至混频器与第一本振产生的本振信号混频，输出信号经过滤波器成为第一中频信号。第一本振起调谐作用，它的频率比接收信号的频率高一个中频。第一中频信号经过放大后与第二本振再次混频，得到第二中频信号。中频部分提供接收机的主要增益，并实现自动增益控制，使得中频输出幅度基本稳定。中频信号经过解调电路、视频滤波后，输出视频信号。

遥测接收机的主要参数包括灵敏度、噪声系数、频率范围和中频带宽等。

通常定义遥测接收机的灵敏度为接收机视频输出信噪比为 10dB 时所需的输入射频电平。接收机灵敏度直接影响到遥测系统的作用距离，是遥测系统的关键参数之一。

噪声系数定义为放大器的输入信噪比与输出信噪比的比值，通常用分贝(dB)表示。低噪声放大器的噪声系数一般为1～2dB,接收机的噪声系数为6～10dB。

S波段遥测接收机的频率范围在2 200～2 300MHz之间。由射频调谐器把接收机调谐在所需的发射载频上。射频调谐器通常采用微机控制,步进调谐。步长大,接收机的工作点频少;步长小,接收机工作点频多。常见的接收机调谐步长为0.5MHz或者1 MHz。

遥测接收机具有以下特点:

1)灵敏度高。为了接收微弱信号,要求接收机噪声低,能够克服外来干扰,灵敏度高,使得接收系统有较远的作用距离。

2)动态范围大。除了要求高频放大器具有较大的线性工作范围以外,还需要自动增益控制范围宽,以适应接收信号功率的大幅度范围的变换。

3)频率捕获快。能跟踪发射机的频率漂移、多普勒频率漂移,实现频率的快速捕获。

4)能够适应多种信息传送。遥测系统传送的信息有模拟信号、数字信号,近年来也增加了图像信号,这样要求接收机的中频、视频带宽选择范围要宽。

5)能够适应多种无线电传输体制的要求。一般要求能够具有解调FM,PM和AM信号的能力,以适应不同的遥测体制。

2.视频解调分系统

视频解调分系统包括PCM(脉冲编码调制)位同步器和PCM解调器。

位同步信号的作用是确定码元信号的开始和结束位,即确定脉冲编码的基准,以便在最佳时间对输入信号进行判决,为字、帧提供定时脉冲。PCM位同步器的作用是从接收机输出含有噪声、波形畸变等的视频数据流中提取同步时钟,并高质量地重建遥测数据PCM数据流。

编码遥测与其他时分制系统一样,同步是至关重要的。同步有位同步、字同步、帧同步等。位同步是正确完成数字通信的基础,只有正确的位同步,才能实现字同步和帧同步。位同步分为外同步方式和自同步方式。外同步方式是指在PCM数据流之外另设一个通道专门传输同步信号。自同步方式是从接收端得到的PCM数据流中直接提取同步信号。

解调是从遥测发送系统发送的已经调制的信号中提取遥测信息的过程。解调方法与调制方法有关。发送端采用的是PCM,因此在接收系统中需要完成脉冲编码解调。它是在与发送时编码相同的时隙里,从外部接收PCM编码信号,然后进行译码,经过带通滤波器,经放大后输出。

PCM解调器由解调电路、视频滤波器和输出电路组成。

3.校验分系统

校验分系统在实际遥测工作时并不使用,主要用于对遥测系统中的跟踪系统的检定校准和测试。校验分系统包括模拟信号发生器、信标机、PCM模拟器。

模拟信号发生器和PCM模拟器能够产生符合标准的遥测格式的模拟输出,供位同步器和系统的调试及维护使用。

信标机用于提供模拟的导弹飞行轨迹。它由发射天线、发射机、功率放大器、信号产生装置和供电电路等组成。通过信标机位置可以模拟导弹的坐标位置、速度及方位等信息。

4.时基和记录分系统

时基和记录分系统包括时间码产生/转发器、记录设备、显示器。

时间码产生/转发器能够对外来时间码同步转发或者接收卫星信号(GPS、北斗)的精确授时;当没有外码输入时,它产生本地时间码,也就是说时间码产生/转发器的作用是为了提供遥测系统的时间基准，用于遥测数据处理时使用。

记录设备安装在导弹上，在遥测系统实时接收处理数据的同时，以多种方式对遥测数据进行记录，以提高遥测系统的可靠性。

记录设备由数据采集和控制电路采集数据，将数据存储在存储器中。它不受无线电频带资源的限制，使用高速存储器可以大大提高其记录速度。目前的记录速度大约为 5Mb/s，可以满足大容量数据采集的要求。记录设备中的数据不经过射频信号的传输，记录时间长，数据量大，可以反复使用。记录设备采集记录的数据，事后通过下载处理设备完成数据的下载及处理，其误码率极低。记录设备的组成如图 8-13 所示。

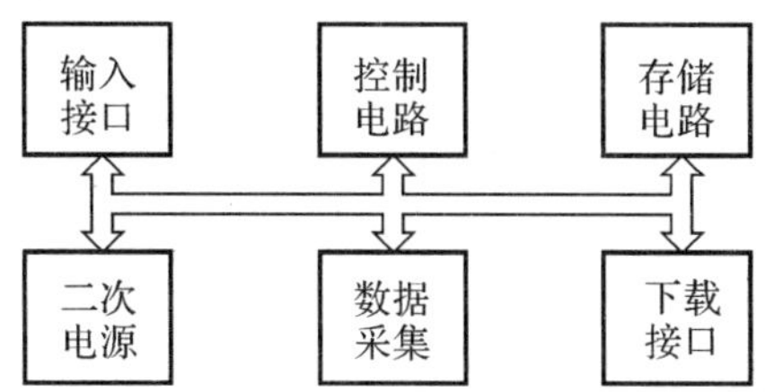

图 8-13 记录设备的组成原理图

记录设备由输入接口电路、数据采集电路、控制电路、存储器、下载接口等组成。存储器根据需要，由存储芯片及电路组成。根据容量，一般可选择 EEPROM 芯片、FLASH 芯片、FLASH 卡和电子硬盘等。

对数据的下载采用三种方式。一是把存储器从记录设备中脱离出来，通过专用接口（如读卡器、USB 转接器）下载数据；二是通过通信接口（如 RS232 串口、网络接口、USB 接口等）完成数据下载；三是由专门的下载设备直接控制存储器下载数据。

8.4 遥测数据处理

8.4.1 概述

遥测系统传递的信息只有在接收系统中经过数据处理后才能还原出初始被测参数。数据处理包括对接收到的数据流进行解调，实时显示关键参数，必要时还需要将这些参数实时传输到指挥中心，供指挥人员决策参考。

1. 遥测数据处理的任务

遥测数据处理的任务就是将各测量站所测数据进行一系列加工、变换，再按一定的处理要求和方法，通过计算、分析，将测量的原始数据处理（计算、变换、恢复）还原成各物理量，如压力、温度、过载、角度、速度、转速、频率、振动、指令和信号电平等，进行误差分析与处理，形成有用数据，对数据进行各类谱分析，按照一定要求制表打印和绘图并进行存储。

2. 遥测数据处理的分类

遥测数据处理工作按时序划分，可以分为实时处理、准实时处理（即快速处理）和事后处理。

实时处理是在飞行试验任务实施时，从测量站所测的实时遥测数据中，挑选部分关键参数送往指挥中心、发射中心及测控中心进行处理并显示，以供指挥及试验人员实时监控，作为实时指挥决策的依据。

准实时处理或称快速处理是在发射现场，在发射后较短的时间内，一般在数天之内，对一部分关心的参数进行处理，以供试验人员对飞行试验情况或故障作初步判断和分析。

事后处理是指发射试验后，将各测量站所测的原始数据汇集于数据处理中心，中心对有冗余测量的数据进行质量检查，择优进行剪辑和拼接得出全飞行过程的完整数据，并对全部参数进行精处理，包括对各种测量干扰及误差的剔除及修正。其处理结果将作为型号研制部门分析研究的最终依据。数据处理结果报告将作为型号试验资料长期保存。

3. 遥测数据处理系统的要求

(1)实时性。遥测往往要求导弹飞行过程中的某些关键数据实时处理和显示。为此，最直接的办法是选用高性能的计算机及其外设，采用数据压缩、数据预选器等前置硬件处理装置，以减轻计算机负担。还可以采用并行处理方法对数据分流操作以提高数据处理的速度。

(2)准确性。提高数据处理准确性主要包括以下三个方面。

1)尽可能减轻信息传输过程中引入的各种差错影响，排除无用或者虚假数据。

2)给出的数据必须有精度值。

3)所有数据必须标有精确、统一的时间坐标。可以采用靶场时间进行统一，也可以采用导弹发射时刻作为起始零点。

(3)适用性。适用性应体现在用经过整理的数据建立数据库，用户可随时从数据库中提取数据，包括文本数据及曲线显示、波形记录、各种原始记录数据和图像等。为了提高数据的使用效率，必须制定记录格式、数据存储格式、数据传输标准和时间统一的信号标准。

8.4.2 数据处理设备及其处理过程

1. 数据处理系统的组成

数据处理系统由硬件系统和软件系统组成。硬件系统的组成原理如图 8 - 14 所示，包括计算机本身的硬件、遥测数据输入接口和时间码接口等。采用事后处理方式时，还需要磁带机、位帧同步器等设备的支持。

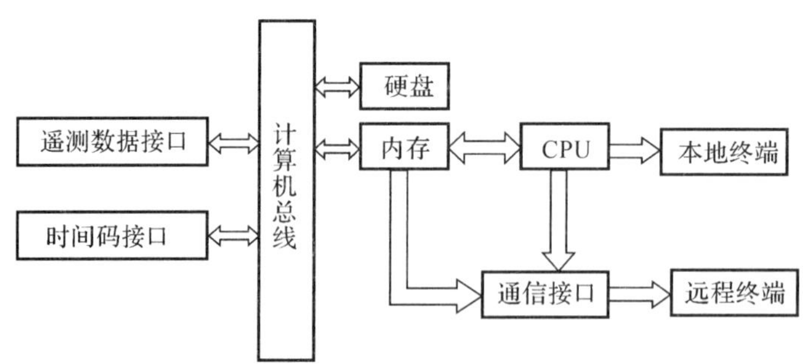

图 8 - 14　数据处理系统的硬件组成

数据处理系统的软件主要包括计算机操作系统、遥测前端设备软件、实时数据采集和处理软件、事后回放软件、事后脱机处理分析软件以及其他的分析和处理软件。另外，还包括所需的遥测参数说明、软件使用规程等文件。

要求数据处理系统具有通用性、分布式、模块化、可视化和良好的人机界面。由于防空导弹遥测参数多，对参数处理的要求也各不相同，对系统的通用性要求是最基本的要求。采用分布式、网络化技术可以实现数据处理的协同操作，又可以显著提高地面接收系统的整体可靠性。数据处理系统的模块化设计便于缩短软件开发周期，降低软件开发成本，便于系统后期升级、扩展和维护。

2. 数据处理过程

遥测数据处理过程如图 8－15 所示。

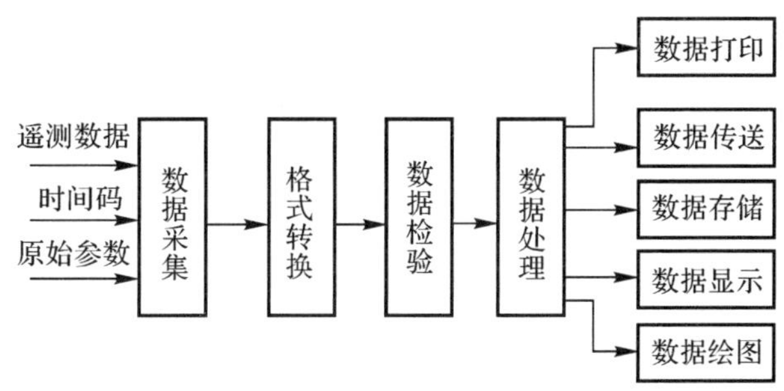

图 8－15　遥测数据处理过程

数据处理主要过程包括以下几部分。

(1)数据的前期处理。把记录与采集的数据记录在存储介质、计算机硬盘上。PCM 数据包括遥测数据、时间数据、遥测校准数据和勤务数据等。对数据进行格式转换，变换成要求的标准格式。

(2)数据的预处理。遥测数据在采集、传输过程中，由于环境干扰、人为因素、设备因素等都有可能造成个别数据不符合实际或者丢失，这些数据称为异常值。为了恢复数据的真实性以便得到更好的数据结果，需要对原始数据进行预处理。遥测数据的预处理包括数据的检验、平滑与压缩处理。

根据常识和经验，判别由于震动、误读等原因所造成的坏值予以剔除；采用统计判别法，利用计算机对获得的数据进行检查、判别、统计推断，指出数据中的可疑点，剔除异常数据，校对数据的准确性。统计判别法常用的方法包括莱特准则、肖维勒准则和格拉布斯准则等。

数据采集系统采集的数据不可避免地含有“噪声”，例如，反映在曲线上就是一些“毛刺”和“尖峰”等，为了提高数据质量，必须对数据进行平滑处理(即去除干扰)。数据平滑处理经常采用加权移动平均法，即平均区段内各点的权值是相同的，平滑中心点附近的权值最大，越偏离中心，权值越小。这样可以减小对数据本身的平滑作用，而对噪声有良好的平滑效果。

数据压缩是指压缩冗余信息，以减轻数据传送及分析的工作量。

(3)数据融合处理。多点布站时，不同站点的接收数据往往有很大互补性，对这些来自不同站点的遥测数据进行融合处理可以获得最优的数据质量。

(4)数据评估。对处理的数据完整性和接收质量进行评估分析，看是否有丢失数据，对数据作纠错处理等。

(5)数据备份、传送与上报，撰写遥测数据处理报告，对遥测数据归档。

8.4.3 数据处理软件

遥测数据处理软件需要有数据自动采集、数据记录、数据处理、数据传输、数据显示和设置等功能。

要求数据数据处理软件能够从多个通道将数据采集到计算机存储器中，能够实施控制、监督和报告数据采集的工作状态，能够具有大容量数据记录、格式化记录数据等数据记录功能。

数据处理功能是指能够自动完成上述的数据预处理及处理功能，能够形成标准化的参数数据库结构。表 8-6 所示为某一遥测数据处理系统的部分标准化参数数据库结构。

表 8-6 某一遥测数据处理系统的部分标准化参数数据库结构

序号	字段名称	数据类型	描 述	长度/B
1	参数名	字符型	唯一地规定了遥测参数的名称	25
2	参数类型	整型	用代号表示该参数的类型，如 0—模拟量，1—数字量，2—串行数据，3—并行数据，等等	1
3	占用信道	字符型	规定该参数所占用的遥测信息，如“2 62 46”表示占 2 个信道：62 和 46	256
4	屏蔽字	字符型	用于对所占用的遥测信息进行“与”操作，从而得到一个分层值	16
5	工程化方法	整型	用代号表示该参数的工程化方法，如 0—多项式法，1—查表法，2—导出参数法，3—高位值法	1

数据处理功能还包括设计的数据处理软件具有项目新建、修改、删除、合并、调用和数据维护等功能。

数据传输功能主要包括：

(1)支持多种传输手段和传输方式，包括以太网、局域网、调制解调器、串口和无线传输等。

(2)能够设置传输参数，如设置数据传输速率、数据发送目的地、数据传送格式等。

(3)具有一定的编码纠错功能；具有数据加密和解密功能，以确保传输过程中数据的安全性。

数据显示功能包括：

(1)具有参数浏览功能。能够以曲线方式，同屏显示多个遥测参数；能够具有局部放大功能；能够计算并显示曲线的最大值、最小值、峰峰值和平均值；能够具有曲线滤波、野值剔除和数据补偿等功能。

(2)能够以二维方式显示遥测参数。

(3)能够以三维方式显示导弹飞行弹道以及飞行姿态。

在实时数据处理中，参数显示所消耗的资源占第一位，因此，软件系统首先要考虑执行效率。

第9章　测试系统干扰抑制技术

随着导弹测试系统的日益复杂，测试系统中的电子电气设备工作的同时都伴随着电磁能量的转换，或多或少地以不同方式向外泄漏电磁能量，很有可能对其他电子电气设备产生影响。轻者造成测量数据不精确，重者甚至造成损害，这就是电磁干扰。要使设备内部各电气组合以及外部各设备能够在复杂电磁环境中正常运行，就要解决电磁兼容问题。电磁兼容是与电子电气的干扰和抗干扰技术密切相关的技术。

测试系统的干扰是指在测试过程中影响系统正常工作和测试结果精度的各种因素的总和。由于测试仪器仪表或传感器工作现场的环境条件常常很复杂，各种干扰会通过不同的耦合方式进入测试系统，使测试结果偏离真实值，影响测量精度，严重时甚至使测试系统不能正常工作，引起故障或者事故。为保证测试系统在各种复杂的环境条件下正常工作，就必须研究抗干扰技术，并采取有关的技术措施，把干扰对测量的影响降到最低或容许的限度。测试系统的抗干扰技术是指消除或削弱各种干扰影响的全部技术措施的总称。本章就与设备电磁兼容有关的电磁干扰的特性及抗干扰技术加以阐述。

9.1　电磁兼容与电磁兼容性

随着科学技术的发展和作战要求的提高，导弹上和地面设备中所用的电气与电子设备日益复杂，频率范围越来越宽，大的作战距离要求提高发射机的功率和接收机的灵敏度，电磁环境也越来越恶劣。因此，电磁兼容已成为导弹及其测试系统设计、使用应该予以高度重视的问题。当一个设备受外部电磁环境影响而不能正常工作时，称该设备受到干扰；一个设备工作时产生的电磁噪声不影响周围其他设备的正常工作，且不受外部电磁噪声的影响可正常工作时，这些设备是电磁兼容的。导弹系统的电磁兼容性包括导弹内部设备的电磁兼容性和导弹与附近其他系统之间的电磁兼容性。

电磁兼容性(electromagnetic compatibility)是指设备、分系统、系统在共同的电磁环境中能一起执行各自功能的共存状态，在这种工作状态下，它们不会因为内部或彼此间存在的电磁干扰而影响其正常工作。

电磁兼容性包括了两方面的含义。一方面是指设备或系统应具备抵抗给定电磁干扰的能力，并且有一定的安全余量，即它不会因受到处于同一电磁环境中的其他设备产生的电磁干扰而产生不允许的工作性能降级。另一方面是指设备或系统不产生超过规定限度的电磁干扰，即它不会产生使处于同一电磁环境中的其他设备出现超过规定限度的工作性能降级的电磁干扰。

由于电磁干扰包括系统内部的干扰和系统之间的干扰，所以，系统内的电磁兼容性和系统间的电磁兼容性是不同的。前者指的是在给定系统内部的各分系统、设备及部件相互之间的电磁兼容性；后者指的是给定系统与其工作的电磁环境中的其他系统之间的电磁兼容性。

电磁兼容性是抗干扰概念的扩展和延伸。从最初设法防止射频频段内的电磁噪声、电磁干扰，发展到防止和对抗各种电磁干扰，进一步在认识上产生了质的飞跃，把主动采取措施抑制电磁干扰贯穿于设备或系统的设计、生产和使用的整个过程中。这样才能保证电子、电气设备和系统实现电磁兼容性。

应该指出，在技术发展的早期阶段，保证设备兼容性主要靠改进个别电路和结构的方案，以及使用频率的计划分配。但到现在，采用个别的局部措施已经远远不够了。从整体上说，兼容性问题具有明显的系统性特点。在电子、电气设备寿命期的所有阶段，都必须考虑电磁兼容性问题。如果忽视电磁兼容性，设备电磁兼容性遭到破坏，再想保证电子、电气设备的电磁兼容性就需要付出更昂贵的代价，且得不到满意的效果。

实施电磁兼容性的目的是保证系统和设备的电磁兼容性。从总体上看，电子、电气设备或系统的电磁兼容性实施，必须采取技术和组织两方面的措施。技术措施是系统工程方法、电路技术方法、设计和工艺方法的总和，其目的是改善电子、电气设备的性能。采用这些方法是为了降低干扰源产生的干扰电平，增加干扰在传播途径上的衰减，降低敏感设备对干扰的敏感性等。其中的电路板布线技术、屏蔽技术和接地技术就是常用的提高系统和设备电磁兼容性的有效措施和常用方法。组织措施是对各设备和系统进行合理的频谱分配，并选择设备或系统分布的空间位置，还包括制定和采取某些限制和规章。其目的就在于整顿电子、电气设备的工作，以便排除非有意干扰。国家采取电磁频谱管理，相关机构制定的一系列的电磁兼容标准和规范，均是组织措施，这些措施对设备或系统在使用电磁频谱方面作出了规定和限制，是提高系统和设备电磁兼容性的重要保证。

电磁兼容的研究是围绕构成电磁干扰的三要素进行的。这三要素即干扰源、干扰传输途径和干扰接收器，如图 9-1 所示。不论是分析干扰还是研究抗干扰的措施，都必须从这三个要素出发。电磁兼容就是研究干扰产生的机理、干扰源的发射特性以及如何抑制干扰的发射；研究干扰以何种方式、通过什么途径传输的，以及如何切断这些传输通道；研究干扰接收器对干扰产生何种响应以及如何提高接收器的抗干扰能力即敏感度。

图 9-1　电磁干扰三要素及其相互关系

9.2　测试系统的干扰源

测试系统同其他的电气系统一样，要受到各种干扰源的影响。对干扰源的分类方法很多。按照干扰源或者干扰产生的物理原因，可以分为电和磁干扰、机械干扰、热干扰、光干扰、湿度干扰、化学干扰和射线辐射干扰等。按干扰源产生的区域分类，可以分为外部干扰和内部干扰。按照干扰源的来源分为自然干扰源和人为干扰源。

9.2.1　自然干扰源

自然干扰源主要有两类：大气干扰和宇宙干扰。

大气干扰主要是由夏季本地雷电和冬季热带地区雷电产生的。全世界平均每秒钟发生100 次左右的雷电。雷电是一连串的干扰脉冲，它从极低频(ELF)至 50MHz 都有能量分布，主要能量分布在 100kHz 左右，高频分量随 $1/f^2$ 衰减。另外，沙暴和尘暴也属于大气干扰的类型，带电尘粒与导电表面或介质表面相撞后，交换电荷形成电晕放电。火山爆发及地震等自然现象所产生的电磁波和空间电位变化也是一种自然干扰源。

宇宙干扰包括太空背景噪声、太阳无线电噪声以及月亮、木星等发射的无线电噪声。太空背景噪声是由电离层和各种射线组成的。在 20～500MHz 的频率范围内，宇宙噪声的影响相当大。这些噪声会使机电系统、航天系统产生一些随机失效或异常现象，还可能造成通信和遥测中断。

太阳无线电噪声随着太阳的活动，特别是黑子的发生而显著增加。另外，太阳耀斑也是太阳噪声源的重要形式。

9.2.2　人为干扰源

人为干扰源的分类方法较多，主要有下述三种分类方法。

1.按干扰源或者干扰产生的物理原因分类

(1)电和磁干扰。电和磁可以通过电路和磁路对测试系统产生干扰作用，电场和磁场的变化在测试装置的有关电路或导线中感应出干扰电压，从而影响测试仪器的正常工作。

电和磁的干扰对传感器或各种测试仪器仪表来说是最为普遍、影响最严重的，也是通常重点研究的干扰类型。

电和磁的干扰，大体可以分为三种类型：放电噪声、振荡噪声和浪涌噪声。

1)放电噪声是指由于静电、大功率开关触点断开、电动机电刷跳动等引起的噪声。它具有间歇性质，并产生脉冲电流，从而形成各种干扰噪声。

2)振荡噪声是指由中高频电源、开关电源、逆变电源、可控硅变流器等产生的中高频振荡以及大功率输电线产生的噪声。振荡噪声干扰又分为工频噪声干扰和设备振荡噪声干扰。

工频噪声干扰主要有四种来源。一是中大功率输电线会产生工频干扰噪声。二是对于低电平的信号线，只要有一段距离与输电线相平行，即使输电线功率不够大，也会使其遭受工频干扰。三是在电子设备内部，由于工频感应也会产生交流干扰。另外，如果工频电源不稳定，其波形失真较大，它所包含的高次谐波分量也就多，因此也会产生较大的干扰噪声。

振荡干扰是指各类开关电源、直流/交流变换器(变频器)、可控硅变流器等在工作时通常会产生振荡而引起的干扰。因为脉冲波形的电流、电压上升前沿陡峭，从而包含丰富的高次谐波分量，容易引起感应噪声。电子开关(继电器、可控硅等)的通断可使电流发生急剧变化，从而形成干扰。如果电子开关通断的电路是上述脉冲振荡设备，则由于电子开关的通断会产生阻尼振荡。电子开关虽然不会产生火花放电干扰，但是由于电流的急剧变化也会产生干扰。

3)浪涌噪声是指由于电动机启动电流、大功率用电器合闸电流、开关电路的导通电流等电流冲击产生的噪声。例如，电动机启动(启动电流通常达到额定电流的 4～6 倍)与停止，工作在频繁通断状态，将会产生很大的电流冲击，周期性地从供电网中获取快速变动的冲击性功率，从而引起电网电压的波动，产生浪涌噪声干扰。由冲击性功率负荷产生的电压波动允许值见表9-1。

表9-1 电压波动允许值

额定电压/kV	电压波动允许值/(%)
≤10	2.5
35～110	2
≤220	1.6

由大电流冲击而引起的浪涌噪声往往使得电源产生很大波动，干扰公共供电点的其他用电设备不能正常工作，因此这种浪涌噪声必须加以抑制，控制其最大值在允许范围之内。

(2)机械干扰。机械干扰是指由于机械的振动或冲击，仪表或装置中的电气元件发生振动、变形，连接线发生位移，仪表指针发生抖动，仪器接头松动等。

对于机械类干扰主要是采取减振措施来解决，例如，采用减振弹簧、减振橡皮垫等。对于导弹测试车这类经常需要移动和运输的设备，长期工作后，减振橡皮垫等会产生老化，因此在测试车定期校验中，一般要予以更换。

(3)热干扰。设备和元器件在工作时产生的热量所引起的温度波动，以及环境温度的变化等都会引起热干扰。

测试系统中由于热效应使得电路元器件环境温度变化从而导致其参数发生变化，或因某些测试系统中一些条件的变化产生某种附加电动势等，从而会影响仪表或装置的正常工作。

对于热干扰，工程上通常采取下列几种方法进行抑制。

1)采用热屏蔽。把某些对温度比较敏感或电路中关键的元器件和部件，用导热性能良好的金属材料做成的屏蔽罩屏蔽起来，使罩内温度场趋于均匀和恒定。

2)采用恒温措施。对于高精度的计量工作，一般要在恒温室内进行。例如，石英振荡晶体与基准稳压管等与精度有密切关系的元件，由于要求其参数十分稳定，故常将它们置于恒温设备中。

3)采用对称平衡结构。如采用差分放大电路、电桥电路等，使两个与温度有关的元件处于对称平衡的电路结构两侧，使温度对两者的影响在输出端互相抵消。

4)采用温度补偿元件。在检测装置的电路中，采用温度补偿元件，可以补偿环境温度的变化对检测装置的影响。

(4)光干扰。在测试设备中广泛使用各种半导体元件，但半导体元件在光的作用下会改变其导电性能，产生电动势与引起阻值变化，从而影响检测仪表正常工作。

为了防止光干扰，应将半导体元器件封装在不透明的壳体内，尤其应注意光的屏蔽问题。

(5)湿度干扰。湿度增加会引起绝缘体的绝缘电阻下降，漏电流增加；电介质的介电系数增加；电容量增加等。吸潮后骨架膨胀使线圈阻值增加，电感器变化；电阻应变式传感器在粘贴后，胶质变软、精度下降等，势必影响检测装置的正常工作。

为此，在设计、制造和使用方面，通常采取的措施是，避免将其放在潮湿处，仪器装置定时通电加热去潮，电子器件和印刷电路浸漆或用环氧树脂封固等。

在湿度较大的地区或者气象条件下工作的测试系统，为了防止湿度干扰，通常用间歇性通电的方法对仪器设备除湿。有条件时，可以通过空调除湿。

(6)化学干扰。对于化学物品，如酸、碱、盐及其他腐蚀性物质等，除了其化学腐蚀性作用将损坏仪器设备和元器件外，还能与金属导体产生化学电动势，从而影响仪器设备的正常工作。因此，必须根据使用环境对仪器设备采取必要的防腐措施，将关键的元器件密封并保持仪器设备清洁干净。

(7)射线辐射干扰。辐射可产生很强的电磁波，射线会使气体电离，使金属逸出电子，半导体激发出电子-空穴对，从而影响到检测装置的正常工作。射线辐射的防护是一种专门的技术，主要用于原子能工业、核武器生产等方面。

2.按干扰源产生的区域分类

(1)外部干扰。外部干扰指来自测试系统外部的干扰，它与测试系统的结构和组成无关，是使用条件和外界环境所决定的干扰，主要来自周围电气设备。

电晕放电干扰主要发生在超高压大功率输电线路和变压器、大功率互感器、高电压输变电等设备上。电晕放电具有间歇性，并产生脉冲电流，随着电晕放电过程将产生高频振荡，并向周围辐射电磁波。其衰减特性一般与距离的二次方成反比，所以对一般测试系统影响不大。

火花放电干扰，例如电动机的电刷和整流子之间的周期性瞬间放电，电焊、电火花、加工机床、电气开关设备中的开关通断的放电，电气机车和电车导电线与电刷间的放电等。

测试设备周围的荧光灯、霓虹灯等会对电子设备产生辉光与弧光放电干扰。通常放电管具有负阻抗特性，当与外电路连接时容易引起高频振荡。

电气设备的外部干扰按照干扰频率又分为射频干扰、工频干扰和感应干扰。

电视、广播、雷达及无线电收发机等对邻近电子设备造成的干扰属于射频干扰；大功率配电线与邻近检测系统的传输线通过耦合产生的干扰属于工频干扰；当使用电子开关、脉冲发生器时，因为其工作中会使电流发生急剧变化，形成非常陡峭的电流、电压前沿，具有一定的能量和丰富的高次谐波分量，会在其周围产生交变电磁场，从而引起感应干扰。

上述这些干扰主要通过测试系统的电源对测量装置和微型计算机产生影响，对相关的智能仪器仪表产生影响。

(2)内部干扰。内部干扰是指系统内部的各种元器件、信道、负载、电源等常常由于结构布局、制造工艺、印制电路板布线等原因引起的干扰。主要包括以下几种干扰形式。

1)信号信道干扰。计算机测试系统的信号采集、数据处理与执行机构的控制等都离不开信号通道的构建。信号信道的干扰主要包括共模干扰、静电耦合干扰、传导干扰以及元器件的噪声干扰等几种形式。

共模干扰是指以公共地电位为基准，在系统的两个输入端上同时出现的干扰，即两个输入端与地之间存在的地电压。共模干扰对测试系统的放大电路的干扰较大。

静电耦合干扰是指由于电路之间的寄生电容、分布电感引起的耦合感应使系统内某一电路信号发生变化，从而产生其他电路。只要电路中有尖峰信号和脉冲信号等高频谱的信号存在，就会产生静电耦合干扰。因此自动测试系统中的计算机部分和高频模拟电路部分都是产生静电耦合干扰的根源。

传导干扰是指通过导电介质把一个电网络上的信号耦合(谐波干扰)到另一个电网络的行为现象。

元器件的噪声干扰是指电阻器、电容器、晶体管、变压器和集成电路等由于选择不当、材质较差、焊接虚脱、接触不良等引起的干扰。电阻器具有热效应，接触不良造成接触噪声，电阻器材质较差产生电流噪声，电位器触点移动产生滑动噪声。电容器不仅具有电容，还有电阻和电感。在电路设计中忽视电容器的分布电阻和电感，忽视环境温度和湿度变化对器件参数的影响等均引入各种干扰噪声。

2)电源干扰。对于电子、电气设备，电源干扰是较为普遍的干扰。在测试系统中，供电网络中的某些大功率设备的启动、停机等，均可能引起电源的欠压、过压、浪涌、下陷及尖峰等，造成对设备的干扰。这些电压噪声通过内阻耦合，从而对测试系统造成极大危害。

3)数字电路引起的干扰。从量值上看，数字集成电路逻辑门引出的直流电一般只有毫安级。由于一般的较低频率的信号处理中对此问题考虑不多，所以容易忽视数字电路引起的干扰因素。但是，对于高速采集及信道切换等场合，即当电路处于高速开关开关状态时，就会引起较大的干扰。

例如，TTL 门电路在导通状态下，从直流电源引出 5mA 左右的电流，截止状态下为 1mA。在 5ns 的时间内其电流变化为 4mA，如果在配电线上具有 0.5μH 的电感，当这个门电路改变状态时，配电线上产生的噪声电压为

$$U = L\frac{\mathrm{d}i}{\mathrm{d}t} = 0.5\times10^{-6}\times\frac{4\times10^{-3}}{5\times10^{-9}} = 0.4\mathrm{V} \tag{9.1}$$

如果把上述的数值乘上典型系统的大量门电路的个数，显然这个干扰电压将是非常显著的。

在实际的脉冲数字电路中，若设脉冲上升时间 t 为已知量，则对脉冲信号的频谱的最高频率估算可用下式：

$$f_{\max} = \frac{1}{2\pi t} \tag{9.2}$$

由式(9.2)可知，5ns 的开关时间相当于最高频率 31.8MHz。对于非周期脉冲信号，其频率从直流一直到最高频率 $f_{\max}$ 均会出现；对于周期脉冲信号，则从对应的重复频率起到最高频率 $f_{\max}$ 的所有频率均会出现。

3. 按干扰源的特性分类

(1)按频率分，可分为射频(低频、高频、微波)干扰、工频(50Hz)干扰和静态场(静电场、恒定磁场)干扰。

(2)按连续性分，可分为连续波干扰和脉冲波干扰。

(3)按带宽分，可分为宽带干扰、窄带干扰。

(4)按周期性分，可分为有规则干扰、周期性干扰、非周期性干扰和随机干扰。

9.3 测试系统的干扰途径

电磁干扰的传输形式与电磁能量的传输形式基本相同，通常分为传导干扰和辐射干扰两大类。通过导体传播的电磁干扰，叫传导干扰，其耦合形式有电耦合、磁耦合和电磁耦合。通过空间传播的干扰，叫辐射干扰，其耦合形式有近场感应耦合(近场磁感应和近场电感应)和远场感应耦合。系统间的辐射耦合主要是远场辐射耦合，而系统内的辐射耦合主要是近场辐射耦合。此外还有辐射与传导同时存在的复合干扰。

9.3.1 传导干扰与耦合方式

1.传导干扰的性质

传导干扰的一般性质可以从频谱、幅度、波形和出现率等几个方面进行描述。

(1)频谱。多数电子设备都具有从最低可测到的频率，直到 1GHz 以上的传导频谱。低频时按集总参数电路处理，高频时则按分布参数电路处理。当频率再高时，由于导体损耗以及分布电感、分布电容的作用，传导电流大为衰减，因而干扰波更趋向于辐射干扰波。

(2)幅度。干扰幅度可表现为多种形式，除了用不同型号的幅度分布(即概率，它是确定的幅度值出现次数的百分率)表示外，还可用正弦的(具有确定的幅度分布)来说明干扰性质。所谓随机，简单地说，就是未来值不能确定地预测。例如随机噪声可能是一种冲击噪声，它们是一些在时间上明显分开的、稀疏的且前后沿很陡的脉冲；也可能是热噪声，它们是彼此重叠的、多次发生的且在时间上不易分开的密集脉冲。这些密集脉冲在幅度上不确定，是一种干扰。典型的代表是热噪声和冲击噪声。

(3)波形。电气干扰有各种不同的波形，如矩形波、三角波、余弦波、高斯形波等。由于波形是决定带宽的重要因素，因此设计者应很好地控制波形。为了保持事件的定时准确度或某种形式的准确动作，有时需要上升很陡的波形。然而，上升越陡，所占的带宽就越宽。通常脉冲下的面积决定了频谱中的低频含量，而其高频含量与脉冲沿的陡度有关。在所有脉冲中，高斯脉冲占有的频谱最窄。

(4)出现率。干扰信号在时间轴上出现的规律称为出现率。

按出现率把电函数分为周期性、非周期性和随机的三种类型。周期性函数是指在确定的时间间隔(称为周期)内能重复出现的；非周期性函数则是不重复的，即没有周期，但出现是确定的，而且是可以预测的；随机函数则是以不能预测的方式变化的电函数，即它的表现特性是没有规律的。随机函数的定义允许限定其幅度或频率成分，但要防止用时间函数来分析、描述它。

2.传导干扰的耦合方式

不论是何种性质的干扰，均是通过耦合进入到测量仪器中的，具体的耦合形式有电容耦合、互感耦合和公共阻抗耦合三种。

(1)电容耦合。两根并排的导线之间会构成分布电容，如图 9－2 所示为两根平行导线之间电容耦合示意电路图。其中，A，B 是两根并行的导线，C_m 是两根导线之间的分布电容。Z_i 是导线 B 的对地阻抗。如果导线 A 上有信号 E_n 存在，那么它就会成为导线 B 的干扰源，在导线 B 上产生干扰电压 U_n。显然，干扰电压 U_n 与干扰源 E_n、分布电容 C_m、对地阻抗 Z_i 的大小有关。

(2)互感耦合。在任何载流导体周围空间中都会产生磁场，而交变磁场则对其周围闭合电路产生感应电势。如设备内部的线圈或变压器的磁漏会引起干扰，普通的两根导线平行架设时，也会产生磁干扰，如图 9－3 所示。

如果导线 A 是承载着 10 kV·A，220 V 的交流输电线，导线 B 是与之相距 1 m 并平行走线的信号线，两者之间的互感 M 会使 B 信号线感应到高达几十毫安的干扰电压 U_n。

如果导线 B 是连接热电偶的信号线，那么几十毫安的干扰噪声足以淹没热电偶传感器的有用信号。

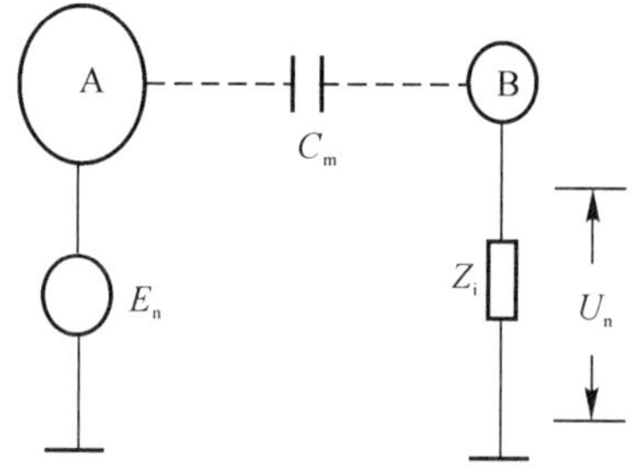

图 9-2 导线之间的电容耦合

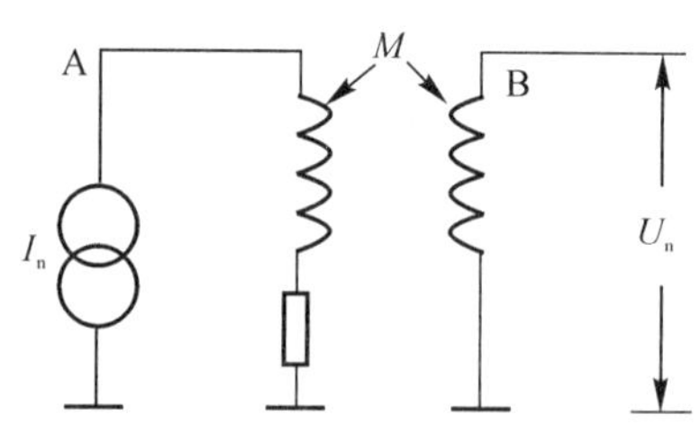

图 9-3 导线之间的磁耦合

(3)公共阻抗耦合。公共阻抗耦合发生在两个电路的电流流经一个公共阻抗时，一个电路在该阻抗上的电压降会影响到另一个电路，从而产生干扰噪声，如图 9-4 所示。电路 1 和电路 2 是两个独立的回路，但接入一个公共地，拥有公共地电阻 R。当地电流 1 变化时，在 R 上产生的电压降变化就会影响到地电流 2，反之亦然，形成公共阻抗耦合。

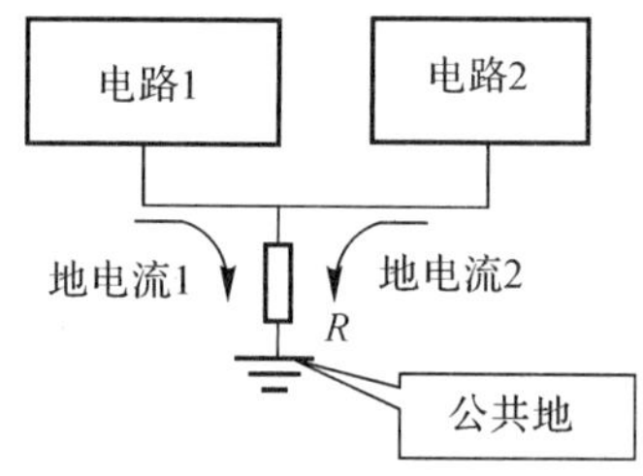

图 9-4 公共阻抗耦合

9.3.2 串模干扰和共模干扰

干扰按其进入信号检测通道的方式可分为串模干扰和共模干扰。

1. 串模干扰

串模干扰是指叠加在被测信号上的噪声电压。被测信号是有用的直流或变化缓慢的交变信号，噪声是无用的变化较快杂乱的交变电压信号。串模干扰信号与被测信号在检测回路中所处的地位相同，两者相加作为输入信号，干扰了系统真正需要检测的输入信号值。串模干扰的等效电路如图 9-5 所示。图中的 U 和 U_n 分别为被测信号电压和串模干扰噪声信号电压。

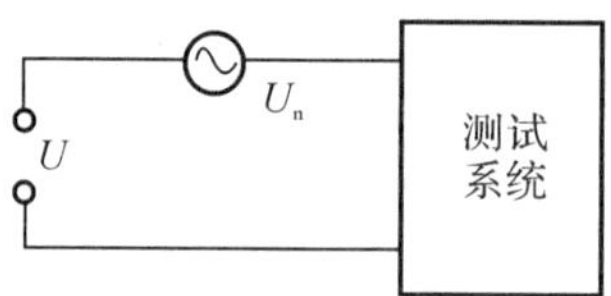

图 9-5 串模干扰等效电路

被测信号与干扰的叠加波形如图 9-6 所示。

测试系统抗串模干扰能力用串模抑制比 SMR 表示：

$$\mathrm{SMR} = 20\lg\frac{U_{cm}}{U_n} \tag{9.3}$$

式中，U_{cm} 为串模干扰源的电压峰值；U_n 为串模干扰引起的误差电压。SMR 值越大，表明测试系统抗串模干扰的能力越强。

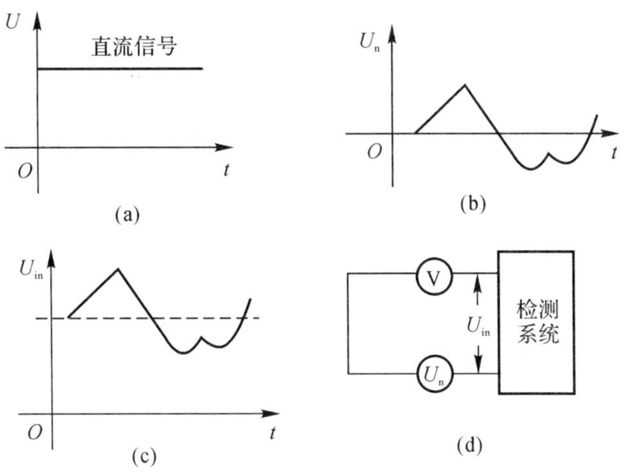

图 9-6　串模干扰示意图

(a)被测电压；(b)噪声电压；(c)实际测得电压；(d)干扰的一种形式

2. 共模干扰

共模干扰是以公共地电位为基准点，在仪器的两个输入端上同时出现的干扰。它是由于被测信号的参考点和检测系统的参考点之间存在一定的电位差而引起的干扰。产生共模干扰一般有下列几种情况。

(1)因被测信号源的输入端不平衡产生。具有双输出端的差分放大器和不平衡电桥等具有对地电位的形式而产生的共模干扰。如图 9-7所示，由于电桥不平衡，因而在 a，c 两端形成干扰电压。

$$U_a = \frac{1}{2}U$$

$$U_c = \frac{R_t}{R_t + R}U = U - \frac{R}{R_t + R}U = \frac{1}{2}U + \frac{1}{2}U - \frac{R}{R_t + R}U$$

差模电压就是两个信号电压各自拥有的部分：

$$U_{ac差} = \frac{R}{R_t + R}U - \frac{1}{2}U$$

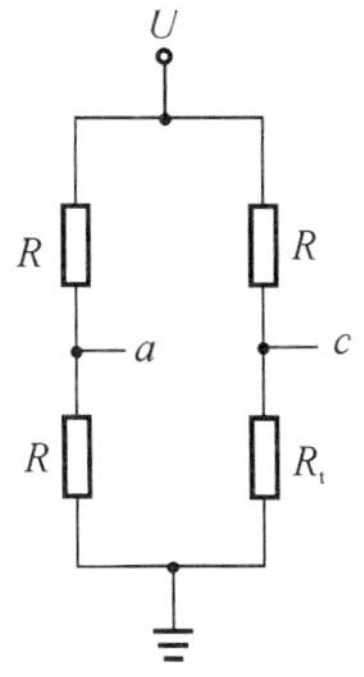

图 9-7　共模电压的示例

共模电压就是两个信号电压共有的部分：

$$U_{ac共} = \frac{1}{2}U$$

(2)电磁场的干扰。当高压设备产生的电场通过没有屏蔽的电路的双输入端时，通过分布电容，它们具有对地的电位则会产生共模干扰；具有大的交流电设备产生的磁场也可以通过电路的双输入耦合出干扰，加到仪器的两个输入端也产生共模干扰。如图 9-8(a)所示，高压线产生的磁场通过四个分布电容 C_{e1}，C_{e2}，C_{e3} 和 C_{e4} 耦合到无屏蔽双输入线的对地电压 U_H 的相应电容上的分压值 U_1 和 U_2 形成共模电压干扰。

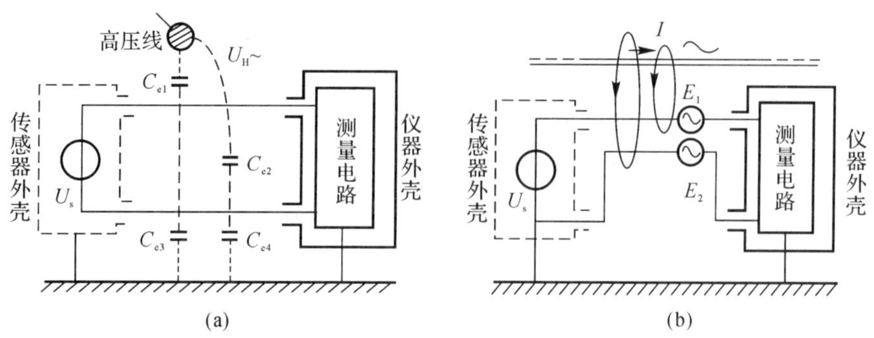

图 9-8　电磁场干扰引起的共模电压

$$U_1 = \frac{1/C_{e3}}{1/C_{e1} + 1/C_{e3}} U_H = \frac{C_{e1}}{C_{e1} + C_{e3}} U_H U_2 = \frac{C_{e2}}{C_{e2} + C_{e4}} U_H$$

当 $U_1 = U_2$ 时，即为共模干扰电压。当 $U_1 \neq U_2$ 时，既有共模干扰电压，也有差模干扰电压。图 9-8(b)表示的是大电流导体的电磁场在双输入线中感应生成的干扰电势 E_1 和 E_2 亦有相似的性质。

当 $E_1 = E_2$ 时，产生共模干扰；

当 $E_1 \neq E_2$ 时，既有共模干扰电势，也有差模干扰电势 $E_n = E_2 - E_1$。

(3)由于不同的接地电位引起。当被测对象与测量仪器相隔较远，不能实现公共的"大地点"接地时，如图 9-9 所示，形成电压 U_{cm}，造成共模干扰。

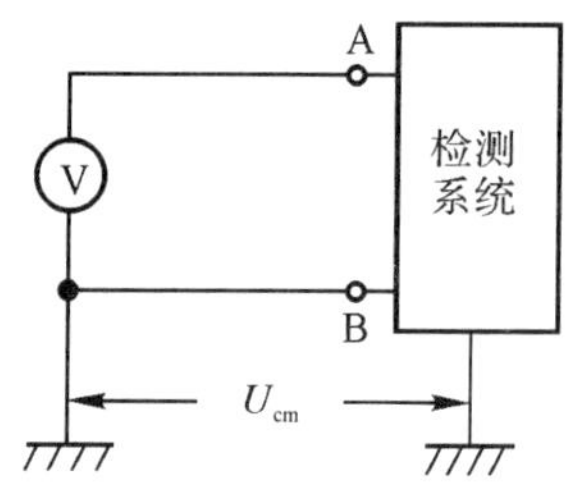

图 9-9　共模干扰示意图

测量仪器抗共模干扰能力用共模干扰抑制比 CMR 表示：

$$\text{CMR} = 20\lg \frac{U_{cm}}{\Delta U_c} \tag{9.4}$$

式中，U_{cm} 为共模干扰源的电压峰值；ΔU_c 为共模干扰引起的仪器电压示值的变化。CMR 值越大，表明测量仪器抗共模干扰的能力越强。

9.3.3　辐射干扰

辐射干扰主要是电磁脉冲辐射干扰。电磁脉冲(EMP)产生于瞬态的电磁场变化。电磁脉冲大致分为三种：第一种为系统产生的电磁脉冲，第二种为雷电脉冲，第三种为核电磁脉冲。

系统产生的电磁脉冲是最常见的脉冲现象，在测试系统的工作环境中，往往存在各种电气控制装置和电气运行装置。这些装置一般都是感性负载，如交直流继电器、交直流电磁铁和交直流电机等。这些感性负载的控制器件，有触点式开关，也有电子式开关(又称无触点开关)。

无论哪一种控制器件，当其断开或接通负载的供电电源时，都将在电感线圈的两端产生高于电源电压数倍到数十倍的高电压。这一高达百伏甚至数千伏的冲击电压，不仅能使触点或控制器件的触点间产生电击穿，出现飞弧放电和辉光放电现象，而且也能使电子开关产生破坏性击穿，同时，还能够产生对低电平电子系统危害很大的高频电磁辐射。因此，为区别来自系统外部的电磁脉冲辐射，特将此类电磁脉冲归类为系统产生的电磁脉冲。

雷云放电是一种自然现象，这种现象已为人们熟知。雷云放电具有热效应、机械效应和电磁脉冲效应（静电感应、电磁感应和行波及干扰效应）。其中尤以电磁脉冲效应对系统影响最大。静电感应是在出现雷云放电前，雷云及随后的先导阶段中的通道与大地之间形成了一定的电场，此时位于其中的金属物体会出现与雷云异号的感应电荷，一旦发生了雷云放电，该物体上的电荷来不及泄放，本身就会出现很高的对地电位，就可能引起对其他物体的火花放电。电磁感应是指在雷击时，主放电的电流幅值很高，陡度很大，雷电通道就像一条良好的发射天线，当雷电电流流经通道时，会在周围空间辐射出强大而变化迅速的电磁场的现象。处在辐射范围内的金属物体因此而感应到高幅值的脉冲电压或电流，并对与该物体相连的电子设备造成危害。行波及干扰效应是指在雷电直击电子设备电路时，除通过热和机械效应可能造成电路损坏外，还会在电路上形成行波，行波可能由上述的静电和电磁感应引起，不论是雷电直击或雷电感应所形成的行波场都会沿线路向两边传播，危害校远处的设备、影响设备正常工作或产生危害人体健康的音响冲击。

核武器爆炸时产生的杀伤破坏效应有冲击波、热辐射、核辐射和放射性污染等。此外，这些主要效应作用于周围环境也会产生一些其他次级效应。

雷电脉冲产生于雷电放电的瞬间，核电磁脉冲产生于核武器爆炸的瞬间。一般地讲，核电脉冲的强度和影响范围都比雷电脉冲大。然而，无论何种形式的电磁脉冲，都伴随着很强辐射产生。即使在传导线路中（非辐射装置）产生的电磁脉冲，也会沿传输导线或从其产生空间向外辐射脉冲电磁场，干扰附近甚至远处的电子设备。因此，电磁脉冲辐射干扰的强度大、频谱宽，干扰危害更大。

9.4　接收器的敏感性

接收器的敏感性是构成电磁干扰的三要素之一。简单地说，系统和设备对电磁干扰产生了敏感，就是系统和设备出现了一些不希望的响应。这些响应有以下几个方面。

(1)过载。过载是由于有用信号的幅度上升而使该信号的通道进入饱和状态，这样它对输入信号就不再会产生输入响应。

(2)闭锁。闭锁是当不需要的信号进入通道时而使通道失效。

(3)偏移。偏移是指系统或设备的输出偏离了正确的位置。偏移既可能由传导干扰造成，也可能由辐射干扰造成。干扰可能是系统内部的，也可能是来自系统外部的。允许的偏移总是存在的，只有超出偏移误差的要求才是不希望的，所以要有一个偏移的容许误差。

(4)高频介质加热。高频时，介质材料会反复极化振动和摩擦而发热，称为高频介质加热。在大功率干扰源（例如雷达）的照射下，由于高频介质加热，可能使导弹上的电爆管起爆。

(5)电阻热。当交流或直流电流流过电阻性器件时，热损耗的能量为 I^2R。热能够作为不需要的信号起作用，并能引起器件发热。正常的情况下，器件是不会过热的。但在存在高频的情况下,就不能把直流电阻与高频电阻等同起来。

(6)火花击穿。在绝缘的电路或者是浮地的电路上,容易积累静电电荷。这种静电积累可建立起很高的电压,以致击穿绝缘材料——火花击穿。例如,未接地的变压器次级给未接地的放大器栅极馈电,有时会出现错误。再比如,电爆管的点火屏蔽电缆,如果不接地或接地不良,电爆管易遭受火花击穿,引起意外爆炸。

(7)假触发。无论是传导干扰信号还是辐射干扰信号都容易引起触发电路的假触发。

(8)假信号。落入设备通带内,不需要的信号是假信号。所以,当估计设备会对假信号发生敏感时,首先要考虑设备的带宽。

(9)削波。削波能够在解调器和检波器中产生意外的影响。为了获得线性检波,要求检波器输出响应输入信号的包络。线性二极管检波器被广泛应用,因为它具有产生较少谐波畸变的优点,特别是在大调制度的情况下。但是检波用的阻容时间常数应该恰当,如果太大,输出的负峰值将被削掉,从而产生谐波和畸变。如果后面的电路对此敏感,则将出现不需要的响应。

(10)限幅。限幅是使有用信号的波峰功率、电压幅度限制在一定范围内,从而使波形畸变。典型的例子是稳压二极管,当反向电压超过"雪崩击穿"点时,将使电压幅值限制在稳压值上。由于限幅会产生一些新的较高的频率,如果网络对这些频率敏感,就会产生假输出,调谐电路也可能在这些频率上出现寄生谐振。当限幅作用很强时,信号的波形会更陡,产生的频率会更高更多。这些频率分量耦合到变压器、电阻器、放大器和杂散电容等上面,从而使设备敏感。

9.5 一般的抗干扰措施

抗干扰要从干扰形成的"三要素"着眼,一般采取三方面的措施。

1.消除或抑制干扰源

消除或抑制干扰的积极措施是消除干扰源,降低干扰源的电平。例如,使产生干扰的电气设备远离测试系统,将整流子电动机改为无刷电动机,在继电器、接触器等设备上增加消弧装置等。

2.破坏干扰途径

增加干扰源到接收电路或者感受器之间干扰传播的路径,提高干扰衰减量。

对于电路形式的侵入干扰,可采取诸如提高绝缘性能的方法以抑制泄漏电流的干扰途径,采取隔离变压器、光电继电器等切断电路干扰途径,采取滤波、选频、屏蔽等技术手段将干扰信号引开。

对数字信号可采取整形、限幅等信号处理方法切断干扰途径。数字电路在导弹系统及其测试系统中应用日益增多。数字电路的特点是动作能耗小、翻转速度快、信号电平低,所以,外部干扰容易影响其正常工作。数字系统对干扰噪声有一定的容限,可以利用数字系统的存储功能、判断功能和运算功能,使系统能够识别错误操作、错误状态和错误信息,使数字电路对它们不响应,或者避开干扰信号出现的时间,使数字电路始终保持在有效工作状态,从而提高系统的抗干扰能力。

由于模拟电路的高压会产生静电感应,因此应尽可能缩短信号的引线,并做好屏蔽与接地。

对于电源系统的噪声，可通过安装输入滤波器抑制。输入滤波器不仅能够抑制串模干扰，还可抑制共模干扰，有的线路具有双向滤波作用等。

对于电磁场形式侵入的干扰，一般采取各种屏蔽措施，例如，静电屏蔽、磁屏蔽和电场屏蔽等。

对于测试装置整机的抗干扰措施包括外壳屏蔽、安装线路滤波器、电源屏蔽、变压器的原侧屏蔽层接保护地和副侧屏蔽层接屏蔽地。

3. 削弱接收电路对干扰的敏感性

高输入阻抗的电路比低输入阻抗的电路易受干扰，模拟电路比数字电路抗干扰能力差等，这些都说明，对于被干扰对象来说存在着对干扰的敏感性问题。在电路中采用选频措施可削弱电路对全频带噪声干扰的敏感性；在电路中采用负反馈可削弱电子装置内部干扰源影响；对信号传输线采用双绞线、对输入电路采用对称结构等措施，都可以削弱电子装置对干扰的敏感性。

上述措施中，具体对导弹测试设备而言，最常采取的抗干扰措施主要包括电气布线、屏蔽、接地、静电防护和滤波等。

9.6　布线的干扰及抗干扰措施

9.6.1　布线产生的干扰

在测试系统中，存在大量的电路印制板，电路印制板上的电源线、信号线等线路的布局，印制板上器件的空余管脚的安排，印制板间的电缆连接，测试设备与仪器信号传输线的连接等，如果考虑不周都会产生干扰，影响系统的正常工作。

1. 相邻导线传送信号时的串扰

在研制和加工电气设备时，完全按照理论设计的电路图来布线，未经过调试便能达到原设计性能指标的事例，是极为罕见的。不良的安装布线往往使设备性能变坏，甚至不能正常工作。理论化的印制电路与实物有较大差别。在理论设计时，均是假定每根导线流过电流时其电阻为零，但实际上导线是有电阻的，电阻值的大小与电阻的直径、长度以及工作时的温度有关。另外，当电流流过导线时，在其周围将产生磁场，导体本身具有自感，并和其他相邻的彼此绝缘的导体间还具有一定的寄生电容，本身设备对地也有一定的杂散电容。如果把电路中的实际情况都描绘出来，则如图 9 - 10 所示。

由图 9 - 10 可知，在电路图中，是把那些实际上存在的，数值一般来说是极小的 L_0，L_M，C_0，C_M，r_0 等均省略了，这在强电系统中是容许的。在电子线路中，虽然它们的量值很小，但在某些情况，如模/数转换电路中，有时会造成恶劣的影响。特别是在电路中频率较高时，由感抗 $X_L = \omega L$ 和容抗 $X_C = \dfrac{1}{\omega C}$ 所决定的等效参数（L_0，L_M，C_0，C_M）成为不可忽略的因素。两根平行相邻敷设的塑料导线，其间的寄生电容每米达数皮法到数十皮法，互感每米达数微亨。可见在高频和长线时这是不能忽略的。另外，当电流流过导线时，因导线有电阻也会发热。发热不仅使电阻值增大（或减小），而且导体中的电子也会出现热骚动而产生电的起伏和波动等。

下面分析由导线的等效参数和分布参数引起的线间串扰问题。例如图 9-10 中，当导线 g_1 传送信号时，在另一条相邻导线 g_2 将会感应出信号，这就是所谓的串扰问题。

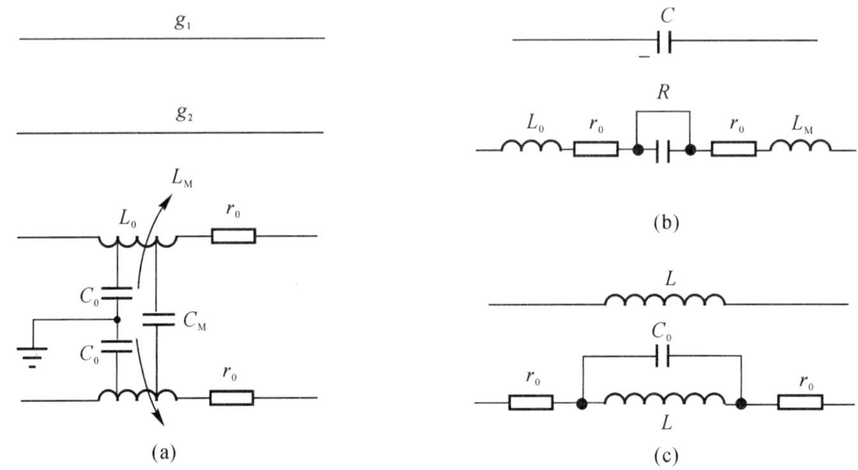

图 9-10　导线、电容、电感的等效参数

(a)导线及等效参数；(b)电容及等效参数；(c)电感及等效参数

串扰电压 V_N 由下式决定：

$$V_N = \frac{V_1}{1 + R_C/R_P} \tag{9.5}$$

式中，V_1 为 g_1 导线(发送线)上传送的信号电压；V_N 为 g_2 导线(接收线)上感应的噪声串扰电压；R_C 为导线 g_1 和 g_2 上的互阻抗(由 L_M 和 C_M 决定)；R_P 为导线的波阻抗。

由式(9.5)可知，串扰电压 V_N 的大小取决于导线的互阻抗与波阻抗的比值，该比值越大，V_N 越小。所以要减小串扰，必须增大互阻抗，减小波阻抗。波阻抗的定义式为

$$R_P = \sqrt{\frac{L_0}{C_0}} \tag{9.6}$$

式中，L_0 和 C_0 分别为导线对地的电感和电容。

通常以 $K = V_N/V_1$ 表示导线间的串扰系数。串扰系数值越大表示导线间的干扰越强。

下面分析常用的单线和双绞线的干扰能力。

2. 双绞线传送信号时的串扰

在双绞线中有一根导线是接地的，因此信号线等于是和地线紧密地绕在一起，C_0 较大。由式(9.6)知，其波阻抗较小，R_P 只有 100Ω 左右。由于双绞线中产生的磁感应对消效应(见图 9-11)，互阻抗比较大 ($R_C \approx 400\Omega$)，其串扰系数 $K=0.2$。

3. 单线传送信号时的串扰

(1)单线紧贴地线。这里所指的地线，在浮地系统中指的是直流地线。在这种情况下，由于导线对地分布电容 C_0 较大，导致波阻抗 R_P 较小，约为 50Ω，且两导线之间的磁耦合由于环路面积的减小而削弱，也就是互阻抗较大。例如，直径 1mm，相互紧靠在一起的两根导线，其互阻抗 R_C 约为 125Ω，据此可求得串扰系数 $K=0.29$。

(2)单线远离地线。这时 C_0 较小，波阻抗较大，$R_P = 200\Omega$。由于远离地线，磁耦合环路较大，故互阻抗较小，$R_C = 80\Omega$，可求得串扰系数 $K=0.7$。

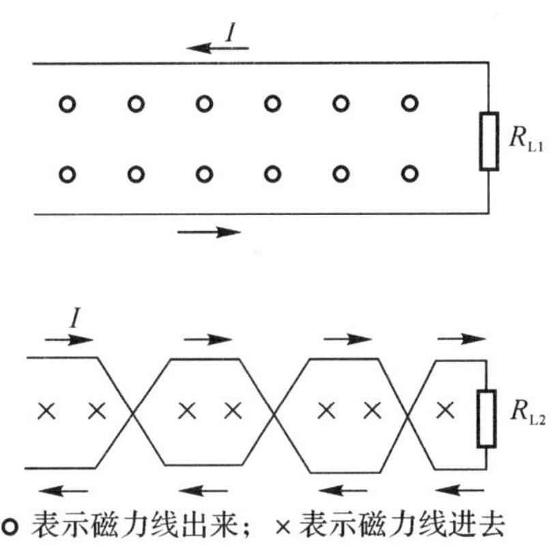

图 9－11　双绞线抑制磁耦合原理

4. 长传输线引起的串扰

在考虑布线的时候，除了上面谈到的线间串扰是布线需要考虑的一种主要干扰外，传输线的反射和延迟效应在工作频率较高和导线有相当的长度时也是不可忽视的一种干扰。在测试系统中，随着系统所采用的逻辑电路的工作速度不同，以及连接电路之间的导线长短的差异，还须考虑下列两种影响。

(1)信号在导线中传送所用的时间与电路的平均延迟时间的关系。信号在导线中传输是有时间延迟的。电信号在导线中的传播速度接近光速（3×10^{8}m/s），这样，对于 1m 长的导线，其电信号的传送时间约为 3.3×10^{-9}s，即 3.3ns，对于平均延迟时间为 10～20ns 的 TTL 元件来说是可以忽略的；但对 3m 长的导线，其延迟时间就相当于一级门电路的延迟，在线路设计时必须考虑进去。

(2)导线传送信号所需时间与门电路的输出脉冲边缘的跳变时间(即电路参数中的上升时间和下降时间)的关系。如果传送时间远小于跳变时间(比如 TTL 门电路的输出脉冲的跳变时间为 5～10ns，传送时间在 3ns 以下，即连线长度为 1m 以下时)，可认为输出门的输出端和负载门的输入端基本上是跟随的；反之，如果信号在导线上的传送延迟时间可与脉冲边缘跳变时间相比拟，或者比跳变时间还要长，就会出现输出门输出端电平跳变已经完成，而负载门输入端电平尚未开始跳变的情况，这个瞬间将会出现反射现象，引起有害干扰脉冲，使信号波形严重畸变，导致错误的逻辑操作。

综上所述，把能产生这种传输延迟以及反射现象的足够长的连接导线称为传输线或长线。所以对于不同的电路元件，作为长线或传输线的线长是不同的。具体地说，对于 TTL 电路，1m 以上的连线就应考虑反射，3m 以上的导线就需考虑时延；对于 HTL 元件，其时延参数为 100～200ns，是 TTL 电路的 10 余倍，所以只在连线长度为数 10m 以上时才作长线处理。对于 PMOS 电路，其时延参数和跳变参数均在微秒级，是 TTL 的 100 余倍，加之在实用中 PMOS 电路又不允许驱动长线(从减小容性负载角度考虑)，所以对它根本不需考虑反射影响。

9.6.2　布线及线路设计原则

在一个复杂的电子系统中，有各种各样的电源线、信号线、控制线和接地线，各种线缆交错，线径选择不合理，随意敷设，制作印制板时考虑不周，均会出于前述的原因带来干扰。因此，需要遵守一定的布线及线路设计原则，才能避免出现干扰。

1. 布线原则

(1)对不同的导线进行分类处理。一般对各种导线分为三类，也即三个等级，见表9-2。

表9-2 导线的分类

类别	说明
干扰线路	高电压或者大电流线路，容易干扰其他线路
一般线路	中电平线路，除了干扰线路和敏感线路外的其他线路。对敏感线路形成干扰，同时又接受干扰，成为传输线路的介质
敏感线路	低电平线路，容易受到干扰

在系统中，对于这三类有明显区别的不同等级的线路最有效的处理措施是：①使它们之间尽量远离；②使它们之间垂直交叉，尽量避免平行敷设；③尽可能地采用屏蔽。

例如，所有敏感线路与其他一般线路的距离至少间隔450mm。如果在需要装配紧凑的场合，不能满足上述远离要求，通过试验确定有干扰时，那么相互之间必须实施屏蔽。如果能使它们之间垂直交叉，就可以不用屏蔽或者隔离措施。

要注意采取“四分开”原则，即交流和直流线路严格分开，强电和弱电严格分开，不同电压和不同电流等级的线路要严格分开，输入、输出线严格分开。

(2)“线路短、非整体、扎线辫”的原则。

所谓线路短，就是要在尽可能的条件下，使电路之间的连线尽可能缩短。很明显，连线短了之后，在连线上所可能引起的各种干扰效应都会减弱。

所谓非整体，是指弱电系统不能像强电系统那样，追求整齐划一的排线方式，而应该按照有利于消除干扰的原则进行布线。这样，相对于强电系统的布线，势必会显得不是那么整体。但这里所说的非整体，并不是杂乱无章，也是有规律的，比如该交叉的交叉，该扭绞的扭绞，处理得当，也可以布设得整齐美观。

所谓扎线辫，指的是对于同一类型线路的导线束，不宜采用捆扎或胶排的办法(当然，在线束端部极短的一段内是可捆扎和胶排的)，而要采用编辫子的方法做成辫线，这对于抑制磁耦合是有利的。

(3)贴地原则。当系统地线处理方案采用共地时，应使所有线路尽量沿地敷设(这里的“地”包括地面、金属柜体和地线等)。

当系统的地线处理方案采用浮地时，则所有线路均应以此“浮地”为地而沿浮地设置的直流地敷设，且应尽量避免沿交流地敷设。

正确的贴地措施对于减小环路面积、抑制磁感应耦合是有利的。

2. 线径选择原则

线径选取要考虑四要素，即温升、电压降、趋肤效应和机械强度。

(1)与强电系统一样，为了防止由于导线温度升高而使绝缘性能劣化而造成漏电，必须考虑温升指标。

(2)与强电系统配线不同，在导线使用过程中还必须考虑在导线上的电压降影响。对流过大电流的电源线、地线以及较长的传输线尤其要注意这个问题。

(3)如果简单地用导线表中所给出的容许电流值来设计使用，而不考虑导体中流过高频电流时产生趋肤效应的影响，就难以发挥所希望的功能，或者造成误动作，或者不能获得足够的功率。

所谓趋肤效应是指当导体中有交流电或者交变电场时，导体中的电流分布不均匀，电流集中在导体的“皮肤”部分，也就是说电流集中在导体的外表薄层，越靠近导体表面，电流密度越大，导体内部实际上电流很小。结果使导体的电阻增加，使损耗功率也增加。而在计算导线的电阻和电感时，假设电流是均匀分布于它的截面。因此，产生趋肤效应后，考虑导体的电阻和电感是不准确的。趋肤效应产生的原因主要是变化的电磁场在导体内部产生了涡旋电场，与原来的电流相互抵消。

为了满足以上温度升高、趋肤效应和电压损失方面的要求，选用线径的大体标准是：对于直流或低频线路可不考虑趋肤效应的影响，主要考虑电压降。如果是电源总线，可按在母线上的电压损失要小于 0.1V 来确定线径，而对于一般的直流或低频线路，容许电流取电线表电流的 20%左右为宜。对于频率高于 100Hz 的高频线路，必须考虑趋肤效应，容许电流取电线表电流的 7%～10%为宜。例如直径 1.0mm 的导线，电线表上容许电流值为 16A，对于低频线路，容许电流值可取 3A 左右；对于高频线路，容许电流值只能取 1～1.6A。

(4)在某些系统中的不少线路，若从温升、电压降和趋肤效应三方面来看，很细的导线即可满足要求。这在系统的某些地方是可以的，但还有不少地方，特别是走线较长、线束较细或需经常活动的地方，就必须从机械强度方面考虑，适当加粗线径。

3. 印制电路板设计的布线原则

印制电路板是系统中大量存在的用于连接线路、安装电子元器件的载体，其对系统的抗干扰性能影响很大。

对于信号线，要采取减小杂散电容和磁场耦合的措施；对于印制电路板的地线布置，也应该按照相应的地线布置原则实施。

为了减小杂散电容，可采用跨接线。根据电路板电路图的要求，在绘制印制电路板的过程中，有时为了走通一两根线需要走许多弯曲的线路，从而导致线路长距离平行敷设。遇到这种情况，应把这一两条信号线用外接绝缘线跨接起来，这样的线叫跨接线，而不用印刷线。但这是对在经过精心布置之后仍不能妥善处理的个别线的处理方案，而不是轻易地在印制电路板上设许多跨接线。

对于印制电路板上某些容易接收干扰的重要信号线，如其与某些能够产生干扰或传递干扰的线路平行敷设较长距离时，可在它们之间设置一根接地或接电源的线条，借以实现屏蔽，减小二者之间的杂散电容。

对于双面布线的印制电路板，一般均设计成两面为不同坐标方向的线条，例如正面为垂直线条，反面为水平线条。如果在设计时有意识地避免容易串扰的两个线路平行布设，而使它们分处在正反两面，垂直交叉，则对于抑制干扰是颇为有利的。另外，对放大线路的两个输入端的进线线条处理得当，也能获得较好的抑制磁场感应的效果。

9.7 屏蔽技术

在设计电子设备时，既要使该设备产生的电磁干扰限定在某个范围之内，以免影响其他应用系统，同时又要使设计的系统在某个给定的空间内防止或减小外部干扰的影响。解决的办法是采用屏蔽技术。

所谓屏蔽技术是指用铜或银等低阻材料或者使用磁性材料制成的容器，将需要隔离的部分包围起来，以防止电磁的相互作用，使信号不受外界电磁信号干扰同时不干扰外部设备的一种抗干扰技术。这是因为铜或银属于非磁性物质，可以隔离内外电磁场，常用于敏感线路的抗干扰。

屏蔽的目的就是隔断“场”的耦合，即抑制各种“场”的干扰。屏蔽可分为电磁屏蔽、静电屏蔽和低频磁屏蔽等几种。

低频磁屏蔽是指在低频磁场干扰下，采用高导磁材料作屏蔽层，以便将低频干扰磁力线限制在磁阻很小的磁屏蔽体内，以防止其干扰作用。在干扰严重的地方，常使用复合屏蔽电缆，其最外层是低磁导率、高饱和的铁磁材料，内层是高磁导率、低饱和的铁磁材料，最里层是铜质电磁屏蔽层，以便一步步地消耗干扰磁场的能量。在工业中常用的办法是将屏蔽线穿在铁质蛇皮管或普通铁管内，以达到双重屏蔽的目的。

屏蔽一般是指静电屏蔽和电磁屏蔽，尤其是指电磁屏蔽。

9.7.1 静电屏蔽

静电屏蔽是为了防止静电场的影响，利用高电导率金属材料容器，使其内部的电力线不传播到外部，同时也不使外部电力线传到内部的一种屏蔽技术。在某些情况下，把静电屏蔽作为电磁屏蔽的一种特例。

由静电学原理可知，处于静电平衡状态下的导体内部各点等电位，即导体内部无电力线。静电屏蔽就是利用与大地相连接的导电性能良好的金属容器，使其内部电力线不外传，同时外部的电力线也不影响其内部，从而起到隔离电场的作用。使用静电屏蔽技术时，应注意屏蔽体必须接地，否则虽然导体内无电力线，但导体外仍有电力线，导体仍受到影响，起不到静电屏蔽作用。例如，在电源变压器一次与二次绕组之间插入一个梳齿形导体并将它接地，以防止两绕组间的静电耦合，就是静电屏蔽的典型例子。

静电屏蔽的作用是消除两个电路之间由于分布电容的耦合而产生的干扰。静电感应对在高压电场中的高输入阻抗电路是一种主要干扰。

静电屏蔽必须具备两个基本要点，即完整的屏蔽导体和良好的接地，如图 9-12 所示。

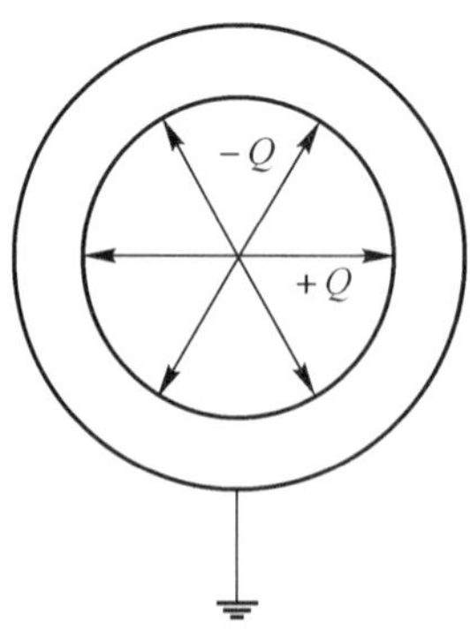

图 9-12　静电屏蔽

9.7.2　电磁屏蔽

电磁屏蔽是指采用导电性能良好的金属材料做成屏蔽层，利用高频干扰电磁场在屏蔽金属内会产生涡流，利用涡流磁场抵消高频干扰磁场的影响，从而达到防护高频电磁场的目的。

工作在高频频段的电气、电子设备或系统中的各电路及元器件有电流流过的时候，会在其周围空间产生磁场，又因为电路和各元器件上的各部分具有电荷，故其周围空间会产生电场。进一步地，这种电场和磁场作用在周围的其他电路和元器件上时，在这些电路和元器件上就会产生相应的感应电压和电流。而这种在邻近电路、元器件和导线中产生的感应电压和电流，又能反过来影响原来的电路和元器件中的电流和电压。这种干扰往往使电气、电子设备或系统的工作能力降低，有时甚至不能正常工作，是一种极为有害的电磁现象。电磁屏蔽就是用屏蔽体来阻挡或减小电气、电子设备或系统间电磁场的相互耦合的方法，它可以改善单个装置、设备或系统的电磁兼容性，从而防止高频电磁干扰。在实际中，电磁屏蔽可以处理很多电磁干扰难题，而电磁屏蔽的最大优势就是既可以将电磁辐射强度控制在安全范围之内，同时又不需要重新设计电路，实用性非常强。因此，在减少有害电磁波的众多措施中，电磁屏蔽占有十分重要的地位。

1. 电磁屏蔽的表征

电磁屏蔽的效果用电磁屏蔽效能来表征。设不存在屏蔽时空间防护区的电场强度或者磁场强度为 E_0 或者 H_0，存在屏蔽时的电场强度或者磁场强度为 E 或者 H，那么电磁屏蔽的效能 T 为

$$T=\frac{E_0}{E}$$

或者

$$T=\frac{H_0}{H}$$

2. 电磁屏蔽原理

电磁屏蔽主要用来防止交变场的影响。电磁屏蔽一般指高频交变电磁屏蔽。

在交变场中，交变电场和交变磁场总是同时存在的。在频率较低的条件下，交变电磁场在近场表现较为突出，但电场和磁场的大小在近场随着干扰源的性质不同而存在很大的差别。一般而言，对高电压小电流干扰源应以电场干扰为主，磁场干扰可以忽略不计，此时就可只考虑电场屏蔽；反之，针对低电压大电流干扰源，则电场干扰可忽略不计，以磁场干扰为主，只考虑磁场屏蔽。近场电场屏蔽的必要条件是采用高电导率金属屏蔽体并采取接地措施。低频磁场由于其频率低，趋肤效应很小，吸收损耗小，并且由于其波阻抗低，反射损耗也很小，因此单纯靠吸收和反射很难获得很高的屏蔽效能。

对于这种低频近场磁场，可采用电工纯铁、硅钢片、坡莫合金等高磁导率材料实现磁屏蔽或提供磁旁路，增加屏蔽体厚度或者采用多层屏蔽，屏蔽体无须接地。如图 9-13 所示，由于屏蔽材料的磁导率很高，因此为磁场提供了一条磁阻很低的通路，空间的磁场会集中在屏蔽材料中，从而使敏感器件免受磁场干扰。根据这个原理，可以利用如图 9-14 所示的等效电路来计算磁屏蔽效果。图 9-14 中用两个并联的电阻分别表示屏蔽材料的磁阻和空气的磁阻，用电路分析方法计算磁场分流，由此可计算出屏蔽效能。显然，屏蔽体分流的磁场分量越多，则

屏蔽效能越好。

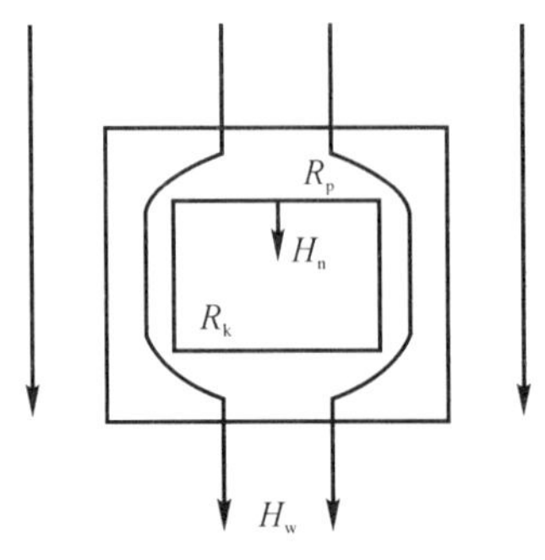

图 9-13　磁旁路图

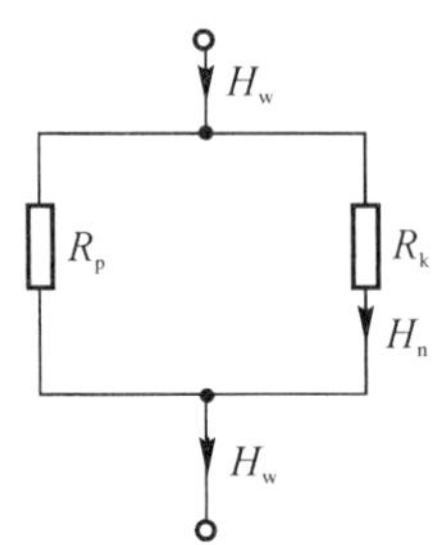

图 9-14　磁旁路等效电路图

在频率很高的情况下，电磁辐射能力增强，产生了辐射电磁场，趋向于远场干扰。远场干扰中的电场干扰和磁场干扰都不能忽略，既要进行电场屏蔽，也要进行磁场屏蔽，即电磁屏蔽。远场电磁屏蔽可采用高电导率材料制成的屏蔽体，并良好接地。这种屏蔽措施对近场高频电磁屏蔽效果也不错。

如果需要屏蔽的磁场强度很强，此时单独使用高磁导率材料就会在强磁场中饱和，丧失屏蔽效能，而使用低磁导率材料，由于吸收损耗不足，则不能满足要求。针对这种情况，可考虑多层屏蔽。图 9-15 所示为双层屏蔽。

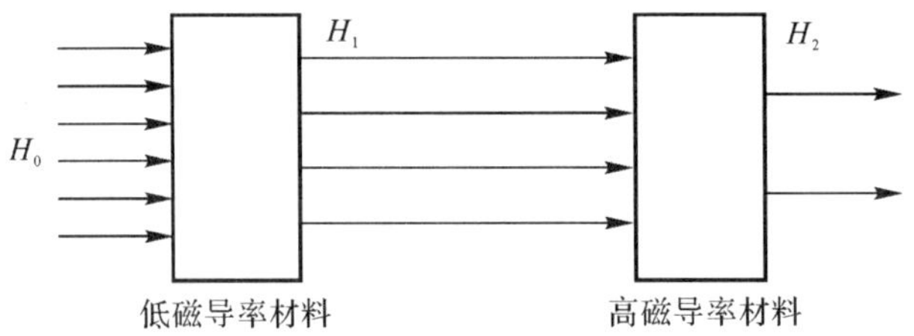

图 9-15　双层屏蔽

第一层屏蔽体磁导率低，不易饱和；第二层屏蔽体磁导率高，容易饱和。第一层屏蔽先将磁场衰减到一定的强度，不会使第二层饱和，第二层高磁导屏蔽体再做一次屏蔽，充分发挥其屏蔽效能。

3. 常用屏蔽材料

常用的屏蔽材料主要有标准金属和铁磁材料、亚铁磁性材料、导电高分子材料、铁电材料、复合材料、薄膜和导电涂料、结构材料、导电纸、纳米材料等。

(1)标准金属和铁磁材料。一般金属材料，如铜、铝、铁、金、银及其他合金等皆可作为屏蔽材料，或者使用铁磁材料。但由于铁磁性材料在频率很高时，会发生严重的磁损耗，致使磁导率大为降低，所以在频率较高的情况下采用导电性能良好的材料作为屏蔽体更为合适，其中最为常见的是铝合金材料。

金属材料的电导率、磁导率并不是固定不变的，会随外加电磁场、频率、温度等变化而发生变化。不同厚度的材料的频率特性也不一样，比如高磁导率材料具有如下性质：①磁导率随着频率的升高而降低。②高磁导率材料在机械冲击的条件下会极大地损失磁性，导致屏蔽效能下降。因此，屏蔽体在经过机械加工后，如敲击、焊接、折弯、钻孔等，必须经过热处理以恢复其磁性。③磁导率还与外加磁场强度有关。当外加磁场强度较低时，磁导率随外加磁场的增强而升高；当外加磁场强度超过一定值时，磁导率急剧下降，材料发生了饱和现象。一旦饱和，就失去了磁屏蔽作用。材料的磁导率越高，就越容易饱和。因此，在强磁场中，高磁导率材料可能并没有良好的屏蔽性能。在选取屏蔽材料时，关键之处是选择同时具有适当饱和特性和足够磁导率的材料，或者在一种材料屏蔽体难以满足屏蔽效能时，就要采取双层屏蔽或多层屏蔽。

磁屏蔽需要高磁导率材料，尤其在低频时，高磁导率材料的磁屏蔽效能高于高电导率材料。但在高频时，高电导率材料的磁屏蔽效能就可能高于高磁导率材料。频率升高时，吸收损耗增加，磁导率降低，波阻抗升高，反射损耗增加，因而屏蔽效能就高。所以可以在高磁导率材料表面涂覆高电导率材料，以增大屏蔽效能。磁屏蔽效能与材料的厚度、磁导率成正比，而磁导率还与频率有很大关系，当频率升高以后磁导率下降，因此，测量频率一般在1Hz以下。

(2)亚铁磁性材料。亚铁磁性材料是一类应用于高频领域的陶瓷类材料。亚铁磁性材料通常划分为石榴石和铁氧体，后者在屏蔽领域中应用得更为广泛，因为铁氧体的相对磁导率较大，损耗也较大。在屏蔽应用中，考虑到铁氧体的最大损耗值，主要将它用于吸收入射电磁场。一旦反射场穿透腔状结构时，铁氧体在削弱腔状结构内部反射场方面非常有用。

(3)铁电材料。从化学的观点来看，铁电材料可能是陶瓷的、单体的或聚合的金属酞菁。此类材料有三大特点：各向异性、功率损耗、主要参数对温度变化较为敏感。在屏蔽应用中，铁电材料可用于将电位移矢量从指定区域分离出来。一般情况下，当介电常数较大时，铁电材料通常用于吸收入射电磁能。

(4)薄膜和导电涂料。目前的技术使得适合屏蔽用途的材料可以制成薄膜状，这些材料的厚度范围从1μm到数十微米不等。与厚的屏蔽材料相比，薄膜类电磁屏蔽材料在重量和成本方面具有较大的优势。人们有时会选择这种屏蔽方案，因为它便于接地或提供静电放电路径；而在通常情况下，只有当频率高于数十兆赫兹时，薄膜类导电层的屏蔽性能才能为人们所接受。对于屏蔽应用来说，导电喷涂是最为常用的渗镀技术，至少，当仅需要对单层进行处理时是如此。最常用的喷涂类型通常是基于银、镀银铜或两种类型的综合，可以实现比较理想的屏蔽性能。

(5)结构材料。在不改变水泥化学特性的前提下，将各类炭纤维或金属(一般是钢或镍)纤维或长丝加到水泥中，会大大提高其屏蔽性能，尤其是当频率高于1GHz时。

(6)导电高分子材料。导电高分子是一种非常被研究人员看好的用于屏蔽电磁辐射的材料。研究表明，与铜相比，高导电物掺杂聚苯胺的屏蔽效率要高得多。由于导电高分子材料的电导率及介电常数比较高，且易于通过化学处理的方法对这些参数进行控制，因而它们可以减少电磁辐射。

(7)导电纸。导电纸通常是将木浆或合成浆与金属分子纤维混合后得到的，其表面通常镀有镍或铜镍，当金属含量达到15g/m^{2}时，在30MHz的频率之上就能得到理想的性能。

(8)纳米材料。由纳米粒子或纤维构成的材料称作纳米材料，这种材料的尺寸小于100nm。目前，人们正在通过使用纳米材料可调的本构参数，对纳米材料应用于电磁领域的可能性进行研究。

4.导线屏蔽

实践表明，干扰波的传播途径大多数都是由连接各电路的导线辐射的，而且这种干扰波是从有电流通过的导线上辐射，因此有必要对导线进行屏蔽，以阻止导线上电流产生的电磁干扰向外辐射干扰其他敏感设备，或者抵御外部干扰源辐射的干扰波。在测试系统中使用较多的往往是低电平信号导线，这些导线对外部辐射电磁波很敏感，因此有必要将这些导线屏蔽起来，防止电磁干扰。导线屏蔽大致分为：①铠装电缆，即利用铁皮编织或铝皮编织制成铠装导线将芯线包起来，既增加强度、保护导线，又起到电磁屏蔽作用，主要用于电力电缆中。②铜丝编织屏蔽线，即利用铜丝编织同轴电缆的外导体屏蔽层，将芯线包裹、屏蔽起来。屏蔽线分单芯电缆、多芯电缆，主要用于远距离传输信号电平。另外，在某些场合还可使用铜管、钢管、铝管等作为导线管，套在导线外起屏蔽作用。

5.外壳屏蔽

外壳屏蔽也称为机箱屏蔽，是将外壳制作成一种局部或完整的包围体，利用它对电磁波产生的衰减作用，来降低外部场在其内部产生的场或降低其内部场在外部产生的场。其目的有两个方面：一是主动屏蔽，即将机箱内部产生的有害电磁波控制在某一范围内，目的是防止噪声源向外辐射；二是被动屏蔽，即防止外来的电磁辐射进入被屏蔽区域，使易受干扰的电子设备免受电磁噪声的影响。

如果将外壳作为一个屏蔽体，那么就要遵循一定的规则对外壳进行屏蔽处理，并不是随意用金属做一个机箱，罩在电子设备外面，就能起到电磁屏蔽作用。实际电磁屏蔽体结构材料制作选取应当遵循以下原则。

(1)适用于底板和机壳的材料大多采用金属良导体，如铜、铝等，可以屏蔽电场，主要的屏蔽机理是反射而不是吸收信号。

(2)对磁场的屏蔽采用铁磁材料，如高磁导率合金和纯铁等，主要的屏蔽机理是吸收而不是反射。

(3)在强电磁环境中，采用双层屏蔽，同时屏蔽电场和磁场两种成分。

(4)对于塑料外壳，为了使其具有屏蔽作用，通常用喷涂、真空沉积和贴金属膜技术，让机箱上包一层导电薄膜，这种屏蔽称作薄膜屏蔽。由于薄膜屏蔽的导电层很薄，吸收损耗可以忽略不计，以反射损耗为主。

从理论上讲，影响屏蔽体屏蔽效能的因素有两个：一是整个屏蔽体表面必须是导电连续的，另一个是不能有直接穿透屏蔽体的导体。也就是说，用金属板做一个密闭的容器，其屏蔽效果最好。而实际上，由于某些需要，在金属板材接缝处难免存在缝隙，在外壳上需要开设电源线、控制线及信号线等的出入孔。另外，为了维修、安装附件、进出冷却水、散热等要求，也要在外壳上开设孔洞。另外，诸如外壳连接处的涂覆层以及橡皮垫圈等，这些为绝缘体。或者在机壳使用一段时间后连接处生锈、腐蚀，会使接触状态变差。总而言之，诸多因素都能使外壳的导电不连续，孔缝破坏了屏蔽体的完整性，从而造成电磁泄漏，降低金属壳体的屏蔽效能。它们为场的穿透制造了附加的渠道。比如，常见的屏蔽机箱，都会或多或少地存在着缝隙与孔洞，因此而降低了屏蔽效能，如图9-16所示。

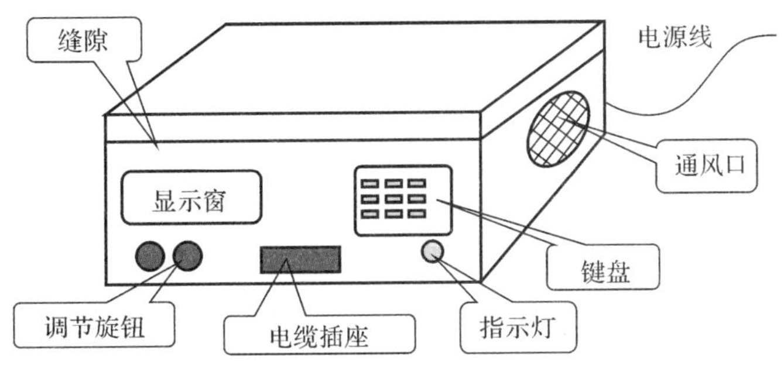

图 9-16　常见的带有缝隙与孔洞的屏蔽机箱

因此，外壳屏蔽技术的关键是如何保证屏蔽体的完整性，使其电磁泄漏降低到最小程度。抑制外壳电磁泄漏，在某些情况下，还需要考虑材料的厚度。通常采取下面一些措施：①接缝。屏蔽壳体上的永久性缝隙一般采用氩弧焊密封焊接。对于非永久性缝隙，通常采用螺钉、螺栓或铆钉在连接处紧固连接。在安装之前必须将接缝处理干净，刮掉接触部分的涂覆层，使其导电良好。为了更好地提高屏蔽效能，目前导电衬垫已被广泛用于接缝连接处，可以消除配合面不平整或变形接触不可靠现象。常用的导电衬垫有卷曲螺旋弹簧、金属丝网屏蔽条、铍铜指形簧片、导电橡胶等。②通风孔。机壳上需要开通风孔，以满足散热要求。通风孔如果处理不当，会产生很大的电磁泄漏，一般采用穿孔金属板或者金属丝网覆盖通风孔，来减少电磁泄漏，提高屏蔽效能。另外，研究和试验表明，如果孔洞或缝隙的最大线性尺寸是干扰源半波长的整数倍，那么从孔缝中辐射出去的干扰电磁波的量将达到最大，所以屏蔽机箱上的孔洞和缝隙的最大线性尺寸要小于 $\lambda/10$。③传输线。必须对传输线进行屏蔽，传输线的屏蔽外皮必须伸入到外壳或连接器内部。④开关、表头安装孔。外壳上有时因需要安装开关、保险丝座、插头、表头等元件而开孔。伸出外壳的开关要通过导电衬垫与外壳连接起来。⑤外壳厚度。在低频时，想要获得较大的屏蔽效能，板材的厚度需要做得较大。但是高频情况下就不需要较厚的板材，因此屏蔽高频段的电磁波不需要考虑屏蔽体的厚度，考虑其他影响因素即可。

静电屏蔽和电磁屏蔽导体必须接地。如果单是电磁屏蔽，即使不接地，对防止漏磁也是有效的。但是由于导体并未接地，便增加了静电耦合，即增加了对干扰电压的感应。所以尽管是电磁屏蔽，还是接地为好。

电磁屏蔽的必要条件是在屏蔽导体内流过高频电流，而且电流必须在抵消干扰磁通的方向上。单是静电屏蔽时，可以在屏蔽导体上任意开缝。利用这个原理，在高频或低频变压器的初级和次级线圈间进行静电屏蔽时，可以在屏蔽金属板上开几条缝，以防止涡流损耗。

为了更好地提高屏蔽效能，应根据具体情况，针对电磁屏蔽和静电屏蔽的差异性，采取不同的屏蔽措施。

9.8　接地技术

像导弹这样复杂、采用多种频段的电子设备的系统，在测试、维护以及试验时需要接入各类仪器设备和外接电源电网，为了防止干扰，保护导弹及其测试设备及避免人身伤害，需要对导弹及其测试设备、供电设备等进行良好的接地。

接地是指将一个点与某个电位基准面用导体连接起来建立低电阻的导电通道。在电子线路和设备中，“地”指一个良好的导体，以其作为参考点，才能比较信号的大小。理想的“地”是个零电位、零阻抗的良导体。数字电路中的逻辑电平也是相对于参考点而言的。

接地的目的有两个，一是防止电流危及人体安全；二是防止对电子设备产生干扰，使仪器工作稳定。

这里的“地”通常指以下两种：一种是“大地”（安全“地”），另一种是“系统基准地”（信号“地”）。接地类似于大地测量中建立海平面的零高程，就是建立一个电压为0V的基准。

接地是一种技术措施，它起源于强电技术。电子检测装置中的“地”是指输入与输出信号的公共零电位。在电子检测装置中的所谓接地，就是指接电信号系统的基准电位。接地是提高各种电气及电子设备电磁兼容能力的重要措施之一。如果接地方法使用得合适，不仅可使设备免受外界干扰，也可减少设备本身产生的不必要的对外干扰（这种接地称为系统地或者信号地），同时还可以保证人身的安全（这种接地称为保护接地）。

9.8.1 接地类型

接地类型有多种划分方法。

1. 按照接地的目的划分

按照接地的目的划分，主要有保护接地和工作接地两种类型。

保护接地的目的是为了避免当设备的绝缘损坏或性能下降时，系统操作人员遭受触电危险和保证系统安全。工作接地的目的是为了保证系统稳定而可靠地工作，防止地环路引起干扰。

2. 按照接地点位置的数量划分

按照接地点位置的数量划分，有一点接地和多点接地两种类型。

(1)一点接地。一点接地是指系统或者设备选取一个接地点的接地方式。一点接地有单元电路的、电路间的和设备间的一点接地。一般来说，对于低频电路常采用一点接地方式，因为在低频电路中，印制电路板的布线和元器件间的电感并不是大问题，而公共阻抗耦合干扰的影响较大，因此，常采用一点接地方式。一般来说，频率在0～1MHz之间时，采用一点接地方式；频率在1～10MHz之间时，如果采用一点接地方式，其地线长度不要超过波长的1/20，否则应采用多点接地方式。

一点接地时，接地使用导线长，接地线本身的阻抗可观，对于高频信号接地效果不好，其优点是可以抑制传导干扰。

(2)多点接地。多点接地是指系统或者设备根据信号类型或者布线方式的不同，选取多个接地点的接地方式。多点接地方式是一种重复接地，各电路和设备有多点并联接地，因为可以就近接地，接地导线短，可以减少高频驻波效应，一般用在大电网供电和频率较高的电路中。因为接地线的长度与接地线引起的感抗及信号的频率成正比，工作频率高，将增加共地阻抗，从而大大增加共地阻抗产生的电磁干扰，所以要求接地线应该尽量短。采用多点接地时，尽量选取最接近的低阻抗值接地。

在高频、甚高频时，尤其当线的长度等于1/4波长的奇数倍时，地线阻抗就会变得很高。这时的地线就变成了天线，可以向外辐射电磁波噪声信号。为了防止辐射，这时的地线长度应小于1/2信号波长，并且要尽量降低地线的阻抗。实验表明，在超高频时，地线长度应该小于

25mm，并且要求地线作镀银处理。

在多点接地系统中，出现了多个地回路，公共地中的 50Hz 市电网容易经公共地回路耦合到信号回路中去，这是其一大缺点。

3. 按照接地的连接方式划分

按照接地的连接方式有接实地和接虚地之分。

(1)接实地。接实地是指设备与大地作良好的连接，以防止在设备上由于电荷积累引起的电压升高造成人身事故，或者引起火花放电。电子装置及受控设备的机壳接地皆属于这种类型。

(2)接虚地。接虚地是指电子信号的参考点与直流地(模拟地)作可靠连接，以建立系统的基准电位，即所谓的浮地接地。浮地接地可使系统不受大地电性能的影响，避免将地系统的干扰耦合到信号电路中去，其目的是为了阻断干扰电流的通路。浮地接地后，测试系统电路的公共线与设备壳体之间的阻抗很大，所以，浮地接地同接实地相比能更强抑制共模干扰电流。浮地技术大多用在测试仪器内部，特别是在测试仪器和微弱信号设备中经常采用浮地技术。对于大的系统很难做到浮地，浮地的结果可能造成静电荷积累，产生静电，也会导致干扰。

在某些特殊场合，例如飞行器、舰船上使用的仪器设备不可能与大地相连，采用浮地接地方式。浮地接地方法简单，但全系统与地的绝缘电阻不能小于 50MΩ。这种方法有一定的抗干扰能力，但一旦绝缘下降会带来一定的干扰。

还有一种方法是将系统的机壳接地，其余部分浮空。这种方法抗干扰能力强，而且安全可靠，但制造工艺相对复杂。

在测试控制装置中的地线敷设与一般的电气设备(强电)的地线敷设有很大区别。一般强电设备的接地(安全地)，主要是以通路为目的，对接地线上的压降的大小、接地点的位置选择，相对来说并不十分严格。而测控系统中的接地，除了机壳、被控机械接保护地线外，主要是从屏蔽和抗干扰的角度考虑的。在此，不能把接地仅看作是一种通路，而应该考虑到各级电流的情况，还要考虑接地阻抗的相互耦合是引起干扰的主要环节。

如某数控装置，按照设计，系统的直流地最终应集中在一点与大地连接。但显示面板上指示灯的负极与金属面板相碰，使直流地在面板上形成了另外的接地点，这样系统就形成了多点接地，很容易通过地的阻抗耦合产生干扰，影响系统的正常工作。一般来说，当电子装置的可靠性和稳定性明显下降时，检修过程中除了对电源、元器件和接触等方面进行检查测试外，还需要对线路的接地情况做详细检查。电子装置的接地之所以重要，原因有两点，一是各级电流流过一个公共地线时会产生干扰；二是多点接地而形成的地环路，使电路容易受到外界电磁场的干扰和地电位差的影响。

4. 按照系统信号类型不同划分

(1)模拟地。在进行数据采集时，利用 A/D 转换是常用方式，模拟量的接地问题必须足够重视。当输入 A/D 转换器的模拟信号较弱(0～50mA)时，模拟地的接法显得尤为重要。

为了提高抗共模干扰能力，可采用三线采样双层屏蔽浮地技术，如图 9－17 所示，其中图 9－17(b)为图 9－17(a)的等效电路。所谓三线采样，就是将地线和信号线一起采样，这样的双层屏蔽技术是抗共模干扰最有效的方法。

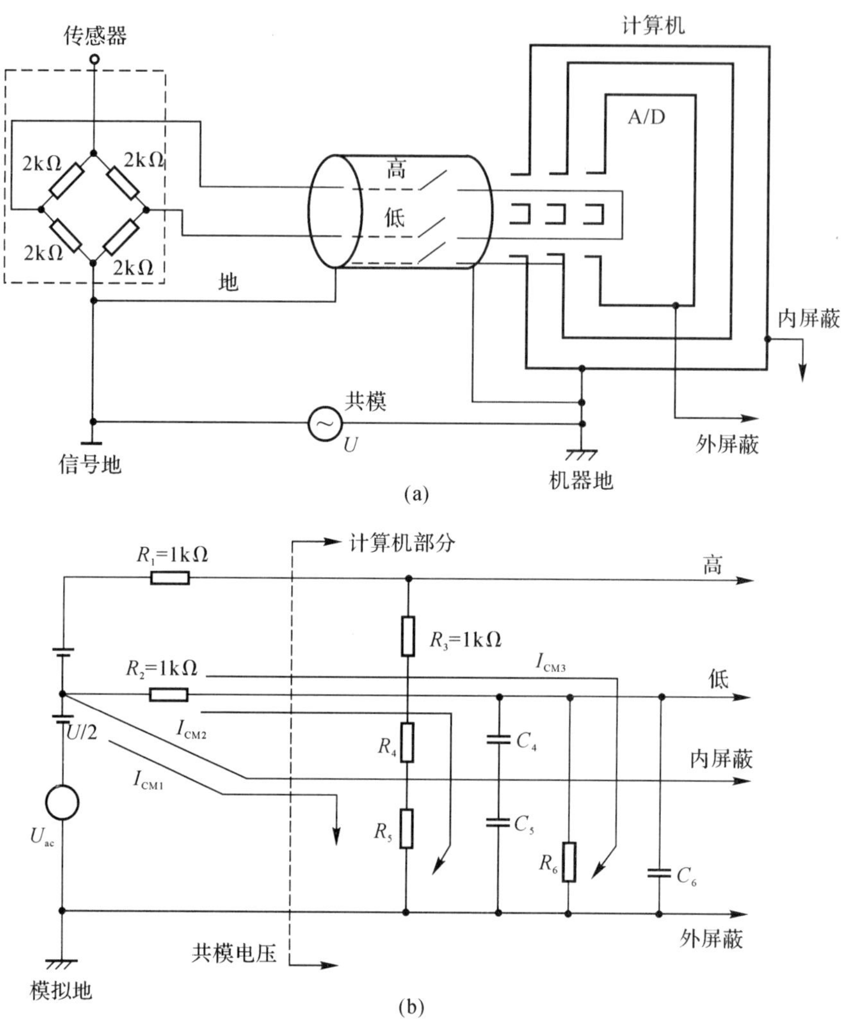

图 9－17　三线采样双层屏蔽浮地及其等效电路

在图 9－17(b)中，R_3 为测量装置 A/D 转换器的等效输入电阻，R_4 为低端到内屏蔽的漏电阻，约为 $10^9\ \Omega$；C_4 为低端到内屏蔽的寄生电容，约为 2 500pF；R_5 为内屏蔽到外屏蔽的电阻，约为 $10^9\ \Omega$；C_5 为内屏蔽到外屏蔽的寄生电容，约为 2 500pF；R_6 为低端到外屏蔽的漏电阻，约为 $10^{11}\ \Omega$；C_6 为低端到外屏蔽的寄生电容，约为 2pF。

共模电压($U/2+U_{ac}$)所引起的共模电流 I_{cM1}，I_{cM2}，I_{cM3} 中，I_{cM1} 是主要部分，它通过内屏蔽 R_5 和 C_5 入地，不通过 R_2，所以不会引起与信号源相串联的干扰；I_{cM2} 流过的阻抗比 I_{cM1} 流过的阻抗大一倍，其电流只有 I_{cM1} 的一半；I_{cM3} 在 R_2 上的压降可以忽略不计。此时只有 I_{cM2} 在 R_2 上的压降导致干扰而引起误差，但其数值很小，如 10V(DC)的共模电压仅产生 0.1μV的直流电压和 20μV 的交流电压。

在实际应用中，由于传感器和机壳之间容易引起共模干扰，所以 A/D 转换器的模拟地一般采用浮空隔离方式，即 A/D 转换器不接地，它的电源自成回路。A/D 转换器和计算机的连接通过脉冲变压器或者光耦合器来实现。

(2)数字地。数字地又称为逻辑地，主要是逻辑开关网络，如 TTL，CMOS 印制板等数字逻辑电路的零电位。印制板中的地线应呈网状，而且其他布线不要形成环路，特别是环绕外周的环路，在噪声干扰上是很重要的问题。印制板中的条状线不要长距离平行，不得已时，应加隔离电极和跨接线或者作屏蔽处理。

模拟信号的地线和数字信号的地线又统称为信号地。不管是模拟地还是信号地，它们均是电气测试系统的输入与输出的零信号电位公共线，前者一般信号较弱，故地线要求较高，而数字信号则相反。为了避免模拟信号与数字信号之间的相互干扰，两者之间应分别设置相应的地线。

(3)传感器地(信号源地)。它是传感器本身的零信号电位基准公共线。在测试系统或者检测系统中，一般传感器输出的信号较为微弱，传输线较长，很容易受到干扰，所以，传感器的信号传输线应当采取屏蔽措施，以减小电磁辐射的影响和传导耦合干扰。通常需要将传感器的信号传输线与测量装置进行适当的连接才能提高整个检测系统的抗干扰能力。

传感器的地，一般要求接地电阻不大于 4Ω，单点接地，这种地一般不采用浮地接地形式。

(4)负载地。负载上的电流一般较前级信号电流大很多，负载地线上的电流有可能干扰前级微弱的信号。因此，负载地线必须与其他地线分开，有时两者在电气上甚至是绝缘的，或者使信号通过磁耦合或光耦合来传输。

(5)电缆屏蔽套的接地。为了减少交叉干扰，导弹的各设备之间及其与测试系统设备之间的电缆、电缆束内各种信号线通常装上屏蔽套。这些信号线屏蔽套、电缆束屏蔽套、机壳、底座等应相互隔离。

9.8.2　接地线系统

通常在电子检测装置中至少要有三种分开的地线，并通过一点接地，如图 9-18 所示。若设备使用交流电源供电，则交流电源地线应与保护地线相连。使用这种接地方式，可以避免因公共地线各点电位不均所产生的干扰。

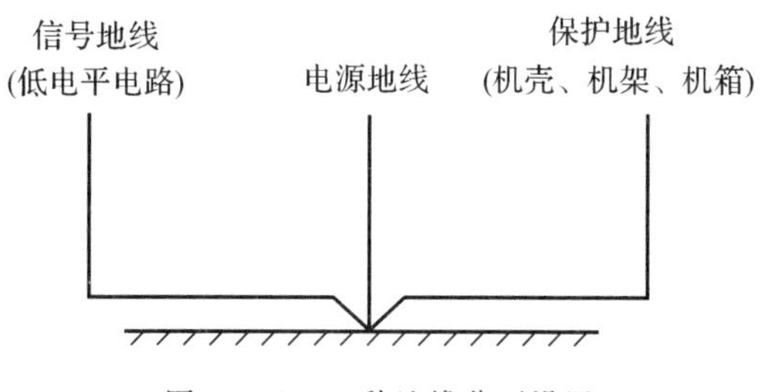

图 9-18　三种地线分开设置

为了使屏蔽在防护电子测试系统不受外界电场的电容性或电阻性漏电影响时充分发挥作用，应将屏蔽线接到大地上。但是大地各处电位很不一致，如果一个测试系统有两点接地，则因两接地点不易获得同一电位，从而对两点(或多点)接地电路造成干扰。这时地电位差是测试系统输入端共模干扰电压的主要来源。因此，一个测试系统只能一点接地。例如，在传感器与测量装置构成的测试系统中，如果两者之间相距甚远，这时两部分的接大地点的电位一般是不相等的，有时电位差可能高达几伏甚至几十伏，这个电位差称为大地电位差。若将传感器、测量装置的零电位在两处分别接地，将有较大的干扰电流流过信号零线，造成严重干扰，如图

9-19(a)所示。如将两点接地改为一点接地,即将屏蔽层延伸,并在信号源处接地,则地电位差只能通过分布电容构成回路,干扰电流大为减小,如图 9-19(b)所示。这时主要存在电容性漏电流,并且该电流流过屏蔽层,不流经电路的信号零线。

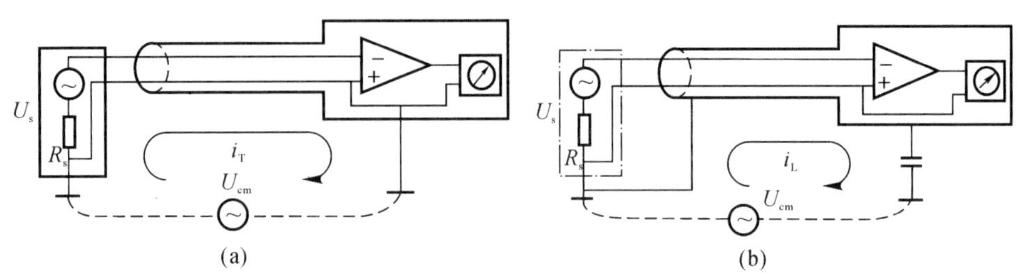

图 9-19 采用一点接地减小干扰

(a)两点接地;(b)一点接地

第 10 章　总线及虚拟仪器技术

10.1　概　　述

10.1.1　虚拟仪器与总线

自 20 世纪 50 年代开始，人们就一直致力于测试自动化的研究。60 年代后期，在测试系统中开始采用计算机作为控制器，使得自动测试的功能逐步完善，出现了第一代测试系统，从那时起自动测试系统发展经历了三代。第一代自动测试系统多为专用系统，通常是针对某项具体任务而设计的。其结构特点是采用比较简单的计算机或定时器、扫描器作为控制器，接口也是专用的。采用标准化通用接口总线是第二代自动测试系统的主要特征，其具有代表性的是接口总线是 CAMAC 和 IEEE-488(GPIB)标准接口总线。目前已经发展到以“虚拟仪器”为标志的第三代自动测试系统。

通常把以计算机为核心，在程控指令的指挥下，自动进行测量、数据处理并以适当方式显示或输出测试结果的系统称为自动测试系统(Automatic Test System)。一个典型的自动测试系统如图 10-1 所示。

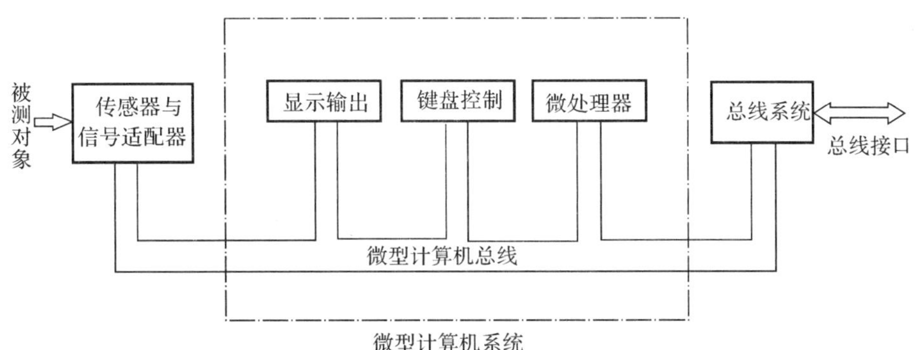

图 10-1　典型的自动测试系统

图 10-1 所示系统由被测对象、传感器、信号适配器、计算机、总线及其接口组成。由于被测对象需要测试的物理量千差万别，对于非电量需要通过传感器采集变换为电量。在信号适配器中完成模/数转换、信号调理、采样/保持等工作。仪器中的键盘控制、显示输出等与微型计算机系统中的软件一起组成虚拟仪器。其中的微处理器是整个自动测试系统的核心，各种

信号的传递通过总线进行。

虚拟仪器(Virtual Instrument,VI),是指用户在通用计算机平台上,根据需求定义和设计仪器的测试功能,使得使用者在操作这台计算机时,就像是在操作一台他自己设计的测试仪器一样。虚拟仪器概念的出现,打破了传统仪器由厂家定义,用户无法改变的工作模式,使得用户可以根据自己的需求,设计自己的仪器系统,在测试系统和仪器设计中尽量用软件代替硬件,充分利用计算机技术来实现和扩展传统测试系统与仪器的功能。“软件就是仪器”是虚拟仪器概念最简单,也是最本质的表述。

虚拟仪器的组成包括硬件和软件两个基本要素。虚拟仪器中硬件的主要功能是获取真实世界中的被测信号,把被测信号经过调理和变换输往计算机,主要包括传感器、信号适配器、测控总线等。软件是虚拟仪器技术中最重要的部分。它的作用是实现数据采集、分析、处理、人机交互界面、显示等功能。

总线是将若干部件进行相互连接的一组电缆或一组信号线的总称。总线标准是指芯片之间、插板之间及系统之间,通过总线进行连接和传输信息时,应遵守的一些协议与规范。总线标准包括硬件和软件两个方面,如总线工作时钟频率、总线信号线定义、总线系统结构、总线仲裁机构与配置机构、电气规范、机械规范和实施总线协议的驱动与管理程序。

描述总线的性能指标包括时钟频率、总线宽度、总线传输速率、传输方式等。

总线时钟频率即总线的工作频率,用 MHz 表示。它是影响总线传输速率的重要因素之一,总线的时钟频率越高,也就意味着传输速率越快。

总线宽度即数据总线的位数,用位(bit)表示,如总线宽度为 8 位、16 位、32 位或 64 位。

总线传输速率是指在总线上每秒钟传输的最大字节数,用 MB/s 表示。若总线工作频率为 8MHz,总线宽度为 8 位,则最大传输速率为 8MB/s(8÷8×8)。如果工作频率为 33.3MHz,总线宽度是 32 位,则最大传输速率为 133MB/s(32÷8×33.3)。

总线的传输方式有同步和异步之分。在同步方式下,总线上主模块与从模块进行一次传输所需的时间(即传输周期或总线周期)是固定的,并严格按系统时钟来统一定时主、从模块之间的传输操作。在异步方式下,采用应答式传输技术,允许从模块自行调整响应时间,即传输周期是可以改变的。

10.1.2 常用的测控总线

随着自动测试系统中被测对象的增多以及自动测试系统规模的扩大,仪器之间的互联互通显得尤为重要。各类标准总线可以有效地解决各仪器和系统的互联互通问题。现在在测试系统和仪器仪表中常用的总线有 USB 总线、IEEE1394 总线、GPIB 总线、PXI 总线和 VXI 总线等等。

1. USB 总线

USB 总线是目前很多测量仪器仪表上带有的总线系统。如图 10-2 所示,通常采用的 USB 总线(电缆)包含 4 根信号线,用以传送信号和提供电源。其中,D+和 D-为信号线,传送信号,是一对双绞线;V_{Bus}和 GND 是电源线,提供电源和地线。相应的 USB 接口插头(座)也比较简单,只有 4 芯,上游插头是 4 芯长方形插头,下游插头是 4 芯方形插头,两者不能弄错。

一个 USB 设备端的连接器是 D+,D-,V_{Bus},GND 和其他数据线构成的简短连续电路,并要求连接器有电缆屏蔽，以免设备在使用过程中被损坏。它有两种工作状态，即低态和高态。在低态时，驱动器的静态输出端的工作电压 V_{OL} 变动范围为 0～0.3V，且接有一个 15kΩ 的接地负载。处于差分的高态和低态之间的输出电压变动应尽量保持平衡，以便很好地减小信号的扭曲变形。一个差分输入接收器用来接收 USB 数据信号，当两个差分数据输入处在共同的 0.8～2.5V 的差分模式范围时，接收器必须具有至少 200mV 的输入灵敏度。

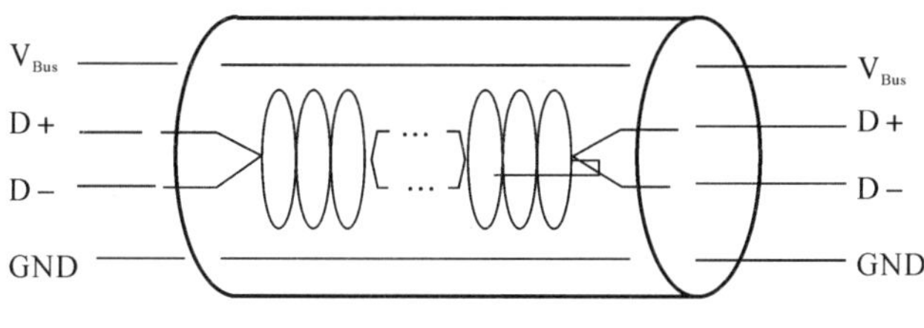

图 10－2　USB 总线的结构

USB 的设备主要包括网络集线器(向 USB 提供了更多的连接点)和功能器件(也称外围设备，作用是为系统提供具体功能，如 ISDN 的连接，数字的游戏杆或扬声器)。USB 主机和外围设备的层次结构如图 10－3 所示。

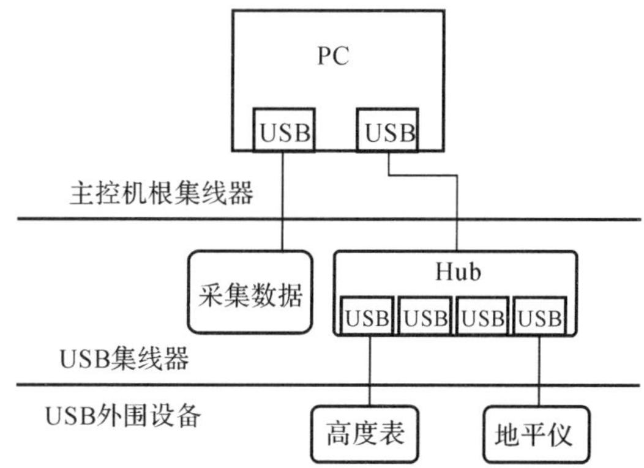

图 10－3　USB 主机和外围设备层次结构图

在图 10－3 中，主控机根集线器以上部分是 USB 主机，之下部分统称为 USB 设备，具体可以分为 USB 集线器和 USB 外围设备。

USB 设备提供的 USB 标准接口的主要依据，主要包含对 USB 协议的运用、对标准 USB 操作的反馈(如设置和复位)以及对标准性能的描述性信息。

2. IEEE 1394 总线

IEEE 1394 是 Apple 公司于 1993 年首先提出的，后经 IEEE 协会于 1995 年 12 月正式接纳成为一个工业标准，全称为 IEEE 1394 高性能串行总线标准(IEEE 1394 High Performance Serial BUS Standard)。

IEEE 1394 接口有 6 针和 4 针两种类型。6 角形的接口为 6 针，小型四角形接口则为 4 针。最早 Apple 公司开发的 IEEE 1394 接口是 6 针的，后来，SONY 公司看中了它数据传输速率快的特点，将早期的 6 针接口进行改良，重新设计成为现在大家所常见的 4 针接口，并且命名为 ILINK(这也是 IEEE 1394 的另外一种叫法)。6 针的接口主要用于普通的台式电脑，时下很多主板都整合了这种接口，特别是 Apple 电脑，全部采用了这种接口；另一种是 4 针的接口，从外观上就显得要比 6 针的小很多，主要用于笔记本电脑和 DV 上。与 6 针的接口相比，4 针的接口没有提供电源引脚，所以无法供电，但优势也很明显，就是小！

IEEE 1394 总线支持等时和异步两种传输方式。等时传输的概念和 USB 系统基本相同，按一定的速率进行传输，拥有固定的带宽，和 USB 不同的是，除了点对点的传输外，还可以一对多，进行广播式传输。异步传输通过唯一地址指定响应节点，通信时请求方（即发送方）与响应方（即接收方）需要进行联络。响应方在收到请求（相当于 USB 系统中的命令）时要作出应答表示已收到请求，而请求方在收到响应方对请求所作的响应信息时也要作出应答，表示已收到响应。这种联络方式比 USB 复杂。

USB 传输时以 125μs 为循环周期（相当于 USB 系统中的帧周期）。异步传输有至少 20% 的带宽可用，等时传输则至多 80%。传输过程采用六线制，包括两对双绞线和一对电源线。一对双绞线传输数据，另一对传输选通信号，数据和选通信号进行“异或”运算后可得到时钟信号。传输协议采用四层传输协议，由上至下依次为总线管理层、事务层、链路层和物理层。总线管理层负责总线配置、电源和带宽管理、节点活动管理等。事务层（这里的事务相当于 USB 系统中的传输）为支持有关异步传输操作向上层提供服务。链路层负责传输包的生成和分解。物理层提供串行总线接口，实现数据比特传输，并实现总线仲裁以确保同一时间上只有一个节点通过总线发送数据。

总线信号支持三种事件：总线配置、总线仲裁和数据传输。当系统加电或者有设备插入或拔出时会进行总线配置（总线配置无须主机干预），配置完成后开始数据传输，但节点在每次传输数据之前需首先通过总线仲裁事件获得总线控制权。

IEEE 1394 总线标准既可用于内部总线连接，又可用于设备之间的电缆连接，计算机的基本单元（CPU，RAM）和外设都可用它连接。IEEE 1394 总线设备被设计成可以提供多个接头，允许采用菊花链或树型拓扑结构。典型的 IEEE 1394 总线系统连接如图 10－4 所示，它包含了两种环境：一种是电缆连接，即电缆（Cable）环境；另一种是内部总线连接，即底板（Backplane）环境。不同环境之间用桥连接起来。系统允许有多个 CPU，且相互独立。

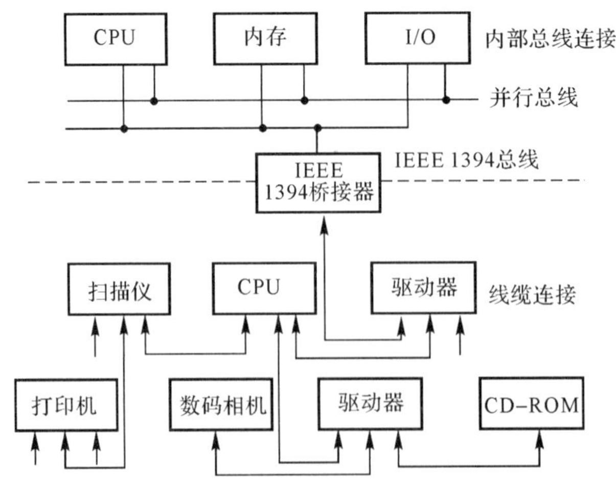

图 10－4　典型的 IEEE 1394 总线系统连接图

3. GPIB 总线

美国惠普(HP)公司从 20 世纪 60 年代中期就开始着力解决自动测试系统接口标准化问题。1972 年公布了其通用接口系统，命名为 HP－IB。这是一个比较成功的通用接口总线标准。1975 年美国电气与电子工程师学会(IEEE)在 HP－IB 基础上制定了 IEEE 488—1975《可程控仪表的数字接口》标准。国际电工委员会以 IEEE 488—1975 为基础，制定了 IEC 60625《可程控测量仪表的接口系统(字节串行，位并行)》标准。1978 年 IEEE 也把 IEEE 488—1975 标准修改为 IEEE 488－1978 标准。IEEE 488—1978 与 IEC 60625 这两个标准在本质上是一样的，主要差别仅在总线插座上，一个采用 25 芯插座，另一个采用 24 芯插座，引线的位置排列也略有差别。这两个标准都是国际公认的总线标准，按这两个标准配置的接口都称为通用标准接口，由它们构成的系统都称为通用接口总线(General Purpose Interface Bus，GPIB)系统。

GPIB 标准规定了自动测试系统中各种设备(器件)之间实现信息交换所必需的一整套机械的、电气的和功能的要素，以便提供一种有效的信息交换手段，在互相连接的各器件之间进行通信，接口系统经过了从专用接口到通用接口的演变。表 10－1 列出了 IEEE 488 总线标准中各引脚的定义。

表 10－1　IEEE 488 总线各引脚的定义

接点	信号线	接点	信号线	接点	信号线	接点	信号线
1	DIO_1	7	NRFD	13	DIO_5	19	7 地
2	DIO_2	8	NDAC	14	DIO_6	20	8 地
3	DIO_3	9	IFC	15	DIO_7	21	9 地
4	DIO_4	10	SRQ	16	DIO_8	22	10 地
5	EOI	11	ATN	17	REN	23	11 地
6	DAV	12	机壳(地)	18	GND	24	逻辑地

GPIB 标准总线的信号线除 8 条地线外，还提供 16 条接口信号线，分为 3 组。

(1)数据线(DIO_1～DIO_8)。数据线用来进行双向异步信息传递。被传送的信息可以是多线接口消息，也可以是设备消息。当 ATN＝1 时表示数据线上传送的是接口消息，当ATN＝0 时表示数据线上传送的是设备消息。无论是接口消息还是设备消息均采用 7 位 ASCII 码，第 8 位可作为奇偶校验或处于任意状态。

(2)挂钩线(DAV，NRFD，NDAC)。GPIB 标准采用了三线挂钩技术，以确保消息的可靠传送。在 GPIB 总线通信时，控者和讲者发出的每一信息要求全部被寻址的听者接收，但同时只能有一个讲者发布消息。为保证信息在传送中不因听者接收信息的速度的差异而产生混乱，采用了美国 HP 公司的专利“三线挂钩”技术，这三条线分别为：

1)数据有效线 DAV(Data Valid)。当这条线处于低电平(逻辑“1”)时，表示数据线上的信息是有效的。反之，当此线处于高电平(逻辑“0”)时，DIO 线上的信息无效，不能接收。

2)未准备好接收数据线 NRFD(Not Ready For Data)。它供听者使用，当该线处于低电平(逻辑“1”)时，表示听者尚未准备好接收数据，示意讲者不要发布信息。反之，当该线当处于高电平(逻辑“0”)时，表示听者准备好接收信息。

3)数据未被接收线 NDAC(Not Data Accepted)。该线处于低电平(逻辑“1”)时,表示听者没有收到信息,反之,当该线处于高电平(逻辑“0”)时,表示已经收到讲者发送的数据。

(3)接口管理线(ATN, IFC, REN, SRQ, EOI)。

1)注意线 ATN(Attention),它由控者使用,用于规定 DIO 线上数据的性质。当 ATN 线处于低电平(逻辑“1”)时,表示数据线上传送的是接口消息,全部设备都要收听;当 ATN 线为高电平(逻辑“0”)时,表示数据线上传送的是器件消息,这时,只有受命的讲者向总线上发送数据。

2)接口清除线 IFC(Interface Clear),它仅供系统控者使用。此线置于低电平(逻辑“1”)时表示控者发出的是 IFC 通令,使系统中全部设备的有关接口功能恢复到初始状态。

3)远控使能线 REN (Remote Enable),它由系统控者使用。当其处于低电平(逻辑“1”)时表示总线处于远控使能状态。

4)服务请求线 SRQ (Service Request),自动测试系统中每一设备均可使这条线处于低电平(逻辑“1”),表示它向控者发出服务请求。

5)结束或识别线 EOI (End or Indentify),它由讲者或控者使用。该线与 ATN 线配合使用,当 EOI=1 且 ATN=0 时,表示数据线上讲者发送的信息结束;当 EOI=1 且 ATN=1 时表示控者发出的识别信息,由控者执行并行点名操作。

三线挂钩技术是确保总线上的信息准确、可靠地传输的技术约定,它的基本思想是对于信息发送者,只有当接收者都做好了接收信息的准备后,才宣布它送到总线上的信息为有效;对于接收者,只有确切知道总线上的信息是给自己的且已被发送者宣布为有效时才能接收。其大致过程为:

(1)发送者向总线上发送信息但尚不宜将数据有效,即 DAV=0。

(2)所有接收者准备好接收数据,令 NRFD=1,即通知发送者已准备好接收数据。

(3)当发送者确认所有接收者均已做好接收数据准备时,发出 DAV=1,表示总线上的数据有效,可以接收。

(4)当接收者确认数据可以接收时,开始接收数据,同时令 NRFD=0,为下一次的循环做好准备。

(5)各设备接收速度不同,当接收最慢的设备也接收完毕时,令总线 NDAC=1,表示所有设备均接收完。

(6)当发送者确认数据已被所有设备接收时,原来的数据有效已无必要,发出 DAV=0,同时将总线上的数据撤消。

(7)各接收者根据收到的 DAV=0 信息,即恢复 NDAC=0,至此,DAV,NRFD 和 NDAC 三条挂钩线均已恢复到起始状态,表示一次挂钩联络的结束,并为下一循环做好准备。

10.2 VXI 总线

10.2.1 VXI 总线概述

1. VXI 总线系统的由来

VXI 总线是 VME 总线在仪器领域的扩展(VME Bus Extensions for Instrumentation)的

简称，也就是说，它是在VME总线基础上，充分考虑商用和军用测试仪器仪表的使用特点而发展起来的一种总线系统。

VME(Versa Model Eurocard)总线是一种通用的计算机总线。它在电气标准方面结合了Motorola公司Versa总线标准，在机械特性方面结合了在欧洲建立的Eurocard标准。它定义了一个在紧密耦合硬件构架中可互联数据处理、数据存储和连接外围控制器件的系统。目前，VME总线也在不断发展，围绕其开发的产品遍布工业控制、军用系统、航空航天、交通运输等诸多领域。

20世纪后期，国际各主要仪器制造商发现VME总线及用于测试仪器的GPIB总线已经无法满足军用测试系统的需要。在1987年4月，由HP，Tektronix等五家国际著名的仪器公司联合成立了VXI总线联盟，公布了第一个VXI总线标准。通过不断修改完善，1992年被IEEE接纳为IEEE-1155—1992标准。

2. VXI总线系统的特点

VXI总线仪器以其优越的测试速度、可靠性、抗干扰能力和良好的人机交互性能，已成为最好的虚拟仪器开发平台，并被广泛用于军事部门、航空航天、气象工业产品测试等领域。VXI总线具有以下特点。

(1)开放的标准。VXI总线是真正的开放式标准，目前，已有200多家不同的仪器制造厂商加入了VXI总线联盟，推出仪器近万种。如此多的选择可以保证VXI总线使用者的长久利益。同时，各厂商所生产的VXI总线产品都符合相同的机械与电气规范，不同厂商的同类产品能够相互替换。

(2)数据传输。VXl总线是一种32位并行方式的内总线，总线背板的数据传输速率理论上可以达到40MB/s，一般不会成为数据传输的瓶颈。VXI总线具有多级优先权中断处理功能，使具有不同优先级的器件可以高效地利用数据总线。

(3)对仪器功能的有力支持。VXI总线在VME计算机总线的基础上增加了适合仪器应用的总线，包括在P2连接器上增加的10MHz时钟线、模块识别线、2条ECI触发线、8条TTL触发线、12条本地总线、模拟相加总线、5种稳压电源线等，在P3连接器上增加的100 MHz时钟线、同步信号线、星型触发线、4条ECL触发线、24条本地总线和7种稳压电源线。一个VXI仪器系统最多可连接256个器件。这些都为高速度、高精度仪器系统的实现提供了强大的支持。

(4)灵活性。VXI总线规范支持4种模块尺寸，支持8位、16位、24位和32位数据传输，使用灵活。目前已有近万种VXI总线仪器可供选择，使自动测试系统的配置十分灵活。VXI总线的开放式结构也使用户减少了对单一厂商的依赖。

(5)测试系统小型化。现代科技和生产对测试仪器和测试系统在小型化、便携性等方面的要求越来越高，特别是在航空、航天、国防等领域。VXI总线采用了模块化设计，对模块及主机箱的尺寸都做了严格规定，模块与背板总线用指定的连接器连接，各模块共享主机箱的电源和冷却功能以及人机交互接口，使系统尺寸较传统仪器明显缩小，便于组建高密度的测试系统，易于携带，与传统的GPIB仪器系统相比，VXI总线系统的体积缩小了3/4。

(6)高可靠性和可维护性。VXI总线继承了VME插卡的一些优越性能，包括机械特性和电磁兼容特性，而且很多仪器功能已简化，减少了插件式模块的按钮、开关、显示等部分，从而使系统的无故障时间大大提高。

3. VXI 总线系统的构成

VXI 总线系统是一种标准的总线式模块仪器系统，由计算机、VXI 主机箱和仪器模块组成。整个自动测试设备的测控功能在主控计算机的作用下，由 VXI 主机箱内部的仪器模块完成，因此 VXI 主机箱是整个系统的核心。VXI 总线测试系统的最小物理单元是仪器模块，也称为组件模块，它由带电子元件和连接器的组件板、前面板和任选屏蔽壳组成。

10.2.2 VXI 主机箱

1. VXI 主机箱的功用与组成

VXI 主机箱主要用于为嵌入模块提供安装环境与背板连接，所有仪器模块装入 VXI 主机箱的插槽。VXI 主机箱在通信方式、尺寸、功率输出、冷却条件、电磁兼容性等方面有统一的标准。每个机箱内最多有 13 个(从左往右分别为 0～12 号)槽位和连接器座排，构成一个 VXI 子系统，多个子系统可组成一个大的系统。

VXI 标准规定一个 VXI 主机箱内有 13 个插槽位置。为满足各种测试系统的需要，根据实际可选择 5 插槽、6 插槽或 8 插槽机箱。VXI 主机箱安放的方位又有垂直放置和水平放置两种，为用户选用 VXI 主机箱提供了极大的灵活性。

VXI 主机箱由零槽控制器、仪器模块插槽、冷却系统、背板、底板、电源等部分组成。

2. VXI 主机箱和仪器模块的机械特性

VXI 主机箱的机架有 A，B，C，D 四种标准尺寸，相应地 VXI 总线的仪器模块也有 4 种不同的尺寸。四种标准的仪器模块尺寸(高×深)如下：

A 尺寸：100mm×160mm；

B 尺寸：233.5mm×160mm；

C 尺寸：233.5mm×340mm；

D 尺寸：366.7mm×340mm。

一个 VXI 子系统仪器模块插槽最多有 13 个，也可设计成少于 13 个插槽，机架中没有含有多少模块的下限，但必须含有零槽控制器。举例来说，一个系统可以仅有零槽控制器和两三个模块，由几种不同尺寸的机架来适应不同仪器模块的尺寸需要(如 C 尺寸机架适应 C 仪器模块)。

其中的 A 尺寸和 B 尺寸是 VME 总线标准原先就规定的，这两种尺寸模块设计得相当紧凑，适用于 A 尺寸和 B 尺寸仪器模块，保留了 VME 总线标准仪器模块之间间距为20.32mm 的标准。

C 尺寸和 D 尺寸机架是 VXI 系统所特有的，分别适用于 C 尺寸和 D 尺寸的仪器模块。VXI 系统规定仪器模块之间的间距为 30.48mm。

A 尺寸和 B 尺寸仪器模块的厚度为 20mm；C 尺寸和 D 尺寸仪器模块的厚度为 30mm，允许按照整数倍扩展。例如 C 尺寸和 D 尺寸的仪器模块可以扩展为 60mm，90mm 等。

为大尺寸设计的主机箱，允许插入小尺寸的仪器模块。例如，对于最大的 D 尺寸主机箱机架来说，它既能容纳 A，B 和 C 尺寸仪器模块，又能容纳 D 尺寸仪器模块。

VXI 总线的仪器模块尺寸如图 10－5 所示。

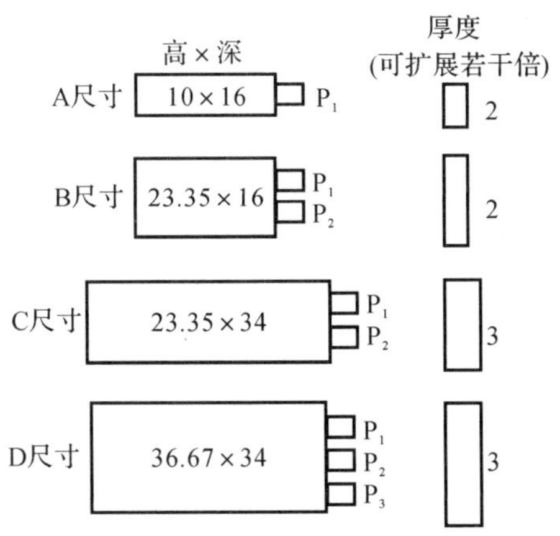

图 10－5　VXI 总线的仪器模块尺寸

注:图中数字的单位均为 cm

常用的为 B 尺寸和 C 尺寸。B 尺寸适合比较简单、价格低廉的仪器,如某些电压表、计数器和 4 通道模/数转换器等仪器模块。C 尺寸适合需要额外空间来容纳高性能电路或者硬件比较复杂的仪器模块使用,如高性能多用表、函数发生器、高速数字化仪、高速多路开关等。A 尺寸不适用于精密仪器,但适用于与非 VXI 总线领域相连的通信接口。D 尺寸适用于某些特殊的领域,成本较高。据统计,在 VXI 总线构成的测试系统中,目前采用 C 尺寸的占到 85.4%,采用 B 尺寸的占到 8.2%,采用 D 和 A 尺寸的分别占到 6.2%和 0.2%。

3. 零槽控制器

在 VXI 总线系统的每个主机箱最多有 13 个插槽,其中最左端的 0 槽上插有的模块是零槽控制器,它担负着系统组合管理和提供系统公用资源的任务。零槽控制器上装有背板时钟(backplane clock)、配置信号(configuration signals)、同步与触发信号(synchronization and trigger signals)等公共系统资源,并提供对公用时钟、插件识别、中断判优和应答等多种信号的驱动以及对公共系统资源的管理。VXI 系统对零槽插件的控制功能有一定要求,但不要求所有零槽插件都具有相同的性能。

零槽控制器可以有 1394 总线接口,通过该总线接口可以外接计算机,用于控制 VXI 总线系统,也可以与 GPIB,RS232 等其他总线连接。

4. 冷却系统

VXI 总线系统在各个领域的应用都要求具有高可靠性,工作温度对可靠性有重要影响,温度升高会使系统的可靠性下降,平均无故障工作时间下降。对于许多半导体器件的故障来讲,温度每升高 10℃,故障率将提高 1 倍。因此合适的冷却系统,对提高 VXI 总线系统的可靠性,降低故障率至关重要。

VXI 主机箱的冷却系统位于机箱的后部。在机箱的后部分为上、下两层,上层装有 VXI 标准规定的 7 种电源,下层装有冷却用的风扇。风扇的转速根据周围的环境温度自动控制。风扇将不经过过滤的强冷空气送入仪器模块的底部,然后穿过冷却孔对仪器模块冷却。

5. 底板

在 VXI 总线系统的底部有 VXI 总线的底板。它是一块印制电路板(PCB),在 VXI 总线主机箱的多层底板上印制了 VXI 总线系统的各种总线。

6. 电源

为了方便用户组建测试系统,VXI 总线规定了系统电源参数。表 10-2 列出了 VXI 主机箱的电源参数。每种电源都规定了直流电源的峰值和交流电源的峰峰值。在选择仪器模块时,应考虑到主机箱的供电能力,考虑交流电源峰峰值的原因是某些模块的工作电流经常改变,例如继电器模块等。

VXI 总线系统中的电源是以稳压电源馈送到背板上的,流经任何连接器上各插脚的额定电流,必须满足系统内温升的要求。在 55℃环境下,每个引脚电流限制在 1A 时,VXI 总线的连接器仍能工作。由主机箱电源供给的任何电源,其最大额定电流必须符合一定的最大允许电压变化和最大允许直流负载纹波(噪声)的要求。

表 10-2　VXI 主机箱的电源参数

电压/V	说明	允许电压变化/V	直流负载纹波(噪声)/mV	产生纹波(噪声)/mV
+5	+5V 直流	+0.250～-0.125	50	50
+12	+12V 直流	+0.600～-0.360	50	50
-12	-12V 直流	-0.600～+0.360	50	50
+24	+24V 直流	+1.20～-0.720	150	150
-24	-24V 直流	-1.200～+0.720	150	150
-5.2	-5.2V 直流	-0.260～+0.150	50	50
-2	-2V 直流	-0.100～+0.100	50	50
+5 STDBY	+5V 直流备用	+0.250～-0.125	50	50

7. 电磁兼容与噪声的设计

作为最基本的电磁兼容性要求,在 VXI 总线系统中加入一个新的模块不得影响其他模块的性能。为了防止 VXI 模块间的相互影响,VXI 总线标准包括了对近场辐射及其敏感度要求的描述与限制。为满足电磁兼容性要求,VXI 模块的宽度从原来 VME 模块的 0.8 in(1 in=2.54cm)增加到 1.2 in,以便有足够的空间将整个模块完全屏蔽在一个金属屏蔽罩内,并通过背板将金属外壳和机箱接地。这样,可以将现有的 VME 模块插入 VXI 机箱,但 VXI 模块却不能插入 VME 机箱。仪器模块间距的增大,提高了系统电磁兼容性能。

VXI 总线标准也包括了对传导辐射及其敏感度要求的描述与限制,以防止电源噪声影响模块性能。每个模块的远场辐射噪声必须小于它在整个噪声中应占的份额。例如,在一个包括 13 个模块的机箱中,每个模块所辐射的噪声必须小于所允许总噪声的 1/13。由于 VXI 系统要通过背板总线实现模块间极其精确的时间耦合,因此,必须将噪声和背板时钟与触发线上的串扰减小到最低程度。

10.2.3　VXI 电气结构

VXI 总线内部电气结构如图 10-6 所示。

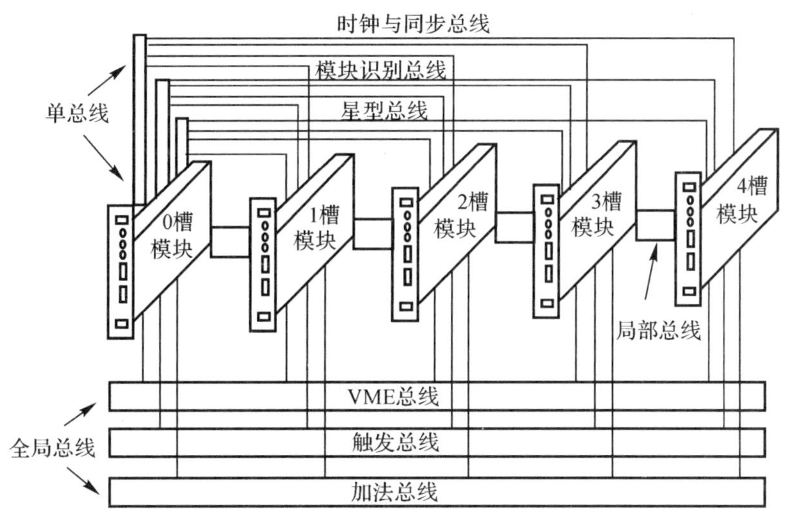

图 10－6　VXI 总线内部电气结构

从功能上看，VXI 总线内部有八大类总线，分别是 VME 总线、时钟与同步总线、模块识别总线、触发总线、加法总线、局部总线、星型总线和电源总线（图中未画出）。

10.2.4　VXI 总线连接器

在 VXI 总线系统中，有 P_1，P_2，P_3 三个 96 针的总线连接器，均为三排，每排有 32 个插脚。不论是何种尺寸的机架和仪器模块，P_1 总线连接器是必备的。P_1 和 P_2 总线连接器在 VME 总线中就有定义，P_3 总线连接器是 VXI 总线系统新增加的。主机箱的背板上有连接器插座，各仪器模块上安装着连接器插头。

对于 A 尺寸的机架，只配置有 P_1 总线连接器；B 尺寸和 C 尺寸的机架可以配置 P_1 和 P_2 总线连接器；D 尺寸的机架可以配置 P_1，P_2，P_3 三种总线连接器。

三种总线连接器与机架的配置关系如图 10－7 所示。

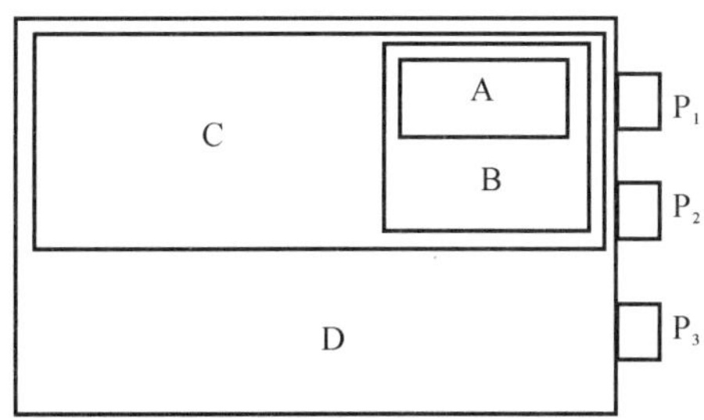

图 10－7　三种总线连接器与机架的配置关系

VXI 总线连接器是用于连接传输命令、数据、地址和其他信息的总线。三种连接器上所分布的总线的功能各有不同。

1. P_1 连接器

P_1 连接器上连接的总线可分为 4 组：数据传输总线（Data Transfer Bus，DTB），DTB 仲裁总线（DTB Arbitration Bus）、优先中断总线（Priority Interrupt Bus）和实用总线（Utility

Bus)。

(1)数据传输总线:用于在 CPU 板上的主(Master)模块与存储器板和输入/输出板上的从(Slave)模块之间传送数据、地址及有关的控制信号,由主模块启动并控制 DTB 的数据传送周期。

与 DTB 有关的功能模块除主模块和从模块外,还有定位监控(Location Monitor)模块和总线定时(Bus Timer)模块。

(2)DTB 仲裁总线:VME 标准支持多处理器的分布式微型计算机系统,即多块 CPU 板同时存在于一个 VME 系统中,并共享系统中的软硬件资源。当多个主模板申请 DTB 的使用权时,由 VME 的仲裁系统对这些申请进行协调。

与 DTB 仲裁总线有关的功能模块有系统控制板上的仲裁模块和各 CPU 板上的请求模块。

(3)优先中断总线:优先中断总线供 VME 系统中的中断模块和中断控制模块间进行中断请求和中断认可操作。VME 支持两种中断子系统,即具有一个中断控制模块的单控制器系统和具有多个中断控制模块的分布式系统。与优先中断总线有关的功能模块还有 IACK 菊花链驱动模块。

(4)实用总线:实用总线为 VME 系统提供系统时钟以及对系统进行初始化和故障诊断等。

实用总线包括 SYSCLK(系统时钟)、ACFAIL(交流故障)、SERCLK(序列时钟)、SYSRESET(系统复位)、SERDAT(序列数据)、SYSFAIL(系统故障)等。与实用总线有关的功能模块包括系统时钟驱动模块、序列时钟驱动模块和电源监视模块,全部装在 1 号槽的系统控制板上。

2. P_2 连接器

P_2 连接器上的总线包括各种电源引脚、10MHz 差分时钟、2 条并列 ECL 触发线、TTL 触发线、模块识别线、本地总线、模拟相加线等。

(1)10MHz 差分时钟:它源于 0 号槽并分配至 1～12 号槽的 P_2 连接器上。

(2)ECL 触发线:用于传输模块之间的定时信号。

(3)模块识别线:用来检测槽中模块的存在与否。识别仪器模块的几何位置(槽号),用指示灯或其他方法显示模块的实际物理位置。

(4)TTL 触发线:共有 8 条并行线,用于仪器模块之间的通信。

(5)本地总线:共有 24 条,用于传输信号电平,位于 0～12 号槽。

(6)模拟相加线:其主要功能是将来自各模块的输出叠加,合成复杂波形。

3. P_3 连接器

P_3 连接器是 VXI 总线专门为 D 尺寸仪器模块定义的连接器。在 P_3 连接器上有增加的电源引脚、与 P_2 中 10MHz 时钟同步的 100MHz 差分时钟输出、10MHz 时钟的同步信号、4 条 ECL 触发线、24 条本地总线以及供各模块之间互相定时用的星型触发线等。

10.2.5 VXI 总线仪器

1. VXI 仪器分类

仪器(Device)是组成 VXI 系统的基本逻辑单元,也称为 VXI 器件或者 VXI 仪器模块。

它具有唯一的逻辑地址(在 0～255 之间),因此,VXI 总线系统最多可以带有 256 个仪器。通常一个仪器就是一个插于主机箱内的模块,也允许在一个模块上装有多个仪器或一个仪器包含多个仪器模块。仪器可以是计算机、万用表、计数器、人机接口、多路开关等等。

与传统台式仪器相比,除了在体积、重量和外形等方面的差别外,VXI 仪器模块最大的特点就是仪器模块的操作与控制不是依赖于仪器前面板,而是取决于仪器模块驱动软件,这一特点使得 VXI 仪器模块的应用更容易与计算机结合,更能够发挥计算机在测量、分析、显示和存储等方面强大的功能。VXI 仪器模块和机箱如图 10 - 8 所示。

图 10 - 8　VXI 仪器模块和机箱

VXI 仪器有多种分类方法,可以按照仪器所支持的通信规程的不同分为寄存器基器件、消息基器件、存储器基器件和扩展基器件。寄存器基器件仅支持 VXI 总线系统逻辑组态协议,如开关、数字 I/O 卡、简单的串行接口等不要求具有高级通信能力或非智能的仪器模块。消息基器件,它可以支持 VXIbus 组态和高级字串行通信协议,一些要求具有高级通信能力的本地智能仪器模块就属于此类器件。它一般带有内部 CPU,其功能比寄存器基器件要复杂。存储器基器件除支持存储器单元读/写操作外,还具有 VXI 总线通信能力,如 RAM 和 ROM 组件均属此类器件。扩展基器件用于将来定义新型 VXI 总线器件,以支持更高的协议。

VXI 仪器的另外一种分类方式是根据仪器功能来划分,一般可以分为控制器与存储装置、测量仪器(包括采样器、示波器、数字表、计数器等)、信号源与放大器、数字 I/O 设备和各种多路开关等。

一些高级 VXI 仪器模块本身就是综合多种测量功能的测试系统。例如多功能闭环控制器 HP 1419 就是一个将多路信号调理、采集、处理和实施闭环控制集成为一体的数据采集系统。根据采集信号的路数、幅值和动态特性,用户可选配不同的信号调理子模块,可以进行高速 DSP 处理,对信号进行滤波、放大处理,实现信号的模/数转换,以及对信号进行积分等处理,用户可根据任务需要,组合不同性能的子模块,组成一个完整的测试系统。

2. 仪器模块软件框架

VXI 总线系统除了仪器模块外,主要是仪器软件。VXI 总线系统通过仪器模块的硬件和软件组成测试系统并最终完成测试任务。仪器软件与通用的计算机软件的集成构成了软件框架。仪器模块的软件框架同一般虚拟仪器类似,其构成如图 10 - 9 所示。

图 10－9　仪器模块的软件框架

VXI 仪器模块应用软件主要由三部分组成：集成的开发环境、与仪器硬件的高级接口和虚拟仪器的用户界面。

VXI 仪器系统支持的软件开发环境可以分为两类：一类是 Visual C＋＋，Borland C＋＋，Visual Basic 和 HP Basic 等语言编程环境，另一类是以 HP VEE，LabVIEW Lab，Windows/CVI 为代表的图形化编程环境。

3. 仪器模块举例

VXI 仪器模块具有传统台式仪器的优良性能，又与计算机在测量、分析、显示和存储等方面强大的功能相结合，使得 VXI 仪器有着强大的生命力和广泛的应用。下面介绍在实际测试任务中最常用的典型数字万用表 VXI 仪器模块。

HP E1411B 是一个 5 位半数字万用表，是寄存器基 VXI 模块，普遍应用于数据采集和计算机辅助测试应用。万用表模块有两种测量使用方式，既可以单独使用，也可以和扫描开关结合使用。其基本功能有：直流电压测量，交流电压测量，2 线电阻测量（仅支持扫描用法），4 线电阻测量。各测量功能的主要性能指标见表 10－3。

表 10－3　HP E1411B 数字万用表主要性能指标

测量功能	性能指标				
	量程	分辨率	精度	最大读数	频率范围
直流电压	0.125V，1.0V，8.0V，64.0V，300V 全量程	120nV（对应 0.125V 量程）	0.01％	13 150s	
交流电压	0.087 5V，0.7V，5.6V，44.8V，300V 全量程	29.8nV（对应 0.087 5V 量程）	0.625％		20Hz～10kHz
2 线和 4 线电阻	256Ω，2 048Ω，16 384Ω，131 072Ω，1 048 576Ω 全量程	250mΩ（对应 256Ω 量程）	0.025％		

信号连接方面，仪器模块面板上有 4 个信号输入端，用于万用表单独测量时的信号输入。HI 和 LO 端的最大输入电压为直流 300V（交流 450V 峰值）。模拟总线（Analog Bus）用于扫描测量时连接开关模块，数字万用表与多路扫描开关模块信号连接如图 10－10 所示。

在测量应用中，最基本的测量命令有 MEASURE 和 CONFIGURE，主要用于配置万用表模块和进行实际测量。万用表在采用单独使用方式和与扫描开关配合使用方式在编程中不同之处在于是否带有通道参数(@channel - list)。

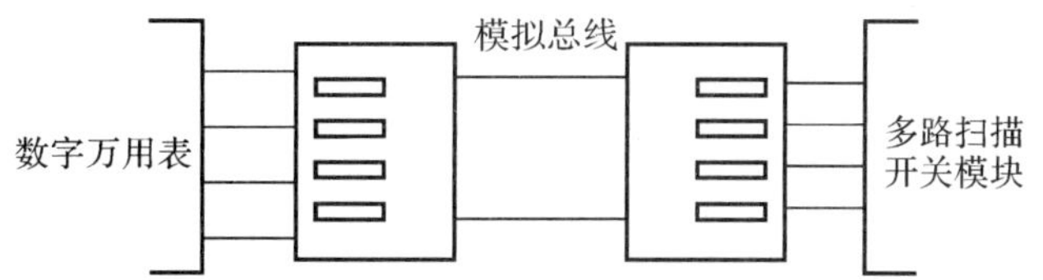

图 10 - 10　用模拟总线连接万用表和多路扫描开关模块

简单的测量直流电压编程如下:

" * RST"

"MEAS:VOLT:DC?"　　　;电压测量

10.2.6　VXI 总线系统配置方案

VXI 总线构成的测试系统有多种配置方案,它是影响系统整体性能的最大因素之一。所谓配置方案是指 VXI 主机箱与其他仪器按照一定连接方式构成自动测试系统的连接方式,也称为控制方案。常见的系统配置方式有嵌入式、GPIB - VXI、1394 - VXI、VXI - MIX 等四种配置方案。

在 VXI 总线系统配置方案中,GPIB - VXI,1394 - VXI,VXI - MIX 均需要一台外置计算机作为主控计算机,通过连接控制可以构成一个大型的 VXI 总线测试系统。一个 VXI 主机箱只是 VXI 总线的一个子系统,一个外置主控计算机可以控制若干个主机箱,只要系统中的器件数目不超过 256 个即可。因此,一个 VXl 总线系统既可以是一个子系统,也可以由一个外主控计算机和若干个子系统组成。

1. 嵌入式配置方案

嵌入式配置方案是指将一台微型计算机或者工作站嵌入到 VXI 主机箱的零槽和其他槽位中,使用时,只需要接上显示器、鼠标、键盘等外设即可实现对 VXI 系统各仪器的控制的方案。

这种配置方案具有体积小、电磁兼容性好等优点,尤其是计算机直接与 VXI 背板总线连接,使得传输速率较快。但是,这种方案由于受到 VXI 主机箱体积的限制和物理空间的限制,升级不灵活,价格也较高。

嵌入式配置方案中,使用的典型的嵌入式控制器有 HP V743,HP E6232A,HP E6234A 等。HP V743 在主机箱中占用一个插槽,适用 VXI C 尺寸模块,采用 HP - UX(UNIX)操作系统,具有对 VXI 背板直接支持的高速 I/O,占用空间少,CPU 速度快。HP E6232A 和 HP E6234A 控制器分别占用了主机箱的两个插槽,采用奔腾 133 和奔腾 166 处理器,1.4GB 硬盘,32MB 内存,配置有 RS232、GPIB、并行口和一个 EXM 扩展槽。

2. GPIB - VXI 配置方案

GPIB - VXI 配置方案是指通过一定的接口硬件和软件实现具有 GPIB 总线标准的仪器和 VXI 总线系统相连接的一种连接方式。这种连接的关键器件是 GPIB - VXI 控制器模块。它是把 GPIB - VXI 控制器模块插入到 VXI 机箱 0 号槽或者 1～3 号槽实现通信功能。图 10 - 11为内嵌式 GPIB - VXI 配置方案连接图。图 10 - 12 所示为 GPIB - VXI 配置方案的通信关系。

这种连接方式是在外置的计算机内部的扩展槽中插入 GPIB 卡，而 GPIB 卡通过 GPIB 总线和 GPIB－VXI 模块通信，GPIB－VXI 模块再通过 VXI 主机箱的背板来控制其他仪器模块。

GPIB－VXI 配置方案中，GPIB－VXI 模块通过外接计算机起到控制 VXI 总线系统其他模块的作用，因此 GPIB－VXI 控制器模块也称为 GPIB－VXI 控制器。

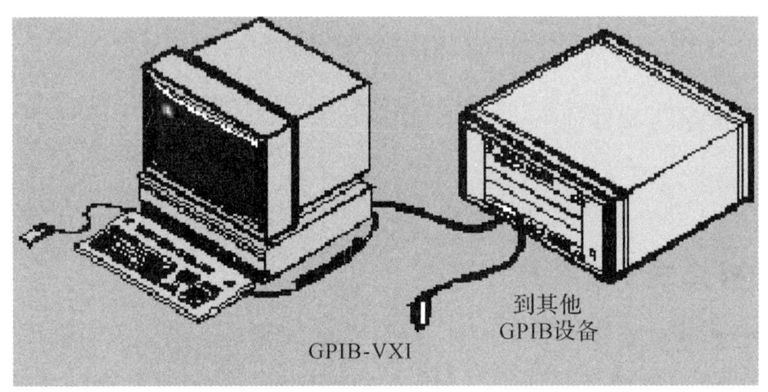

图 10－11　内嵌式 GPIB－VXI 配置方案连接图

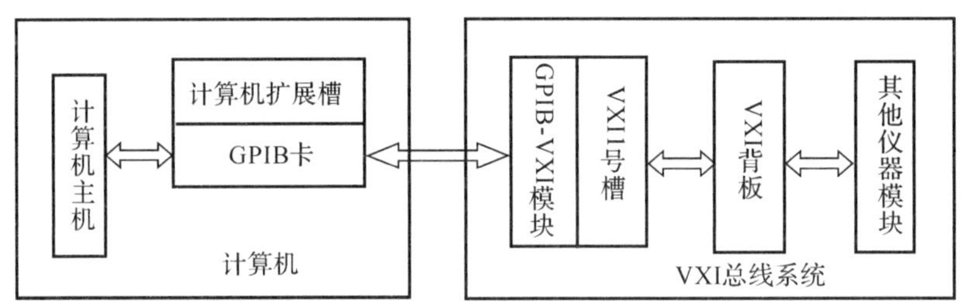

图 10－12　GPIB－VXI 配置方案的通信关系

图 10－13 为一个典型 GPIB－VXI 控制器模块硬件框图。控制整个模块采用的 CPU 是 Motorola 公司生产的 MC68030 芯片，它具有 32 根地址线，能够访问 32GB 的空间；具有 32 根数据线，能够完成 32 位指令操作，主频达到 33kHz。VXI 芯片接口与控制电路对整个电路的地址线和控制线进行译码，同时管理模块与 VXI 总线的接口。GPIB 接口电路中包括进行 GPIB 接口的专用芯片 TMS9914A，它具有 GPIB 总线的 10 种接口功能。存储器包括 SRAM，EPROM 和 EEPROM 三种，其中 EEPROM 存储整个模块的设置信息。模块识别和 TTL 触发电路提供 VXI 总线系统所需的仪器公用总线。

GPIB－VXI 控制器模块实际上就是 GPIB 控制器与 VXI 总线系统之间的接口，起沟通两种总线、进行信息传输与命令的交互转换作用。GPIB－VXI 模块的最基本的功能是按 IEEE488.2 协议接收来自 GPIB 主控机的消息（命令和数据），把这些消息变换成相应的 VXI 总线消息，并传送给相应的 VXI 总线仪器；相反地，接收来自 VXI 总线仪器的响应消息，经过转换后，按 IEEE488.2 协议要求传送给插有 GPIB 卡的主控计算机。

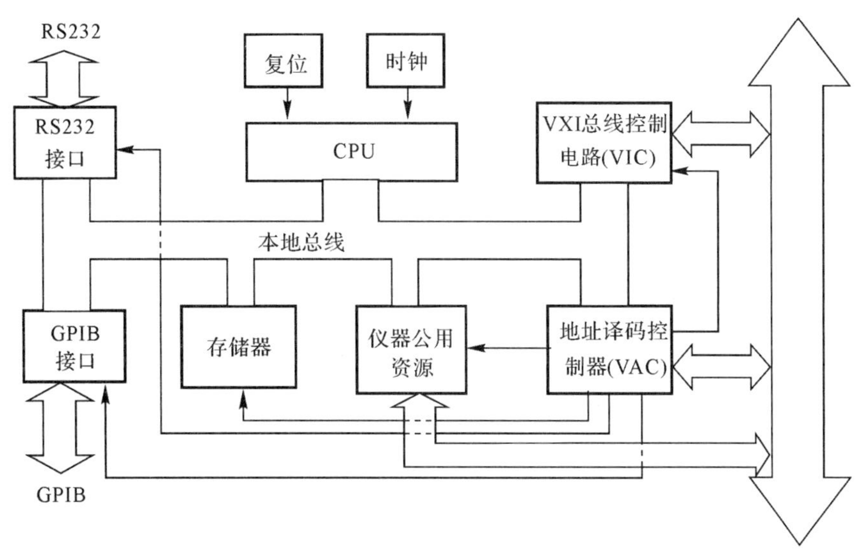

图 10-13　典型 GPIB-VXI 控制器模块硬件框图

GPIB-VXI 控制器模块具有下述功能：

(1)提供 VME 标准定义的系统控制板的功能。

(2)提供标准 VXI 0 号槽消息基器件的功能。

(3)具有 VXI 总线资源管理器功能。

(4)具有服务请求功能。在仪器出错或仪器需要服务时，它向零槽资源管理器发出中断请求，零槽资源管理器再通过 GPIB 总线转发给系统控者。在零槽资源管理器执行服务请求完成后，仪器模块自动清除服务请求状态，等待下次服务请求。

(5)提供 GPIB 总线和 VXI 总线协议之间的交互翻译，即将 GPIB 程控代码转换为 VXI 总线命令，并返回系统状态信息和操作结果。

(6)控制 VXI 总线系统的 TTL 和 ECL 触发线及其协议。

采用 GPIB-VXI 控制方式，由外置式计算机作为整个测试系统的控制中心，计算机上还可以外接打印机等其他外设；测试以 VXI 仪器为主，GPIB 仪器为辅组成混合测试系统。虽然系统的数据传输速度受 GPIB 总线的一定限制，但根据实现情况来看，完全可以满足大部分中型测试系统的要求。

3. 1394-VXI 配置方案

IEEE 1394-VXI 是一种外置控制器接口，简称 1394-VXI。IEEE 1394(又称 Fire Wire)是一种计算机外部总线标准，它定义了专门用一于大数据量传输的串行接口，是一种将各种 PC 外设与消费类电子设备互连的高速、低价方法。由于它数据速率高，可热插拔，被 HP 和 NI 公司作为 VXI 外部控制方式开发出 1394-VXI 转换接口。

图 10-14 表示了 1394-VXI 配置方案中的连接控制及通信关系。其中在外置计算机的 PCI 插槽中插入 PCI-1394 卡，它通过 PCI 总线与计算机通信。通过 PCI-1394 卡上的 1394 接口和 1394 总线与插在 VXI 主机箱中零槽控制器位置的 1394-VXI 模块通信，然后通过 VXI 主机箱的背板和 VXI 总线去控制 VXI 器件。

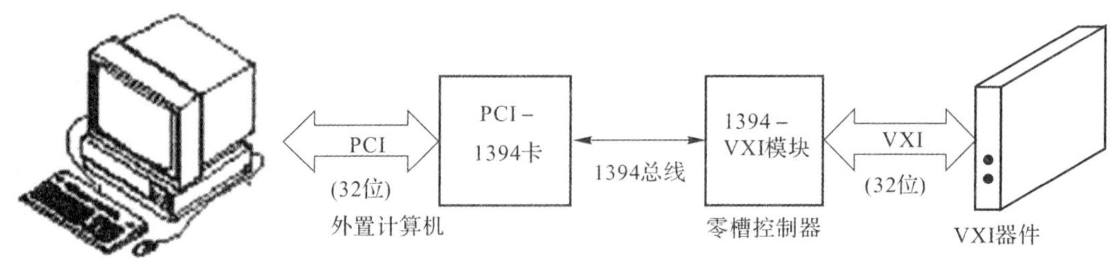

图 10－14　1394－VXI 配置方案中的连接控制及通信关系

由于 PCI 总线及 VXI 总线均为 32 位，而且数据是打包传输的，所以可以达到较高的速率(最高为 400Mb/s)。而由 NI 公司推出的 VXI－1394/G 产品在原来 VXI－1394 基础上增加了 GPIB 接口，可以与 GPIB 仪器组成混合系统。只是在传输时数据需要打包和解包，在传输的数据块较大的场合使用这种方式会影响系统的实时性。

4. VXI－MIX 配置方案

MXI 总线是由美国 NI 公司提出的一种多系统扩展接口总线。VXI－MIX 配置方案可以有两种连接方式。一是直接连接方式，它相当于把 VXI 机箱的背板总线拉到外置计算机上来，使外部的计算机可以像嵌入式计算机一样直接控制 VXI 背板总线上的仪器模块，可同时实现多个 VXI 机箱间的 32 位数据交互，如图 10－15 所示。

第二种连接方式是从零槽模块的硬件构成到主控机与 VXI 主机箱之间的连接方式都类似于 GPIB 控制方案，但从功能上完全等效于嵌入式控制方案。因此，该方案既有外挂式的灵活性(可以使用用户现有的各种计算机或工作站)，又有嵌入式的高性能(持续系统吞吐率达 23Mb/s，即每秒能处理 23Mb 的数据)，如图 10－16 所示。

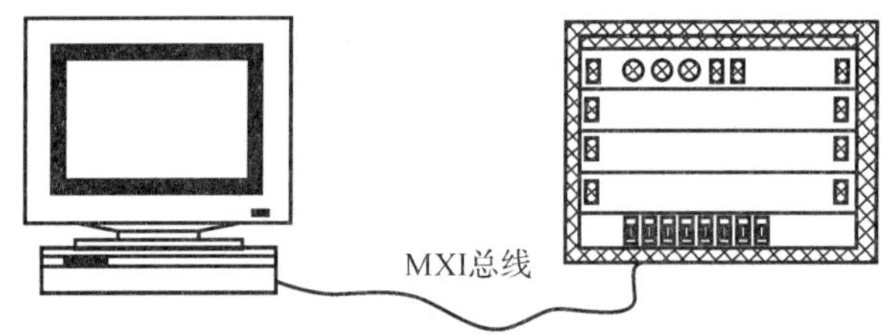

图 10－15　VXI－MIX 配置方案中的直接连接

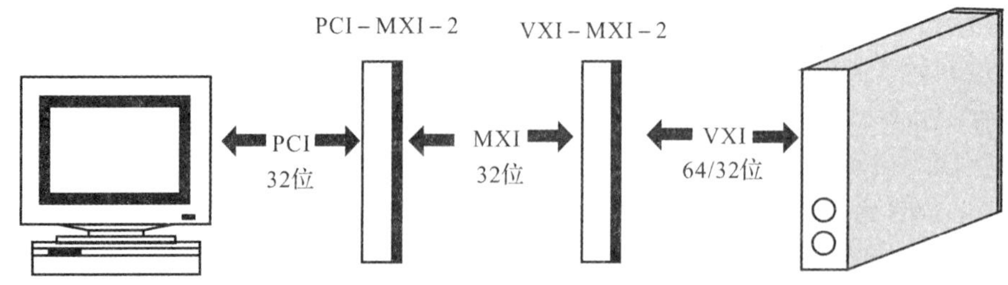

图 10－16　VXI－MIX 配置方案中的通过 VXI－MXI 模块的连接方式

10.3 PXI 总线

10.3.1 PXI 总线概述

自 1986 年美国 NI 公司推出虚拟仪器(VI)的概念以来，VI 这种计算机操纵的模块化仪器系统在世界范围内得到了广泛的认同与应用。在 VI 系统中，用灵活、强大的计算机软件代替传统仪器的某些硬件，用人的智力资源代替许多物质资源，特别是系统中应用计算机直接参与测试信号的产生和测量特征的解析，使仪器中的一些硬件从系统中“消失”，而由计算机的软硬件资源来完成它们的功能。但是，在 GPIB, PC - DAQ 和 VXI 三种 VI 体系结构中，GPIB 实质上是通过计算机对传统仪器功能的扩展与延伸，PC - DAQ 直接利用了标准的工业计算机总线，没有仪器所需要的总线性能，构建 VXI 系统则需较大的投资强度。

1997 年 9 月 1 日，NI 公司发布了一种全新的开放性、模块化仪器总线规范 PXI(PCI eXtensions for Instrumentation)。PXI 是 PCI 在仪器领域的扩展。它将 Compact PCI 规范定义的 PCI 总线技术发展成适合于试验、测量与数据采集场合应用的机械、电气和软件规范，从而形成了新的虚拟仪器体系结构。制定 PXI 规范的目的是为了将台式 PC 的性价比优势与 PCI 总线面向仪器领域的必要扩展完美地结合起来，形成一种高性价比的虚拟仪器测试平台。

PXI 这种新型模块化仪器系统是在 PCI 总线内核技术上增加了成熟的技术规范和要求形成的。它通过增加用于多板同步的触发总线和参考时钟，用于进行精确定时的星型触发总线，以及用于相邻模块间高速通信的局部总线来满足试验和测量用户的要求。PXI 规范在 Compact PCI 机械规范中增加了环境测试和主动冷却要求，以保证多厂商产品的互操作性和系统的易集成性。PXI 将 Microsoft Windows NT 和 Microsoft Windows 95 定义为其标准软件框架，并要求所有的仪器模块都必须带有按 VISA 规范编写的 WIN32 设备驱动程序，使 PXI 成为一种系统级规范，保证系统的易于集成与使用，从而进一步降低最终用户的开发费用。

10.3.2 PXI 总线机械特性

PXI 系统的硬件由机箱(含电源)、背板和插入式模板组成。模板有两种尺寸：3U(100mm×160mm)和 6U(233.35mm×160mm)。3U 模板上有两个 110 对接点的 IEC 标准连接器 J1 和 J2。J1 上主要有 32 位 PCI 信号线，J2 上有 64 位 PCI 信号线。此外，它们还包含有 Compact PCI 和 PXI 定义的各种信号线。6U 模板上除了 J1 和 J2 连接器外，还增加了 J3，J4，J5 连接器，留待将来 PXI 进一步扩充用。

在 PXI 机箱内至少有一个系统控制器模板插槽和一个外围模板插槽，插槽间距为 20.32mm，一个 PXI 总线段最多可连接 7 个外围模板，若系统需要更多的外围模板，则可通过 PCI - PCI桥增加总线段。

PXI 规定系统控制器模板安装在 1 号插槽，如果需要更大的空间，可向左边扩充。星式触发控制器模板安装在 2 号插槽，如果系统不需要该模板，2 号槽可供其他外围模板用。PXI 还参照有关国际标准，在模板的安装方位、强迫风冷的能力和气流方向、产品的工作和贮存环境温度范围、电磁兼容性等方面作了明确的规定。

PXI 和 Compact PCI 的产品具有完全的互操作性，PXI 标准的模板可安装在 Compact

PCI 的机箱中使用，反之亦然。

10.3.3 电气规范

PXI 所沿用的 PCI 电气标准主要有 33MHz 时钟频率，32 位和 64 位的数据传输带宽，132Mb/s(32 位)和 264Mb/s (64 位)的峰值传输率，支持 3.3 V 的电源环境和即插即用技术。PXI 还沿用了 Compact PCI 电气标准，PCI－PCI 桥扩展总线段技术标准等。

在 PCI 和 Compact PCI 标准基础上，PXI 增加的电气标准主要有以下几种。

1. 系统参考时钟

PXI 为外围模板提供精度为±0.01%的 10MHz 公用参考时钟，可作为多个模板的同步信号。

2. 触发信号总线

PXI 的触发信号总线有 8 条，用于模板之间的同步与通信。

3. 星式触发信号线

PXI 有 13 条星式触发信号线，用于向多个模块发送非常精确的触发信号。它们从星式触发控制器插槽分别引向不同的外围插槽。它们还可以用作接收外围模板的状态和响应信号。

4. 局部总线

PXI 的局部总线是一种用户可定义的菊花链总线，共有 13 根线，从高速的 TTL 信号到高达 42V 的模拟信号都可以在局部总线上传送。

10.3.4 软件结构标准

PXI 规定系统控制器模板和外围模板必须支持 Windows 95 或 Windows NT，这一规定使得 Microsoft，Borland C＋＋，Visual Basic，Lab VIEW 和 Lab Windows/CVI 等语言都可作为开发 PXI 系统应用软件的平台。

PXI 还规定制造商要提供外围模板驱动软件、系统模板的系统配置、初始化文件 PXIsys. ini、机箱的初始化文件 classis. ini 等资料，以便用户能迅速地配置和优化系统的资源。为保护用户在仪器软件方面的原有投资，PXI 支持 VXI plug&play 系统联盟推荐的虚拟仪器软件结构(Virtual Instrument Software Architecture, VISA)，VISA 是计算机与 VXI，PXI，GPIB 和串行口仪器之间通信的接口软件标准。

10.4 虚拟仪器及其程序设计

10.4.1 概述

虚拟仪器是指利用计算机上的应用程序将测试仪器部分的硬件和计算机联合起来，用户则能用操作机显示器的显示功能模拟传统仪器的功能面板，就像操作自己定义设计的仪器一样，完成相关采集、分析、显示、数据存储等功能，并能以多种样式显示出输出的测验结果。

虚拟示波器可以划分为采集数据、分析数据和显示数据三个功能模块，如图 10－17 所示。这与传统示波器基本相同，它以开放的形式，以软件对数据进行处理、表达和图形化，打破了传统仪器无法轻易更换硬件的模式。

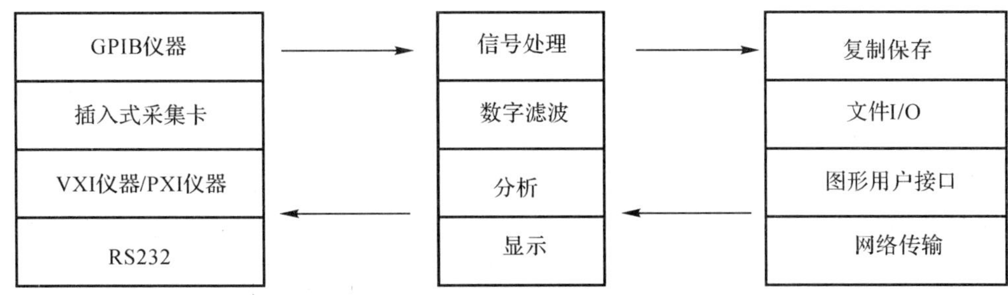

图 10－17　虚拟仪器的组成

虚拟仪器主要从两个方面来体现出它“虚拟”的意义：

(1)仪器的界面是虚拟的。虚拟仪器的用户交互界面上的按钮、按键功能可以直接对应到传统仪器的器件上。由各种开关和按钮等图标来模拟出仪器电源的“通”“断”过程，测量信号的输入通道、放大、参数设置等，显示出数字显示、波形显示等的测量结果。传统设备的控制是通过实物进行“手动”和“触摸”操作。虚拟仪器前面板的外观和传统仪器相似，不过它是通过图标的“断”“通”和“放大”等进行操作，借助于用户电脑的鼠标和键盘完成。因此，设计虚拟仪器前面板即摆放需要的图标，并设置图标的属性。

(2)虚拟仪器具体功能是通过图形化软件流程图的编程方式实现的。虚拟仪器是以必要的硬件平台为核心，通过软件编程来实现仪器的功能的。当选好核心的硬件后，能用多种软件去编程以实现多种功能。开发人员可以依照实际的需求开发自己的仪器系统，用来满足不同的应用要求。虚拟仪器利用了计算机丰富的软、硬件资源，可最大限度地突破数据处理、分析和显示的速度，达到普通仪器不能企及的效果。虚拟仪器可以应用于各种各样的领域，具有较强的实用性。虚拟仪器还可以广泛应用于电力工程、误差分析、声音处理、故障检查及教学科研等多个方面。

虚拟仪器可以通过各种功能卡把其他外部设备嵌入在硬件设备和接口上，这些接口可采用通用总线接口、串行口、总线仪器接口等。扩展有外部设备的虚拟仪器的结构如图 10－18 所示。

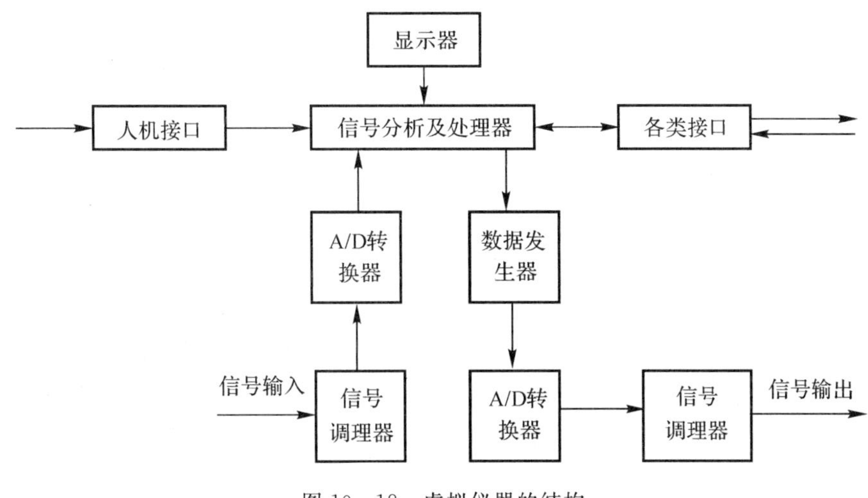

图 10－18　虚拟仪器的结构

从构成要素来讲,虚拟仪器通常由以下两个方面构成。

(1)高效的软件。软件系统是虚拟仪器实现功能的核心,一方面负责对测试模块采集的信号进行处理和分析,另一方面还要对测试硬件进行控制。开发人员通过用开发软件或特定的程序模块可以很便捷地设计应用程序和交互界面。

软件应该包括最底层、驱动层和应用层三个层次。最底层是与驱动层进行通信的接口软件,其功能是完成对测量模块的控制并进行数据的读写。驱动层是应用层程序和接口软件进行连接的桥梁,为应用软件提供相应的操作测量模块。应用层程序完成与用户之间的交互,为用户提供界面友好的操作面板。

操作系统可以选择 Windows XP/7/8/10 和 Linux 等。有一些专业的如 LabVIEW 和 HP-VEE 的虚拟仪器开发软件,在这些软件的内置模块中嵌入了多家厂家生产的仪器驱动,这大大地缩减了程序设计的开发时间。软件采用模块化的编程方式,可以很便捷地对软件进行修改。

(2)模块化的硬件平台。硬件平台一般由计算机和测试模块共同构成,其作用是进行被测量信号的采集。计算机系统一方面对测试模块硬件资源进行统一管理,另一方面也是虚拟仪器软件的搭载平台。计算机技术的发展不断推动着虚拟仪器的发展。测试系统模块主要完成对被测量的测量,同时负责与计算机之间的通信,将测量信号传递给计算机软件,完成对被测量的处理和分析。

虚拟仪器有多种分类方法,既可以按应用领域分,也可以按测量功能分,最常用的是按照构成虚拟仪器的接口总线不同来分类,可分为数据采集插卡式(DAQ)虚拟仪器、RS232/RS422虚拟仪器、并行接口虚拟仪器、USB 虚拟仪器、GPIB 虚拟仪器、VXI 虚拟仪器、PXI 虚拟仪器和 IEEE 1394 接口虚拟仪器等。

10.4.2 虚拟仪器软件标准

软件技术在自动测试系统的研制与开发中正在起着越来越重要的作用。虚拟仪器就是以系统软件为核心集成的自动测试系统。传统上测试系统中由硬件完成的功能,现在都可以用软件模块来替代或扩展。当前测试系统软件技术发展的两个突出标志是开放性测试系统软件标准的建立和先进图形化编程开发环境的发展与应用。构成虚拟仪器的硬件平台主要是各类总线系统,它们有各自的标准,同样地,虚拟仪器的软件也有相应的标准。虚拟仪器软件体系(Virtual Instrumentation Software Architecture, VISA)和可编程仪器标准命令(Standard Commands for Programmable Instruments, SCPI)是虚拟仪器领域里两个最重要的软件标准。另外,还有即插即用(VXI Plug&Play, VPP)标准和可互换虚拟仪器(Interchangeable Virtual Instrument, IVI)标准。

1. VISA 标准

VISA 是 VPP 系统联盟制定的 I/O 接口软件标准及其相关规范的总称。

1993 年 9 月,泰克公司、惠普公司、美国国家仪器公司等 35 家最大的仪器仪表公司成立了 VPP 系统联盟,其目的是研制出一种新的标准,以确保不同厂商、不同接口标准的仪器能相互兼容、通信和交换数据,并且提供给用户方便易用的驱动程序。为此,VPP 系统联盟于 1996 年 2 月推出了 VISA 标准。

VISA 是用于仪器编程的标准 I/O 函数库及其相关规范的总称,一般称这个 I/O 函数库为 VISA 库。VISA 库驻留于计算机系统中，是计算机与仪器之间的软件层连接，用以实现对仪器的程控。VISA 对于测试软件开发者来说是一个可调用的操作函数集，本身不提供仪器编程能力，它只是一个高层 API(应用程序接口)，通过调用低层的驱动程序来控制仪器。NI-VISA的层次如图 10-19 所示。

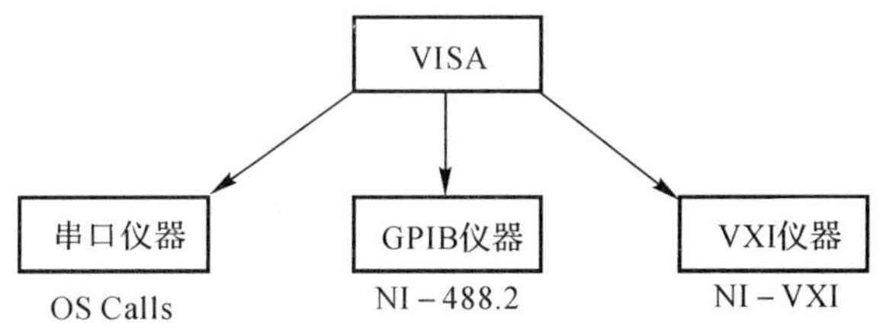

图 10-19　NI-VISA 层次图

VISA 解决了各类不同的虚拟仪器外接的器件的接口的通用性问题。当虚拟仪器外接各类接口仪器时，用户通过调用相同的 VISA 库函数，只需配置不同的设备参数，就可以编写控制各种 I/O 接口仪器的通用程序，也就是说，解决了针对不同的外接仪器其接口程序的无关性问题。

例如，用户在控制 VXI 仪器时，希望无论是测试系统是采用内嵌于 VXI 主机箱的控制器，还是通过外置式主控计算机的 MXI 总线与 VXI 仪器相连，或者采用 GPIB-VXI 配置方案、1394-VXI 配置方案，它的应用程序都能工作。如果 I/O 软件接口一致的话，用户在切换控制方法时将不必修改应用程序代码。VISA 就很好地解决了这个问题。

在 VISA 标准出现之前，仪器 I/O 软件最著名的是 HP 公司推出的标准仪器控制库(Standard Instruments Control Library，SICL)。包括 SICL 在内的 I/O 控制软件的主要缺点是对于不同的接口仪器采用不同的 I/O 库，没有解决仪器互操作问题。

VISA 的内部结构是一个先进的面向对象的结构，这一结构使得 VISA 与在它之前的 I/O 控制软件相比，在接口无关性、可扩展性和功能上都有很大提高。VISA 的可扩展性远远超出了 I/O 控制软件的范畴，而且 VISA 内部结构的灵活性，使得 VISA 在功能和灵活性上超过了其他 I/O 控制库。尽管 VISA 具有许多的优越性，但它的 API 函数却比其他具有类似功能的 I/O 库少得多，因此，VISA 很容易被初学者掌握。另外，VISA 高度的可访问性和可配置性又使得熟练的用户可以利用 VISA 的许多独有特性，这些独有的新特性使得 VISA 的应用范围大大超过了传统的 I/O 软件。VISA 不仅为将来的仪器编程提供了许多新特性，而且兼容过去已有的仪器软件。

2. SCPI 标准

SCPI 标准解决了机器语言即程控命令与仪器的前面板和硬件无关性的问题。SCPI 命令描述的是人们正在试图测量的信号而不是测量仪器。相同的 SCPI 命令可用于不同类型的仪器。SCPI 标准还是可扩展的，可随着仪器功能的增加而扩大，适用于仪器产品的更新换代。标准的 SCPI 仪器程控消息、响应消息、状态报告结构和数据格式的使用只与仪器测试功能、性能及精度相关，而与具体仪器型号和厂家无关。

为了使程控命令与仪器的前面板和硬件无关，即面向信号而不是面向具体仪器的设计要求，SCPI 标准提出了一个描述仪器功能的通用仪器模型，如图 10-20 所示。

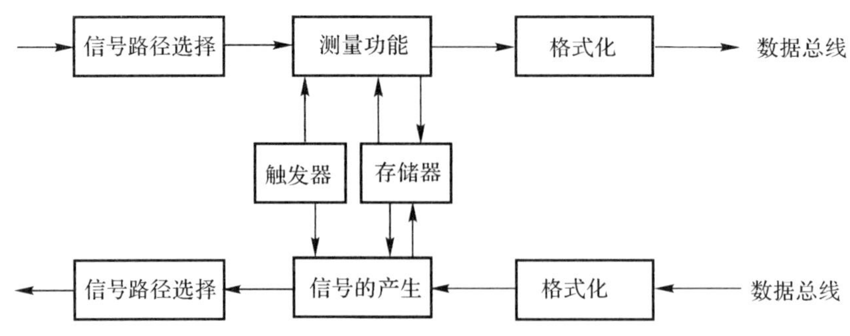

图 10－20　SCPI 程控仪器模型

程控仪器模型表示了 SCPI 仪器的功能逻辑和分类，提供了各种 SCPI 命令的构成机制和相容性。图 10－20 上半部分反映了仪器测量功能，其中信号路径选择用来控制信号输入通道与内部功能间的路径。测量功能是测量仪器模型的核心，它可能需要触发控制和存储管理。格式化部分用来转换数据的表达形式，其目的是为了保证和外部接口的传输通信。图 10－20 下半部分描述的是信号源的一般情况，信号发生功能是信号源模型的核心，它也经常需要触发控制和存储管理。格式化部分送给它所需要形式的数据，生成的信号经过路径选择输出。实际中的具体仪器可能包含图 10－20 的部分或全部功能。

整个 SCPI 命令可分为两个部分：一是 IEEE488.2 公用命令，另一部分是 SCPI 仪器特定控制命令。公用命令是 IEEE488.2 规定的仪器必须执行的命令，其句法与语义均遵循 IEEE488.2 规定。它与测量无关，用来控制重设、自我测试和状态操作。SCPI 仪器特定控制命令用来完成量测、读取资料及切换开关等工作，包括所有测量函数及一些特殊的功能函数。SCPI 仪器特定命令可分为必备命令（Required Commands）和选择命令（Optional Commands）。

SCPI 标准由 3 部分内容组成：第一部分“语言和样式”描述 SCPI 命令的产生规则以及基本的命令结构。第二部分“命令标记”主要给出 SCPI 要求或可供选择的命令。第三部分“数据交换格式”描述了在仪器和应用之间、应用与应用之间或仪器与仪器之间可以使用的数据集的标准表示方法。具体编程过程中需熟悉相关 SCPI 程控命令的标准格式、命令助记符和语法规则。

例如，一个典型的 SCPI 程控命令为

MEASure:VOLTage:AC? 0.54,MAX,(@ 103,108)

上述命令表示：完成交流电压测量，量程 0.63 V，最大分辨率 61.035 mV，指定通道 3～通道 8。

10.4.3　虚拟仪器开发环境

软件在自动测试系统中占有很重要的位置。提高软件编程效率是非常重要的。实现高效编程的关键一步是选择面向工程技术人员且移植性好的软件开发平台。

现在市场上可选择的软件开发工具比较多，比如 Agilent 公司的 VEE，NI 公司的 LabVIEW，LabWindows/CVI，Test Stand，微软公司的 Visual C＋＋（简称 VC＋＋），Visual

Basic(简称 VB),等等。

目前最常用的虚拟仪器软件开发工具有 LabVIEW,Agilent VEE,Visual Basic 等。

LabVIEW 是实验室虚拟仪器集成环境(Laboratory Virtual Instrument Engineering Workbench)的简称,由美国 NI 公司研发。LabVIEW 作为强大的虚拟仪器开发平台,被工业、科研和教学实验室所普遍接受,被看作一个标准的数据采集和仪器控制的软件。LabVIEW 使用 G 语言进行程序的编写。在编程语言上,它和一般传统的编程语言区别很大。如 Visual Basic,C,C++或 Java,这些编程语言均是以文本方式编程的。用 G 语言进行程序编写时用图标来代替传统的文本程序代码。每个图标所代表的含义与工程技术人员习惯使用的图标一致。编程过程就是仪器所实现功能的过程,与技术人员的思维过程非常相似。

LabVIEW 不仅是一款可编程的平台,它更是为科研人员和开发设计者们设计的一种开发编程环境和运行系统。LabVIEW 开发环境可以运行在 Windows,Mac 或 Linux 系统的计算机上。

通常来讲,一个 LabVIEW 程序是由一个或数个虚拟仪器(VI)构成的。软件的外观一般是参考实际的物理仪器做成的,它们的操作模式基本也是大同小异。

一般每个软件的虚拟仪器由三个主要部分组成:前面板、程序框图和图标。

1. 前面板

前面板是直接面向用户的虚拟仪器交互式界面,它一般是仿照物理仪器的前面板制作的。面板上涵盖了旋钮、按钮、图形输入控件和显示控件,而且经过编程,用户可以接入鼠标和键盘等外接硬件设备。图 10-21 所示为 VI 的交互式用户界面。

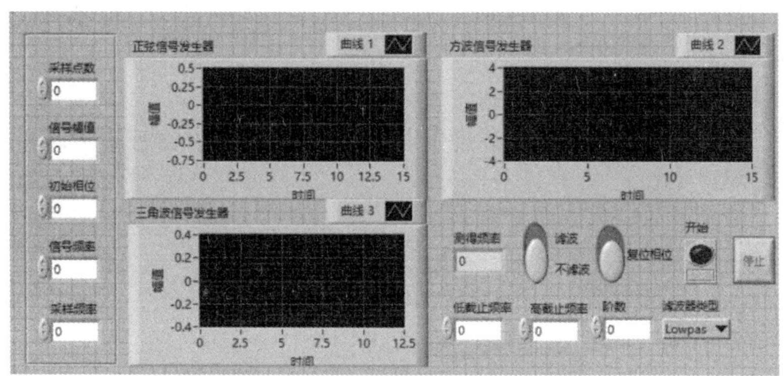

图 10-21　VI 的交互式用户界面

2. 程序框图

程序框图是 VI 的源代码,是整个程序最重要的部分,其由 LabVIEW 开发软件的图形化编程语言搭建而成。程序框图是最终可运行的程序的源代码,由子程序、内置函数、常量和执行控制结构等构成,用连接线把对应的对象连接起来,然后再定义它们之间的数据流。前面板上的按键和程序框图中的模块一一对应,通过这样的形式,数据流就能从用户传递到程序,再传到用户。图 10-22 所示为前面板对应的程序框图。

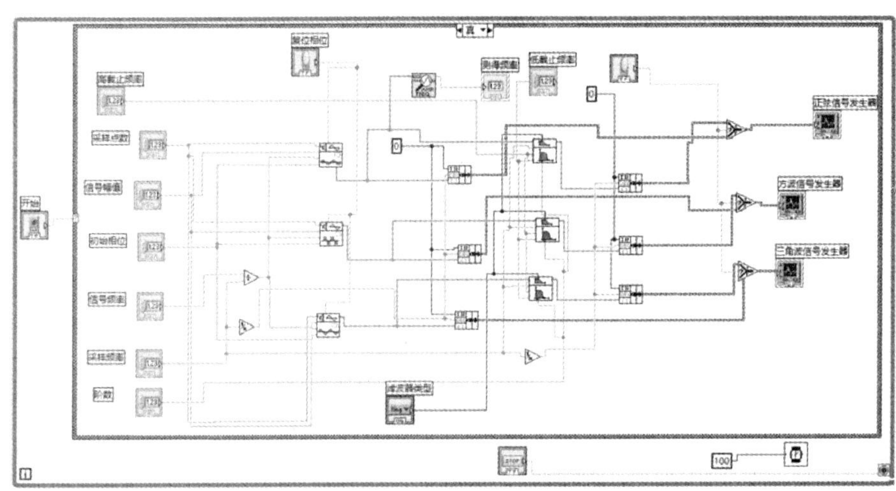

图 10-22　前面板对应的程序框图

3. 图标

在实际开发 LabVIEW 应用软件时，通常要从一个主程序中调出多个子程序，若要实现 VI 之间的相互调用，连接图标就要存在于 VI 之间。图标就是一个 VI 的图形表示，如果它在另外的一个 VI 中被当成子程序使用，就需要使用连接线将 VI 连接到需要的程序框图内。

LabVIEW 是一种基于图形的编程语言，所以在一个项目的开发过程中，不是运用文字代码去编写程序，而是通过一个个图形化的模板去搭建程序。这些操作模板有着很高的自由度，可以在面板上随意移动、放置。操作模板一共有三类：工具(Tools)模板、控制(Controls)模板和功能(Functions)模板或称函数模板。

工具模板为开发人员提供了各种开发、设计和调试程序的工具，可以使用工具执行特定的编辑操作功能。控制模板为前面板设计提供所需的对象，仅在前面板激活时出现。控制模板包括创建前面板所需的输入控件、显示控件及其他装饰控件。功能模板仅在程序框图窗口处于激活时显示。它包含创建程序框图所需的 VI 和函数。它的功能包括提供 I/O 通信、数学分析与计算、信号处理等，它包含了丰富的编程函数。

参考文献

[1] 肖明清,王学奇.机载导弹测试原理[M].北京:国防工业出版社,2011.

[2] 胡昌华,马清亮,郑建飞.导弹测试与发射控制技术[M].北京:国防工业出版社,2015.

[3] 余成波,陶红艳.传感器与现代检测技术[M].北京:清华大学出版社,2015.

[4] 何广军.现代测试技术原理与应用[M].北京:国防工业出版社,2012.

[5] 管伟民.某型电动飞行仿真转台的建模、控制与仿真[D].西安:西北工业大学,2007.

[6] 李英丽,刘春亭.空空导弹遥测系统设计[M].北京:国防工业出版社,2006.

[7] 崔少辉.导弹检测技术[D].石家庄:军械工程学院,2003.

[8] 闵相环,王伟华.自动测试与检测技术[M].北京:石油工业出版社,2009.

[9] 李岩,杨洪柱.防空导弹测试技术与遥测系统应用设计[M].北京:宇航出版社,1995.

[10] 张春明.防空导弹飞行控制系统仿真测试技术[M].北京:中国宇航出版社,2014.

[11] 樊会涛,吕长起,林忠贤.空空导弹系统总体设计[M].北京:国防工业出版社,2007.

[12] 张厚.电磁兼容原理[M].西安:西北工业大学出版社,2009.